国家“双高计划”水利水电建筑工程专业群系列教材

结构与平法钢筋算量（工作手册式）

JIEGOU YU PINGFA GANGJIN SUANLIANG

主　编 ◎ 艾思平　唐　鹏　李　茹

副主编 ◎ 杨　照　蒋　红　樊宗义

参　编 ◎ 吴　瑞　孔定娥　宋　玮　陈胖胖

主　审 ◎ 何　俊

电子课件（仅限教师）

華中科技大學出版社
http://press.hust.edu.cn
中国·武汉

内 容 提 要

本书依据《建筑与市政工程抗震通用规范》GB 55002—2021、《混凝土结构通用规范》GB 55008—2021、《混凝土结构设计规范》GB 50010—2010(2015 版)等规范和国家建筑标准设计图集 22G101-1、22G101-2、22G101-3 的相关规定编写。本书以实际钢筋混凝土构件为例，对钢筋混凝土结构中的基本构件(如基础、柱、墙、梁、板、楼梯等)的受力特点、破坏特征、设计原理、平法识图、钢筋预算量等内容进行了详细和系统的介绍。

本书通过多个案例的讲解，帮助读者理解钢筋混凝土基本构件设计原理和构造要求，以及掌握平法识图方法和钢筋预算量的计算规则。通过本书的学习，将有助于读者的结构能力、识图能力、预算量能力和施工能力的提高。

本书有助于培养学生的关键职业能力，也有助于工程专业人员掌握职业资格考试的相关要求。本书不仅可作为高职高专及应用型本科土建大类专业学生的教学用书，还可以作为社会相关技术人员学习参考用书。

为了方便教学，本书配有电子课件等资料，任课教师可以发邮件至 husttujian@163.com 索取。

图书在版编目(CIP)数据

结构与平法钢筋算量：工作手册式/艾思平，唐鹏，李茹主编.—武汉：华中科技大学出版社，2023.8(2024.9 重印)

ISBN 978-7-5680-9963-9

Ⅰ.①结… Ⅱ.①艾… ②唐… ③李… Ⅲ.①钢筋混凝土结构-结构计算 Ⅳ.①TU375.01

中国国家版本馆 CIP 数据核字(2023)第 164408 号

结构与平法钢筋算量(工作手册式)
Jiegou yu Pingfa Gangjin Suanliang(Gongzuo Shouceshi)

艾思平 唐鹏 李茹 主编

策划编辑：康 序
责任编辑：狄宝珠
封面设计：孢 子
责任监印：曾 婷
出版发行：华中科技大学出版社(中国·武汉) 电话：(027)81321913
武汉市东湖新技术开发区华工科技园 邮编：430223
录 排：武汉正风天下文化发展有限公司
印 刷：武汉市籍缘印刷厂
开 本：787mm×1092mm 1/16
印 张：17.75
字 数：444 千字
版 次：2024 年 9 月第 1 版第 2 次印刷
定 价：55.00 元

前言

Preface

“结构与平法钢筋算量”是土木工程专业一门重要的专业基础课，对培养土木工程专业学生的职业技能具有关键作用。本书以现行的《建筑与市政工程抗震通用规范》GB 55002—2021、《混凝土结构设计规范》GB 50010—2010（2015版）等规范和22G101系列图集以及全国住房和城乡建设职业教育教学指导委员会制定的人才培养方案为依据，从高等职业教育的特点和培养高技能人才的实际出发编写而成。

本书“以工作项目为载体、以工作过程为导向、以工作任务为驱动”进行具体工作任务的编写，以培养学生具备结构分析、平法识图及钢筋算量的能力为主要目的。

本书具有下列特色。

(1) 项目载体，任务驱动。

本书在内容上以项目为载体，以任务为驱动来编排设计工作任务，按基础→柱（墙）→梁（板）和楼梯的顺序进行介绍；再对每个构件按受力特征→设计原理→配筋计算→制图规则→平法识图→钢筋计算（预算量）的顺序进行系统介绍。

(2) 三图对照，直观易懂。

对每个构件的钢筋，书中都给出了现场钢筋施工照片、图集中对应的平面图和钢筋细部的三维图。读者在学习时，能够将三图相互对照学习，直观易懂。

(3) 职业考证，技能提升。

本书在内容安排上，也兼顾了职业资格考试内容和实践工作中技能提升的需要。因此，本书对钢筋混凝土结构的基本理论知识、钢筋量的手算规则和软件计算方法都进行了详细介绍。

本书由安徽水利水电职业技术学院艾思平编写工作手册1、工作手册6；安徽水利水电职业技术学院唐鹏、孔定娥编写工作手册2；安徽水利水电职业技术学院蒋红、合肥工业大学陈胖胖编写工作手册3；安徽水利水电职业技术学院樊宗义、吴瑞编写工作手册4；安徽审计职业学院李茹编写工作手册5；邓州市新步教育咨询有限公司杨照、安徽水利水电职业技术学院宋玮编写工作手册7、工作

手册 8。

安徽水利水电职业技术学院何俊教授主审了全书，并提出了宝贵意见。另外，本书在编写过程中还有很多同志提供了帮助，在此一并表示感谢。

为了方便教学，本书还配有电子课件等资料，任课教师可以发邮件至 husttujian@163.com 索取。

限于编者水平，本书不足之处在所难免，敬请读者予以批评指正。

编　者

2023 年 4 月

目录

Contents

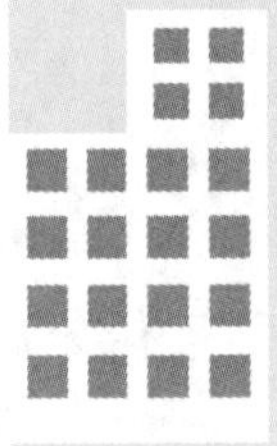

工作手册1

混凝土结构的基本知识

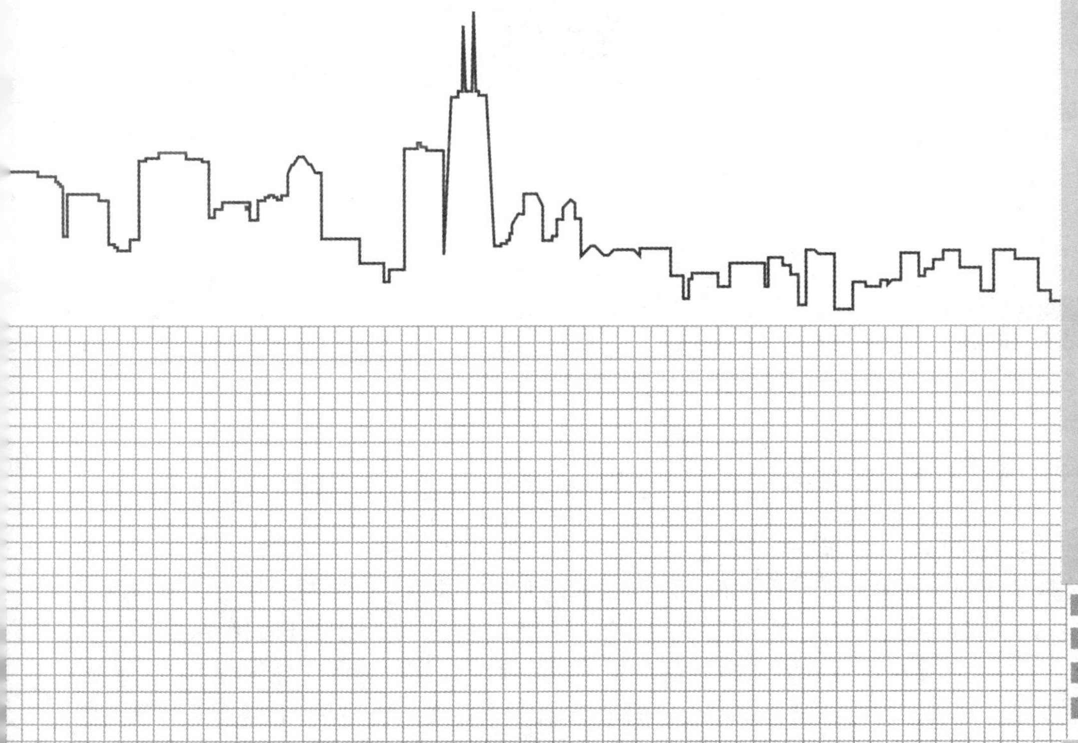

学习目标

1. 知识目标

(1) 掌握混凝土结构的概念、类型和特点。

(2) 掌握钢筋混凝土结构材料的要求、类型和力学特性。

2. 能力目标

(1) 具备辨别混凝土结构类型的能力。

(2) 具备读懂钢筋牌号的能力。

(3) 具备计算钢筋锚固长度的能力。

工程案例

二维码所示的是某大厦的结构设计说明之一，其内容包括结构形式、构件的混凝土强度等级、抗震等级、混凝土保护层厚度及锚固长度等。有关上述内容的概念、含义、类型及相关计算将在本工作手册中介绍。

任务1 混凝土结构的概念

一、混凝土结构的定义

建筑结构是由梁、板、墙、柱、基础、楼梯等基本构件，按照一定的组成规则，通过正确的连接方式所组成的能够承受并传递荷载和其他间接作用的骨架。以混凝土为主要材料制成的建筑结构称为混凝土结构。混凝土是一种抗压强度高而抗拉强度很低的材料，受拉时容易开裂，而钢筋则是抗拉性能很好的材料。为了充分发挥两种材料的性能，取长补短，将混凝土和钢筋按照合理的方式结合在一起共同工作，使钢筋主要承受拉力，混凝土主要承受压力，就形成了钢筋混凝土。

二、混凝土结构的类型

按混凝土结构中钢筋含量以及受力方式的不同，混凝土结构(concrete structure)可分为素混凝土结构(plain concrete structure)、钢筋混凝土结构(reinforced concrete structure)、预应力混凝土结构(prestressed concrete structure)等。素混凝土结构是指无筋或不配置受力钢筋的混凝土结构；钢筋混凝土结构是指配置受力普通钢筋的混凝土结构，普通钢筋为用于混凝土结构构件中的各种非预应力钢筋的总称；预应力混凝土结构是指配置受力的预应力筋，通过张拉或其他方法建立预加应力的混凝土结构，预应力钢筋为用于混凝土结构构件中施加预应力的钢丝、钢绞线和预应力螺纹钢筋等的总称。

按施工方式的不同，混凝土结构可分为现浇混凝土结构、装配式混凝土结构。现浇混凝土结构 (cast-in-situ concrete structure)是在现场原位支模并整体浇筑而成的混凝土结构，简称现浇结构。装配式混凝土结构 (precast concrete structure)是由预制混凝土构件或部件装配、连接而成的混凝土结构，简称装配式结构。

在高层建筑中，抵抗水平力是设计的主要矛盾，因此抗侧力结构体系的确定和设计成为结构设计的关键问题。高层建筑中基本的抗侧力单元是框架、抗震墙、实腹筒(又称井筒)、框筒及支撑，由这几种单元可以组成多种结构体系。因此，按结构体系(结构抵抗外部作用的构件组成方式)不同，钢筋混凝土结构可分为框架结构、抗震墙结构、框架-抗震墙结构、板柱-抗震墙结构等。

(1) 框架结构：由梁、柱等构件组成的结构称为框架。整幢结构都由梁、柱组成就称之为框架结构体系(或称纯框架结构)。

(2) 抗震墙结构：利用建筑物墙体作为承受竖向荷载和抵抗水平荷载的结构，亦称为剪力墙结构体系。

(3) 框架-抗震墙结构(框架-筒体结构)：在框架结构中，设置部分抗震墙，使框架和抗震墙两者结合起来，取长补短，共同抵抗水平荷载，这就是框架-抗震墙结构体系。如果把抗震墙布置成筒体，可称为框架-筒体结构体系。

(4) 板柱-抗震墙结构体系：指由板柱、框架和抗震墙等组成的抗侧力体系的结构。

“抗震墙”指结构抗侧力体系中的钢筋混凝土剪力墙，不包括只承担重力荷载的混凝土墙。

本书主要介绍钢筋混凝土结构的相关内容。图 1-1 所示为常见的钢筋混凝土构件现场钢筋图。

三、钢筋与混凝土共同工作的基础

钢筋和混凝土是两种物理力学性能不同的材料，它们能够有效结合在一起共同工作，主要是由于混凝土硬化后钢筋与混凝土之间产生了良好黏结力，使两者可靠地结合在一起，从而保证在外荷载的作用下，钢筋与相邻混凝土能够共同受力和变形。其次，钢筋与混凝土两种材料的温度线膨胀系数的数值颇为接近(其中，钢筋为 1.2×10^{-5}/℃，混凝土为 1.0×10^{-5}/℃～1.5×10^{-5}/℃)，所以，当温度变化时，两者间不会产生较大的温度应力而破坏两者之间的黏结，从而保证结构的整体性。另外，混凝土包围在钢筋的外围，起着保护钢筋的作用，使结构的抗火能力和耐久性大大提高。

（a）筏板基础钢筋

（b）独立基础钢筋

（c）框架柱钢筋

（d）剪力墙钢筋

（e）框架梁钢筋

（f）楼板钢筋

图 1-1　常见钢筋混凝土构件现场钢筋图

四、钢筋混凝土结构的特点

（1）耐久性好。混凝土的强度是随其龄期增长而提高的，且钢筋被混凝土保护故锈蚀较小，所以只要保护层厚度适当，则混凝土结构的耐久性比较好。若处于侵蚀性的环境时，可以选用合适的水泥品种及外加剂，增大保护层厚度，就能满足工程要求。

(2) 耐火性好。相比容易燃烧的木结构和导热快且抗高温性能较差的钢结构，混凝土结构的耐火性要好一些。因为混凝土是不良热导体，遭受火灾时，混凝土起隔热作用，使钢筋不致达到或不致很快达到降低其强度的温度，经验表明，虽然经受了较长时间的燃烧，混凝土常常只是损伤了表面。对于需要承受高温作用的结构，还可使用耐热混凝土。

(3) 易于就地取材。在混凝土结构的组成材料中，用量较大的石子和砂往往容易就地取材，有条件的地方还可以将工业废料制成人工骨料应用，这对材料的供应、运输和降低土木工程结构的造价都提供了有利的条件。

(4) 维护费用低。混凝土结构的维修较少，而钢结构和木结构需要经常的保养和维护。

(5) 节约钢材。混凝土结构合理地应用了材料的性能，在一般情况下可以代替钢结构，从而能节约钢材、降低造价。

(6) 可模性好。因为新拌和未凝固的混凝土是可塑的，故可以按照不同模板的尺寸和式样浇筑成建筑师设计所需要的构件。

(7) 整体性好。对现浇混凝土结构而言其整体性更好，适用于抗震、抗爆结构。

但是，混凝土结构也有不少缺点和不足之处：①普通钢筋混凝土结构本身自重比钢结构大，自重过大对于大跨度结构、高层建筑结构的抗震都是不利的；②混凝土结构的抗裂性较差，在正常使用时往往带裂缝工作；③建造较为费工，现浇结构模板需消耗较多的木材；④施工受到季节气候条件的限制，补强修复较困难；⑤隔热隔声性能较差等。这些缺点，在一定条件下限制了混凝土结构的应用范围。不过随着人们对于混凝土结构这门学科研究的不断深入及认识的不断提高，上述一些缺点已经或正在逐步得到改善。

五、混凝土结构的设计方法和相关规范

1. 设计方法

最早的混凝土结构设计理论是采用以弹性理论为基础的容许应力计算法；20 世纪 30 年代出现了按破损阶段计算承载力的设计方法；20 世纪 50 年代，提出了按极限状态计算结构承载力的设计方法，混凝土结构的理论计算方法已经得到了长足的发展。随着结构设计理论的进一步发展，为了合理规定结构及其构件的安全系数或分项系数，结构可靠度理论也得到发展，研究人员提出了以失效概率来度量结构安全性，以概率理论为基础的极限状态设计方法。因为这种方法对各种荷载、材料强度的变异规律进行了大量的调查、统计和分析，各分项系数的确定比较合理，而且用失效概率或可靠度指标能够比较明确地说明结构“可靠”或“不可靠”的概念，所以已有许多国家采用了这种设计方法。

2. 相关规范

与混凝土结构相关的现行工程建设规范主要包括：《工程结构通用规范》GB 55001—2021、《建筑与市政工程抗震通用规范》GB 55002—2021、《混凝土结构通用规范》GB 55008—2021、《混凝土结构设计规范》GB 50010—2010(2015 版)、《建筑抗震设计规范》GB 50011—2010(2016 版)、《建筑与市政地基基础通用规范》GB 55003—2021 等。为了保证混

凝土结构工程设计及加固改造的可靠性、使用维护的安全性，以上工程建设规范必须配套使用。

任务2 钢筋混凝土结构的材料

一、钢筋

1. 钢筋的形式

钢筋混凝土结构中所采用的钢筋，有柔性钢筋和劲性钢筋两种，见图1-2。柔性钢筋即一般的普通钢筋，是我国使用的主要钢筋类型，柔性钢筋的外形选择取决于钢筋的强度要求。为了使钢筋的强度能够充分地利用，则应保证钢筋与混凝土间有足够的黏结强度。提高黏结强度的办法是将钢筋表面轧成有规律的凸出花纹，称为变形钢筋。其中，HPB300钢筋的强度低，表面做成光面即可，其余级别的钢筋强度较大，应为变形钢筋。钢筋混凝土结构构件中的钢筋网、平面和空间的钢筋骨架可采用铁丝将柔性钢筋绑扎成型，也可采用焊接网和焊接骨架。

劲性钢筋以角钢、槽钢、工字钢、钢轨等型钢作为结构构件的配筋。

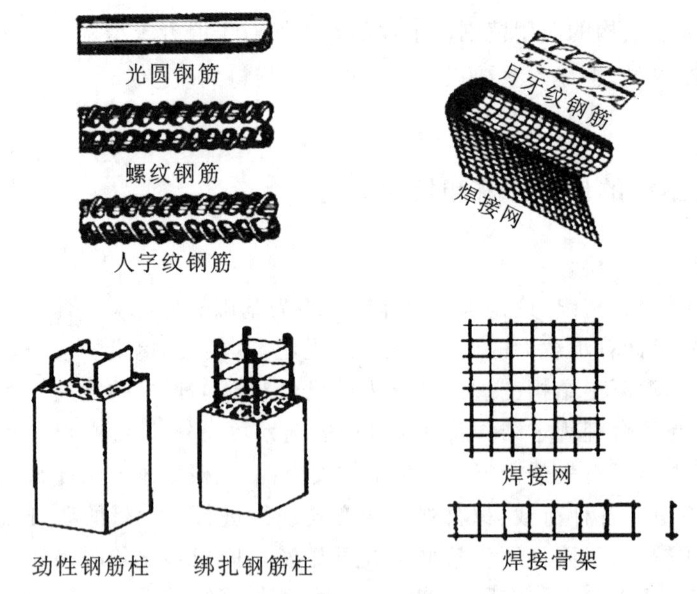

图1-2 钢筋的各种形式

2. 钢筋的牌号

根据《混凝土结构设计规范（2015版）》（GB50010—2010）和《混凝土结构通用规范》（GB55008—2021）规定，钢筋混凝土结构中的钢筋应按下列规定选用。

（1）纵向受力普通钢筋可采用HRB400、HRB500、HRBF400、HRBF500、HRB335、

RRB400、HPB300钢筋；梁、柱和斜撑构件的纵向受力普通钢筋宜采用HRB400、HRB500、HRBF400、HRBF500钢筋。

(2) 箍筋宜采用HRB400、HRBF400、HRB335、HPB300、HRB500、HRBF500钢筋。

(3) 对抗震延性有较高要求的混凝土结构构件(如框架梁、框架柱、斜撑等)，其纵向受力钢筋应采用HRB400E、HRB500E、HRB335E、HRBF400E、HRBF500E钢筋。

以上钢筋规格亦可以用如下符号代替：分别为HPB300级(Ⅰ级，符号φ)，HRB335(Ⅱ级，符号Φ)，HRB400、HRBF400、RRB400级(Ⅲ级，符号⊕、⊕^{F}、⊕^{R})，HRB500、HRBF500(⊕、⊕^{F})。其代表的含义分别介绍如下。

① HPB300(hot rolled plain bars)：强度级别为300 MPa的热轧光圆钢筋。

② HRB400(hot rolled ribbed bars)：强度级别为400 MPa的热轧带肋钢筋。

③ HRBF400(hot rolled ribbed bars of Fine grains)：强度级别为400 MPa的细晶粒热轧带肋钢筋。

④ RRB400(remained-heat-treatment ribbed bars)：强度级别为400 MPa的余热处理带肋钢筋。

⑤ HRB400E(earthquake)：强度级别为400 MPa的具有较高抗震性能的普通热轧带肋钢筋。

3. 钢筋的表面标志含义

(1) 表面标志一般为：钢筋牌号＋厂名＋公称直径。

(2) 钢筋牌号以阿拉伯数字或阿拉伯数字加英文字母表示，例如：

① HRB400、HRB500、HRB600分别以4、5、6表示；

② HRBF400、HRBF500分别以C4、C5表示；

③ HRB400E、HRB500E分别以4E、5E表示；

④ HRBF400E、HRBF500E分别以C4E、C5E表示。

(3) 厂名以汉语拼音首字母表示。例如：AY表示安阳钢铁。

(4) 公称直径毫米数以阿拉伯数字表示。

例如：图1-3中4ECG25的含义为：HRB400E＋成都钢铁＋直径25mm，即成都钢铁生产的直径25的Ⅲ级抗震钢筋。

图1-3 钢筋标注示例

4. 钢筋的力学性能

钢筋的力学性能包括强度、变形(包括弹性和塑性变形)等。钢筋主要的强度指标包括屈服强度、抗拉强度(极限强度)等。钢筋的主要的变形指标包括伸长率、冷弯性能等。单向拉伸试验是确定钢筋性能的主要手段。通过钢筋的拉伸试验可以看到，钢筋的拉伸应力-应变关系曲线可分为两类：有明显屈服点的应力-应变曲线（见图 1-4）和没有明显屈服点的应力-应变曲线（见图 1-5）。

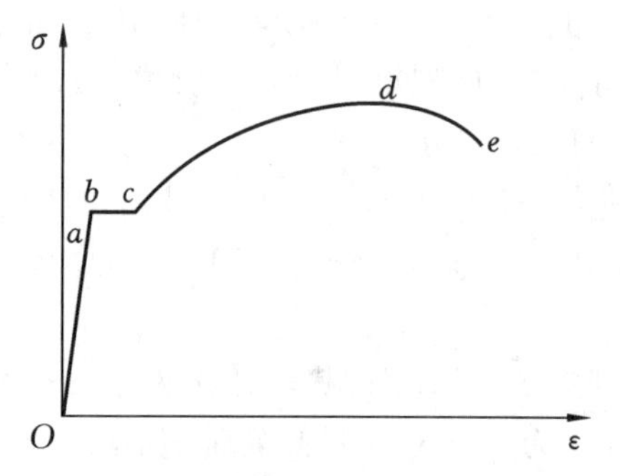

图 1-4　有明显屈服点的钢筋应力-应变曲线

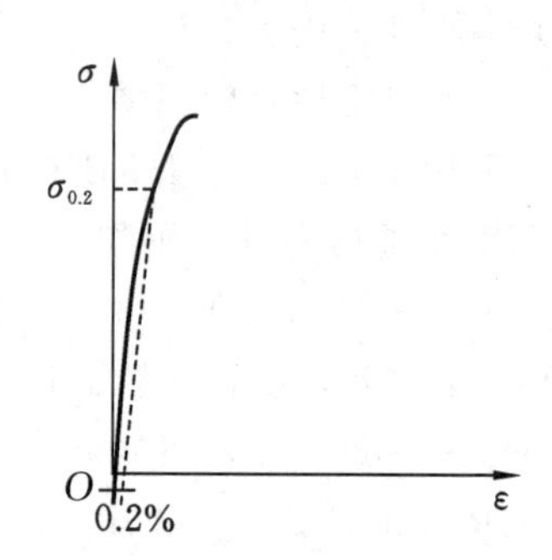

图 1-5　没有明显屈服点的钢筋应力-应变曲线

图 1-4 所示为一条有明显屈服点的典型应力-应变曲线。在图 1-4 中：Oa 为一段斜直线，其应力与应变之比为常数，应变在卸荷后能完全消失，称为弹性阶段，与 Oa 相应的应力称为比例极限（或弹性极限）。应力超过 a 点之后，钢筋中晶粒开始产生相互滑移错位，应变即较应力增长得稍快，除弹性变形外，还有卸荷后不能消失的塑性变形。到达 b 点后，钢筋开始屈服，即使荷载不增加，应变却继续发展增加很多，出现水平段 bc，bc 即称之为流幅或屈服台阶；b 点则称屈服点，与 b 点相应的应力称为屈服应力或屈服强度。经过屈服阶段之后，钢筋内部晶粒经调整重新排列，抵抗外荷载的能力又有所提高，cd 段即称为强化阶段，d 点称为钢筋的抗拉强度或极限强度，而与 d 点应力相应的荷载是试件所能承受的最大荷载称为极限荷载。过 d 点之后，在试件的最薄弱截面出现横向收缩，截面逐渐缩小，塑性变形迅速增大，出现所谓颈缩现象，此时应力随之降低，直至 e 点试件断裂。

对于有明显屈服点的钢筋，一般取屈服点作为钢筋设计强度的依据。因为屈服点之后，钢筋的塑性变形将急剧增加，钢筋混凝土构件将出现很大的变形和过宽的裂缝，以致不能正常使用。所以，构件大多在钢筋尚未或刚进入强化阶段即产生破坏。钢筋强度用标准值和设计值表示。根据可靠度要求，《混凝土结构设计规范》规定具有 95%以上的保证率的屈服强度作为钢筋强度标准值 f_{yk}，钢筋强度设计值 f_y 等于钢筋强度标准值除以材料分项系数 γ_s，即：

$$f_y=\frac{f_{yk}}{\gamma_s} \tag{1-1}$$

普通钢筋 γ_s 取值为：强度等级为 300 MPa、400 MPa 的，$\gamma_s=1.1$；强度等级为 500 MPa，$\gamma_s=1.15$。热轧钢筋强度标准值、设计值、见附表 A-1。

材料的分项系数是反映材料强度离散性大小的系数，它是材料强度标准值转化为设计值的调整系数。对于钢筋而言，强度低、离散性小的分项系数较小，强度高、离散性大的分项系数较大。

试验表明，钢筋的受压性能与受拉性能类似，其受拉和受压弹性模量也是相同的。

在图 1-4 中，e 点的横坐标代表了钢筋的伸长率，它和流幅 bc 的长短，因钢筋的品种而异，均与材质含碳量成反比。含碳量低的称为低碳钢或软钢，含碳量愈低则钢筋的流幅愈长、伸长率愈大，即标志着钢筋的塑性指标好。这样的钢筋不致突然发生危险的脆性破坏，由于钢筋在断裂前有足够大的变形，能给出构件即将破坏的预兆信息。

伸长率用 δ 表示，即：

$$\delta=\frac{l'-l}{l}\times 100\% \tag{1-2}$$

图 1-5 表示没有明显屈服点的钢筋的应力-应变曲线，此类钢筋的比例极限大约相当于其抗拉强度的 65%。一般取抗拉强度的 80%，即残余应变为 0.2%时的应力 $\sigma_{0.2}$ 作为条件屈服点。一般来说，含碳量高的钢筋，质地较硬，没有明显的屈服点，其强度高，但伸长率低，下降段极为短促，其塑性性能较差。工程中，一般采用最大力下的总伸长率 δ_{gt} 来描述钢筋的延性。δ_{gt} 不应小于规定数值，具体见表 1-1。

表 1-1　热轧钢筋、冷轧带肋钢筋及预应力筋的最大力总延伸率限值 δ_{gt}（%）

牌号或种类	热轧钢筋				冷轧带肋钢筋		预应力筋	
	HPB300	HRB400 HRBF400 HRB500 HRBF500	HRB400E HRB500E	RRB400	CRB550	CRB600H	中强度预应力钢丝、预应力冷轧带肋钢筋	消除应力钢丝，钢绞线、预应力螺纹钢筋
σ_{gt}	10.0	7.5	9.0	5.0	2.5	5.0	4.0	4.5

对按一、二、三级抗震等级设计的房屋建筑框架和斜撑构件，其纵向受力普通钢筋性能应符合下列规定：

(1) 抗拉强度实测值与屈服强度实测值的比值，工程中习惯称为“强屈比”，不应小于 1.25；

(2) 屈服强度实测值与屈服强度标准值的比值，工程中习惯称为“超屈比”，不应大于 1.30；

(3) 最大力总延伸率，习惯上也称为均匀伸长率，实测值不应小于 9%。

这里指的框架包括各类混凝土结构中的框架梁、框架柱、框支梁、框支柱及板柱（剪力墙的柱）等，其抗震等级应根据国家现行标准确定；斜撑构件包括伸臂桁架的斜撑、楼梯的梯段等；剪力墙及其边缘构件、筒体、楼板、基础等一般不属于上述规定的范围之内。

要求纵向受力钢筋检验所得的抗拉强度实测值（即实测最大强度值）与受拉屈服强度的比值（强屈比）不小于 1.25，目的是使结构某部位出现较大塑性变形或塑性铰后，钢筋在大变形条件下具有必要的强度潜力，保证构件的基本抗震承载力。屈服强度实测值与屈服强度标准值的比值，不应大于 1.30，主要是为了保证“强柱弱梁”“强剪弱弯”设计要求的效果不致因钢筋屈服强度离散性过大而受到干扰。钢筋最大力下的总伸长率不应小于 9%，主要为了保证在抗震大变形条件下，钢筋具有足够的塑性变形能力。

冷弯性能是反映钢筋塑性性能的另一项指标，它与延伸率对钢筋塑性性能的标志是一致的。冷弯性能是指将钢筋围绕某个规定的直径 D 的辊轴弯曲成一定的角度（如 90°或 180°），弯曲后钢筋应无裂纹或断裂现象。为了使钢筋在加工成型时不断裂，加工时不至于脆断，要求钢筋具有一定的冷弯性能。

对于有明显屈服点的钢筋（软钢），其检验指标为屈服强度、抗拉强度、伸长率和冷弯性能四项。

5. 钢筋混凝土结构对钢筋性能的要求

(1) 具有较高的强度和合适的强屈比。钢筋的屈服强度（或条件屈服强度），是设计计算时的主要依据，屈服强度高则材料用量省，也有助于提高结构的安全可靠性。

(2) 塑性好。在混凝土结构中，若钢筋的塑性小，则构件发生脆断可能性加大，这在结构设计中要尽量避免。另外在施工时，钢筋可能要经过各种加工，所以钢筋要保证冷弯性能的要求。

(3) 可焊性好。要求钢筋具备良好的焊接性能，保证焊接强度，焊接后钢筋不产生裂纹及过大的变形。

(4) 低温性能好。在寒冷地区要求钢筋具备抗低温性能，以防钢筋低温冷脆而致破坏。

(5) 与混凝土有良好的黏结力。黏结力是钢筋与混凝土得以共同工作的基础，在钢筋表面上加上刻痕或制成各种纹形，都有助于提高黏结力。钢筋表面沾染油脂、糊着泥污、长满浮锈都会损害这两种材料的黏结。

二、混凝土

1. 混凝土强度

混凝土的强度(strength of concrete)是指混凝土材料达到破坏时所能承受的最大应力。混凝土的强度不仅与其材料组成等因素有关，还与其受力状态有关。

1) 立方体抗压强度 $f_{cu,k}$

立方体试件的强度比较稳定，所以我国把立方体强度值作为混凝土强度的基本指标，并把立方体抗压强度作为评定混凝土强度等级的依据。确定立方体抗压强度标准值是指按照标准方法制作和养护的边长为 150 mm 的立方体试块，在 28 天龄期，用标准试验方法测得的具有 95%保证率的抗压强度，用 $f_{cu,k}$ 表示，单位 N/mm^2。按照这样的规定，就可以排除不同制作方法、养护环境、试验条件和试件尺寸对立方体抗压强度的影响。

混凝土按照其立方体抗压强度标准值的大小划分为 14 个强度等级，即 C15、C20、C25、C30、C35、C40、C45、C50、C55、C60、C65、C70、C75、C80。14 个等级中的数字部分即表示以 N/mm^2 为单位的立方体抗压强度数值。

《混凝土结构通用规范》(GB 55008—2021)规定，结构混凝土强度等级的选用应满足工程结构的承载力、刚度及耐久性需求。对设计工作年限为 50 年的混凝土结构，结构混凝土的强度等级尚应符合下列规定；对设计工作年限大于 50 年的混凝土结构，结构混凝土的最低强度等级应比下列规定提高：素混凝土结构构件的混凝土强度等级不应低于 C20；钢筋混凝土结构构件的混凝土强度等级不应低于 C25；预应力混凝土楼板结构的混凝土强度等级不应低于 C30，其他预应力混凝土结构构件的混凝土强度等级不应低于 C40；钢-混凝土组合结构构件的混凝土强度等级不应低于 C30。承受重复荷载作用的钢筋混凝土结构构件、抗震等级不低于二级的钢筋混凝土结构构件、采用 500 MPa 及以上等级钢筋的钢筋混凝土结构构件，混凝土强度等级不应低于 C30。

2) 轴心抗压强度 f_{ck}

在工程中，钢筋混凝土受压构件的尺寸，往往其高度比截面的边长大很多，形成棱柱体而非正方体。我国《混凝土物理力学性能试验方法标准》(GB/T 50081—2019)规定以 150 mm×150 mm×300 mm 的棱柱体作为混凝土轴心抗压强度试验的标准试件，测得具有 95%保证率的抗压强度作为混凝土轴心抗压强度标准值，用 f_{ck} 表示，单位 N/mm^2。

考虑到实际结构构件制作、养护和受力情况，实际构件强度与试件强度之间存在的差异，《混凝土结构通用规范》基于安全取偏低值，轴心抗压强度标准值与立方体抗压强度标准值的关系按下式确定：

$$f_{ck}=0.88\alpha_{c1}\alpha_{c2}f_{cu,k} \tag{1-3}$$

式中：α_{c1}为棱柱体强度与立方体强度之比，对混凝土等级为C50及以下的取$\alpha_{c1}=0.76$，对C80取$\alpha_{c1}=0.82$，在此之间按直线变化取值；α_{c2}为高强度混凝土的脆性折减系数，对C40取$\alpha_{c2}=1.0$，对于C80取$\alpha_{c2}=0.87$，中间按直线规律变化取值；0.88为考虑实际构件与试件之间的差异而取用的折减系数。

3）抗拉强度f_{tk}

混凝土轴心抗压强度也是混凝土基本力学指标之一。混凝土的抗拉强度很低，与立方体抗压强度之间为非线性关系，一般只有其立方体抗压强度的1/17～1/8。《混凝土结构通用规范》规定f_{tk}与$f_{cu,k}$关系为：

$$f_{tk}=0.88\times0.395f_{cu,k}^{\ 0.55}(1-1.645\delta)^{0.45}\times\alpha_{c2} \tag{1-4}$$

式中：δ为变异系数；0.88的意义和α_{c2}的取值与式(1-1)中的相同。

混凝土抗压强度设计值和抗拉强度设计值与其对应的标准值之间的关系为：

$$f_c=\frac{f_{ck}}{\gamma_c} \tag{1-5}$$

$$f_t=\frac{f_{tk}}{\gamma_c} \tag{1-6}$$

式中：γ_c为混凝土材料分项系数，取1.4。

混凝土强度标准值、混凝土强度设计值见附表A-2。

2. 混凝土的变形性能

混凝土的变形可分为两类。一类是在荷载作用下的受力变形，如单调短期加荷、多次重复加荷以及荷载长期作用下的变形。另一类与受力无关，称为体积变形，如混凝土收缩、膨胀以及由于温度变化所产生的变形等。

1）混凝土的应力-应变曲线

混凝土在单调短期加荷作用下的应力-应变曲线是其最基本的力学性能，曲线的特征是研究钢筋混凝土构件的强度、变形、延性（承受变形的能力）和受力全过程分析的依据。

一般取棱柱体试件来测试混凝土的应力-应变曲线，测试时在试件的四个侧面安装应变仪读取纵向应变。混凝土试件受压时典型的应力-应变曲线如图1-6所示，整个曲线大体上呈上升段与下降段两个部分。在上升*OC*段：起初压应力较小，当应力$\sigma\leqslant0.3f_c$时（*OA*段），变形主要取决于混凝土内部骨科和水泥结晶体的弹性变形，应力-应变关系呈直线变化。当应力σ在$0.3\sim0.8f_c$范围时（*AB*段），由于混凝土内部水泥凝胶体的黏性流动，以及各种原因形成的微裂缝亦渐处于稳态的发展中，致使应变的增长较应力更快，表现了材料的弹塑性性质。当应力$\sigma>0.8f_c$之后（*BC*段），混凝土内部微裂缝进入非稳态发展阶段，塑性变形急剧增大，曲线斜率显著减小。当应力到达峰值时，混凝土内部黏结力破坏，随着微裂缝的延伸和扩展，试件形成若干贯通的纵裂缝，混凝土应力达到受压时最大承压应力σ_{max}（*C*点），即轴心抗压强度f_c，此时的应变ε在0.002附近，试件即将破坏。应力超过f_c后，*CE*段裂缝快速发展，最后达到极限压应变而破坏。

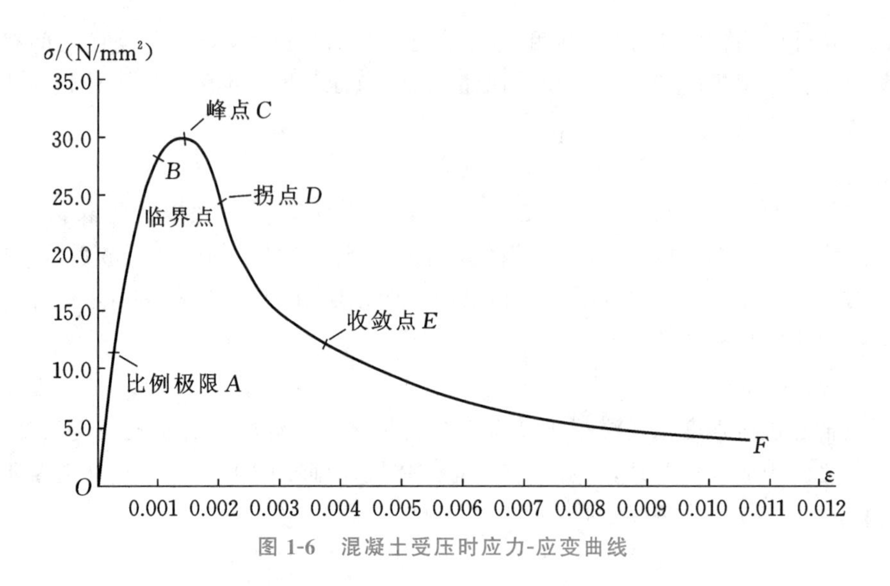

图 1-6　混凝土受压时应力-应变曲线

2）混凝土的弹性模量和变形模量

在材料力学中，衡量弹性材料应力-应变之间的关系，可用弹性模量表示：

$$E=\frac{\sigma}{\varepsilon} \tag{1-7}$$

弹性模量高，即表示材料在一定应力作用下，所产生的应变相对较小。在钢筋混凝土结构中，无论是进行超静定结构的内力分析，还是计算构件的变形、温度变化和支座沉陷对结构构件产生的内力，以及预应力构件等都要应用到混凝土的弹性模量。

但是，混凝土是弹塑性材料，它的应力-应变关系只是在应力很小的时候，或者在快速加荷进行试验时才近乎直线。一般说来，其应力-应变关系为曲线关系，不是常量而是变量。

根据《混凝土结构设计规范》，混凝土受压弹性模量的计算公式为：

$$E_c=\frac{10^5}{2.2+\frac{34.7}{f_{cu,k}}} \tag{1-8}$$

不同等级的混凝土弹性模量见表 1-2。混凝土的剪切变形模量 G_c 可按相应弹性模量值的 40％采用。混凝土泊松比 υ_c 可按 0.2 采用。

表 1-2　混凝土的弹性模量（$\times 10^4$ N/mm²）

混凝土强度等级	C15	C20	C25	C30	C35	C40	C45	C50	C55	C60	C65	C70	C75	C80
E_c	2.20	2.55	2.80	3.00	3.15	3.25	3.35	3.45	3.55	3.60	3.65	3.70	3.75	3.80

混凝土的弹性模量和变形模量，只有在混凝土的应力很低（如 $\sigma_c \leqslant 0.2f_c$）时才近似相等，故而材料力学对弹性材料的公式不能在混凝土材料中随便套用。

3）混凝土在荷载长期作用下的变形性能

在荷载的长期作用下，即荷载维持不变，混凝土的变形随时间而增长的现象称为徐变。

混凝土产生徐变的原因，一般而言，归因于混凝土中未晶体化的水泥凝胶体，在持续的外荷载作用下产生黏性流动，压应力逐渐转移给骨料，骨料应力增大则试件变形也随之增大。卸荷后，水泥胶凝体又渐恢复原状，骨料遂将这部分应力逐渐转回给凝胶体，于是产生弹性后效。另外，当压应力较大时，在荷载的长期作用下，混凝土内部裂缝不断发展，也致使应变增加。

混凝土的徐变，对钢筋混凝土构件的内力分布及其受力性能有所影响。徐变会使钢筋与混凝土间产生应力重分布，如钢筋混凝土柱的徐变，使混凝土的应力减小，使钢筋的应力增加，不过最后不影响柱的承载量。由于徐变，受弯构件的受压区变形加大，会使它的挠度增加；对于偏压构件，特别是大偏压构件，会使附加偏心距加大而导致强度降低；对于预应力构件，会产生预应力损失等不利影响。但徐变也会缓和应力集中现象、降低温度应力、减少支座不均匀沉降引起的结构内力，延续收缩裂缝在受拉构件中的出现，这些又是对结构的有利方面。

影响徐变的因素很多，如受力大小、外部环境、内在因素等都有关系。荷载持续作用的时间越长，徐变也越大，混凝土龄期越短，徐变越大。

4）混凝土的收缩、膨胀和温度变形

收缩和膨胀是混凝土在结硬过程中本身体积的变形，与荷载无关。混凝土在空气中结硬体积会收缩，在水中结硬体积会膨胀，但是膨胀值要比收缩值小很多，而且膨胀往往对结构受力有利，所以一般对膨胀可不予考虑。

混凝土收缩变形也是随时间增加而增长的。结硬初期收缩变形发展得很快，半个月大约可完成全部收缩的25％，一个月可完成约50％，两个月可完成约75％，其后发展趋缓，一年左右即渐稳定。混凝土收缩变形的试验值很分散，最终收缩值约为$(2\sim5)\times10^{-4}$，对一般混凝土常取为3×10^{-4}。

当混凝土受到各种制约不能自由收缩时，将在混凝土中产生拉应力，甚至导致混凝土产生收缩裂缝。裂缝会影响构件的耐久性、疲劳强度和观瞻，还会使预应力混凝土发生预应力损失，以及使一些超静定结构产生不利的影响。在钢筋混凝土构件中，钢筋使混凝土收缩受到压应力，而混凝土则受到拉应力。为了减少结构中的收缩应力，可设置伸缩缝，必要时也可使用膨胀水泥。

一般认为，混凝土结硬过程中特别是结硬初期，水泥水化凝结作用引起体积的凝缩，以及混凝土内游离水分蒸发逸散引起的干缩，是产生收缩变形的主要原因。

三、混凝土保护层

结构构件中钢筋外边缘至构件表面范围用于保护钢筋的混凝土，简称保护层，见图1-7。保护层有两个主要作用：一是保证钢筋与混凝土之间的黏结锚固性能，使其共同工作，并完成混凝土构件的基本受力性能要求；二是提供对于钢筋受环境影响的保护作用，使其满足结构耐久性要求。混凝土保护层厚度应根据环境类别、钢筋种类、钢筋锚固及连接性能要求、应力水平、混凝土强度等级等因素综合研究确定。

任何条件下，混凝土保护层厚度不应小于15 mm，钢筋混凝土构件普通钢筋的混凝土保护层厚度尚不应小于钢筋的公称直径。钢筋混凝土基础宜设置混凝土垫层，基础中钢筋的混凝土保护层厚度应从垫层顶面算起，且不应小于40 mm。

设计使用年限为50年的混凝土结构，最外层钢筋的保护层厚度应符合表1-3的规定；

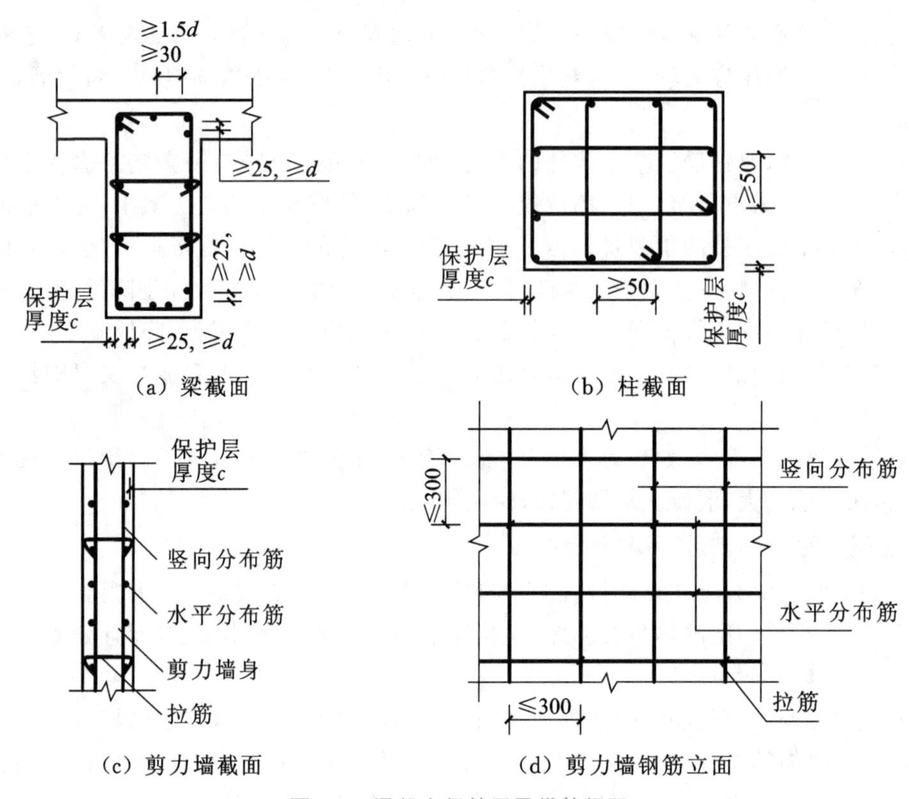

图 1-7 混凝土保护层及纵筋间距

设计使用年限为 100 年的混凝土结构，最外层钢筋的保护层厚度不应小于表 1-3 中数值的 1.4 倍。环境类别见附表 A-3。

表 1-3 混凝土保护层的最小厚度 c（mm）

环境类别	板、墙、壳	梁、柱、杆
一	15	20
二 a	20	25
二 b	25	35
三 a	30	40
三 b	40	50

注：①表中混凝土保护层厚度指最外层钢筋外边缘至混凝土表面的距离，适用于设计工作年限为 50 年的混凝土结构。

②构件中受力钢筋的保护层厚度不应小于钢筋的公称直径。

③一类环境中，设计工作年限为 100 年的结构最外层钢筋的保护层厚度不应小于表中数值的 1.4 倍；二、三类环境中，设计工作年限为 100 年的结构应采取专门的有效措施。四类和五类环境类别的混凝土结构，其耐久性要求应符合国家现行有关标准的规定。

④混凝土强度等级为 C25 时，表中保护层厚度数值应增加 5 mm。

⑤基础底面钢筋的保护层厚度，有混凝土垫层时应从垫层顶面算起，且不应小于 40 mm。

当梁、柱、墙中纵向受力钢筋的保护层厚度大于 50 mm 时，宜对保护层采取有效的构造措施。当在保护层内配置防裂、防剥落的钢筋网片时，网片钢筋的保护层厚度不应小于 25 mm。

四、钢筋与混凝土之间的黏结与锚固

1. 黏结力的组成

钢筋与混凝土之间的黏结力是这两种材料共同工作的保证，使之能共同承受外力、共同变形及抵抗相互间的滑移。而钢筋能否可靠地锚固在混凝土中则直接影响到这两种材料的共同工作，从而关系到结构、构件的安全和材料强度的充分利用。

一般而言，钢筋与混凝土的黏结锚固作用所包含的内容有：

① 混凝土凝结时，水泥胶的化学作用，使钢筋和混凝土在接触面上产生的胶结力；

② 由于混凝土凝结时收缩，握裹住钢筋，在发生相互滑动时产生的摩阻力；

③ 钢筋表面粗糙不平或变形钢筋凸起的肋纹与混凝土的咬合力；

④ 当采用锚固措施后所造成的机械锚固力等。

实际上，黏结力是指钢筋和混凝土接触界面上沿钢筋纵向的抗剪能力，也就是分布在界面上的纵向剪应力。而锚固则是通过在钢筋一定长度上黏结应力的积累或某种构造措施将钢筋“锚固”在混凝土中，保证钢筋和混凝土的共同工作，使两种材料正常、充分地发挥其性能。

2. 影响黏结强度的因素

(1) 混凝土的质量。混凝土的质量对黏结力和锚固的影响很大。水泥性能好、骨料强度高、配比得当、振捣密实、养护良好的混凝土对黏结力和锚固非常有利。

(2) 混凝土强度。提高混凝土强度，可增大混凝土与钢筋表面的化学胶着力和机械咬合力，增强伸入钢筋横肋间的混凝土的强度，同时也可延迟沿钢筋纵向劈裂裂缝的发展，从而提高了极限黏结强度。

(3) 钢筋的外形。由于使用变形钢筋比使用光圆钢筋对黏结力要有利得多，所以变形钢筋的末端一般无须做成弯钩。变形钢筋的肋高随着钢筋直径 d 的加大而相对变矮，黏结力下降，所以当钢筋直径 $d>25$ mm 后，锚固长度应予修正。

(4) 混凝土保护层厚度及钢筋间净距。为了保证钢筋与混凝土间黏结性能可靠，防止发生劈裂裂缝，钢筋周围混凝土厚度要足够。除前面介绍的混凝土厚度要满足要求以外，钢筋的净间距也要满足构造要求，见图 1-8。

(5) 横向钢筋(垂直于纵向受力钢筋的箍筋或间接钢筋)。横向钢筋可以抑制内裂缝和劈裂裂缝的发展，提高黏结强度。设置横向钢筋可将纵向钢筋的抗滑移能力提高 25%，使用焊接骨架或焊接网则提高得更多。所以在直径较大钢筋的锚固区和搭接区，以及一排钢筋根数较多时，都应设置附加箍筋，以加强锚固或防止混凝土保护层劈裂剥落。

(6) 反复荷载对黏结力的影响。结构和构件承受反复荷载对黏结力不利。反复荷载所产生的应力愈大、重复的次数愈多，则黏结力遭受的损害愈严重。

3. 锚固长度的概念

锚固长度是指受力钢筋依靠其表面与混凝土的黏结作用或端部构造的挤压作用而达到设计承受应力所需的长度。

钢筋与混凝土间的黏结强度与混凝土保护层厚度、横向钢筋数量、钢筋外形等因素有关，且与混凝土的轴心抗拉强度 f_t 大致成正比。在我国，随着钢筋强度不断提高，结构形式的多样性等使锚固条件有了很大的变化，根据近年来系统试验研究及可靠度分析的结果并参考国外标准，《混凝土结构通用规范》给出了以简单计算确定受拉钢筋锚固长度的方法，即工程中实际的受拉钢筋锚固长度 l_a 为基本锚固长度（anchorage length）l_{ab} 乘以锚固长度修正系数 ζ_a。

（1）受拉钢筋基本锚固长度 l_{ab}

$$l_{ab}=\frac{\alpha f_y}{f_t}d \tag{1-9}$$

式中：f_y 为钢筋的抗拉强度设计值；f_t 为混凝土轴心抗拉强度设计值，当混凝土强度等级超过 C60 时，按 C60 取值；d 为锚固钢筋的直径；α 为锚固钢筋的外形系数，按表 1-4 选用。

表 1-4 锚固钢筋的外形系数

钢筋类型	光圆钢筋	带肋钢筋	螺旋肋钢丝	三股钢绞线	七股钢绞线
α	0.16	0.14	0.13	0.16	0.17

（2）受拉钢筋的锚固长度 l_a 应根据锚固条件按下式计算，且不应小于 200：

$$l_a=\zeta_a l_{ab} \tag{1-10}$$

式中：ζ_a 为锚固长度修正系数。当锚固条件多于一项时可按连乘计算，但不应小于 0.6。

纵向受拉普通钢筋的锚固长度修正系数 ζ_a 应按下列规定取用：①当带肋钢筋的公称直径大于 25 mm 时取 1.10；②环氧树脂涂层带肋钢筋取 1.25；③施工过程中易受扰动的钢筋取 1.10；④当纵向受力钢筋的实际配筋面积大于其设计计算面积时，修正系数取设计计算面积与实际配筋面积的比值，但对有抗震设防要求及直接承受动力荷载的结构构件，不应考虑此项修正；⑤锚固钢筋的保护层厚度为 $3d$ 时修正系数可取 0.80，保护层厚度不小于 $5d$ 时修正系数可取 0.70，中间按内插取值，此处 d 为锚固钢筋的直径。

（3）当锚固钢筋的保护层厚度不大于 $5d$ 时，锚固长度范围内应配置横向构造钢筋，其直径不应小于 $d/4$；对梁、柱、斜撑等构件间距不应大于 $5d$，对板、墙等平面构件间距不应大于 $10d$，且均不应大于 100 mm，此处 d 为锚固钢筋的直径。此项规定，主要用于防止保护层混凝土劈裂时钢筋突然失锚。其中，对于构造钢筋的直径，根据最大锚固钢筋的直径确定；对于构造钢筋的间距，按最小锚固钢筋的直径取值。

（4）当纵向受拉普通钢筋末端采用弯钩或机械锚固措施时，包括弯钩或锚固端头在内的锚固长度（投影长度）可取为基本锚固长度 l_{ab} 的 60%。在钢筋末端配置弯钩和机械锚固是减小锚固长度的有效方式，其原理是利用受力钢筋端部锚头（如弯钩、贴焊锚筋、焊接锚板或螺栓锚头）对混凝土的局部挤压作用加大锚固承载力。锚头对混凝土的局部挤压保证了钢筋不会发生锚固拔出破坏，但锚头前必须有一定的直段锚固长度，以控制锚固钢筋的滑移，使构件不致发生较大的裂缝和变形。因此对钢筋末端弯钩和机械锚固可以乘修正系数 0.6，有效地减小锚固长度。

（5）抗震设计时受拉钢筋的基本锚固长度 l_{abE} 和抗震锚固长度 l_{aE} 按下式计算：

$$l_{abE}=\zeta_{aE} l_{ab} \tag{1-11}$$

$$l_{aE}=\zeta_{aE} l_a \tag{1-12}$$

式中：ζ_{aE} 为抗震锚固长度修正系数，对一、二级抗震取 1.15，三级抗震取 1.05，四级抗震取 1.0。

对于上述锚固长度亦可以查表选用：l_{ab}、l_{abE}、l_a、l_{aE}分别见附表A-4～附表A-7。

钢筋受压时的黏结锚固机理与受拉时基本相同，但钢筋受压后的墩粗效应加大了界面的摩擦力和咬合力，对锚固有利；受压钢筋端头的支顶作用也大大改善了受压锚固的受力状态。因此混凝土结构中的纵向受压钢筋，当计算中充分利用其抗压强度时，锚固长度不应小于相应受拉锚固长度的70%。

钢筋混凝土结构房屋的抗震等级应根据设防类别、设防烈度、结构类型和房屋高度采用不同的抗震等级，并应符合相应的内力调整和抗震构造要求。具体可参照《建筑与市政工程抗震通用规范》(GB 55002—2021)、《建筑抗震设计规范》(GB 50011—2010)相关条款，在此不再展开。

4. 钢筋的连接

钢筋的连接是指通过绑扎搭接、机械连接、焊接等方法实现钢筋之间内力传递的构造形式。

钢筋连接的形式(如搭接、机械连接、焊接等)各自适用于一定的工程条件。各种类型钢筋接头的传力性能(如强度、变形、恢复力、破坏状态等)均不如直接传力的整根钢筋，任何形式的钢筋连接均会削弱其传力性能。因此钢筋连接的基本原则为：连接接头设置在受力较小处；限制钢筋在构件同一跨度或同一层高内的接头数量；避开结构的关键受力部位，如柱端、梁端的箍筋加密区，并限制接头面积百分率等。

轴心受拉及小偏心受拉杆件的纵向受力钢筋不得采用绑扎搭接；其他构件中的钢筋采用绑扎搭接时，受拉钢筋直径不宜大于25 mm，受压钢筋直径不宜大于28 mm。

同一构件中相邻纵向受力钢筋的绑扎搭接接头宜相互错开。钢筋绑扎搭接接头连接区段的长度为1.3倍搭接长度，凡搭接接头中点位于该连接区段长度内的搭接接头均属于同一连接区段，见图1-8。

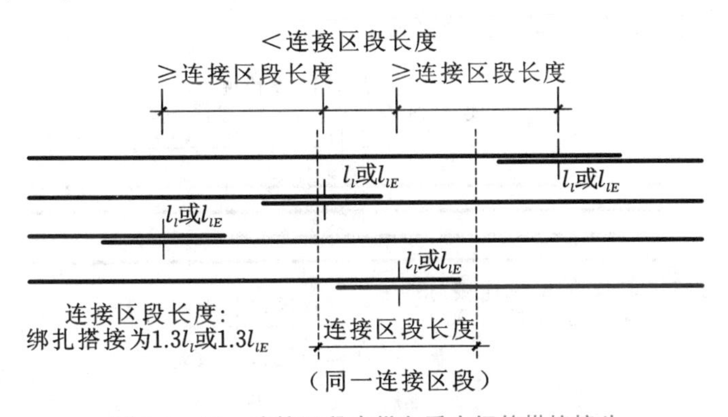

图1-8　同一连接区段内纵向受力钢筋搭接接头

同一连接区段内纵向受力钢筋搭接接头面积百分率为该区段内有搭接接头的纵向受力钢筋与全部纵向受力钢筋截面面积的比值。当直径不同的钢筋搭接时，按直径较小的钢筋计算。粗、细钢筋在同一区段搭接时，按较细钢筋的截面积计算接头面积百分率及搭接长度。这是因为钢筋通过接头传力时，均按受力较小的细直径钢筋考虑承载受力，而粗直径钢筋往往有较大的余量。当同一构件内不同连接钢筋计算连接区段长度不同时取大值。此原则对于机械连接和焊接同样适用。

位于同一连接区段内的受拉钢筋搭接接头面积百分率：对梁类、板类及墙类构件，不宜大于 25%；对柱类构件，不宜大于 50%。当工程中确有必要增大受拉钢筋搭接接头面积百分率时，对梁类构件，不宜大于 50%；对板、墙、柱及预制构件的拼接处，可根据实际情况放宽。

纵向受拉钢筋绑扎搭接接头的搭接长度，应根据位于同一连接区段内的钢筋搭接接头面积百分率按下列公式计算，且不应小于 300 mm。

$$l_l = \zeta_l l_a \tag{1-13}$$

有抗震要求的纵向受拉钢筋搭接长度：

$$l_{lE} = \zeta_l l_{aE} \tag{1-14}$$

式中：ζ_l——纵向受拉钢筋搭接长度修正系数，见表 1-5。当纵向钢筋搭接接头面积百分率为表里中间值时，修正系数可按内插取值。

l_l——纵向受拉钢筋搭接长度，见附表 A-8。

l_{aE}——纵向受拉钢筋抗震搭接长度，见附表 A-9。

表 1-5 纵向受拉钢筋搭接长度修正系数

纵向搭接钢筋接头面积百分率/(%)	≤25	50	100
ζ	1.2	1.4	1.6

可见，搭接长度随接头面积百分率的提高而增大，这是因为搭接接头受力后，相互搭接的两根钢筋将产生相对滑移，且搭接长度越小，滑移越大。为了使接头充分受力的同时变形刚度不致过差，就需要相应增大搭接长度。

纵向受力钢筋的机械连接接头宜相互错开，如图 1-9 所示。钢筋机械连接区段的长度为 35d，钢筋焊接接头连接区段的长度为 35d 且不小于 500 mm，d 为连接钢筋的较小直径；当同一构件内不同连接钢筋计算连接区段长度不同时取大值。凡接头中点位于该连接区段长度内的机械连接接头均属于同一连接区段。

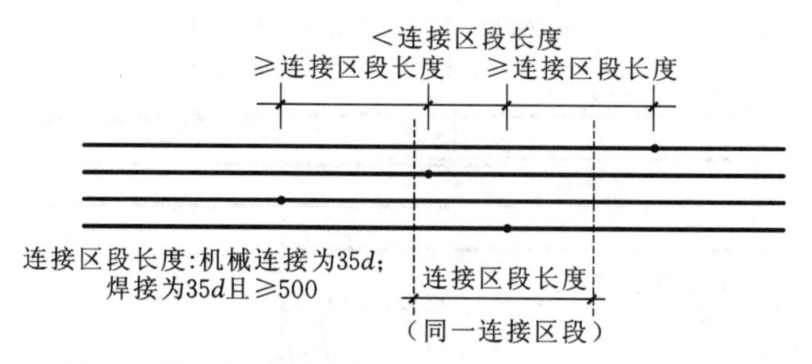

图 1-9 同一连接区段内纵向受拉钢筋机械连接、焊接接头

课后任务

1. 简述工程案例中所示内容。
2. 混凝土结构有哪些类型？
3. 影响钢筋与混凝土之间黏结力的因素有哪些？各因素怎样影响的？
4. 锚固长度如何确定？

工作手册2

基础

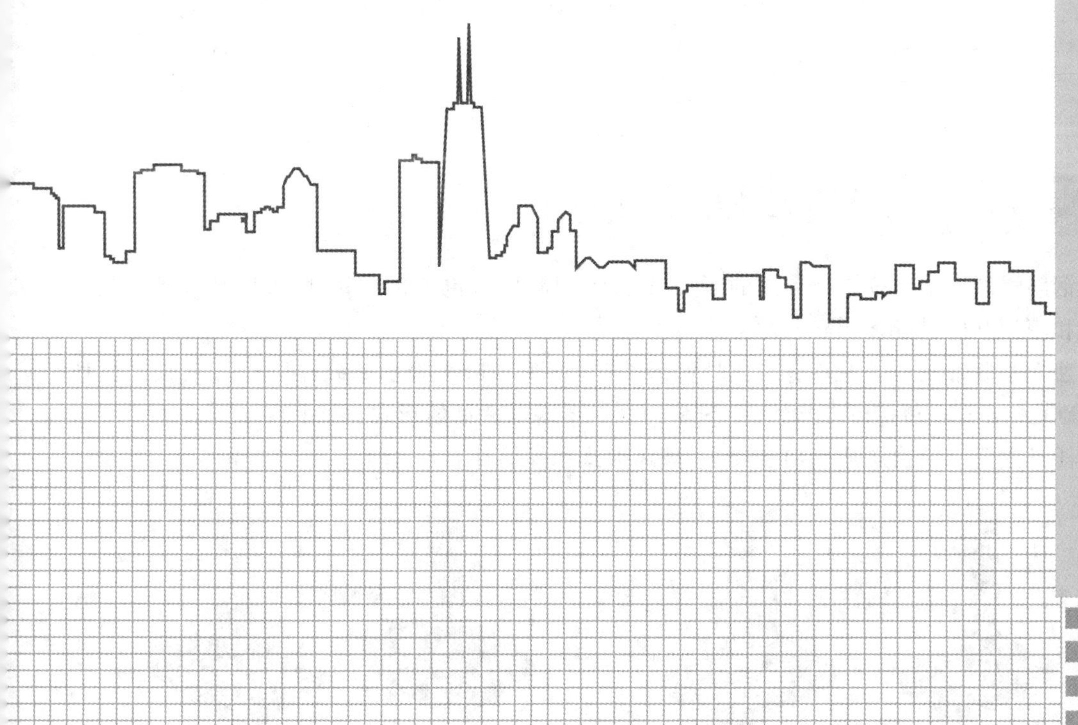

学习目标

1. 知识目标

(1) 掌握基础的一般构造要求、受力特征及配筋计算原理。

(2) 掌握独立基础、筏形基础的平法施工图制图规则。

2. 能力目标

(1) 具备熟练识读基础施工图的能力。

(2) 具备计算基础钢筋预算量的能力。

工程案例

二维码所示的是某大厦的基础平面布置图，包括桩基承台、独立基础和筏板基础。本工作手册和工作手册 3 将介绍基础的类型、基础设计原理、基础的识图和钢筋量计算等内容。

任务 1 扩展基础设计原理

钢筋混凝土基础按结构形式的不同可分为扩展基础（包括独立基础、条形基础等）、筏形基础和箱型基础、桩基础等。

独立基础常见形式主要有现浇柱锥形基础（见图 2-1）和阶形基础（见图 2-2）、预制柱杯形基础（见图 2-3）和高杯口基础（见图 2-4）。条形基础常见的形式，见图 2-5。

任务主要介绍独立基础构造要求、破坏形式和配筋计算。

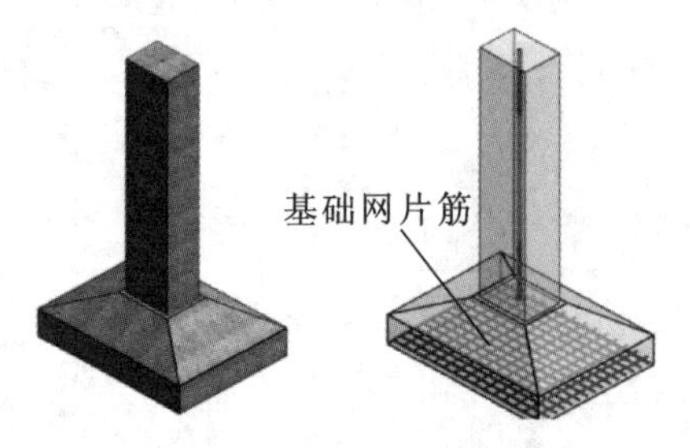

图 2-1 现浇柱锥形基础

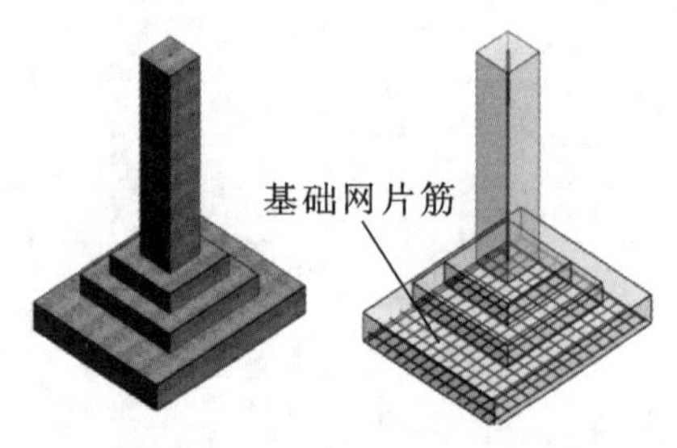

图 2-2 现浇柱阶形基础

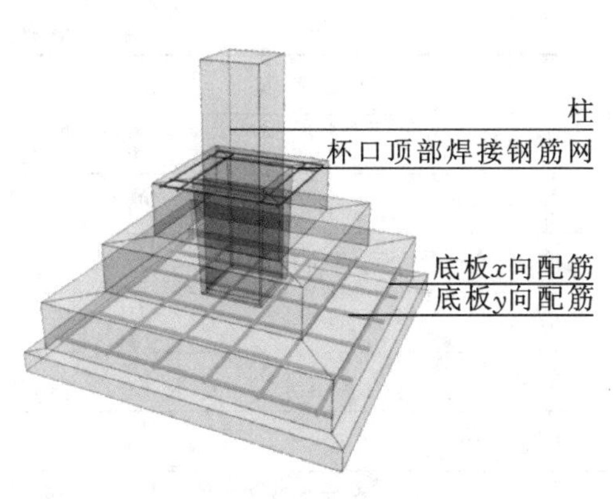

图 2-3　预制柱杯形基础

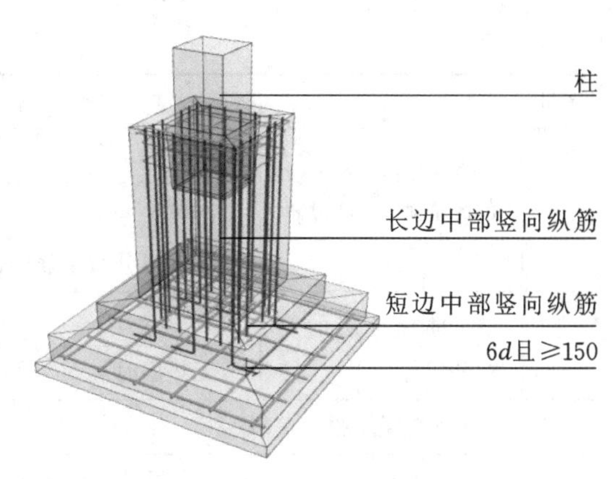

图 2-4　高杯口基础

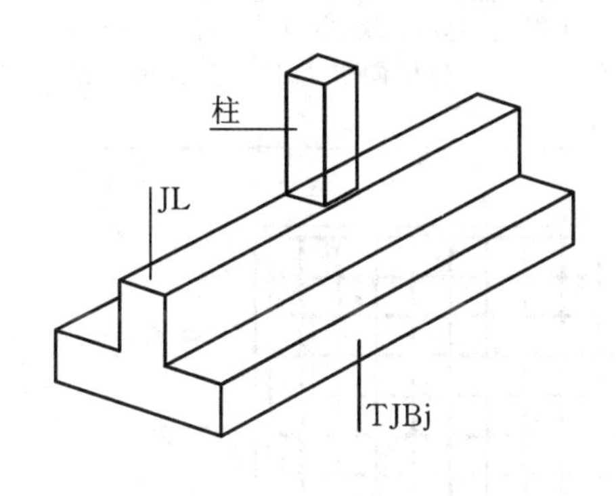

(a) 条形基础示意图

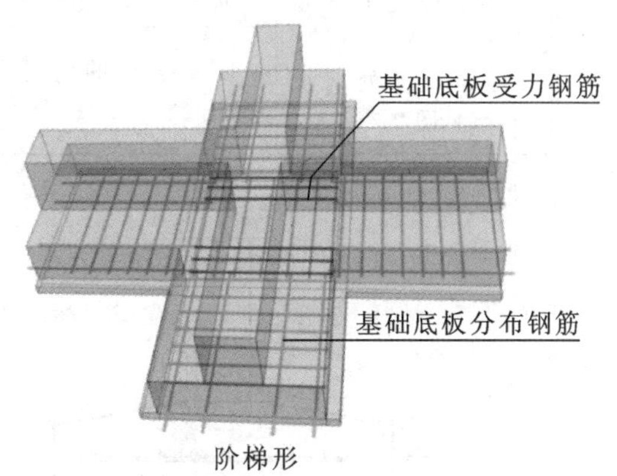

(b) 条形基础钢筋布置示意图

图 2-5　条形基础

一、构造要求

1. 一般规定

根据《建筑与市政地基基础通用规范》(GB 55003—2021)及《建筑地基基础设计规范》(GB 50007—2011)中的规定，扩展基础的相关构造应符合表 2-1 要求。

表 2-1　扩展基础的构造要求

序号	项目		构造要求
1	锥形(坡形)基础的边缘高度/mm		宜≥200，且两个方向的坡度不宜大于 1∶3
2	阶形基础的每阶高度/mm		宜为 300～500
3	垫层的厚度/mm		宜≥70
4	垫层混凝土强度等级		宜≥C10
5	基础底板受力钢筋	最小配筋率	0.15%
		直径/mm	应≥10
		间距 s/mm	宜 $200 \geq s \geq 100$

续表

序号	项目		构造要求
6	墙下钢筋混凝土条形基础纵向分布钢筋	直径/mm	应≥8
		间距 s/mm	应 s≤300
		每延米分布钢筋的面积	应不小于受力钢筋面积的15%
7	钢筋保护层的厚度/mm	有垫层时	应≥40
		无垫层时	应≥70
8	基础混凝土强度等级		应≥C25
9	当基础底宽 b≥2.5 m时，底板受力钢筋的长度		可取0.9b，并宜交错布置（见图2-6）
10	钢筋混凝土条形基础底板在T形及十字形交叉处钢筋布置（见图2-7）	底板横向受力钢筋	仅沿一个主要受力方向通长布置
		另一方向的横向受力钢筋	可布置到主要受力方向底板宽度1/4处；在拐角处底板横向受力钢筋应沿两个方向布置

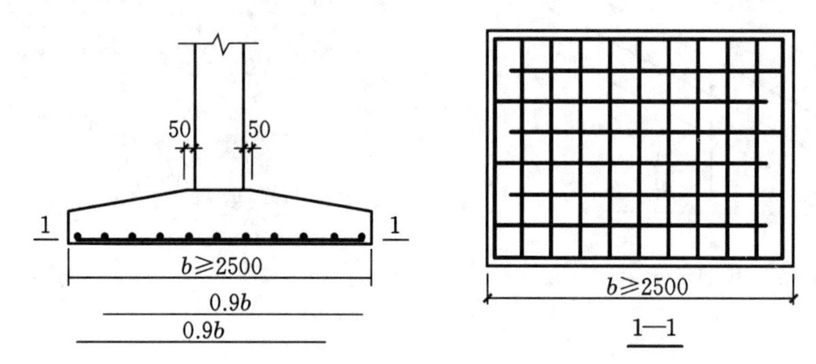

图 2-6　柱下独立基础底板受力钢筋布置

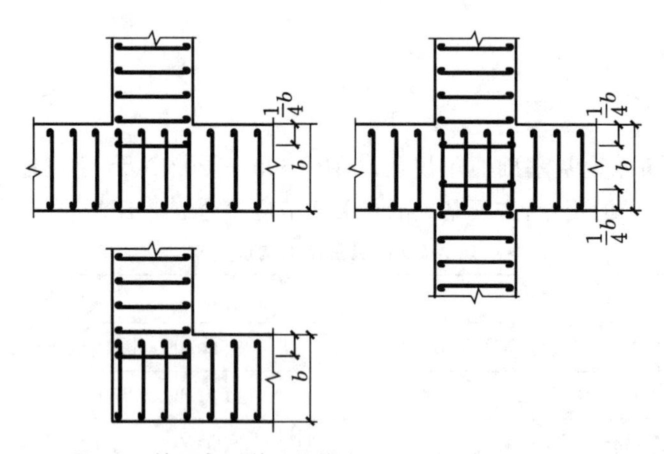

图 2-7　墙下条形基础纵横交叉处底板受力钢筋布置

2. 基础插筋锚固长度

基础插筋锚固长度，即钢筋混凝土柱和剪力墙纵向受力钢筋在基础内的锚固长度要求，应符合下列规定。

(1) 钢筋混凝土柱和剪力墙纵向受力钢筋在基础内的锚固长度 l_a 应符合现行国家标准的有关规定。

(2) 抗震设防烈度为 6 度、7 度、8 度和 9 度地区的建筑工程，纵向受力钢筋的抗震锚固长度 l_{aE} 按下式计算：

① 一、二级抗震等级纵向受力钢筋

$$l_{aE}=1.15l_a \tag{2-1}$$

② 三级抗震等级

$$l_{aE}=1.05l_a \tag{2-2}$$

③ 四级抗震等级

$$l_{aE}=l_a \tag{2-3}$$

式中，l_a 指纵向受拉钢筋的锚固长度。

(3) 当基础高度小于 l_a(l_{aE})时，纵向受力钢筋锚固总长度除符合上述要求外，其最小直锚段的长度不应小于 $20d$，弯折段的长度不应小于 150 mm。

3. 现浇柱基础插筋构造

现浇柱的基础插筋数量、直径以及钢筋种类应与柱内纵向受力钢筋相同；插筋的锚固长度应满足上述第(2)条的要求，插筋与柱的纵向受力钢筋的连接方法应符合规范规定。插筋下端宜做成直钩放在基础底板钢筋网上。当符合下列条件之一时，可仅将四角的插筋伸至底板钢筋网上，其余插筋锚固在基础顶面下 l_a 或 l_{aE}(抗震设计时)处，如图 2-8 所示。

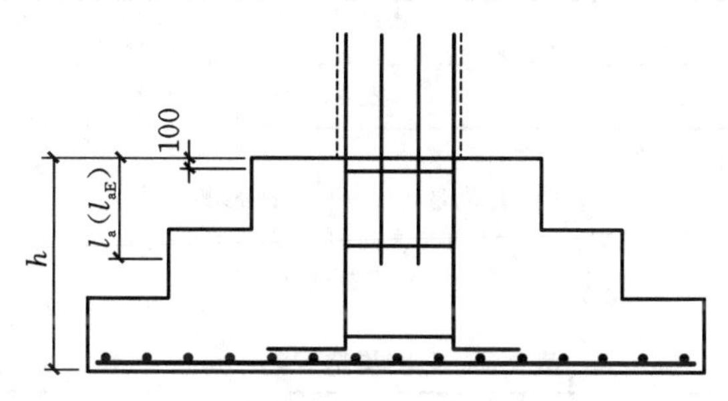

图 2-8　现浇柱的基础中插筋构造示意图

(1) 柱为轴心受压或小偏心受压，基础高度 $h \geqslant 1200$ mm；

(2) 柱为大偏心受压，基础高度 $h \geqslant 1400$mm。

4. 预制钢筋混凝土柱与杯口基础的连接构造

预制钢筋混凝土柱与杯口基础的连接构造应符合以下规定，如图 2-9 所示。

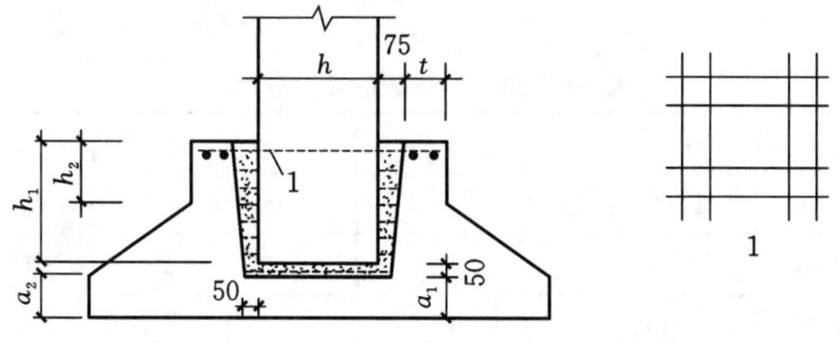

图 2-9　预制钢筋混凝土柱与杯口基础的连接示意图($a_2 \geqslant a_1$)

1—焊接钢筋网

（1）柱的插入深度，可按表 2-2 选用，并应满足锚固强度的要求及吊装时柱的稳定性。

（2）基础的杯底厚度和杯壁厚度，可按表 2-3 选用。

（3）当柱为轴心受压或小偏心受压且 $t/h_2 \geqslant 0.65$ 时，或大偏心受压且 $t/h_2 \geqslant 0.75$ 时，杯壁可不配筋；当柱为轴心受压或小偏心受压且 $0.5 \leqslant t/h_2 < 0.65$ 时，杯壁可按表 2-4 构造配筋；其他情况应按计算配筋。

表 2-2　柱的插入深度 h_1(mm)

矩形或工字形柱				双肢柱
$h<500$	$500 \leqslant h<800$	$800 \leqslant h \leqslant 1000$	$h>1000$	
$h \sim 1.2h$	h	$0.9h$ 且 $\geqslant 800$	$0.8h$ 且 $\geqslant 1000$	$(1/3 \sim 2/3)h_a$， $(1.5 \sim 1.8)h_b$

注：①h 为截面长边尺寸；h_a 为双肢柱全截面长边尺寸；h_b 为双肢柱全截面短边尺寸；
②柱轴心受压或偏心受压时，h_1 可适当减小，偏心距大于 $2h$ 时，h_1 应适当加大。

表 2-3　基础的杯底厚度和杯壁厚度(mm)

柱截面长边尺寸 h	杯底厚度 a_1	杯壁厚度 μ
$h<500$	$\geqslant 150$	150～200
$500 \leqslant h<800$	$\geqslant 200$	$\geqslant 200$
$800 \leqslant h \leqslant 1000$	$\geqslant 200$	$\geqslant 300$
$1000 \leqslant h<1500$	$\geqslant 250$	$\geqslant 350$
$1500 \leqslant h<2000$	$\geqslant 300$	$\geqslant 400$

注：①双肢柱的杯底厚度值，可适当加大；
②当有基础梁时，基础梁下的杯壁厚度，应满足其支承宽度的要求；
③柱子插入杯口部分的表面应凿毛，柱子与杯口之间的空隙，应使用比基础混凝土强度等级高一级的细石混凝土充填密实，当达到材料设计强度的 70%以上时，方能进行上部吊装。

表 2-4　杯壁构造配筋(mm)

柱截面长边尺寸 h	$h<1000$	$1000 \leqslant h<1500$	$1500 \leqslant h<2000$
钢筋直径	8～10	10～12	12～16

5. 预制钢筋混凝土柱（包括双肢柱）与高杯口基础的连接构造

如图 2-10 所示，除应符合表 2-2 的规定的柱的插入深度要求，高杯口基础的杯壁厚度应符合表 2-5 的规定。高杯口基础短柱的纵向钢筋构造要求见表 2-6。

表 2-5　高杯口基础的杯壁厚度 t

h/mm	t/mm
$600<h \leqslant 800$	$\geqslant 250$
$800<h \leqslant 1000$	$\geqslant 300$
$1000<h \leqslant 1400$	$\geqslant 350$
$1400<h \leqslant 1600$	$\geqslant 400$

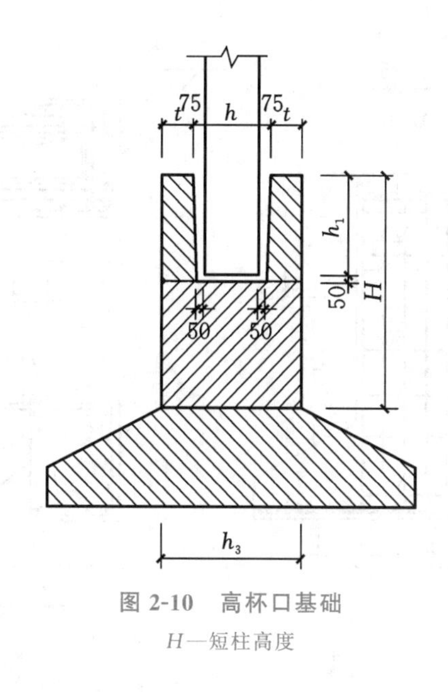

图 2-10　高杯口基础

H—短柱高度

表 2-6　高杯口基础短柱的纵向钢筋构造要求

序号	项目		构造要求
1	短柱四角纵向钢筋的直径/mm		宜≥20 并延伸至基础底板的钢筋网上
2	短柱长边的纵向钢筋	当长边尺寸 h_3≤1000	直径应≥12 mm,间距应≤300 mm
		当长边尺寸 h_3>1000	直径应≥16 mm,间距应≤300 mm 且每隔 1 米左右伸下一根并做长 150 mm 的直钩支承在基础底板的钢筋网上,其余钢筋锚固至基础底板顶面下 l_a 处(见图 2-11)
3	短柱短边的纵向钢筋(每隔 300 mm)		直径≥12 mm,且每边的配筋率≥0.05%短柱的截面面积
4	短柱中的箍筋	当抗震设防烈度为 8 度和 9 度时	直径应≥8 mm,间距应≤150 mm
		当为其他情况时	直径应≥8 mm,间距应≤300 mm

二、柱下独立基础破坏形式

通过相关试验可知,钢筋混凝土柱下独立基础有以下三种破坏形式。

1. 冲切破坏

当基础底板尺寸较大而厚度较薄,且基底短边尺寸大于柱宽加两倍有效高度时,基础将从柱的周边或变阶处开始沿 45°斜面拉裂,形成冲切角锥体,基础发生冲切破坏,如图 2-12 所示。为了防止这种破坏,应验算柱与基础交接处以及基础变阶处的受冲切承载力。

2. 剪切破坏

当基础底板尺寸较大而厚度较薄,且基底短边尺寸小于柱宽加两倍有效高度时,此时基础如同梁一样,将从柱边或变阶处发生斜截面剪切破坏,如图 2-13 所示。为了防止发生这

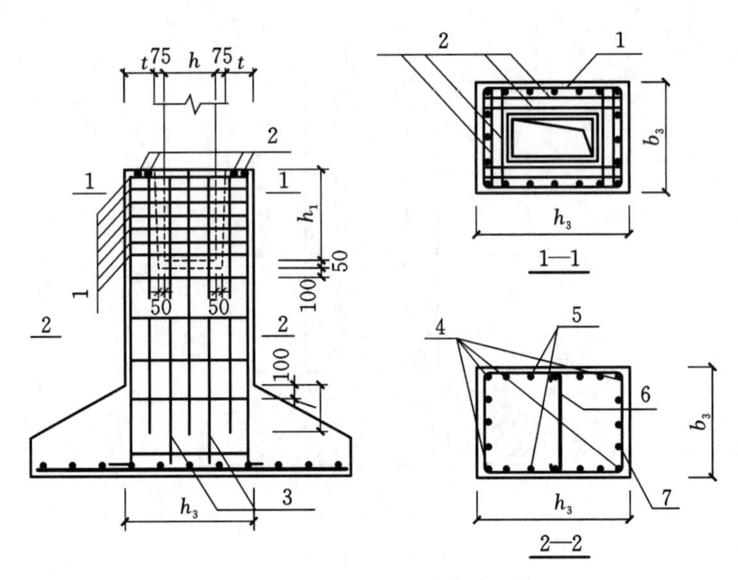

图 2-11 高杯口基础的构造配筋

1—杯口壁内横向箍筋；2—顶层焊接钢筋网；3—插入基础底部的纵向钢筋，不应少于每米 1 根；4—短柱四角钢筋；5—短柱长边纵向钢筋；6—按构造要求；7—短柱短边纵向钢筋

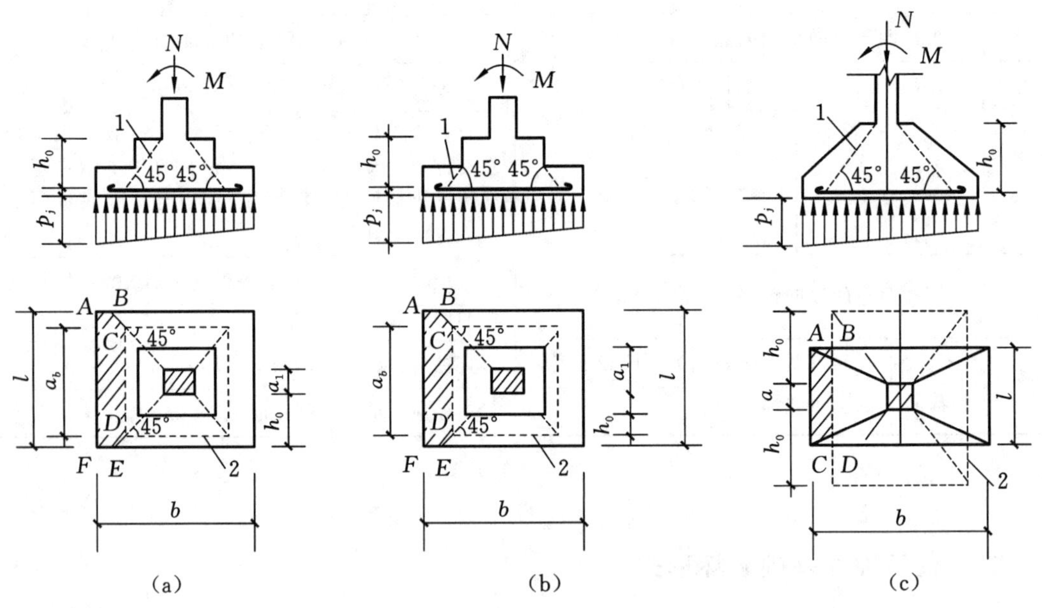

图 2-12 钢筋混凝土独立基础发生冲切破坏

种破坏，应验算柱与基础交接处以及基础变阶处的受剪承载力。

3. 弯曲破坏

在基底净反力作用下，基础板在两个方向均发生向上弯曲，底部受拉，顶部受压。在危险截面内的弯矩设计值超过底板的受弯承载力时，底板将发生弯曲破坏，如图 2-14 所示。为了防止发生这种破坏，应验算基础底板受弯承载力。

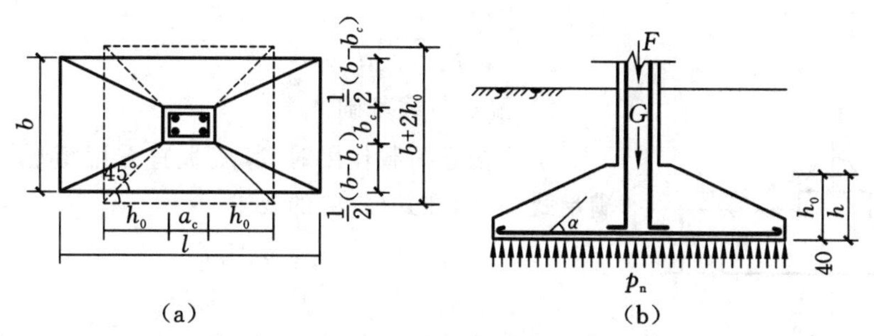

图 2-13　钢筋混凝土独立基础发生剪切破坏

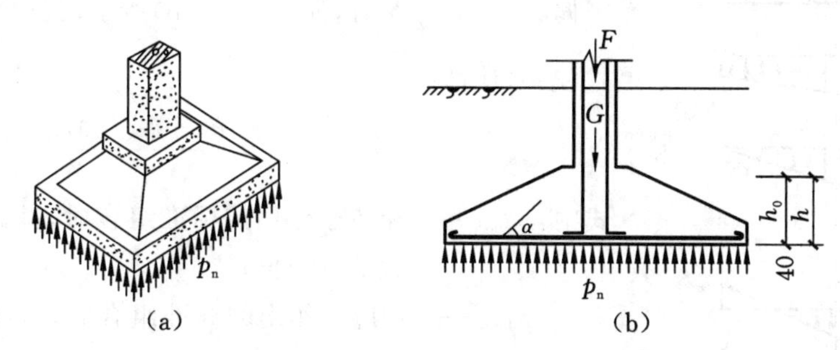

图 2-14　钢筋混凝土独立基础发生弯曲破坏

三、柱下独立基础的设计计算

独立基础的设计计算主要包括确定基础底板面积、计算基础台阶高度及底板配筋等。

1. 基础底板面积计算

地基基础设计时，对所有等级的建筑物均应进行地基承载力验算，根据地基承载力特征值确定基础的底面积。

1）轴心荷载基础

承受轴心荷载基础，其底板宜采用正方形，基础地面的平均压力如图 2-15(a)所示且应满足式(2-4)规定。

$$p_k \leqslant f_a \tag{2-4}$$

其中，基础底面的平均压力值按式(2-5)计算。

$$p_k = \frac{F_k + G_k}{A} \tag{2-5}$$

式中：p_k——相应于作用的标准组合时，基础底面处的平均压力值；

f_a——修正后的地基承载力特征值；

F_k——相应于作用的标准组合时，上部结构传至基础顶面的竖向力值；

G_k——基础自重和基础上的土重，一般近似取 $G_k = \gamma_G A d$，其中，γ_G 为基础与回填土平均重度，可取 20 kN/m^3，地下水位以下部分取有效重度，d 为基础平均埋深；

A——基础底面面积。

由此可得基础底面面积，按式(2-6)计算可得。

$$A \geqslant \frac{F_k}{f_a - \gamma_G d} \tag{2-6}$$

2）偏心荷载基础

承受偏心荷载作用时，其底板宜采用矩形，基底压力应满足式(2-7)和式(2-8)的要求：

$$p_k \leqslant f_a \tag{2-7}$$

$$p_{kmax} \leqslant 1.2 f_a \tag{2-8}$$

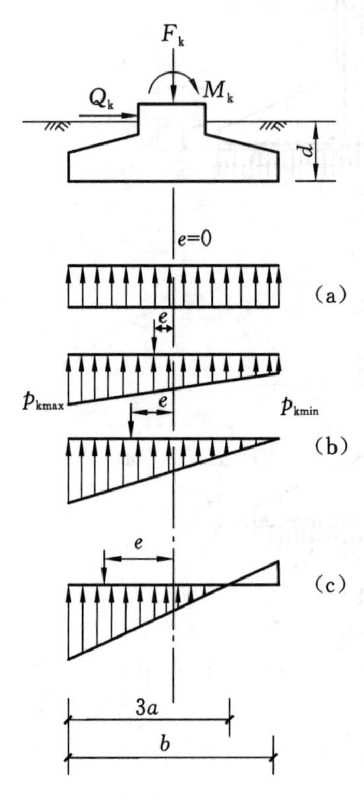

图 2-15　基础底面压力计算示意

基础承受偏心荷载时，基底压力一般假定为直线分布，当偏心距 $e \leqslant \frac{1}{6}b$ 时，如图 2-15(b)所示，其边缘处的压力按式(2-9)计算。

$$p_{kmax} p_{kmin} = \frac{F_k + G_k}{A} \pm \frac{M_k}{W} \tag{2-9}$$

式中：p_{kmax}——相应于作用的标准组合时，基础底面边缘最大的压力值；

p_{kmin}——相应于作用的标准组合时，基础底面边缘最小的压力值；

W——基础底面的抵抗矩。

当偏心距 $e > \frac{1}{6}b$ 时，如图 2-15(c)所示，p_{kmax} 应按式(2-10)计算。

$$p_{kmax} = \frac{2(F_k + G_k)}{3la} \tag{2-10}$$

式中：l——垂直于力矩方向的基础底面边长；

b——力矩作用方向的基础底面边长；

a——合力作用点至基础底面最大压力边缘的距离，$a = \frac{b}{2} - e$。

为了保证基础不过分倾斜，通常要求偏心距 $e \leqslant \frac{1}{6}b$。一般认为，在中、高压缩性地基上的基础，或有吊车的厂房柱基础，要求 $e \leqslant \frac{1}{6}b$，当考虑短暂作用的偏心荷载时，e 可放宽至 $b/4$。

2. 基础高度计算

1）柱下独立基础的受冲切承载力验算

当基础承受柱子传来的荷载时，若沿柱周边（或变阶处）的基础高度不够，就会发生冲切破坏，形成45°斜裂面的角锥体，如图 2-16 所示。为保证基础不发生冲切破坏，基础应有足够的高度，使基础冲切面以外地基净反力产生的冲切力不大于基础冲切面处混凝土的抗冲切强度，即满足式(2-11)的计算要求。

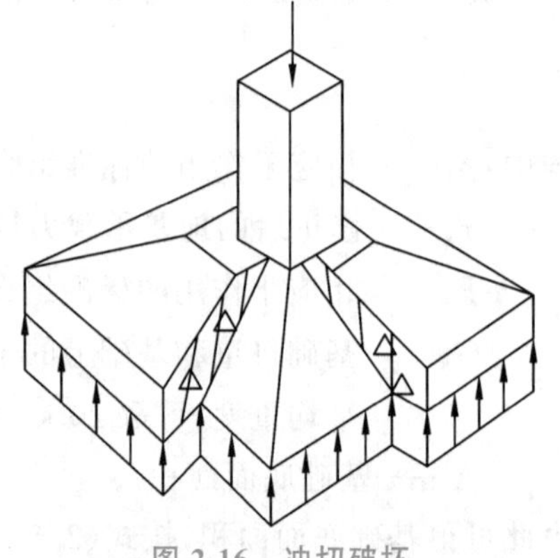
图 2-16　冲切破坏

$$F_l \leqslant 0.7\beta_{hp} f_t a_m h_0 \tag{2-11}$$

式中：F_l——相应于作用的基本组合时，作用在 A_l 上的地基土净反力设计值，$F_l = p_j A_l$；

p_j——扣除基础自重及其上土重后相应于作用的基本组合时的地基土单位面积净反力，对偏心受压基础可取基础边缘处最大地基土单位面积净反力；

A_l——冲切验算时取用的部分基底面积[见图 2-12(a)、(b)中阴影面积 $ABCDEF$，以及图 2-12(c)中阴影面积 $ABCD$]；

β_{hp}——受冲切承载力截面高度影响系数，当 h 不大于 800 mm 时，β_{hp}取 1.0；当 h 大于等于 2000 mm 时，β_{hp}取 0.9；其间按照线性内插法取用；

f_t——混凝土轴心抗拉强度设计值；

h_0——基础冲切破坏锥体的有效高度；

a_m——冲切破坏锥体最不利计算一侧计算长度，$a_m = (a_t + a_b)/2$。

其中，a_t、a_b 分别为冲切破坏锥体最不利计算一侧斜截面的上边长和在基础底面积范围内的下边长，当计算柱与基础交接处的受冲切承载力时，分别取柱宽和柱宽加两倍基础有效高度；当计算基础变阶处的受冲切承载力时，分别取上阶宽和上阶宽加两倍基础有效高度。

验算时分以下两种情况：

(1) 当 $l \geqslant a_t + 2h_0$ 时，冲切破坏锥体的底面落在基础地面以内，如图 2-12(a)所示。

验算柱与基础交接处的受冲切承载力时，冲切验算时取用的部分基底面积按式(2-12)计算：

$$A_l = \left(\frac{b}{2} - \frac{b_0}{2} - h_0\right) l - \left(\frac{l}{2} - \frac{l_0}{2} - h_0\right)^2 \tag{2-12}$$

式中：l_0、b_0——柱截面的宽、长。

当验算变阶处的受冲切承载力时；如图 2-12(b)所示，上式中的 l_0、b_0 应改为上阶短边和长边。

(2) 当 $l < a_t + 2h_0$ 时，冲切破坏锥体的底面在 l 方向落在基础底面以外，如图 2-12(c)所示，验算柱与基础交接处的受冲切承载力时，冲切验算时取用的部分基底面积按式(2-13)计算：

$$A_l = \left(\frac{b}{2} - \frac{b_0}{2} - h_0\right) l \tag{2-13}$$

当验算变阶处的受冲切承载力时，上式中的 b_0 应改为上阶长边。

如果冲切破坏锥体的底面全部落在基础底面以外，则基础为刚性基础，不会产生冲切破坏，无须进行冲切验算。

2）独立基础的受剪承载力验算

当基础短边尺寸小于或等于柱宽加两倍基础有效高度时，应按式(2-14)验算柱与基础交接处截面受剪承载力：

$$V_s \leqslant 0.7\beta_{hs} f_t A_0 \tag{2-14}$$

式中：V_s——相应于作用的基本组合时，柱与基础交接处的剪力设计值(kN)，为图 2-17 中的阴影面积乘以基底平均净反力；

β_{hs}——受剪承载力截面高度影响系数，$\beta_{hs} = (800/h_0)^{1/4}$；当 $h_0 < 800$ mm 时，取 $h_0 = 800$ mm；当 $h_0 > 2000$ mm 时，取 $h_0 = 2000$ mm；

A_0——验算截面处基础的有效截面面积(m^2)。当验算截面为阶形或锥形时，可将其截面折算成矩形截面，截面的折算宽度和截面的有效高度按规范计算。

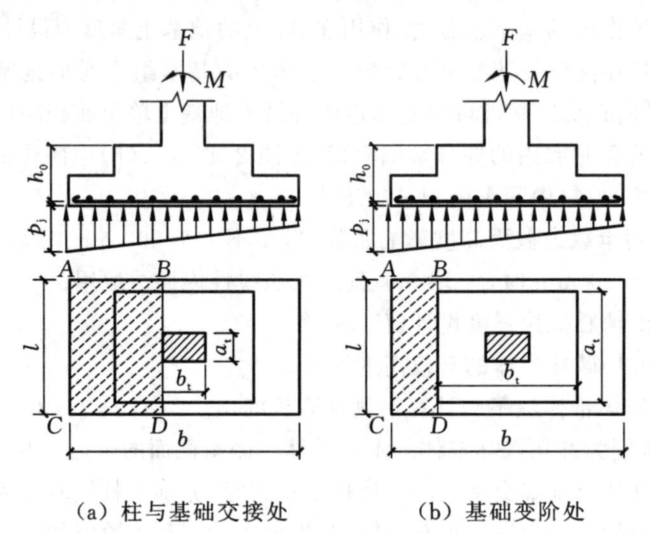

（a）柱与基础交接处　　（b）基础变阶处

图 2-17　验算阶形基础受剪承载力示意图

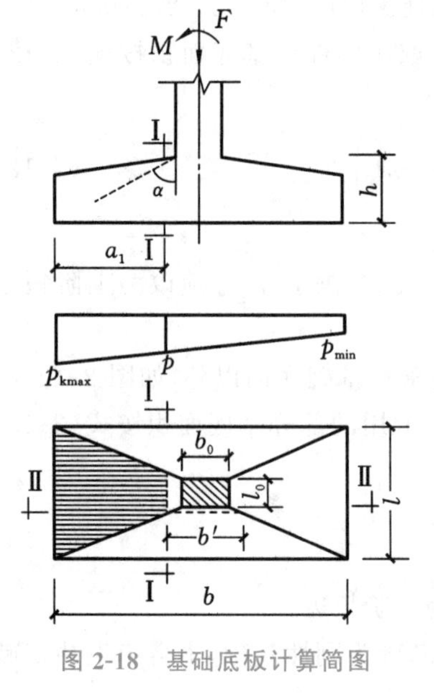

图 2-18　基础底板计算简图

3. 基础底板配筋计算

独立基础在承受荷载后，基础底板在地基净反力作用下会沿着柱边向上弯曲。一般独立基础的长宽比小于2，故为双向板，两个方向都要配置受力钢筋，其内力计算常采用简化计算法。当弯曲应力超过基础抗弯强度时，基础底板将发生弯曲破坏，其破坏特征是裂缝沿柱角至基础角将基础底板分裂成四块梯形面积。故基础底板的配筋计算，可按固定在柱边的梯形悬臂板的抗弯计算确定。

在轴心荷载或单向（矩形基础长边方向）偏心荷载作用下，对于矩形基础，当台阶的宽高比小于或等于 2.5 且偏心距小于或等于 1/6 基础宽度时，基础底板任意截面的弯矩可按式(2-15)计算（见图 2-18）。

$$M_{\mathrm{I}}=\frac{1}{12}a_1^2\left[(2l+a')\left(p_{max}+p_{\mathrm{I}}-\frac{2G}{A}\right)+(p_{max}-p_{\mathrm{I}})l\right] \tag{2-15a}$$

$$M_{\mathrm{II}}=\frac{1}{48}(l-a')^2(2b+b')\left(p_{max}+p_{min}-\frac{2G}{A}\right) \tag{2-15b}$$

式中：M_{I}、M_{II}——任意Ⅱ-Ⅱ处相应于作用的基本组合时的弯矩设计值（kN·m）；

a_1——任意截面Ⅰ—Ⅰ至基底边缘最大反力处的距离（m）；

l、b——基础底面的边长（m）；

p_{max}、p_{min}——相应于作用的基本组合时的基础底面边缘最大和最小地基反力计算值；

p_{I}——相应于作用的基本组合时在任意截面Ⅰ—Ⅰ处基础底面地基反力设计值（kPa）；

G——考虑作用分项系数的基础自重及其上的土自重，当组合值由永久作用控制时，作用分项系数可取1.35。

基础底板配筋按式(2-16)计算：

$$A_{si}=\frac{M_i}{0.9f_y h_0} \tag{2-16}$$

由 A_{I} 得到的钢筋配置在平行于长边(垂直于Ⅰ—Ⅰ截面)方向；由 A_{II} 得到的钢筋配置在平行于短边(垂直于Ⅱ—Ⅱ截面)方向。

阶梯形基础在变阶处也是抗弯的危险截面，故尚需计算变阶处截面的钢筋，此时只要用台阶平面尺寸代替柱截面尺寸即可得出变阶处两个方向的受力钢筋面积。配筋时取同一方向的两个截面受力钢筋面积较大者。

4. *基础局部受压承载力验算*

应该指出，一般柱的混凝土强度等级较基础的混凝土强度等级高，因此，基础设计除了按以上方法验算其高度，计算底板配筋外，尚应验算基础顶面的局部受压承载力。

四、柱下独立基础的设计案例

例 2-1　某框架结构独立基础，采用荷载标准组合时，基础承受的荷载为：竖向荷载 $F_k=900$ kN，弯矩 $M_k=225$ kN·m，水平荷载 $V_k=50$ kN，竖向荷载设计值 $F=1215$ kN。柱截面尺寸为500 mm×300 mm，下卧层为淤泥，$f_{ak}=85$ kN/mm²，其他有关数据如图2-19所示。试设计该柱下钢筋混凝土独立基础。

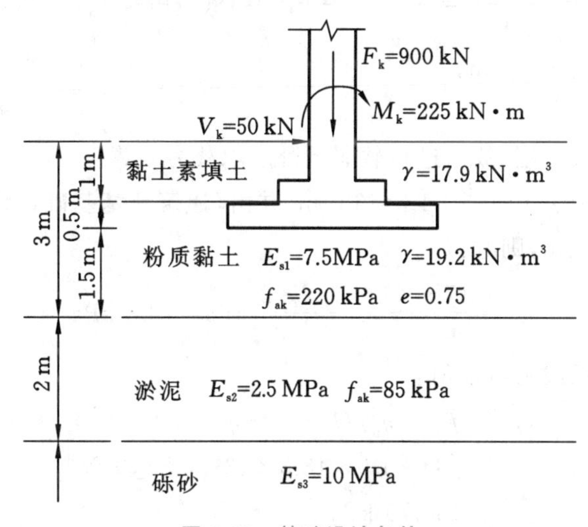

图 2-19　基础设计条件

(1) 基础底面积计算。

① 初拟基底面积。

初步选定基础埋深 $d=1.5$ m，基底持力层为粉质黏土，据规范取 $\eta_b=0.3$，$\eta_d=1.6$，地基承载力特征值 f_a 为：

$$
\begin{aligned}
f_a &= f_{ak} + \eta_d \gamma_m (d - 0.5) \\
&= 220\ \text{kPa} + 1.6 \times \frac{17.9 \times 1 + 0.5 \times 19.2}{1.5} \times (1.5 - 0.5)\ \text{kPa} \\
&= 249\ \text{kPa}
\end{aligned}
$$

按中心荷载初估基底面积

$$
A_1 = \frac{F_k}{f_a - \gamma_G d} = \frac{900}{249 - 20 \times 1.5}\ \text{m}^2 = 4.1\ \text{m}^2
$$

考虑偏心荷载的作用，将基础底面积扩大，取 $A = 1.3A_1 = 5.3\ \text{m}^2$，拟采用 3 m×2 m 基底面积。

② 根据持力层承载力验算基底面积。

基础及回填土重量 $G_k = \gamma_G A d = 20 \times (3 \times 2) \times 1.5\ \text{kN} = 180\ \text{kN}$

荷载偏心距 e：

$$
\begin{aligned}
e &= \frac{M_k}{F_k + G_k} = \frac{225 + 50 \times 1.5}{900 + 180}\ \text{m} \\
&= 0.28\ \text{m} < l/6 = 0.5\ \text{m}
\end{aligned}
$$

基底边缘最大压力 p_{kmax}：

$$
\begin{aligned}
p_{kmax} &= \frac{F_k + G_k}{A} + \frac{M_k}{W} = \frac{900 + 180}{3 \times 2}\ \text{kPa} + \frac{300}{3}\ \text{kPa} \\
&= 280\ \text{kPa} < 1.2 f_a = 299\ \text{kPa}
\end{aligned}
$$

基底平均压力 $p_k = \frac{F_k + G_k}{A} = \frac{900 + 180}{6}\ \text{kPa} = 180\ \text{kPa} < f_{ak} = 220\ \text{kPa}$

故基底面积可取 3 m×2 m。

(2) 软弱下卧层验算。

由于持力层下为淤泥层，故需进行软弱下卧层承载力验算。

软弱下卧层埋深为 1.0+0.5+1.5=3.0 m，并由《建筑地基基础设计规范》(GB 50007—2011)查得 $\eta_b = 0$，$\eta_d = 1.0$，则有：

$$
\gamma_0 = \frac{17.9 \times 1 + 19.2 \times 2}{3}\ \text{kPa} = 18.8\ \text{kPa}
$$

下卧层顶面地基承载力特征值：

$$
\begin{aligned}
f_a &= f_{ak} + \eta_b \gamma (b - 3) + \eta_d \gamma_m (d - 0.5) \\
&= [85 + 1.0 \times 18.3 \times (3 - 0.5)]\ \text{kPa} \\
&= 130.75\ \text{kPa}
\end{aligned}
$$

下卧层顶面处自重应力：

$$
\sigma_{cz} = (17.9 \times 1 + 19.2 \times 2)\text{kPa} = 56.3\ \text{kPa}
$$

由 $E_{s1}/E_{s2} = 7.5/2.5 = 3$，$z/b = 1.5/2 = 0.75 > 0.5$，查相应表格有：

$$
\theta = 23^\circ，\tan\theta = 0.424
$$

下卧层顶面处附加应力

$$
\sigma_z = \frac{lb(p_k - \sigma_{cd})}{(l + 2z\tan\theta)(b + 2z\tan\theta)}
$$

$$=\frac{3\times2\times[180-(17.9\times1+19.2\times0.5)]}{(3+2\times1.5\times0.424)(2+2\times1.5\times0.424)}\ \text{kPa}$$

$$=65.5\ \text{kPa}$$

$$\sigma_{cz}+\sigma_z=121.8\ \text{kPa}<f_a=130.75\ \text{kPa}$$

下卧层承载力满足要求。

(3) 基础沉降计算。

采用规范法计算得出基础最终沉降量 $s=70.81$ mm(计算过程略)。

(4) 基础高度计算。

取 $h=800$ mm,$h_0=750$ mm,进行抗冲切验算,基础采用 C25 混凝土和 HPB300 级钢筋,查表得 $f_t=1.27\ \text{N/mm}^2$,$f_y=270\ \text{N/mm}^2$,垫层采用 C10 混凝土。

基底净反力　$p_j=\dfrac{F}{A}=\dfrac{1215}{3\times2}=202.5\ \text{kPa}$

柱边截面:　$a+2h_0=0.3+2\times0.75=1.8\ \text{m}<2\ \text{m}$

因偏心受压,冲切力为

$$F_l=p_{jmax}\left[\left(\frac{b}{2}-\frac{b_0}{2}-h_0\right)l-\left(\frac{l}{2}-\frac{l_0}{2}-h_0\right)^2\right]$$

$$=303.75\times\left[\left(\frac{3}{2}-\frac{0.5}{2}-0.75\right)\times2-\left(\frac{2}{2}-\frac{0.3}{2}-0.75\right)^2\right]\ \text{kN}$$

$$=300.7\ \text{kN}$$

抗冲切力:

$$0.7\beta_{hp}f_t(a+h_0)h_0$$

$$=[0.7\times1.0\times1270\times(0.3+0.75)\times0.75]\ \text{kN}$$

$$=700.1\ \text{kN}>300.7\ \text{kN}$$

基础分为两级,下阶 $h_1=400$ mm,$h_{01}=350$ mm,取 $b_1=1.5$ m,$l_1=1.0$ m。

变截面处:　$l_1+2h_{01}=(1.0+2\times0.35)\ \text{m}=1.7\ \text{m}<2\ \text{m}$

变阶处冲切力:

$$F_l=p_{jmax}\left[\left(\frac{b}{2}-\frac{b_1}{2}-h_{01}\right)l-\left(\frac{l}{2}-\frac{l_1}{2}-h_{01}\right)^2\right]$$

$$=303.75\times\left[\left(\frac{3}{2}-\frac{1.5}{2}-0.35\right)\times2-\left(\frac{2}{2}-\frac{1}{2}-0.35\right)^2\right]\ \text{kN}$$

$$=236.2\ \text{kN}$$

抗冲切力:

$$0.7\beta_{hp}f_t(l_1+h_{01})h_{01}$$

$$=[0.7\times1.0\times1270\times(1+0.35)\times0.35]\ \text{kN}$$

$$=420.1\ \text{kN}>236.2\ \text{kN}$$

故基础高度可取 $h=800$ mm。

(5) 基础配筋计算。

① 计算基底净反力:

$$\begin{matrix}p_{jmax}\\p_{jmin}\end{matrix}=\frac{F}{A}\pm\frac{M}{W}=\frac{900\times1.35}{3\times2}\ \text{kPa}\pm\frac{225\times1.35}{3}\ \text{kPa}=\frac{101.25\ \text{kPa}}{303.75\ \text{kPa}}$$

柱边净反力：

$$p_{j\mathrm{I}}=[101.25+(303.75-101.25)\times1.75/3]\ \mathrm{kPa}=219.4\ \mathrm{kPa}$$

变阶处净反力：

$$p_{j}=[101.25+(303.75-101.25)\times2.25/3]\ \mathrm{kPa}=253.1\ \mathrm{kPa}$$

② 计算长边方向的弯矩设计值和配筋：

取Ⅰ—Ⅰ截面

$$M_{\mathrm{I}}=\frac{1}{12}a_{1}^{2}\left[(2l+a')\left(p_{\max}+p_{\mathrm{I}}-\frac{2G}{A}\right)+(p_{\max}-p_{\mathrm{I}})l\right]$$

$$=\frac{1}{12}a_{1}^{2}[(2l+a')(p_{j\max}+p_{j\mathrm{I}})+(p_{j\max}-p_{j\mathrm{I}})l]$$

$$=\left\{\frac{1}{12}\times1.25^{2}\times[(2\times2+0.3)\times(303.75+219.4)+(303.75-219.4)\times2]\right\}\mathrm{kN\cdot m}$$

$$=314.9\ \mathrm{kN\cdot m}$$

$$A_{s\mathrm{I}}=\frac{M_{\mathrm{I}}}{0.9f_{y}h_{0}}=\frac{314.9\times10^{6}}{0.9\times270\times750}\ \mathrm{mm^{2}}=1727.7\ \mathrm{mm^{2}}$$

取Ⅲ—Ⅲ截面

$$M_{\mathrm{III}}=\frac{1}{12}a_{1}^{2}[(2l+l_{1})(p_{j\max}+p_{j})+(p_{j\max}-p_{j})l]$$

$$=\frac{1}{12}\times0.75^{2}\times[(2\times2+1)\times(303.75+253.1)+(303.75-253.1)\times2]\ \mathrm{kN\cdot m}$$

$$=135.3\ \mathrm{kN\cdot m}$$

$$A_{s\mathrm{III}}=\frac{M_{\mathrm{III}}}{0.9f_{y}h_{01}}=\frac{135.3\times10^{6}}{0.9\times270\times350}\ \mathrm{mm^{2}}=1590.8\ \mathrm{mm^{2}}$$

按Ⅰ—Ⅰ截面配筋，在 2 m 范围内配筋 9ϕ16，$A_{s}=1809\ \mathrm{mm^{2}}$。

③ 计算短边方向的弯矩设计值和配筋：

取Ⅱ—Ⅱ截面

$$M_{\mathrm{II}}=\frac{1}{48}(l-l_{0})^{2}(2b+b_{0})(p_{j\max}+p_{j\min})$$

$$=\frac{1}{48}\times(2-0.3)^{2}\times(2\times3+0.5)\times(303.75+101.25)\ \mathrm{kN\cdot m}=158.5\ \mathrm{kN\cdot m}$$

$$A_{s\mathrm{II}}=\frac{M_{\mathrm{II}}}{0.9f_{y}h_{0}}=\frac{158.5\times10^{6}}{0.9\times270\times(750-16)}\ \mathrm{mm^{2}}=888.6\ \mathrm{mm^{2}}$$

取Ⅳ—Ⅳ截面

$$M_{\mathrm{IV}}=\frac{1}{48}(l-l_{1})^{2}(2b+b_{1})(p_{j\max}+p_{j\min})$$

$$=\frac{1}{48}\times(2-1)^{2}\times(2\times3+1.5)\times(303.75+101.25)\ \mathrm{kN\cdot m}=63.3\ \mathrm{kN\cdot m}$$

$$A_{s\mathrm{IV}}=\frac{M}{0.9f_{y}h_{01}}=\frac{63.3\times10^{6}}{0.9\times270\times350}\ \mathrm{mm^{2}}=744.3\ \mathrm{mm^{2}}$$

按构造要求配筋 12ϕ10，$A_{s}=942\ \mathrm{mm^{2}}>888.6\ \mathrm{mm^{2}}$。

基础配筋图如图 2-20 所示。

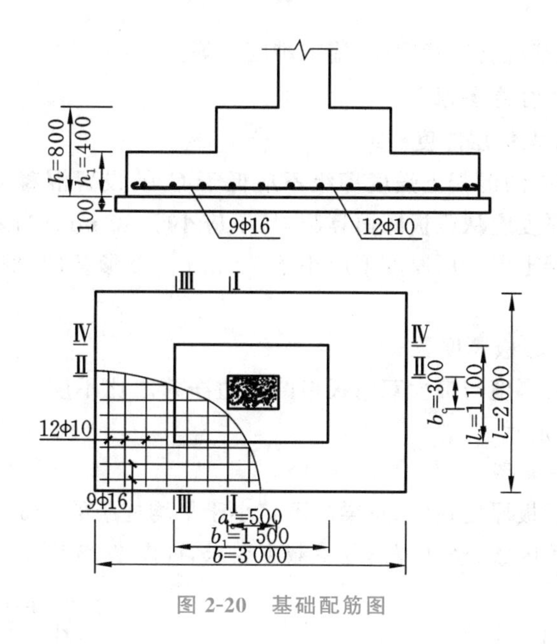

图 2-20　基础配筋图

任务 2　筏形基础设计原理

当上部结构较大，地基土较软，采用其他基础不能满足地基承载力或采用人工基础不经济时，则可采用筏形基础。筏形基础具有整体性好、承载力高、结构布置灵活等优点，广泛用于高层建筑及超高层建筑。筏形基础（以下简称为筏基）分为梁板式和平板式两大类。

一、梁板式筏形基础

1. 梁板式筏形基础梁的布置

梁板式筏基由基础梁和基础筏板组成，基础梁的布置与上部结构的柱网设置有关，基础梁一般仅沿柱网布置，底板为连续双向板，也可在柱网间增设次梁，把底板划分为较小的矩形板块，如图 2-21 所示。

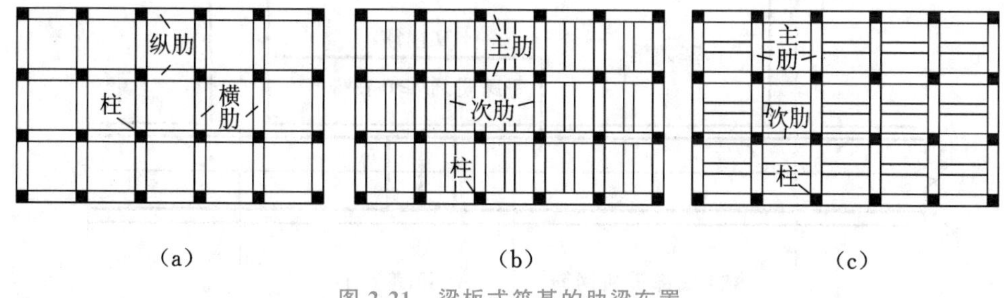

图 2-21　梁板式筏基的肋梁布置

梁板式筏基的缺点：由于梁板式筏基存在筏基高度大，受基础梁布置的影响，基础刚度变化不均匀，受力呈明显跳跃式，在中筒或荷载较大的柱底易形成受力和配筋的突变，梁板钢筋布置复杂，降水及基坑支护费用高，施工难度大等。

2. 梁板式筏基的构造要求

(1) 混凝土强度及保护层厚度。

筏形基础、桩筏基础的混凝土强度等级不应低于 C30；设置混凝土垫层时，其纵向受力钢筋的混凝土保护层厚度应从筏板底面算起，且不应小于 40 mm；当未设置混凝土垫层时，其纵向受力钢筋的混凝土保护层厚度不应小于 70 mm。筏形基础、桩筏基础防水混凝土应满足抗渗要求。

(2) 梁板式筏基的底板厚度。

梁板式筏基的底板厚度与最大双向板格的短边净跨之比不应小于 1/14，且板厚不应小于 400 mm，如图 2-22 所示。

(3) 梁板式筏基的梁高。

梁高取值应包括底板厚度在内，且梁高不宜小于平均柱距的 1/6。梁高应综合考虑荷载大小、柱距、地质条件等因素，经计算满足承载力要求，如图 2-23 所示。

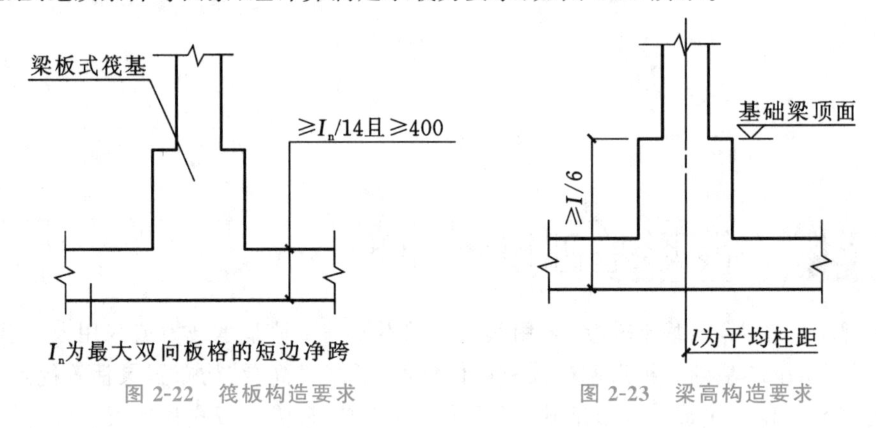

图 2-22　筏板构造要求　　图 2-23　梁高构造要求

(4) 配筋要求。

梁板式筏基底板和基础梁的配筋除满足计算要求外，纵横方向的底部钢筋尚应有不少于 1/3 贯通全跨，且其配筋率不应小于 0.15%，顶部钢筋按计算配筋全部连通，如图 2-24 和图 2-25 所示。

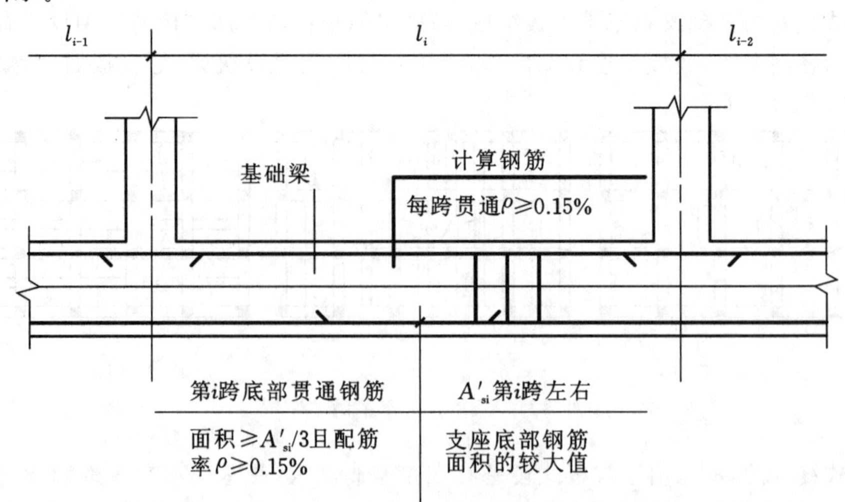

图 2-24　基础梁的配筋构造要求

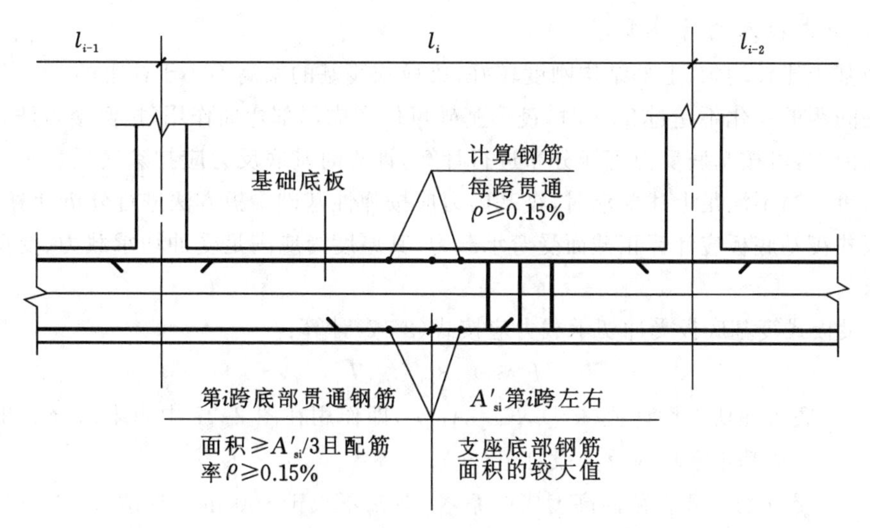

图 2-25 基础底板的配筋构造要求

（5）地下室底层柱、剪力墙与梁板式筏基的基础梁连接的构造应符合下列规定。

柱、墙的边缘至基础梁边缘的距离不应小于 50 mm，如图 2-26 所示。当交叉基础梁的宽度小于柱截面的边长时，交叉基础梁连接处应设置八字角，柱角与八字角之间的净距不宜小于50 mm，如图 2-26(a)所示；单向基础梁与柱的连接，可采用图 2-26(b)、(c)所示的方式；基础梁与剪力墙的连接，可采用图 2-26(d)所示的方式。

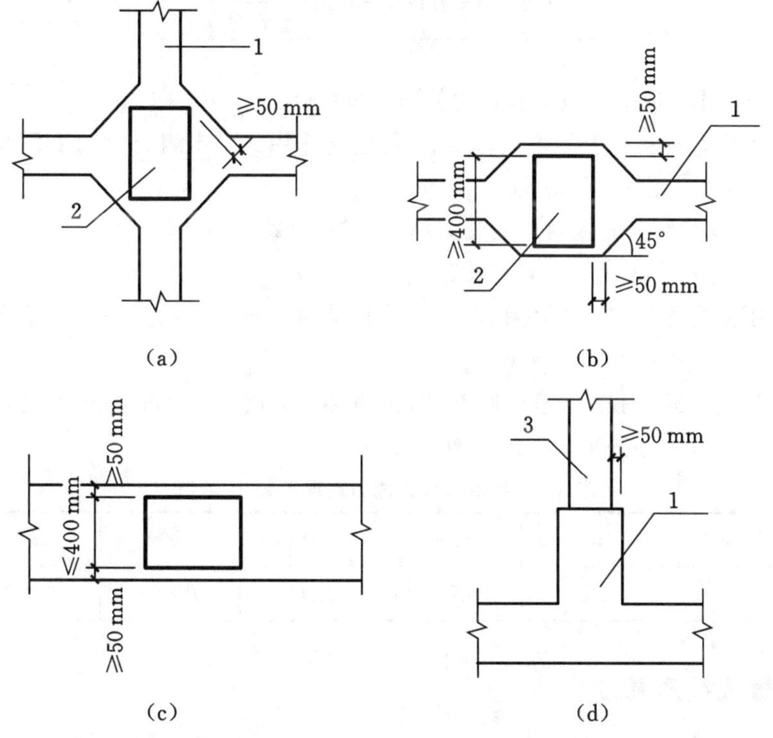

图 2-26 地下室底层柱或剪力墙与梁板式筏基的基础梁连接的构造要求

1—基础梁；2—柱；3—墙

3. 梁板式筏基的计算要求

当地基土比较均匀、上部结构刚度较好，梁板式筏基的梁高不小于柱距的1/6，且相邻柱荷载及柱间距的变化不超过20%时，筏形基础可仅考虑局部弯曲作用，按倒楼盖法计算。筏形基础的内力，可按基底反力直线分布进行计算，计算时基底反力应扣除底板自重及其上的填土的自重。当不满足上述要求时，筏基内力应按弹性基础梁板方法进行分析计算。

梁板式筏基底板应计算正截面受弯承载力，其厚度尚应满足受冲切承载力、受剪切承载力的要求。

(1) 梁板式筏基底板受冲切承载力应按式(2-17)计算：

$$F_l \leqslant 0.7\beta_{hp} f_t \mu_m h_0 \tag{2-17}$$

式中：F_l——底板冲切力设计值(kN)，$F_l = A_l \bar{p}_j$，即作用在图2-27中阴影部分面积(A_l)上的地基土平均净反力设计值($\bar{p}_j$)；

β_{hp}——受冲切承载力截面高度影响系数，当h不大于800 mm时，β_{hp}取1.0；当h大于等于2000 mm时，β_{hp}取0.9；其间按照线性内插法取用；

h_0——基础底板冲切破坏椎体的有效高度(m)；

f_t——混凝土轴心抗压强度设计值(MPa)；

μ_m——距基础梁边$h_0/2$处冲切临界截面的周长(m)。

当底板区格为矩形双向板时，底板受冲切所需的厚度h_0按式(2-18)计算：

$$h_0 = \frac{(l_{n1}+l_{n2}) - \sqrt{(l_{n1}-l_{n2})^2 - \frac{4\bar{p}_j l_{n1} l_{n2}}{\bar{p}_j + 0.7\beta_{hp} f_t}}}{4} \tag{2-18}$$

式中：l_{n1}、l_{n2}——计算板格的短边和长边的净长度(m)；

$\bar{p}_j$——扣除底板及其上的填土自重后，相应于作用的基本组合时的单位面积地基土平均净反力设计值(kPa)。

(2) 梁板式筏基双向底板斜截面受剪承载力按式(2-19)计算：

$$V_s \leqslant 0.7\beta_{hs} f_t (l_{n2} - 2h_0) h_0 \tag{2-19}$$

式中：V_s——距梁边缘h_0处，作用在图2-28中阴影部分面积上的基底平均净反力产生的剪力设计值(kN)，$V_s = A_v \bar{p}_j$；

β_{hs}——受剪承载力截面高度影响系数，按表2-7取值，$h_0 < 800$ mm时取$h_0 = 800$ mm；$h_0 > 2000$ mm时，取$h_0 = 2000$ mm。

表2-7 受剪承载力截面高度系数β_{hs}数值

h_0/mm	≤800	1000	1200	1400	1600	1800	≥2000
β_{hs}	1	0.946	0.904	0.869	0.841	0.816	0.795

二、平板式筏形基础

平板式筏基由大厚板基础组成，常用的基础形式有：等厚筏形基础、局部加厚筏形基础和变厚度的筏形基础等，如图2-29所示。平板式筏基适合于复杂柱网结构，具有基础刚度大，受力均匀等特点，目前在高层和超高层建筑中应用较普遍。

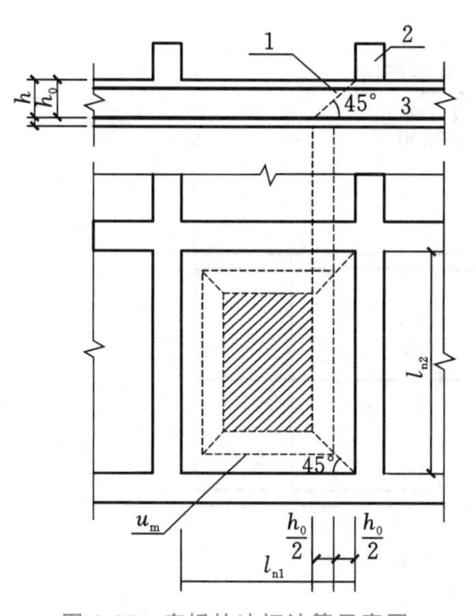

图 2-27　底板的冲切计算示意图

1—冲切破坏锥体的斜截面；2—梁；3—底板

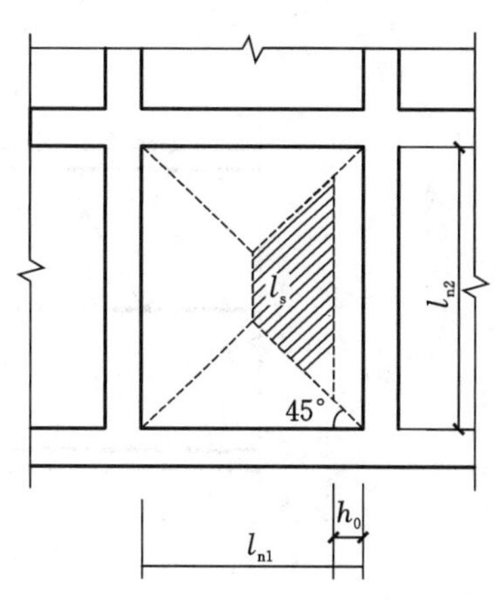

图 2-28　底板剪切计算示意图

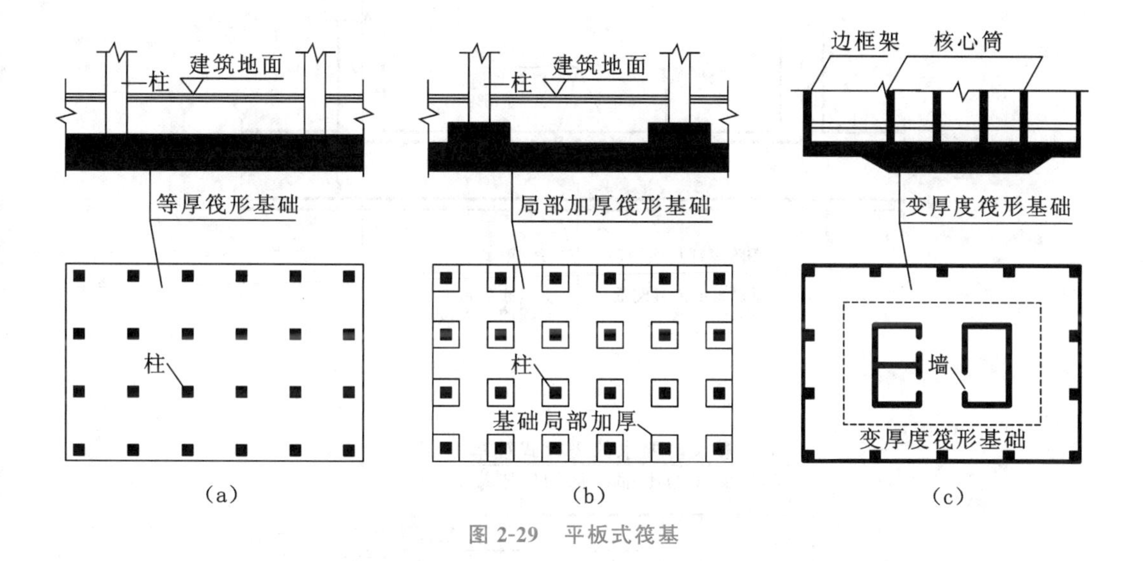

图 2-29　平板式筏基

1. 平板式筏形基础构造要求

(1) 当筏板的厚度大于 2000 mm 时，宜在板厚中间部位设置直径不小于 12 mm、间距不大于 300 mm 的双向钢筋网，如图 2-30 所示。

(2) 按基底反力直线分布计算的平板式筏基，应满足下列条件。

① 平板式筏基柱下板带的底部钢筋应有不少于 1/3 贯通全跨，顶部钢筋应按计算配筋全部连通，如图 2-31 所示。筏板顶部及底部贯通钢筋的配筋率均不应小于 0.15%。

② 有抗震设防要求的结构，当地下室平板式筏基顶面作为上部结构的嵌固端，计算柱下板带截面组合弯矩设计值时，底层框架柱下端内力应考虑地震作用组合及相应的增大系数，如图 2-32 所示。

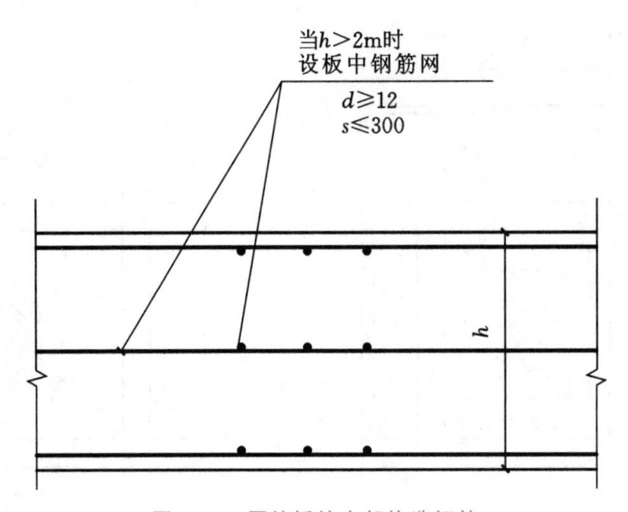

图 2-30　厚筏板的中部构造钢筋

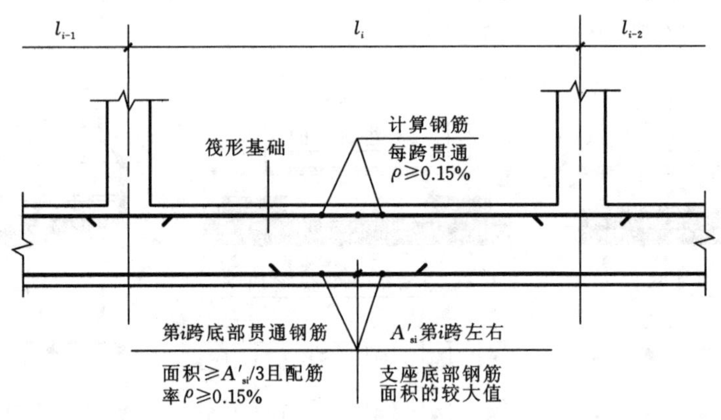

图 2-31　筏板的构造配筋

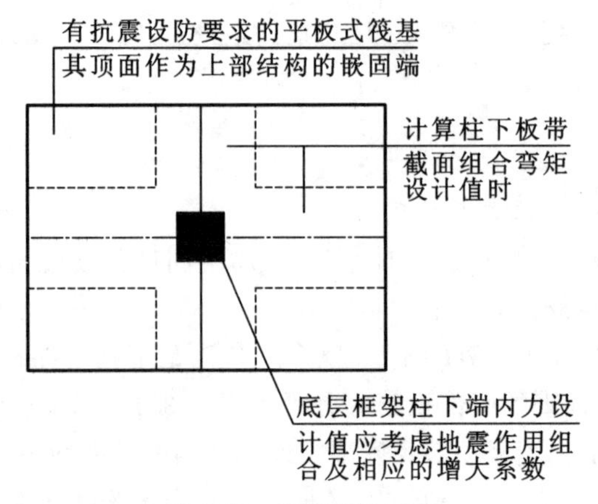

图 2-32　抗震设计要求

2. 平板式筏基计算规定

(1) 平板式筏基柱下的板厚应满足受冲切承载力的要求。

① 平板式筏基的板厚应满足受冲切承载力的要求：计算时应考虑作用在冲切临界截面重心上的不平衡弯矩产生的附加剪力。对基础边柱和角柱进行冲切验算时，其冲切力应分别乘以 1.1 和 1.2 的增大系数。

② 当柱荷载较大，等厚板筏板的首冲切承载力不能符合要求时，可采取以下措施提高受冲切承载力：可在筏板上面增设柱墩；可在筏板下局部增加板厚；可采用抗冲切钢筋。

(2) 平板式筏基内筒下的板厚受冲切承载力计算。

① 平板式筏基内筒下的板厚应按式(2-20)计算。

$$F_l/(u_m h_0) \leqslant 0.7\beta_{hp} f_t/\eta \tag{2-20}$$

式中：F_l——相应于作用的基本组合时内筒所受的冲切力设计值(kN)；

u_m——距内筒外表面 $h_0/2$ 处冲切临界截面的周长(m)，如图 2-33 所示；

h_0——距内筒外表面 $h_0/2$ 处筏板的截面有效高度(m)；

η——内筒冲切临界截面周长影响系数，取 1.25。

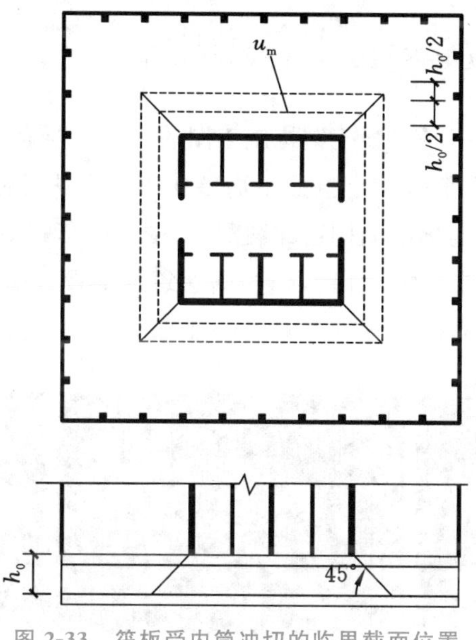

图 2-33　筏板受内筒冲切的临界截面位置

$$F_l = F - \bar{p}_j A_b$$

式中：F——内筒轴力设计值(kN)；

$\bar{p}_j$——相应于作用的基本组合时地基土平均净反力设计值(kN/m²)；

A_b——筏板冲切破坏椎体内的底面面积(m²)。

② 当需要考虑内筒根部弯矩的影响时，距内筒外表面 $h_0/2$ 处冲切临界截面的最大剪应力应满足 $\tau_{max} \leqslant 0.7\beta_{hp} f_t/\eta$。

③ 平板式筏基应验算距内筒和柱边缘 h_0 处截面的受剪承载力，可按式(2-21)计算：

$$V_s \leqslant 0.7\beta_{hs} f_t b_w h_0 \tag{2-21}$$

式中：V_s——相当于作用的基本组合时，$\bar{p}_j$ 产生的距内筒和柱边缘 h_0 处筏板单位宽度的剪力设计值；

b_w——筏板计算截面单位宽度；

h_0——距内筒和柱边缘 h_0 处筏板的截面有效高度。

④ 当筏板变厚时，尚应验算变厚处筏板的受剪承载力。

⑤ 平板式筏基底层柱下的局部受压承载力一般情况下无须验算，但当柱子的混凝土等级大大高于筏板的混凝土强度等级时，仍应验算柱底筏板顶面的局部受压承载力。

⑥ 按基底反力直线分布计算的平板式筏基，可按柱下板带和跨中板带分别进行内力分析。柱下板带中，柱宽及其两侧各 0.5 倍板厚且不大于 1/4 板跨的有效宽度范围内，其钢筋配置量应不小于柱下板带钢筋量的一半。

基础梁、板中的受拉纵筋主要是抵抗弯矩带来的拉力，箍筋主要是抵抗剪力，此外还有骨架作用。

任务 3 独立基础平法识图

平法即平面整体表示法，是混凝土结构施工图的一种主要表达方法。概括来说，就是把混凝土构件的截面尺寸和配筋等信息按照平面整体表示方法的制图规则，直接表达在各构件的结构平面布置图上，再与标准的构造详图配合，构成一套完整的结构设计施工图。现浇混凝土结构的平法制图规则和构造详图，由中国建筑标准设计研究院编制的国家建筑标准设计图集给出。现行图集有三本，包括 22G101—1、22G101—2、22G101—3，如图 2-34 所示。

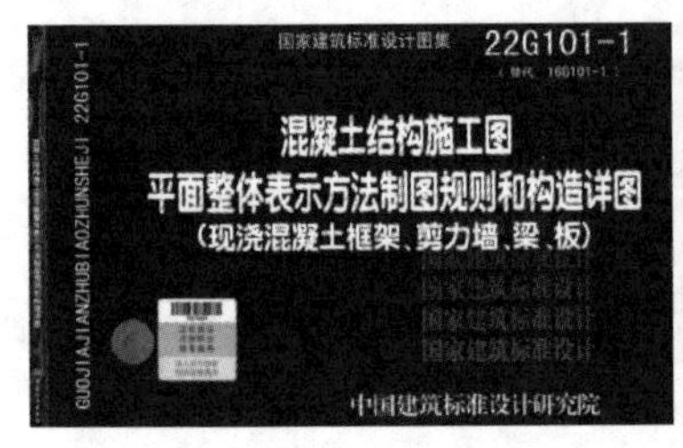

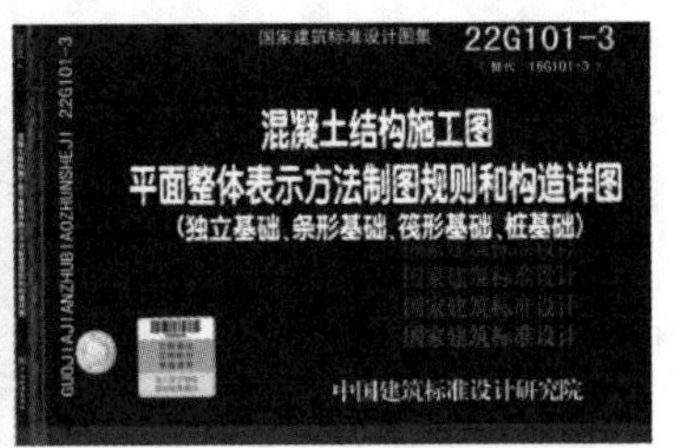

图 2-34 22G101 系列图集

根据 22G101—3 图集中的规定，独立基础平法施工图，有平面注写、截面注写和列表注写三种表达方式，设计者可根据具体工程情况选择一种，或将两种方式相结合进行独立基础的施工图设计。

一、独立基础类型及编号

独立基础编号见表 2-8。

表 2-8　独立基础编号

类型	基础底板截面形状	代号	序号	示意图	说明
普通独立基础	阶形	DJj	××		(1)单阶截面即为平板独立基础；(2)锥形截面基础底板可为四坡、三坡、双坡及单坡
	锥形	DJz	××		
杯口独立基础	阶形	BJj	××		
	锥形	BJz	××		

二、独立基础的平面注写方式

独立基础的平面注写方式，分为集中标注和原位标注两部分内容，如图 2-35 所示。

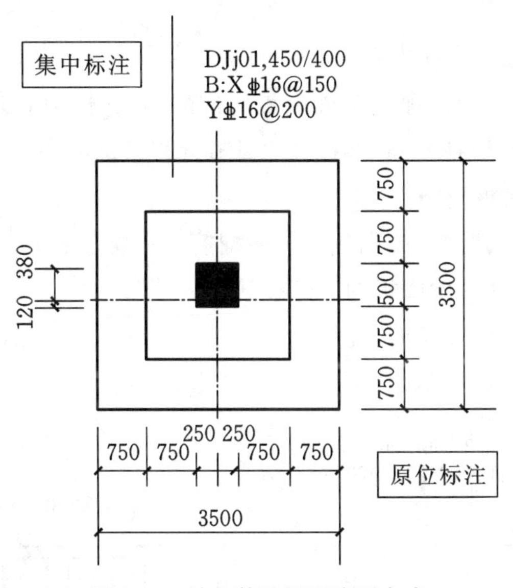

图 2-35　独立基础平面注写方式

1. 独立基础的集中标注

普通独立基础和杯口独立基础的集中标注，是在基础平面图上集中引注基础编号、截面竖向尺寸、配筋等三项必注内容，以及当基础底面标高与基础底面基准标高不同时的相对标高高差和必要的文字注解两项选注内容。独立基础集中标注的具体内容，规定如下。

1) 注写独立基础编号(必注内容)

独立基础底板的截面形状通常有两种：

(1) 阶形截面编号加下标“j”，如 DJj××、BJj××；

(2) 锥形截面编号加下标“z”，如 DJz××、BJz××。

2）注写独立基础截面竖向尺寸(必注内容)

独立基础截面竖向尺寸注写方式见表 2-9。

表 2-9 独立基础截面竖向尺寸注写方式

示意图	说明
h_3 h_2 h_1	普通独立基础的截面竖向尺寸由一组用“/”隔开的数字表示(“$h_1/h_2/h_3$”),分别表示自下面上各阶的高度。 例:DJj1,200/200/200,表示阶形普通独立基础,自下面上各阶的高度均为 200
h_3 h_2 h_1 a_0 a_1	杯形独立基础的截面竖向尺寸由两组数据表示,前一组表示杯口内(“a_0/a_1”),后一组表示杯口外(“$h_1/h_2/h_3$”)。杯口外竖向尺寸自下而上标注,杯口内竖向尺寸自上而下标注。 例:BJj2,200/400,200/200/300,表示阶形杯口独立基础,杯口内自上而下的高度为 200/400,杯口外自下而上各阶的高度为 200/200/300

3）注写独立基础配筋(必注内容)

独立基础配筋通常有四种:独立基础底板底部配筋、杯口独立基础顶部焊接钢筋网、高杯口独立基础侧壁外侧和短柱配筋、多柱独立基础底板顶部配筋。

(1) 注写独立基础底板配筋。

普通独立基础和杯口独立基础的底部双向配筋注写规定如下。

① 以 B 代表各种独立基础底板的底部配筋。

② X 向(图面从左至右为 X 向)配筋以 X 打头、Y 向(从下至上为 Y 向)配筋以 Y 打头注写;当两向配筋相同时,则以 X&Y 打头注写,见图 2-36。

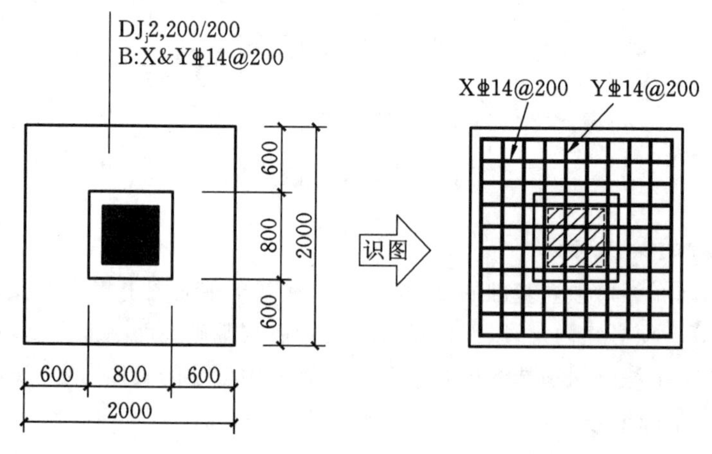

图 2-36 独立基础底板双向配筋相同的图例

(2) 注写普通独立基础带短柱竖向尺寸及钢筋。

当独立基础埋深较大,设置短柱时,短柱配筋应注写在独立基础中。具体注写规定如下。

① 以 DZ 代表普通独立基础短柱。

② 先注写短柱纵筋，再注写箍筋，最后注写短柱标高范围。注写方式为：角筋/x 边中部筋/y 边中部筋，箍筋，短柱标高范围，如图 2-37 所示。

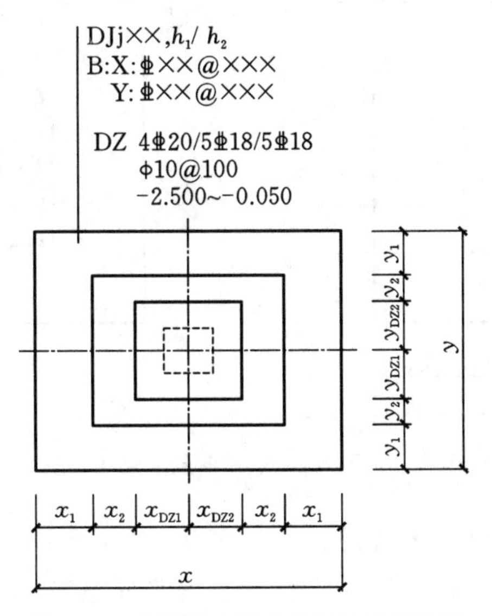

图 2-37　普通独立基础带短柱配筋图例

图中短柱配筋标注为：DZ 4⏀20/5⏀18/5⏀18，ϕ10@100，－2.500～0.050，表示独立基础的短柱设置在－2.500 m～0.050 m 高度范围内，配置 HRB400 竖向纵筋和 HPB300 箍筋。其竖向纵筋为：角筋 4⏀20、x 边中部筋 5⏀18、y 边中部筋 5⏀18；其箍筋直径为 10 mm，间距 100 mm。

（3）杯口独立基础顶部焊接钢筋网。

如图 2-38 所示，Sn2⏀14，表示杯口每边和双杯口中间杯壁的顶部均配置 2 根直径 14 mm的 HRB400 焊接钢筋网。

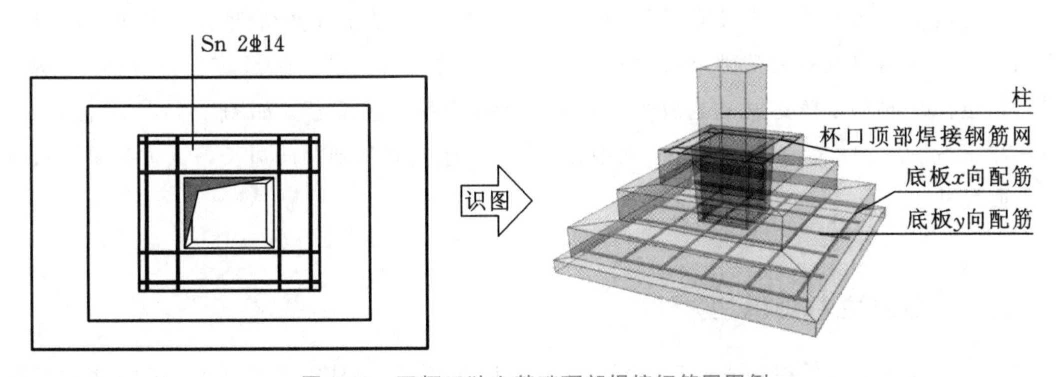

图 2-38　双杯口独立基础顶部焊接钢筋网图例

（4）高杯口独立基础侧壁外侧和短柱配筋分别如图 2-39(a)、图 2-39(b)所示。具体的注写规定如下。

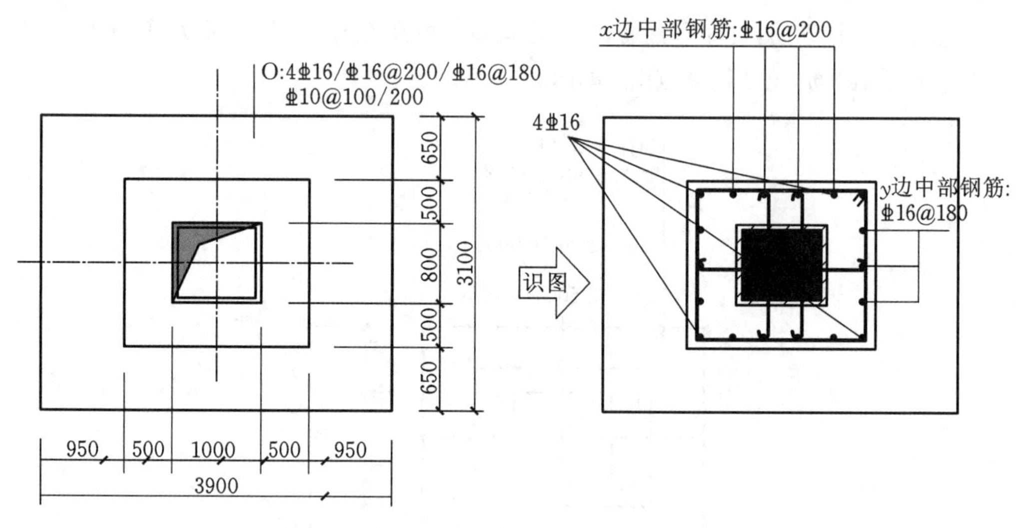

图 2-39　高杯口独立基础侧壁外侧和短柱配筋

① 以 O 代表杯壁外侧和短柱配筋。

② 先注写杯壁外侧和短柱的竖向纵筋，再注写横向箍筋，具体为：角筋/x 边中部筋/y 边中部筋，箍筋。当杯壁水平截面为正方形时，注写方式为：角筋/x 边中部筋/y 边中部筋，箍筋（两种间距，短柱杯口壁内箍筋间距/短柱其他部位箍筋间距）。

4）注写基础底面标高（选注内容）

当独立基础的底面标高与基础底面基准标高不同时，应将独立基础底面标高直接注写在“()”内。

5）必要的文字注解（选注内容）

当独立基础的设计有特殊要求时，宜增加必要的文字注解。例如，基础底板配筋长度是否采用减短方式等，可在该项内注明。

2. 独立基础的原位标注

钢筋混凝土和素混凝土独立基础的原位标注，是在基础平面布置图上标注独立基础的平面尺寸。对相同编号的基础，可选择一个进行原位标注；当平面图形较小时，可将所选定进行原位标注的基础按比例适当放大；其他相同编号者仅注编号。如图 2-40 所示，图中原位标注 x、y，x_i、y_i，$i=l$，2，3，…。其中，x、y 为普通独立基础两向边长，x_i、y_i 为阶宽或锥形平面尺寸。

三、多柱独立基础标注方法

独立基础通常为单柱独立基础，也可为多柱独立基础（双柱或四柱等）。多柱独立基础的编号、几何尺寸和配筋的标注方法与单柱独立基础相同。

当为双柱独立基础且柱距较小时，通常仅配置基础底部钢筋；当柱距较大时，除基础底

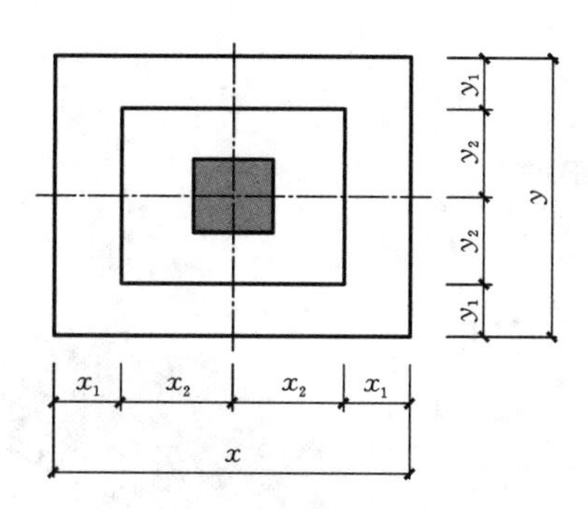

图 2-40 对称阶型截面普通独立基础原位标注示意图

部配筋外，尚需在两柱间配置基础顶部钢筋或设置基础梁。当为四柱独立基础时，通常可设置两道平行的基础梁，需要时可在两道基础梁之间配置基础顶部钢筋。

多柱独立基础顶部配筋和基础梁的注写方法规定如下。

1. 注写双柱独立基础底板顶部配筋

双柱独立基础的顶部配筋，通常对称分布在双柱中心线两侧。以大写字母“T”打头，注写方式为：双柱间纵向受力钢筋/分布钢筋。当纵向受力钢筋在基础底板顶面非满布时，应注明其总根数。

例 2-2 T：11⌀18@100/ϕ10@200，表示独立基础顶部配置 HRB400 纵向受力钢筋，直径为 18 mm，设置 11 根，间距 100 mm；配置 HPB300 分布筋，直径为 10 mm，间距 200 mm。见图 2-41。

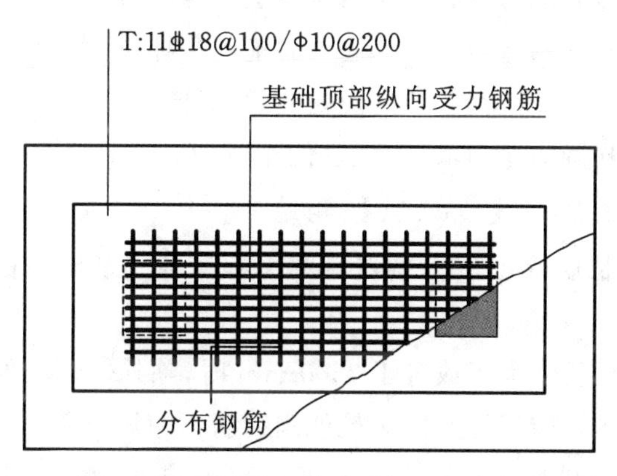

图 2-41 双柱独立基础顶部配筋示意图

2. 注写双柱独立基础的基础梁配筋

如图 2-42 所示，当双柱独立基础为基础底板与基础梁相结合时，注写基础梁的编号、几何尺寸和配筋。例如，JL××(1)表示该基础梁为 1 跨，两端无外伸；JL××(1A)表示该基础梁为 1 跨，一端有外伸；JL××(1B)表示该基础梁为 1 跨，两端均有外伸。

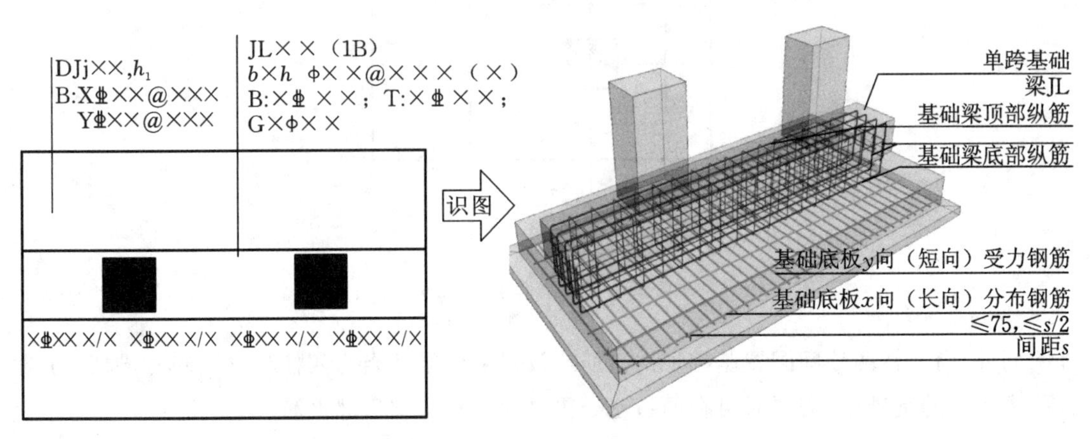

图 2-42 双柱独立基础的基础梁配筋示例

任务4 独立基础构造详图

1. 一般独立基础底板配筋构造

一般独立基础底板配筋构造见图 2-43。其构造要点如下。

（1）独立基础底板配筋构造适用于普通独立基础和杯口独立基础。

（2）独立基础底板双向交叉钢筋长向设置在下，短向设置在上。

（3）第一根钢筋距基础边缘为：min（钢筋间距/2，75 mm）。

2. 独立基础底板配筋长度减短 10％构造

独立基础底板配筋长度减短 10％构造见图 2-44。独立基础底板配筋长度减短 10％构造要点如下。

（1）当独立基础底板长度大于或等于 2500 mm 时，除外侧钢筋外，底板配筋长度可取相应方向底板长度的 0.9 倍，交错放置，四边最外侧钢筋不缩短。

（2）当非对称独立基础底板长度大于或等于 2500 mm，但该基础某侧从柱中心至基础底板边缘的距离小于 1250 mm 时，钢筋在该侧不应减短。

3. 双柱普通独立基础钢筋构造

双柱普通独立基础钢筋构造见图 2-45。其构造要点如下。

（1）双柱普通独立基础底板的截面形状，可为阶形截面 DJj 或锥形截面 DJz。

（2）双柱普通独立基础底部双向交叉钢筋，根据基础两个方向从柱外缘至基础外缘的伸出长度 ex 和 ey 的大小，将较大者方向的钢筋设置在下，较小者方向的钢筋设置在上。

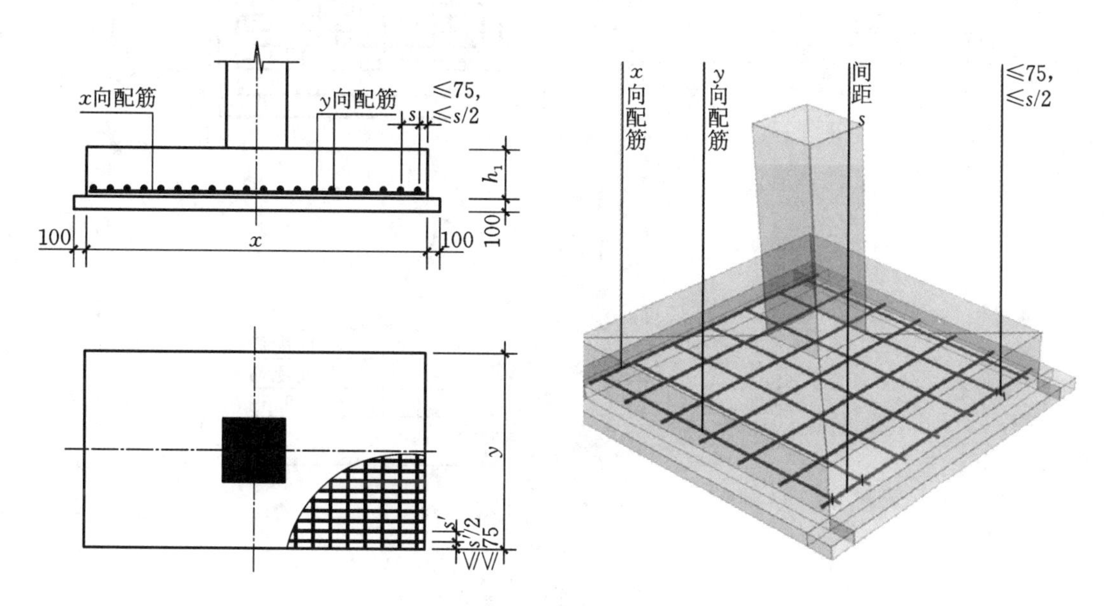

（a）阶型独立基础

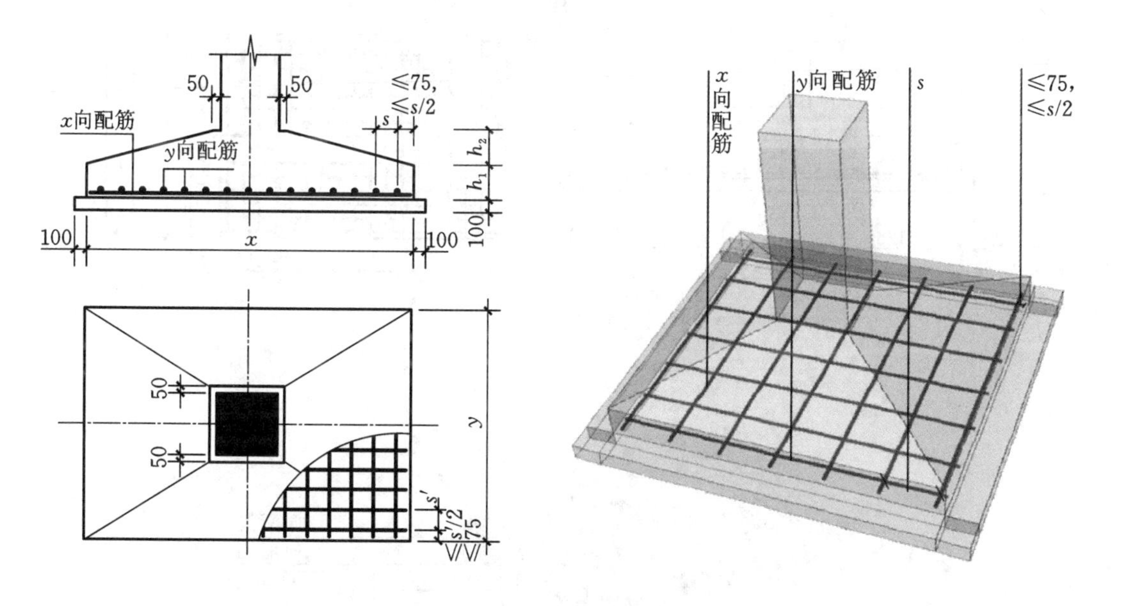

（b）锥形独立基础

图 2-43　独立基础 DJj、DJz、BJj、BJz 底板配筋构造

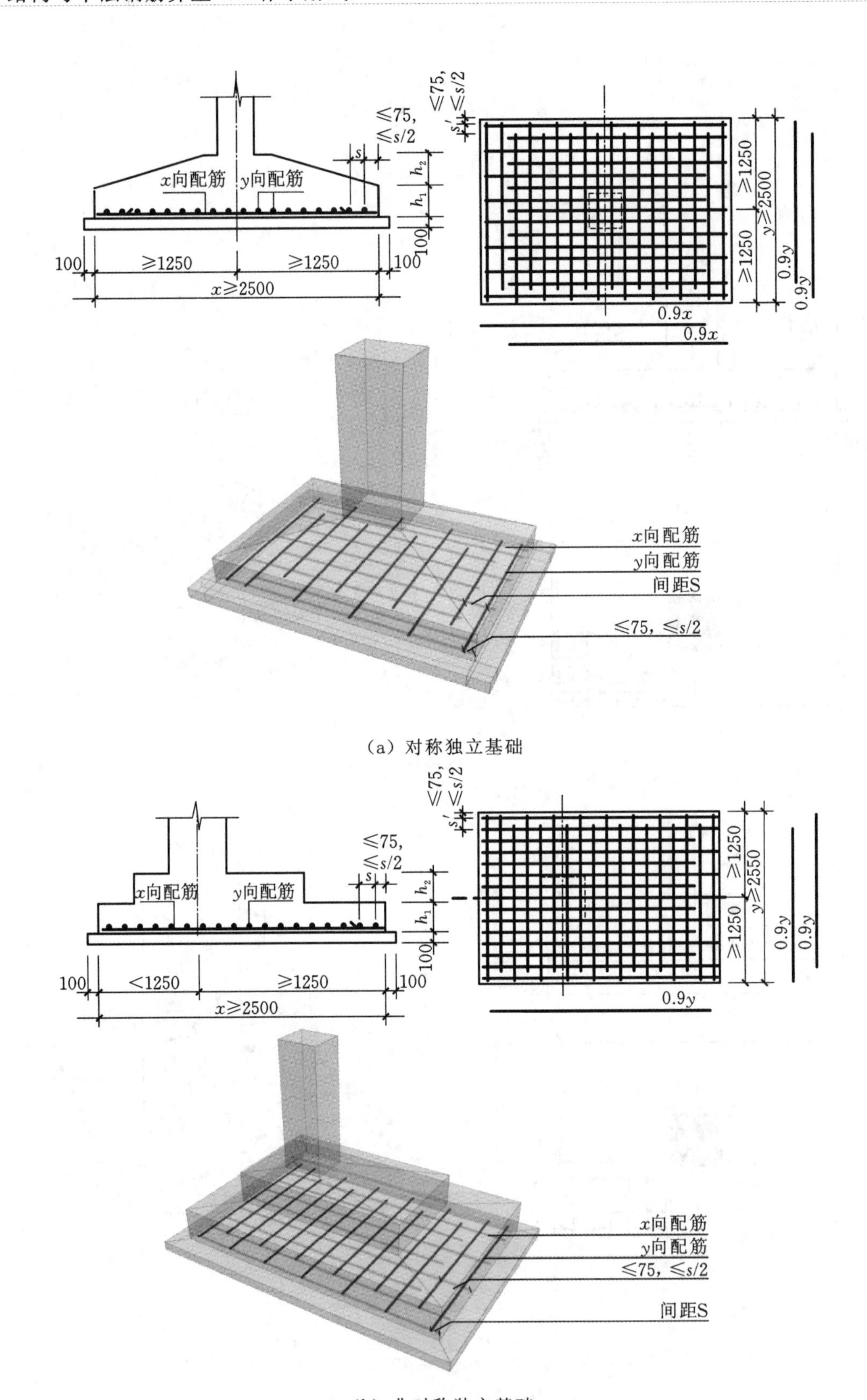

(a) 对称独立基础

(b) 非对称独立基础

图 2-44 独立基础底板配筋长度减短 10%构造

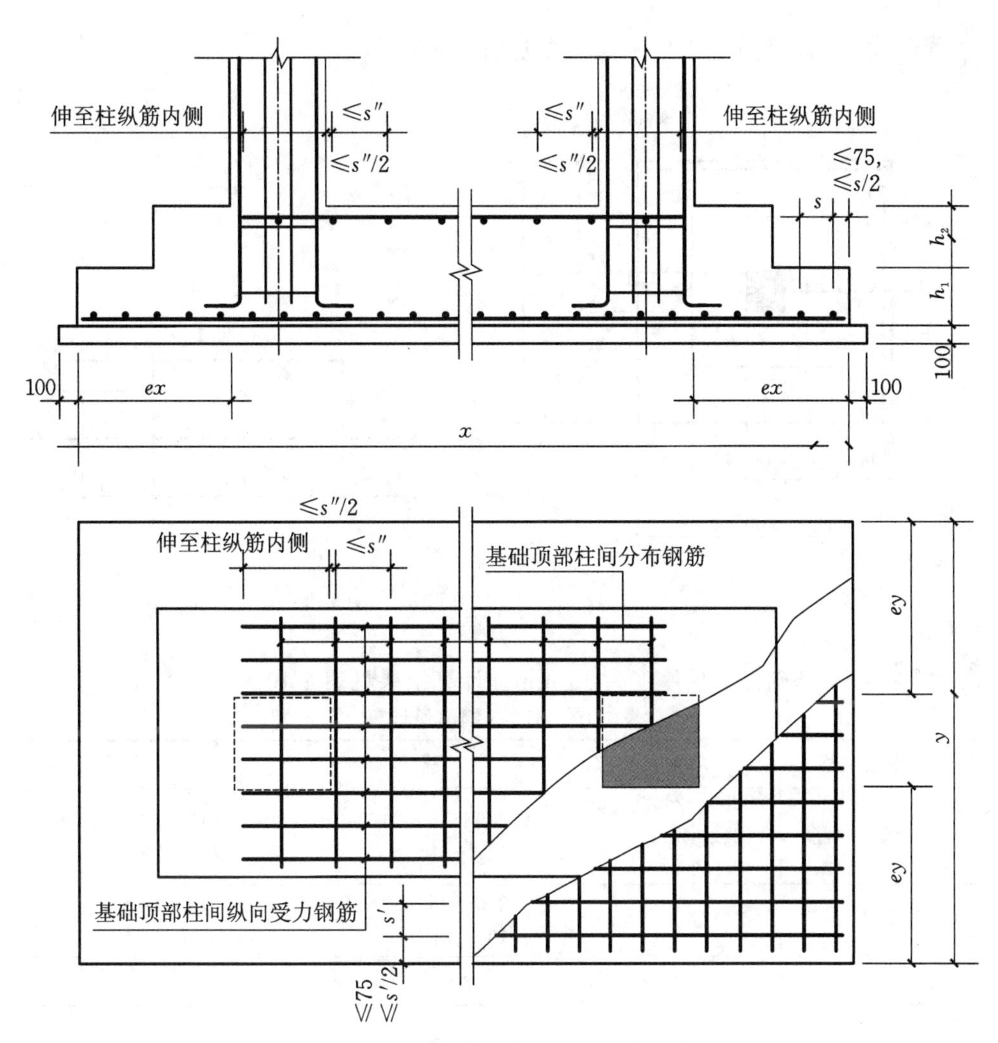

图 2-45　双柱普通独立基础配筋构造

任务5　独立基础钢筋量计算

一、一般独立基础钢筋量计算

独立基础钢筋量的计算公式如下：

钢筋单根长度＝边长－2×保护层厚度

根数＝(边长－2×起步距离)/钢筋间距＋1(向上取整)

起步距离＝min(钢筋间距/2,75 mm)

每米钢筋的质量见附表 A-10。

例 2-3 计算如图 2-46 所示独立基础中钢筋工程量。

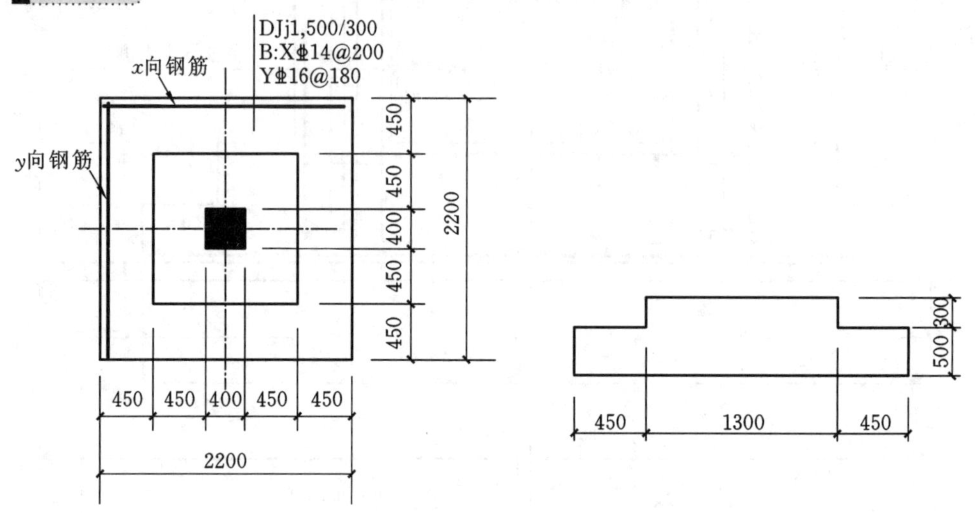

图 2-46 例 2-3 图

解 基础保护层厚度为 40 mm。计算结果见表 2-10。

表 2-10 例 2-3 钢筋量计算

序号	钢筋名称	单根长度	根数/根	重量/kg
1	底部 x 向筋	(2200－2×40)mm ＝2120 mm ＝2.120 m	(2200－75×2)/200＋1 ＝12	2.12×12×1.21 ＝30.782
2	底部 y 向筋	2.120 m	(2200－75×2)/180＋1 ＝13	2.12×13×1.58 ＝43.545
合计	⏀14:30.782 kg;⏀16:43.545 kg			

二、双柱独立基础中钢筋量

例 2-4 计算如图 2-47 所示的双柱独立基础中钢筋量。

解 顶部钢筋单根长度＝两柱外边缘间距离－(柱纵筋保护层厚度＋柱外侧纵筋直径)×2

基础混凝土 C40,保护层厚度 40 mm;柱纵筋保护层厚度 30 mm,柱外侧纵筋直径为 20 mm。计算结果见表 2-11。

表 2-11 例 2-4 中钢筋量计算

序号	钢筋名称	单根长度	根数/根	重量/kg
1	底板底部 x 向筋	(2600－2×40)mm ＝2520 mm ＝2.520 m	(1900－75×2)/200＋1 ＝10	2.520×10×1.58 ＝39.816
2	底板底部 y 向筋	(1900－2×40)mm ＝1820 mm ＝1.820 m	(2600－75×2)/200＋1 ＝14	1.820×14×1.58 ＝40.258

续表

序号	钢筋名称	单根长度	根数/根	重量/kg
3	底板顶部受力筋	(1200－30×2－20×2)mm＝1100 mm＝1.100 m	9	1.100×9×1.21＝11.000
4	底板顶部分布筋	(900－80)mm＝820 mm＝0.820 m	(1200－100)/200＋1＝7	0.820×7×0.617＝3.542
合计	⌀16:80.344 kg;⌀14:11.000 kg;⌀10:3.542 kg			

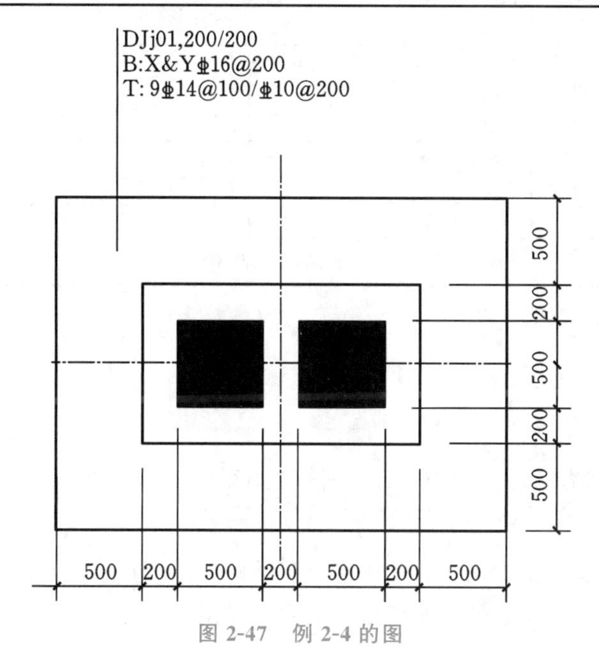

图 2-47　例 2-4 的图

三、独立基础底板配筋长度减短 10%钢筋量计算

例 2-5　如图 2-48 所示，DJz 独立基础，截面尺寸及配筋如图 2-48 所示，基础混凝土 C30，保护层厚度 40 mm，计算钢筋量。

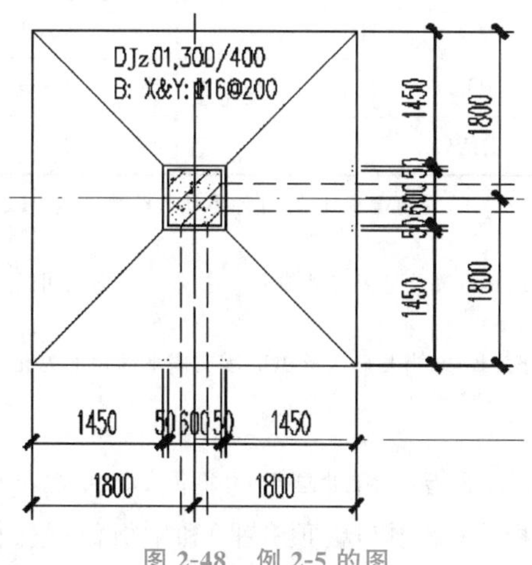

图 2-48　例 2-5 的图

解 计算结果见表2-12。

表2-12　例2-5　钢筋量计算结果

序号	钢筋名称	单根长度	根数/根	重量/kg
1	底部 x 向筋(外侧)	(3600－2×40)mm＝3520 mm＝3.520 m	2	3.52×2×1.58＝11.123
2	底部 x 向筋(中间)	(3600×0.9)mm＝3240 mm＝3.240 m	[3600－2×(75＋200)]/200＋1＝17	3.24×17×1.58＝87.026
3	底部 y 向筋(外侧)	(3600－2×40)mm＝3520 mm＝3.520 m	2	3.52×2×1.58＝11.123
4	底部 y 向筋(中间)	(3600×0.9)mm＝3240 mm＝2.40 m	[3600－2×(75＋200)]/200＋1＝17	3.24×17×1.58＝87.026
合计	⌀16:196.298 kg			

任务6　筏形基础平法识图

筏形基础有梁板式筏形基础、平板式筏形基础两种，本节主要介绍梁板式筏形基础。梁板式筏形基础平法施工图，是在基础平面布置图上采用平面注写方式进行表达。

一、梁板式筏形基础构件编号

梁板式筏形基础构件编号见表2-13。

表2-13　梁板式筏形基础构件编号

构件类型	代号	序号	跨数及是否有外伸
基础主梁	JL	××	(××)或(××A)或(××B)
基础次梁	JCL	××	(××)或(××A)或(××B)
梁板筏基础平板	LPB	××	—

注：①(××A)为一端有外伸，(××B)为两端有外伸，外伸不计入跨数。例：JL7(5B)表示第7号基础主梁，5跨，两端有外伸。

②对于梁板式筏形基础平板，其跨数及是否有外伸分别在 x，y 两向的贯通纵筋之后表达。图面从左至右为 x 向，从下至上为 y 向。

③基础次梁JCL表示端支座为铰接；当基础次梁JCL端支座下部钢筋为充分利用钢筋的抗拉强度时，用JCLg表示。

根据基础梁底相对于基础平板底相对高差的不同，梁板式筏形基础分为三种情况，即低板位(梁底与板底齐平)、高板位(梁顶与板顶齐平)和中板位(梁、板顶部和底部均不平)等。

二、基础梁的平面注写方式

基础主梁 JL 与基础次梁 JCL 的平面注写方式，分为集中标注与原位标注两部分内容。当集中标注中的某项数值不适用于梁的某部位时，则将该项数值采用原位标注。施工时，原位标注优先。

1. 基础主梁 JL 与基础次梁 JCL 的集中标注

其集中标注的内容包括：基础梁编号、截面尺寸、配筋三项必注内容，以及基础梁底面标高高差（相对于筏形基础平板底面标高）一项选注内容。

2. 基础主梁 JL 与基础次梁 JCL 的原位标注

其原位标注的内容包括：梁支座的底部纵筋（包含贯通纵筋与非贯通纵筋在内的所有纵筋）；基础梁的附加箍筋或（反扣）吊筋；其他与集中标注不同的内容。

具体规定如图 2-49 和表 2-14 所示。

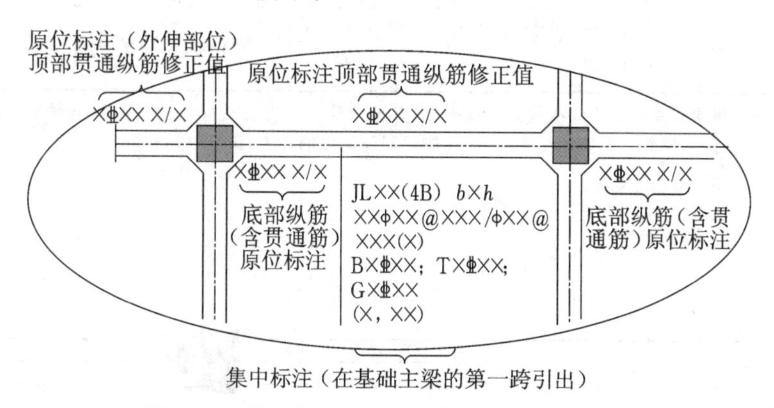

图 2-49　基础主梁 JL 与基础次梁 JCL 标注图示

表 2-14　基础主梁 JL 与基础次梁 JCL 标注说明表

集中标注说明：集中标注应在第一跨引出		
注写形式	表达内容	附加说明
JL××(×B)或 JCL××(×B)	基础主梁 JL 或基础次梁 JCL 编号，具体包括：代号、序号、跨数及外伸状况	(×A)：一端有外伸；(×B)：两端均有外伸；无外伸则仅注跨数(×)
$b\times h$	截面尺寸，梁宽×梁高	当加腋时，用 $b\times h$　$Yc_1\times c_2$ 表示，其中 c_1 为腋长，c_2 为肢高
××φ××@×××/φ××@×××(×)	第一种箍筋道数、强度等级、直径、间距/第二种箍筋(肢数)	φ—HPB300，Φ—HRB400，$Φ^R$—RRB400，下同
B×Φ××；T×Φ××	底部(B)贯通纵筋根数、强度等级、直径；顶部(T)贯通纵筋根数、强度等级、直径	底部纵筋应有不少于 1/3 贯通全跨 顶部纵筋全部连通

续表

注写形式	表达内容	附加说明
G×Φ××	梁侧面纵向构造钢筋根数、强度等级、直径	为梁两个侧面构造纵筋的总根数
(×,×××)	梁底面相对于筏形基础平板标高的高差	高者前加+号，低者前加－号，无高差不注
原位标注（含贯通筋）的说明：		
注 写 形 式	表 达 内 容	附 加 说 明
×Φ×× ×/×	基础主梁柱下与基础次梁支座区域底部纵筋根数、强度等级、直径，以及用“/”分隔的各排筋根数	为该区域底部包括贯通筋与非贯通筋在内的全部纵筋
×Φ××(×)	附加箍筋总根数（两侧均分）、强度级别、直径及肢数	在主次梁相交处的主梁上引出
其他原位标注	某部位与集中标注不同的内容	原位标注取值优先

注：平面注写时，相同的基础主梁或次梁只标注一根，其他仅注编号。有关标注的其他规定详见制图规则。在基础梁相交处位于同一层面的纵筋相交叉时，设计应注明何梁纵筋在下，何梁纵筋在上

识读图 2-50 的表达内容。

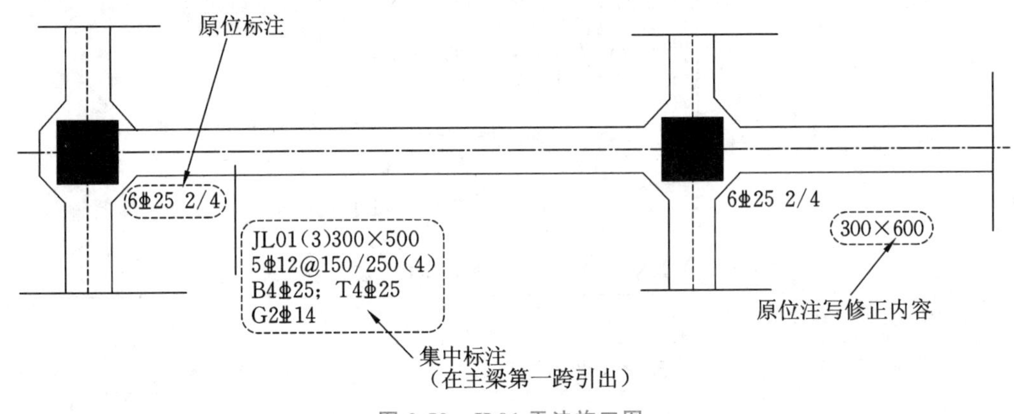

图 2-50 JL01 平法施工图

集中标注：

(1) 基础梁的编号、序号和跨数：序号为 01 的基础主梁，三跨（图中只画一半），没有悬挑；

(2) 截面尺寸：宽度 300 mm，高度 500 mm；

(3) 箍筋情况：每跨两边第一种箍筋为 5 根，强度等级为 HRB400，直径为 12 mm，间距为 150 mm。第二种箍筋的强度等级为 HRB400，直径为 12 mm，间距为 250 mm，肢数为四肢；

(4) 底部、上部贯通纵筋：皆为 4 根，HRB400，直径为 25 mm；

(5) 腰部构造筋：2 根，HRB400，直径为 14 mm。

梁底部和板底没有高差，说明是低板位。

原位标注：

（1）6Φ25 2/4：基础主梁在柱下（支座区域）底部，共有6根纵筋，分两排。内侧一排有2根，外侧一排有4根（4根贯通筋）；

（2）300×600：此跨的梁截面尺寸是300×600（原位标注优先）。

三、梁板式筏形基础平板的平面注写方式

梁板式筏形基础平板LPB的平面注写，分为板底部与顶部贯通纵筋的集中标注与板底部附加非贯通纵筋的原位标注两部分内容。当仅设置贯通纵筋而未设置附加非贯通纵筋时，则仅做集中标注。

板区划分条件：板厚相同、基础平板底部与顶部贯通纵筋配置相同的区域为同一板区。

1. 集中标注内容

集中标注的内容包括：基础平板的编号、板厚、底部与顶部贯通纵筋及其跨数及外伸情况。

2. 原位标注内容

原位标注的内容主要表达板底部附加非贯通纵筋。

板区划分条件：当板厚不同时，相同板厚区域为一板区；当因基础梁跨度、间距、板底标高等不同，设计者对基础平板的底部与顶部贯通纵筋分区域采用不同配置时，配置相同的区域为一板区；各板区应分别进行集中标注。

具体规定如图2-51和表2-15所示。

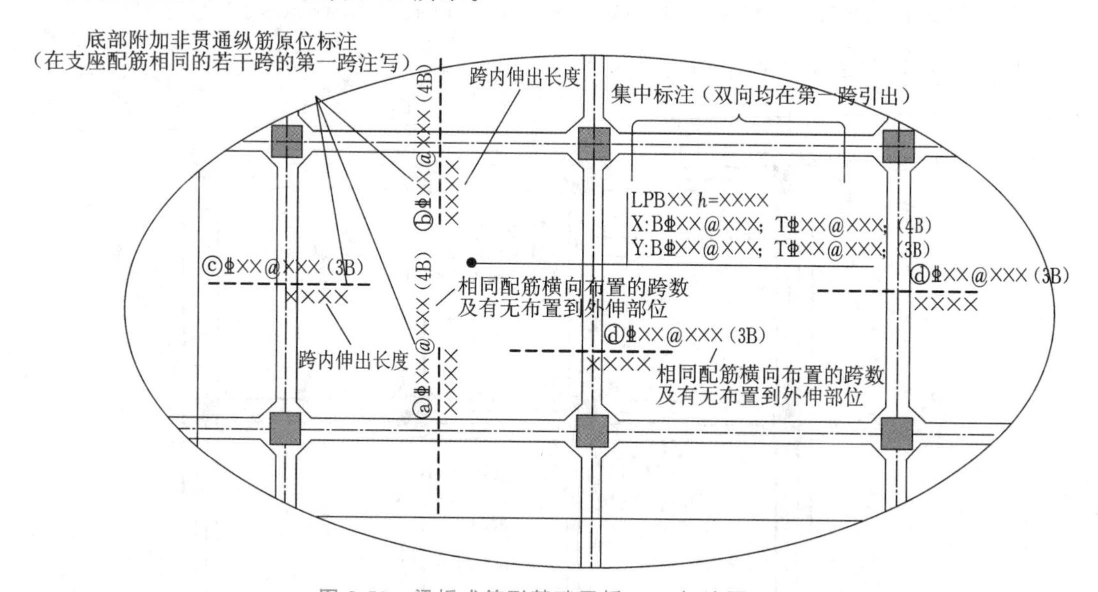

图2-51　梁板式筏形基础平板LPB标注图示

表2-15　梁板式筏形基础平板LPB标注说明表

集中标注说明：集中标注应在双向均为第一跨引出

注写形式	表达内容	附加说明
LPB××	基础平板编号，包括代号和序号	为梁板式基础的基础平板

续表

注写形式	表达内容	附加说明
h＝××××	基础平板厚度	
X:BΦ××@×××； TΦ××@×××；(4B) Y:BΦ××@×××； TΦ××@×××；(3B)	x 或 y 向底部与顶部贯通纵筋强度级别、直径、间距、跨数及外伸情况	底部纵筋应有不少于1/3贯通全跨，注意与非贯通纵筋组合设置的具体要求，详见制图规则。顶部纵筋应全跨连通。用B引导底部贯通纵筋，用T引导顶部贯通纵筋。(×A)：一端有外伸；(×B)：两端均有外伸；无外伸则仅注跨数(×)。图面从左至右为 x 向，从下至上为 y 向
板底部附加非贯通纵筋的原位标注说明：原位标注应在基础梁下相同配筋跨的第一跨下注写		
注写形式	表达内容	附加说明
ⓧΦ××@×××(×、×A、×B) ×××× 基础梁	板底部附加非贯通纵筋编号、强度级别、直径、间距(相同配筋横向布置的跨数外伸情况)；自梁中心线分别向两边跨内的伸出长度值	当向两侧对称伸出时，可只在一侧注伸出长度值。外伸部位一侧的伸出长度与方式按标准构造，设计不注。相同非贯通纵筋可只注写一处，其他仅在中粗虚线上注写编号。与贯通纵筋组合设置时的具体要求详见相应制图规则
注写修正内容	某部位与集中标注不同的内容	原位标注的修正内容取值优先

注：板底支座处实际配筋为集中标注的板底贯通纵筋与原位标注的板底附加非贯通纵筋之和。

识读图2-52的表达内容。

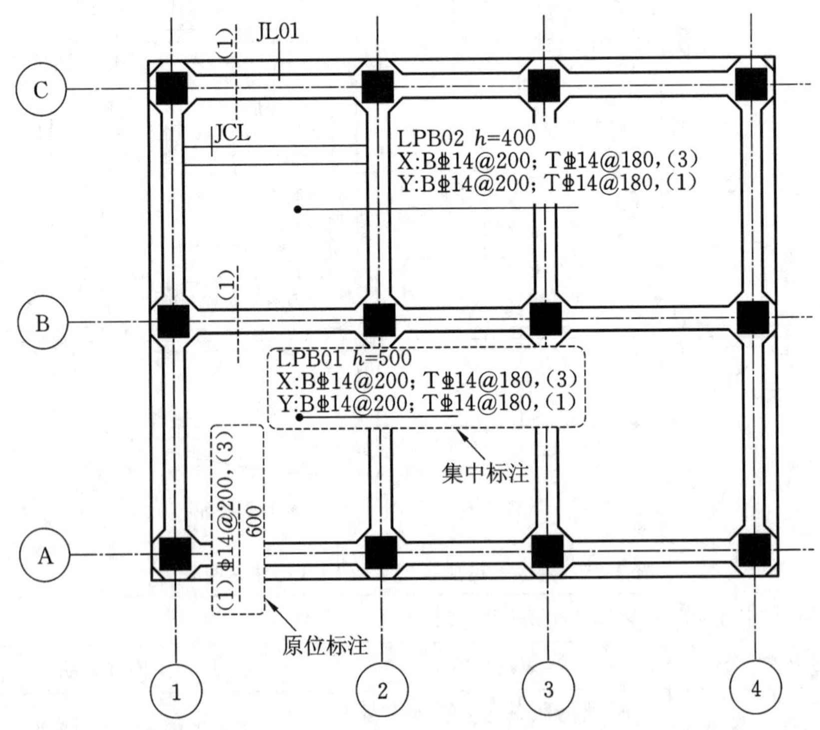

图2-52 某梁板式筏形基础平板平法施工图

图 2-53 所示的筏形基础分为 2 个板区，分别是 LPB01、LPB02。下面以 LPB01 为例说明图中的内容。

集中标注的内容如下。

(1) 板的编号为 LPB，序号为 01。

(2) 板厚为 500 mm。

(3) 底部、上部贯通纵筋：x 向底部贯通纵筋为 HRB400，直径 14 mm，间距 200 mm，三跨贯通；x 向顶部贯通纵筋为 HRB400，直径 14 mm，间距 180 mm，三跨贯通；y 向底部贯通纵筋为 HRB400，直径 14 mm，间距 200 mm，一跨贯通；y 向顶部贯通纵筋为 HRB400，直径 14 mm，间距 180 mm，一跨贯通。

原位标注的内容表示基础平板在 A 轴线处基础梁下面有①号附加非贯通筋。①号附加非贯通筋直径 14 mm，间距 200 mm，横向布置的跨数为 3 跨，自支座中线向跨内延伸长度为 600 mm。

任务 7 梁板式筏形基础构造详图

一、基础主梁的钢筋构造

1. 基础主梁纵筋与箍筋的构造要点

基础主梁纵筋与箍筋的构造要点如图 2-53 和图 2-54 所示。

(1) 顶部贯通纵筋连接区为支座两边 $l_n/4$ 再加柱宽范围，即($2\times l_n/4+h_c$)；底部贯通纵筋连接区为本跨跨中的 $l_{ni}/3$ 范围，其中 l_n 为左右相邻跨净长的较大值。

(2) 当两毗邻跨的底部贯通纵筋配置不同时，应将配置较大一跨的底部贯通纵筋越过其标注的跨数终点或起点，伸至配置较小的毗邻跨的跨中连接区进行连接。

(3) 节点区内箍筋按梁端箍筋设置，梁相互交叉范围内的箍筋按截面高度较大的基础梁设置。同跨箍筋有两种时，按设计要求设置。

(4) 当设计未注明时，基础梁外伸部位按梁端第一种箍筋设置。

(5) 基础梁底部非贯通筋向跨内延伸长度为 $l_n/3$，其中 l_n 为左右相邻跨净长的较大值。

(6) 当底部纵筋多于两排时，从第三排起非贯通纵筋向跨内的伸出长度值应由设计者注明。

(7) 基础梁相交处位于同一层面的交叉纵筋，何梁纵筋在下，何梁纵筋在上，应按具体设计说明。

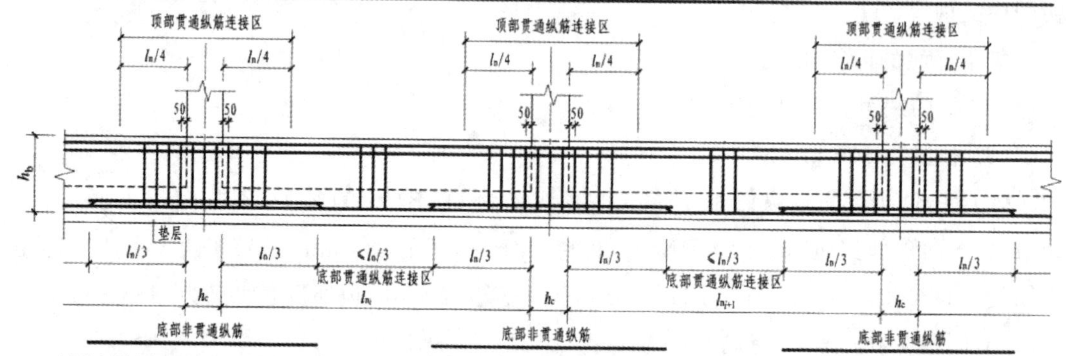

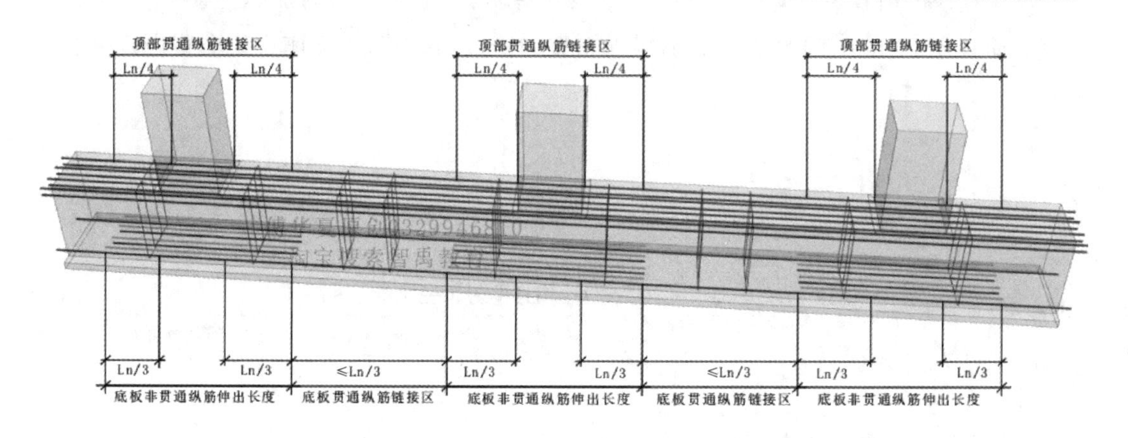

图 2-53 基础主梁 JL 纵向钢筋与箍筋构造

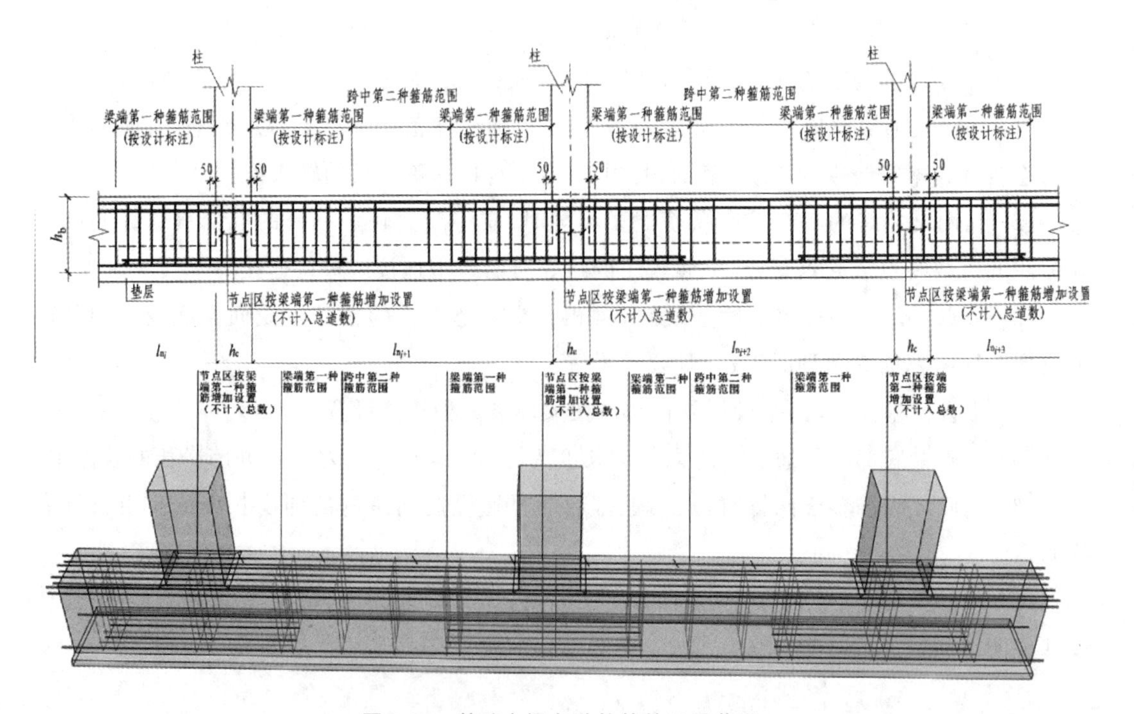

图 2-54 基础主梁多种箍筋的设置范围

2. 基础梁JL竖向加腋钢筋构造

基础梁JL竖向加腋钢筋构造如图2-55所示。

基础梁JL竖向加腋钢筋构造要点如下。

(1) 当具体设计未注明时，基础梁的外伸部位以及基础梁端部节点内按第一种箍筋设置。

(2) 基础梁竖向加腋部位的钢筋见设计标注。加腋范围的箍筋与基础梁的箍筋配置相同，仅箍筋高度为变值。

(3) 基础梁的梁柱结合部位所加侧腋顶面与基础梁非竖向加腋段顶面一平，不随梁竖向加腋的升高而变化。

(4) 加腋钢筋的锚固长度在柱中和基础梁中皆为 l_a。

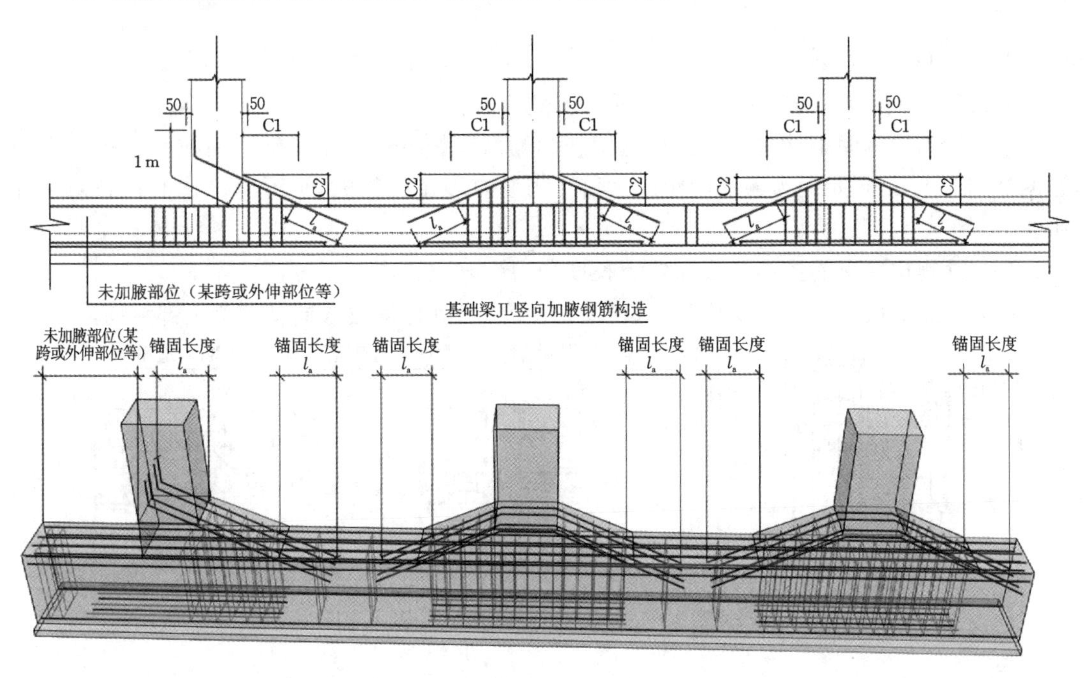

图2-55　基础梁JL竖向加腋钢筋构造

3. 基础梁JL端部与外伸部位钢筋构造

基础梁JL端部与外伸部位钢筋构造要点如下。

(1) 端部等截面外伸构造见图2-56(a)。基础梁上部或下部钢筋应伸至端部后弯折 $12d$，且≥l_a；当从柱内边算起的梁端部外伸长度不满足直锚时，基础梁下部钢筋应伸至端部后弯折 $15d$，且从柱内边算起水平段长度≥$0.6l_{ab}$。

(2) 端部变截面外伸构造见图2-56(b)。基础梁根部高度为 h_1，端部高度为 h_2，基础梁上部或下部钢筋应伸至端部后弯折 $12d$；当从柱内边算起的梁端部外伸长度不满足直锚时，基础梁下部钢筋应伸至端部后弯折 $15d$，且从柱内边算起水平段长度≥$0.6l_{ab}$。

(3) 端部无外伸构造见图2-56(c)。基础梁顶部钢筋伸至尽端钢筋内侧后弯折 $15d$，当水平段长度≥l_a 时可不弯折；基础梁底部钢筋伸至尽端钢筋内侧后弯折 $15d$，且满足水平段长度≥$0.6l_{ab}$。

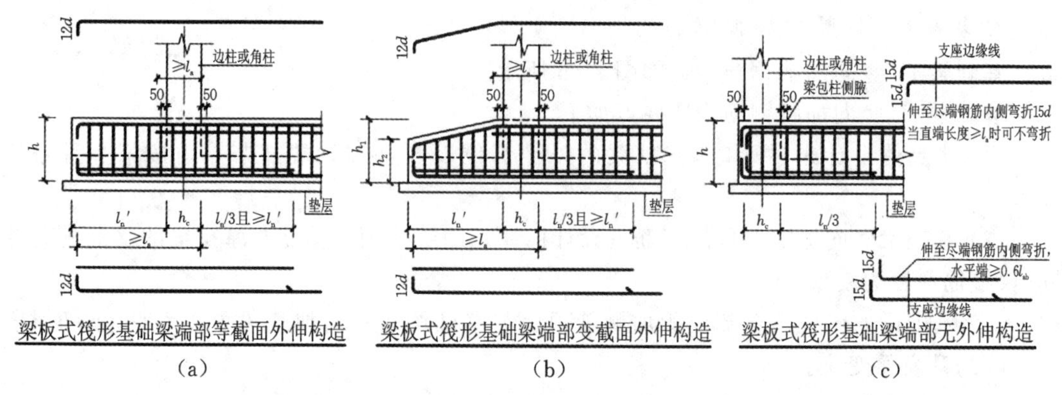

图 2-56　基础梁 JL 端部与外伸部位钢筋构造

4. 基础梁侧面钢筋构造

基础梁侧面钢筋构造如图 2-57 所示。其构造要点如下。

(1) 基础梁侧面钢筋包括侧面构造钢筋和侧面受扭钢筋。梁侧钢筋的拉筋直径除设计注明外均为 8 mm，间距为箍筋间距的 2 倍。当设有多排拉筋时，上下两排拉筋在竖向错开布置。

(2) 梁侧构造纵筋搭接长度与锚固长度均为 15d。

(3) 梁侧受扭纵筋搭接长度为 l_l，锚固长度为 l_a，其锚固方式同基础梁上部纵筋。

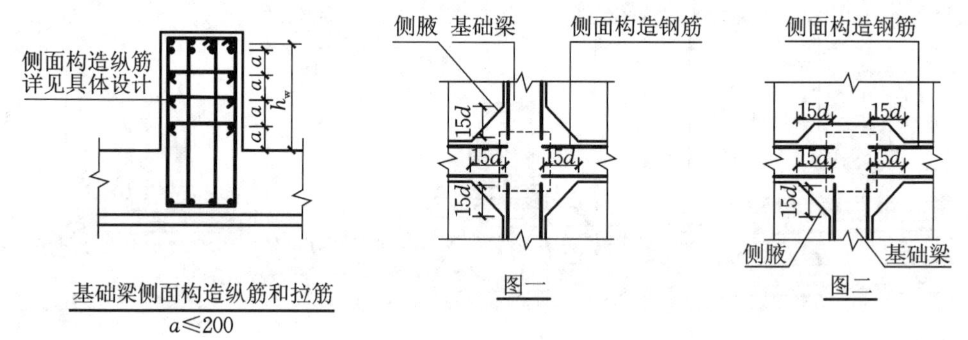

图 2-57　基础梁侧面钢筋构造

5. 基础主梁附加钢筋

基础主梁附加钢筋包括附加箍筋和附加（反扣）吊筋，附加箍筋构造见图 2-58(a)，附加（反扣）吊筋见图 2-58(b)。

二、基础次梁的钢筋构造

基础次梁的钢筋构造要点如下。

(1) 基础次梁纵筋与箍筋构造见图 2-59，基础次梁顶部贯通纵筋连接区为基础主梁两边 $l_n/4$ 再加主梁宽范围，即($2\times l_n/4+b_b$)；底部贯通纵筋连接区为本跨跨中的 $l_{ni}/3$ 范围；底部非贯通筋向跨内延伸长度为 $l_n/3$，其中 l_n 为左右相邻跨净长的较大值。

(2) 基础次梁端部无外伸时，基础梁上部钢筋伸入支座≥12d 且至少到梁中线；下部钢筋伸至端部弯折 15d，并要求满足当设计按铰接时≥$0.35l_{ab}$，当充分利用钢筋的抗拉强度时

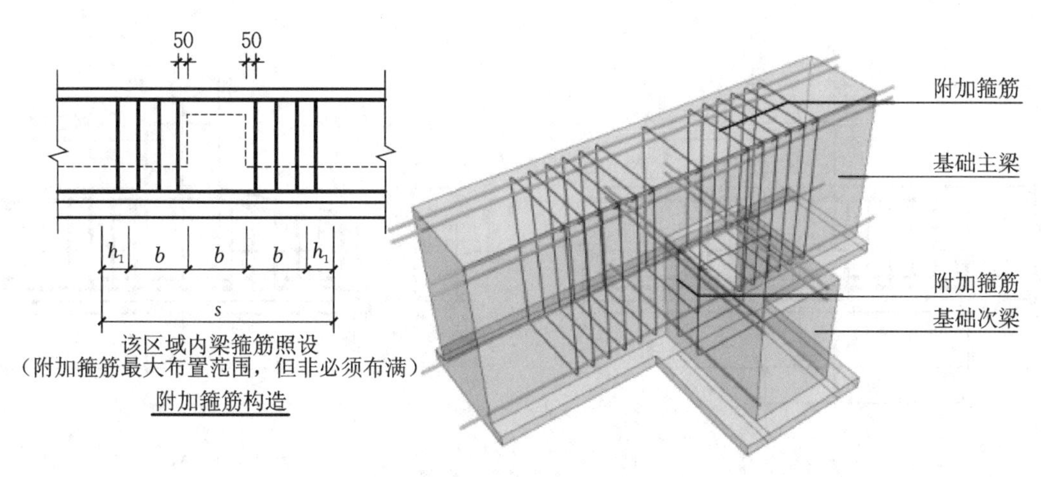

（a）基础主梁附加箍筋构造

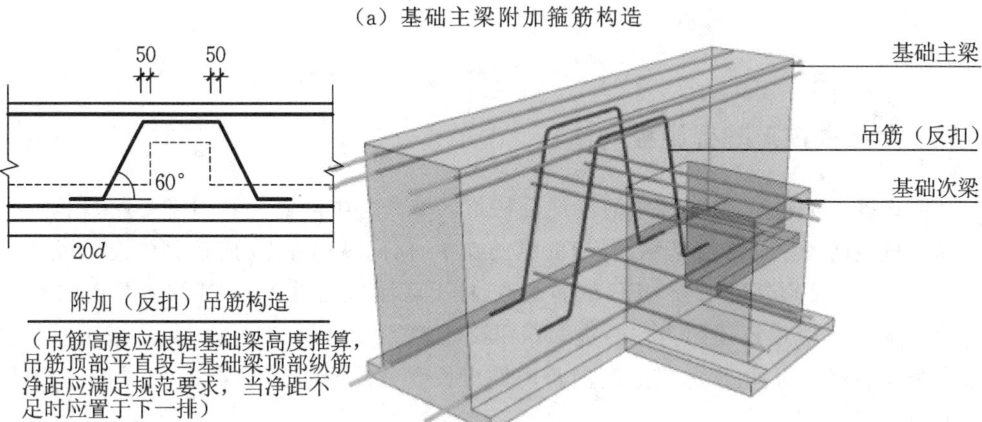

（b）基础主梁附加吊筋构造

图 2-58　基础主梁附加钢筋

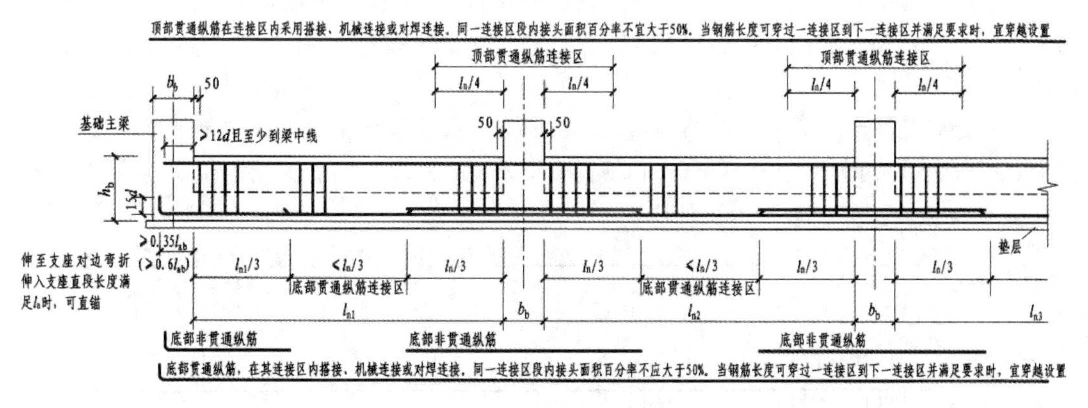

图 2-59　基础次梁 JCL(JCLg)纵向钢筋与箍筋构造

$\geqslant 0.6l_{ab}$，见图 2-60。

（3）基础次梁端部等截面、变截面外伸构造见图 2-61。基础次梁上部或下部钢筋应伸至端部后弯折 $12d$；当外伸段 $l'_n+b_b\leqslant l_a$时，基础梁下部钢筋应伸至端部后弯折 $15d$，且从梁内边算起水平段长度应$\geqslant 0.6l_{ab}$。

（4）图中括号内数值用于代号为 JCLg 的基础次梁。

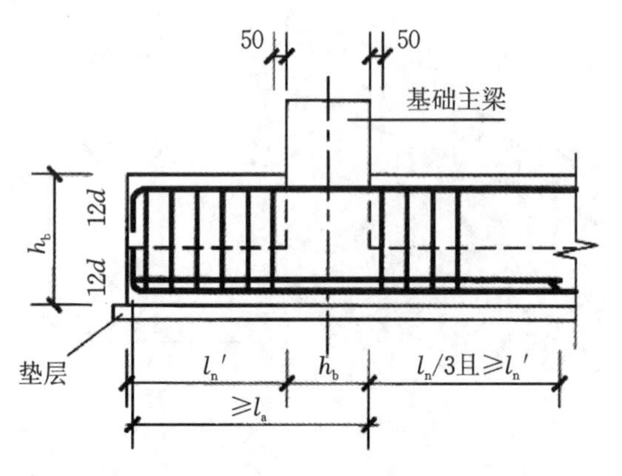

图 2-60 基础次梁端部等截面外伸构造

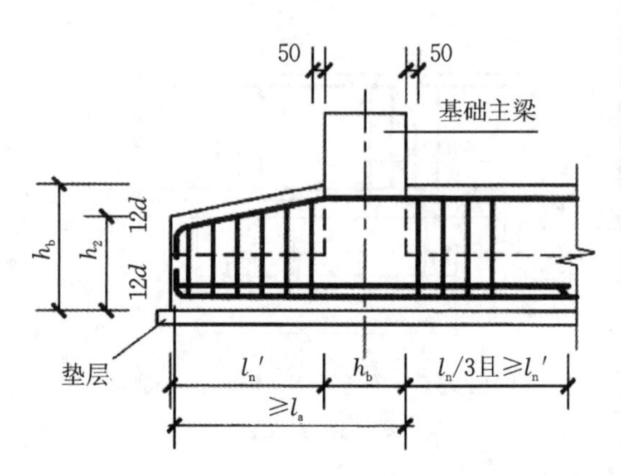

图 2-61 基础次梁端部变截面外伸构造

三、梁板式筏形基础平板构造

梁板式筏形基础平板 LPB 钢筋构造分柱下区域和跨中区域。其构造要点如下。

基础平板同一层面的交叉纵筋，何向纵筋在下，何向纵筋在上，应按具体设计说明。

(1) 梁板式筏形基础平板 LPB 钢筋构造(柱下区域)，见图 2-62，其构造要点如下。

① 顶部贯通纵筋连接区为柱两边 $l_n/4$ 再加柱宽范围，即$(2\times l_n/4+h_c)$，其中 l_n 为左右相邻跨净长的较大值；底部非贯通筋向跨内伸出长度见设计标注；底部贯通纵筋连接区为本跨跨中的 $l_{ni}/3$ 范围。

② 基础平板上部和下部钢筋的起步距离均为距基础梁边 1/2 板筋间距且不大于 75 mm，即 min(1/2 板筋间距，75 mm)。

(2) 梁板式筏形基础平板 LPB 钢筋构造(跨中区域)与梁板式筏形基础平板 LPB 钢筋构造(柱下区域)基本相同，区别是顶部贯通纵筋连接区为基础梁两边 $l_n/4$ 再加梁宽范围，即$(2\times l_n/4+b_b)$。

(3) 梁板式筏形基础平板端部构造，见图 2-63。基础平板上部和下部钢筋伸至尽端弯折 $12d$；当从支座内边算起至尽端水平段长度$\leqslant l_a$时，基础平板下部钢筋应伸至尽端弯折 $15d$，且从支座内边算起水平段长度应$\geqslant 0.6l_{ab}$。

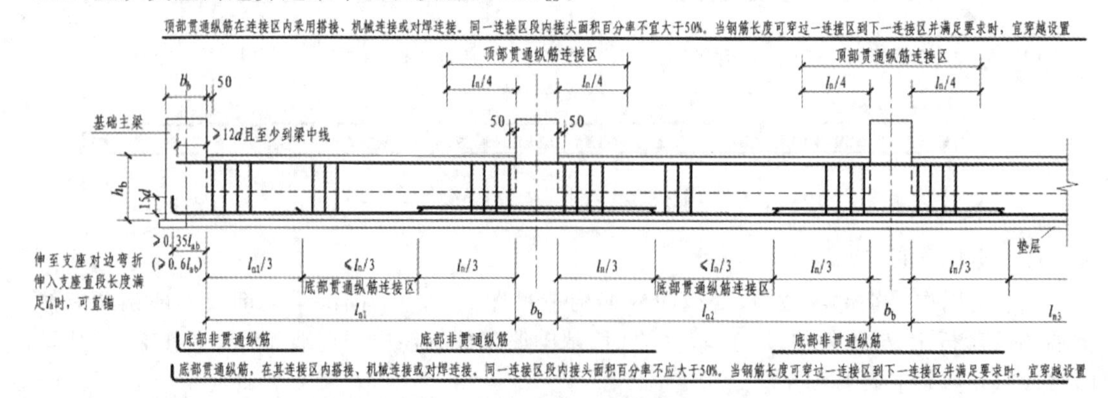

(a) 梁板式筏形基础平板LPB钢筋构造（柱下区域）

图 2-62 梁板式筏形基础平板 LPB 钢筋构造

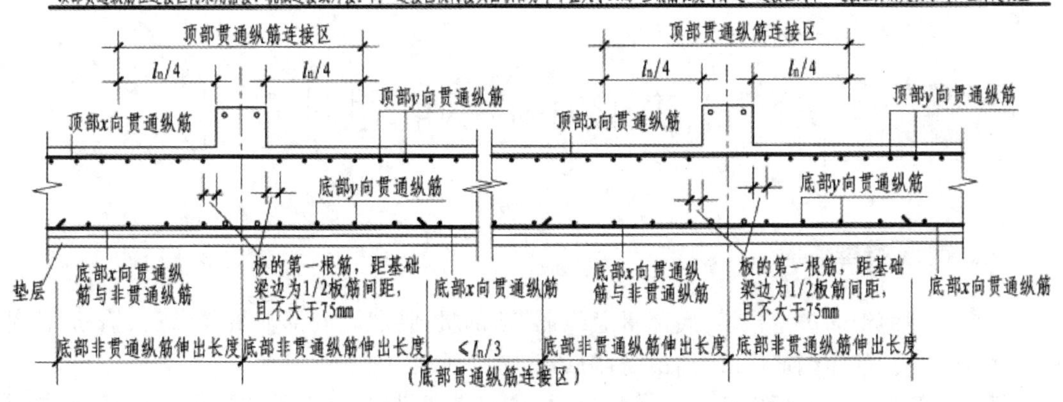

（b）梁板式筏形基础平板LPB钢筋构造（跨中区域）

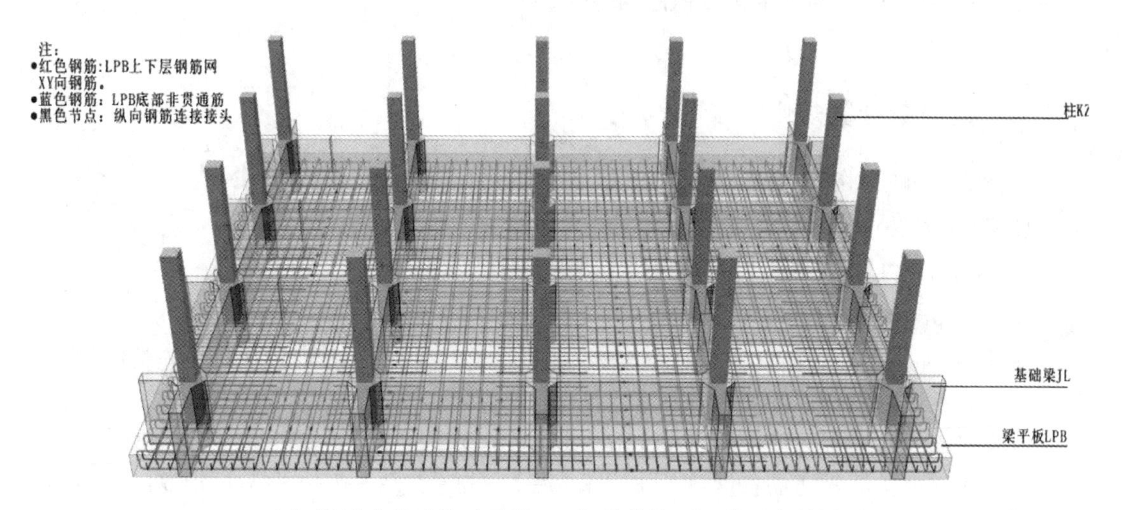

（c）梁板式筏形基础平板LPB钢筋构造（三维示意总图）

续图 2-62

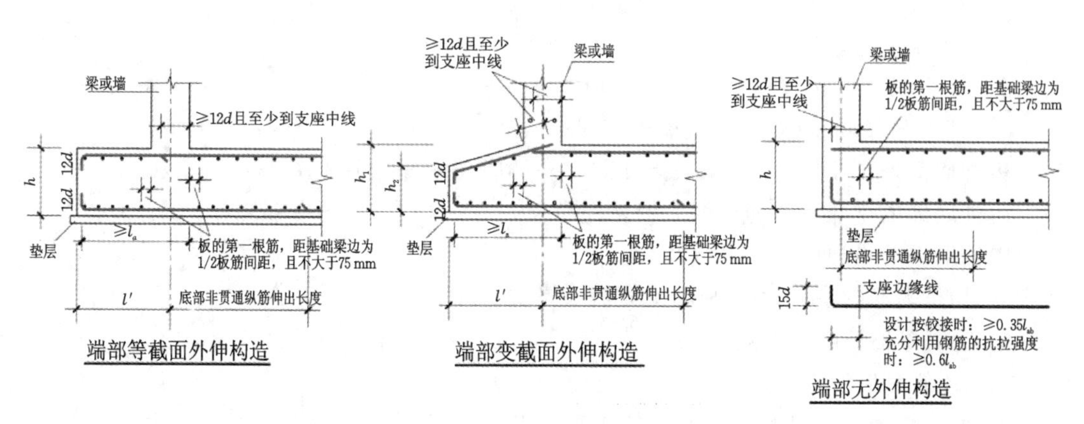

图 2-63 梁板式筏形基础平板 LPB 端部与外伸部位钢筋构造

任务8 梁板式筏形基础钢筋量计算

一、钢筋类型

基础梁中的钢筋类型包括：底部贯通纵筋、顶部贯通纵筋、底部非贯通纵筋、箍筋、侧部构造筋、拉结筋、其他钢筋（如附加吊筋、附加箍筋、加腋筋）等。

梁板式筏形基础平板中的钢筋类型包括：底部贯通纵筋、顶部贯通纵筋、横跨基础梁下的底部非贯通纵筋、中部水平构造钢筋网等。

二、钢筋量计算规则

结合前面钢筋细部构造图可得基础梁、板中钢筋计算规则。

1. 基础主梁JL钢筋计算规则

1）纵筋单根长度计算

（1）端部两端均无外伸时：

顶部、底部贯通筋长度：$L=$梁总长$-2c+15d\times2+$接头长度（焊接或机械连接时，为0）

底部非贯通纵筋：

边柱底部外排非贯通筋长度：$L=15d+50+h_c-c+l_n/3$

边柱底部内排非贯通筋长度：$L=15d+50+h_c-c+l_n/3-d-25$（两排钢筋间净距）

中柱底部非贯通筋长度：$L=h_c+2\times l_n/3$

（2）端部两端均外伸时：

顶部、底部外排贯通筋长度：$L=$梁总长$-2c+12d\times2+$绑扎搭接长度（焊接或机械连接时，为0）

顶部内排贯通筋长度：

$L=$梁总长$-$左边外伸净长l'_n-左边柱宽h_c-右边外伸净长l'_n-右边柱宽h_c+2l_a+绑扎搭接长度（焊接或机械连接时，为0）

边柱底部外排非贯通筋长度$L=12d+$外伸净长l'_n+边柱宽$h_c-c+\max(l_n/3,l'_n)$

边柱底部内排非贯通筋长度$L=$外伸净长l'_n+边柱宽$h_c-c+\max(l_n/3,l'_n)$

中柱底部非贯通筋：$L=h_c+2\times l_n/3$

式中：d均指纵筋的直径；c为基础梁保护层厚度。

2）箍筋单根长度和根数

（1）箍筋单根长度。

梁中箍筋示意图见图2-64，其计算规则如下。

外围大箍筋单根长度$L=(b+h)\times2-8c+$弯钩圆弧长度差值$\times2+$弯钩直段长度$md\times2$

里面小箍筋单根长度计算时，只要把水平长度重新计算，其他长度不变。

水平长度＝两边纵筋中心线长度/纵筋间距数＋纵筋的直径＋2×箍筋直径

式中：b 为梁宽；h 为梁高；c 为箍筋保护层厚度；md 为箍筋直段长度。

假设：梁高 $h=700$ mm、梁宽 $b=300$ mm、纵筋的保护层厚度 $c=30$ mm、纵筋直径为20 mm，小箍筋的水平段长度＝[(300－60－20)/3]mm＝73.33 mm。

有关钢筋端部弯钩长度计算，见图 2-65 和表 2-16。

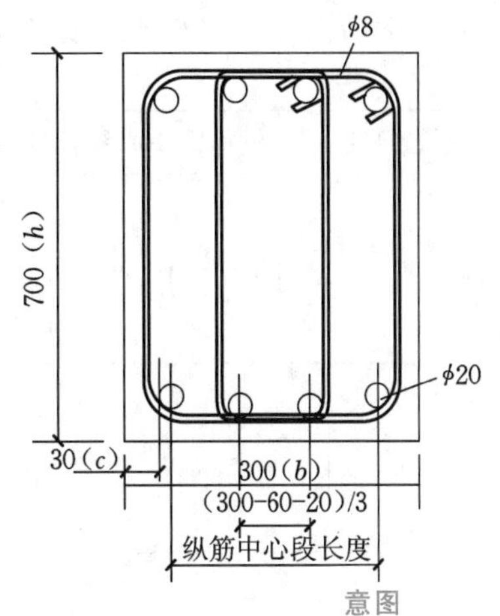

意图

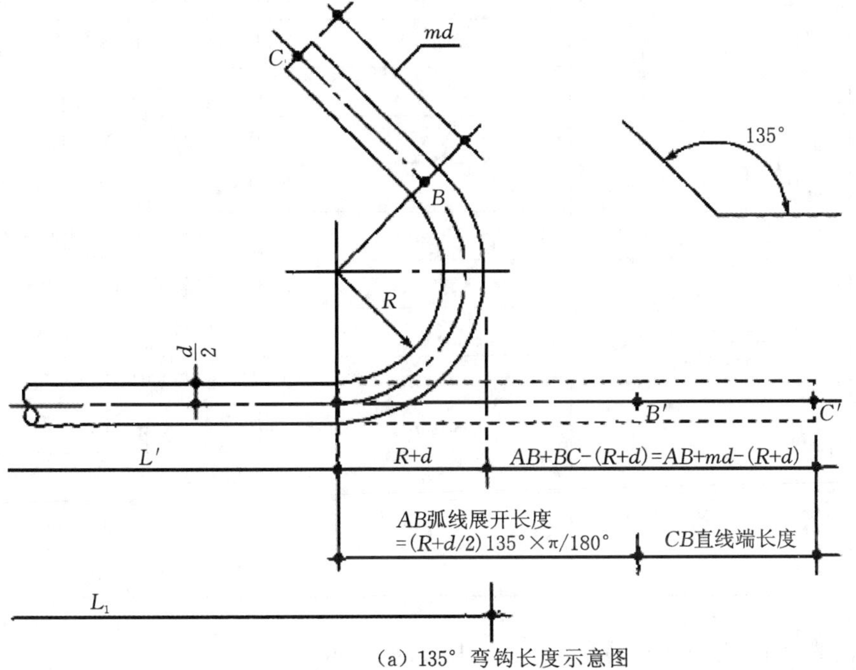

(a) 135° 弯钩长度示意图

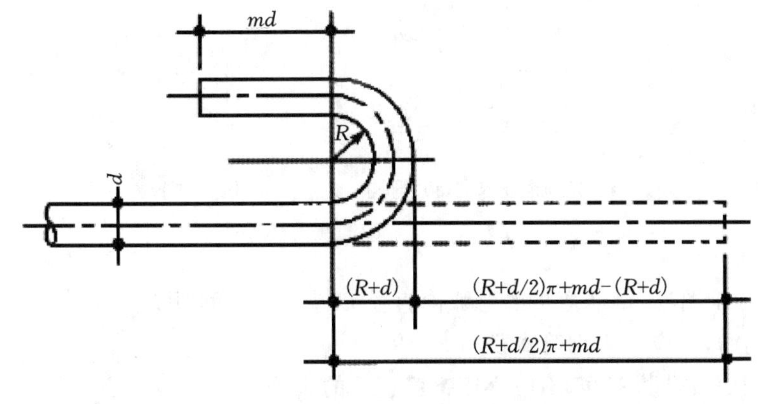

(b) 180° 弯钩长度示意图

图 2-65　钢筋端部弯钩长度示意图

常用钢筋端部弯钩长度表见表2-16。

表2-16 常用弯钩端部长度

弯起角度	钢筋弧中心线长度	钩端直线部分长度	合计长度
30°	$\left(R+\frac{d}{2}\right)\times 30°\times\frac{\pi}{180°}$	$10d$	$(R+d/2)\times 30°\times\pi/180°+10d$
		$5d$	$(R+d/2)\times 30°\times\pi/180°+5d$
		75 mm	$(R+d/2)\times 30\times\pi/180°+75$ mm
45°	$\left(R+\frac{d}{2}\right)\times 45\times\frac{\pi}{180°}$	$10d$	$(R+d/2)\times 45°\times\pi/180°+10d$
		$5d$	$(R+d/2)\times 45°\times\pi/180°+5d$
		75 mm	$(R+d/2)\times 45\times\pi/180°+75$ mm
60°	$\left(R+\frac{d}{2}\right)\times 60\times\frac{\pi}{180°}$	$10d$	$(R+d/2)\times 60°\times\pi/180°+10d$
		$5d$	$(R+d/2)\times 60°\times\pi/180°+5d$
		75 mm	$(R+d/2)\times 60\times\pi/180°+75$ mm
90°	$\left(R+\frac{d}{2}\right)\times 90\times\frac{\pi}{180°}$	$10d$	$(R+d/2)\times 90°\times\pi/180°+10d$
		$5d$	$(R+d/2)\times 90°\times\pi/180°+5d$
		75 mm	$(R+d/2)\times 90\times\pi/180°+75$ mm
135°	$\left(R+\frac{d}{2}\right)\times 135\times\frac{\pi}{180°}$	$10d$	$(R+d/2)\times 135°\times\pi/180°+10d$
		$5d$	$(R+d/2)\times 135°\times\pi/180°+5d$
		75 mm	$(R+d/2)\times 135\times\pi/180°+75$ mm
180°	$\left(R+\frac{d}{2}\right)\times\pi$	$10d$	$(R+d/2)\times\pi+10d$
		$5d$	$(R+d/2)\times\pi+5d$
		75 mm	$(R+d/2)\times\pi+75$ mm
		$3d$	$(R+d/2)\times\pi+3d$

根据构造要求，钢筋弯折的圆弧内径如图2-66所示。

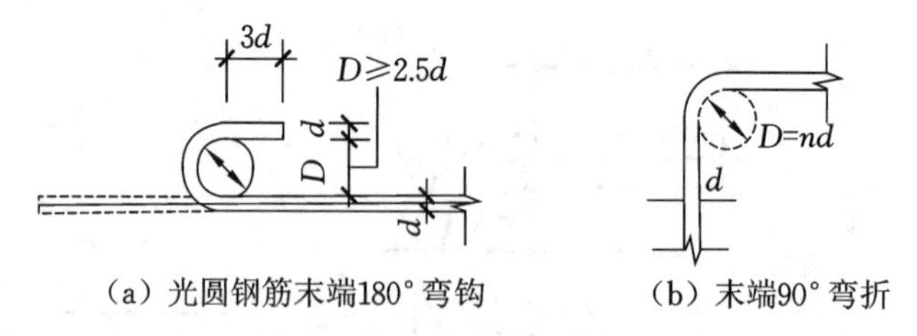

图2-66 弯折的圆弧内径 D

根据22G101图集，钢筋弯折的弯弧内直径 D 应符合下列规定。

① 光圆钢筋，不应小于钢筋直径的2.5倍。

② 400 MPa级带肋钢筋，不应小于钢筋直径的4倍。

③ 500 MPa级带肋钢筋，当直径 $d<25$ mm时，不应小于钢筋直径的6倍；当直径 $d>25$ mm时，不应小于钢筋直径的7倍。

④ 箍筋弯折处尚不应小于纵向受力钢筋直径；箍筋弯折处纵向受力钢筋为搭接或并筋

时，应按钢筋实际排布情况确定箍筋弯弧内直径。

箍筋弯弧内直径不同，弯钩长度也不同。

设某基础梁箍筋为 HRB400，末端为 135°弯钩，弯曲直径 $D=4d$，半径 $R=2d$ 时，箍筋直径为 d。箍筋圆弧中心线长度为 $(R+d/2)\times135°\times\pi/180°=5.89d$，由于钢筋的长度已经算到钢筋的外缘，即已经算了 $R+d=3d$，因此再加上两者的差值，弯钩圆弧长度差值 $5.89d-3d=2.89d$ 即可，也可取 $2.9d$。

同样，当箍筋是 HPB300，一级光圆钢筋，末端为 135°弯钩，弯曲直径 $D=2.5d$，半径 $R=1.25d$ 时，箍筋圆弧中心线长度为 $(R+d/2)\times135°\times\pi/180°=4.12d$。弯钩圆弧长度差值 $4.12d-2.25d=1.87d$，也可取 $1.9d$。

基础梁的箍筋、拉筋弯钩构造见图 2-67。

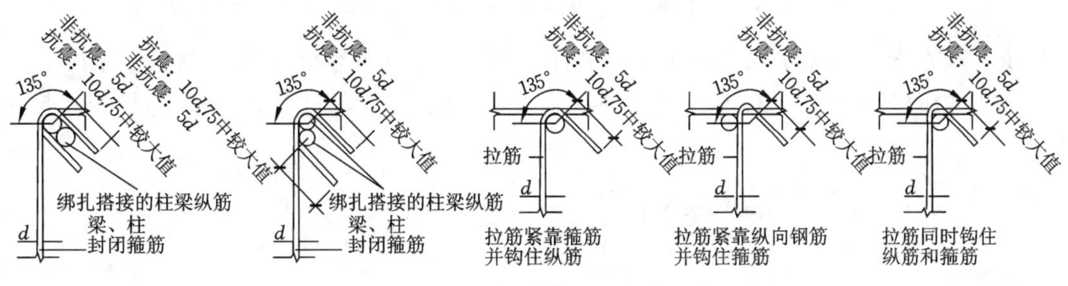

图 2-67　封闭箍筋和拉筋弯钩构造

基础梁箍筋肢数常用的有四肢、五肢、六肢，见图 2-68。

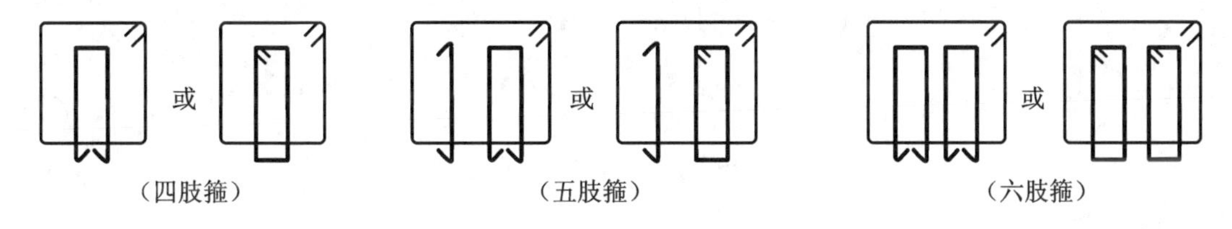

图 2-68　基础梁箍筋复合方式

(2) 箍筋根数计算。

箍筋根数＝加密区根数＋非加密区根数

每段加密区根数＝(加密区长度－50)/加密区箍筋间距＋1（向上取整）

每段非加密根数＝非加密区长度/非加密区箍筋间距－1（向上取整）

加密区长度、非加密区长度见梁构造详图或根据施工图规定。

注意：附加箍筋另外计算。

3) 拉筋长度计算

单根长度 $L=b-2c+$弯钩圆弧长度差值$\times2+$弯钩直段长度 $md\times2$

基础梁侧钢筋的拉筋直径除注明者外均为 8 mm，间距为箍筋间距的 2 倍。当设有多排拉筋时，上下两排拉筋竖向错开设置。拉筋根数可参照箍筋根数计算，在此不再赘述。

2. 梁板式筏形基础平板 LPB 钢筋计算规则

1) 单根长度

顶部贯通纵筋单根长度 $L=$底板总长$-2c+12d\times2$ 十绑扎搭接长度（焊接或机械连接

时，为 0）

底部贯通纵筋单根长度 L＝底板总长－$2c$＋$12d$×2 十绑扎搭接长度（焊接或机械连接时，为 0）

底部非贯通筋纵筋的单根长度，要根据具体的伸出长度计算。

底部 x、y 向筋，何向纵筋在下，何向纵筋在上，应按具体图纸说明。

2）根数

对于低板位筏形基础，最底层纵筋为满铺。其他纵筋不是满铺，而是靠梁边布置。因此根数计算规则不同。

低板位筏形基础平板，最底层纵筋根数总根数＝（底板另一方向总长－$2c$）/间距＋1

其他纵筋根数＝每跨纵筋根数之和

每跨纵筋根数＝[净跨长－min（板间距/2，75 mm）×2]/间距＋1

例 2-6 计算如图 2-69 所示基础梁中所有钢筋的预算量（侧腋中钢筋不计）。

基础梁的混凝土强度 C35，保护层厚度 40 mm，钢筋连接方式为机械连接，柱中线与轴线重合。

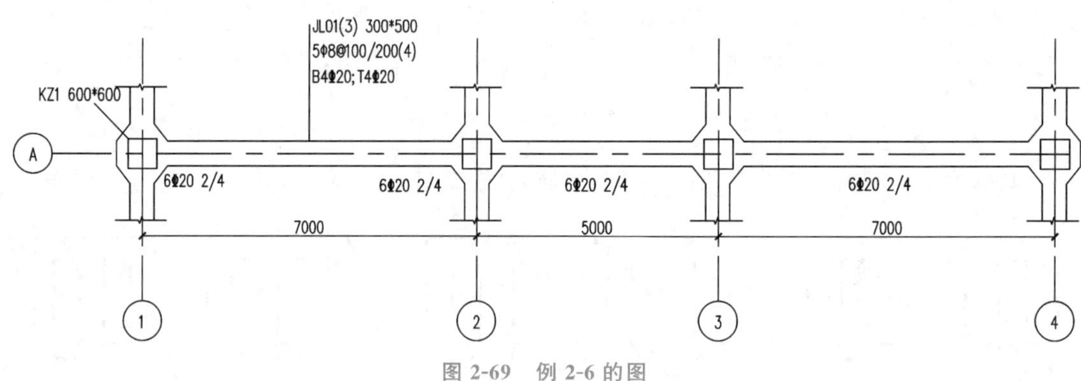

图 2-69 例 2-6 的图

解 计算结果见表 2-17。

表 2-17 例 2-6 中钢筋量计算

序号	钢筋名称	单根长度	根数/根	重量/kg
1	底部及顶部贯通纵筋	端部两端均无外伸时： 顶部、底部贯通筋长度：L＝梁总长－$2c$＋$15d$×2＋接头长度（焊接或机械连接时，为 0） L＝（7000＋5000＋7000＋600＋50×2－2×40＋15×20×2）mm＝20220 mm＝20.220 m （端部侧腋宽 50 mm）	8	20.220×8×2.47＝399.547

续表

序号	钢筋名称	单根长度	根数/根	重量/kg
2	①、④轴线下部非贯通筋	边柱底部内排非贯通筋长度：$L=15d+50+h_c-c+l_n/3-d-25$（两排钢筋间净距） $L=[15\times20+50+600-40+(7000-600)/3-20-25]$ mm $=2998$ mm $=2.998$ m	4	$2.998\times4\times2.47=29.620$
3	②、③轴线底部非贯通筋	中柱底部非贯通筋长度：$L=h_c+2\times l_n/3$ $L=[600+2\times(7000-600)/3]$ mm $=4867$ mm $=4.867$ m	4	$4.867\times4\times2.47=48.086$
4	箍筋	外围大箍筋单根长度 $L=(b+h)\times2-8c+$弯钩圆弧长度差值$\times2+$弯钩直段长度 $md\times2$ $L_{大}=[(300+500)\times2-8\times40+1.87\times8\times2+10\times8\times2]$ mm $=1470$ mm $=1.470$ m 其中，弯钩圆弧长度差值计算如下： $(R+d/2)\times135°\times\pi/180°-(R+d)=(1.25\times d+d/2)\times135°\times3.14/180°-(1.25\times d+d)=1.87d$ $md=10d$	边跨内箍筋：$10+(7000-600-50\times2-8\times100)/200-1=37$ 根 中间跨内箍筋： $10+(5000-600-50\times2-8\times100)/200-1=27$ 根 支座内箍筋：$[(600-100)/100]\times4=20$ $37\times2+27+20=121$ 根	$(1.470+1.225)\times121\times0.395=128.808$
		里面小箍筋单根长度计算时，只要把水平长度重新计算，其他长度不变。 $L_{小}=\{[(300-40\times2-16-20)/3+20+2\times8]\times2+[500-2\times40]\times2+11.87\times8\times2\}$ mm $=(194.667+840+189.920)$ mm $=1225$ mm $=1.225$ m	121 根	
合计	⌀20：477.253 kg；φ8：128.808 kg			

例 2-7　计算如图 2-70 所示 JL02 中的纵筋预算量（不考虑侧腋）。

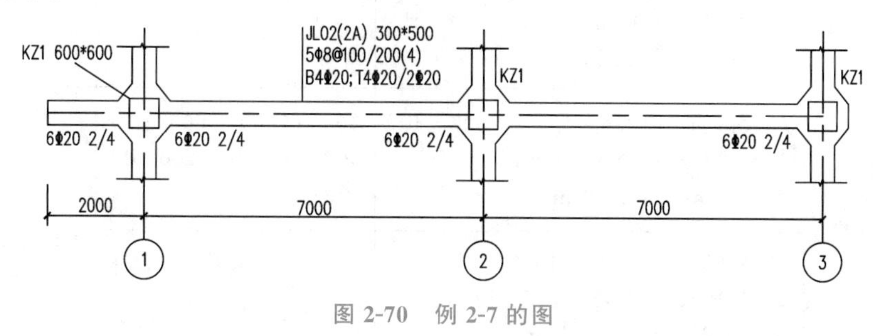

图 2-70　例 2-7 的图

基础梁纵筋保护层厚为 40 mm，混凝土为 C35，纵筋连接方式为对焊。

本例计算过程及结果如表 2-18 所示。

表 2-18 例 2-7 中纵筋预算量计算

序号	钢筋名称	单根长度	根数/根	重量/kg
1	上部通长筋（第一排）	(2000＋7000＋7000－40×2＋350＋15×20＋12×20)mm＝16810 mm＝16.810 m	4	16.810×4×2.465＝165.747
2	上部通长筋（第二排）	(32×20＋7000－300＋7000＋350－40－20－25＋15×20)mm＝14905 mm＝14.905 m	2	14.905×2×2.465＝73.482
3	底部通长筋	(2000＋7000＋7000－40×2＋350＋15×20＋12×20)mm＝16810 mm＝1.680 m	4	1.680×4×2.465＝165.747
4	悬挑端下部非通长筋	[2000＋300＋(7000－600)/3－40－20]mm＝4373 mm＝4.373 m	2	4.373×2×2.465＝21.559
5	②轴线下部非通长筋	[(7000－600)/3＋600＋(7000－600)/3]mm＝4867 mm＝4.867 m	2	4.867×2×2.465＝23.994
6	③轴线下部非通长筋	[(7000－600)/3＋600＋50＋15×20－40－20－25]mm＝2998 mm＝2.998 m	2	2.998×2×2.465＝14.780
7	悬挑端内箍筋	外大箍筋＝[(300－40×2＋500－40×2)×2＋11.9×8×2]mm＝1470 mm＝1.470 m	[(2000－300)－50－40－20－50]/100＋1＝17	(1.470×17＋1.225×17)×0.394＝18.051
		内小箍筋＝{[(300－40×2－8×2－20)/3)＋20＋2×8]×2＋(500－40×2)×2＋11.9×8×2}mm＝1225 mm＝1.225 m	17	
8	①～②跨内箍筋	外大箍筋＝[(300－40×2＋500－40×2)×2＋11.9×8×2]mm＝1470 mm＝1.470 m	10＋(7000－600－50×2－8×100)/200－1＝37	(1.470×37＋1.225×37)×0.394＝18.051
		内小箍筋＝{[(300－40×2－8×2－20)/3)＋20＋2×8]×2＋(500－40×2)×2＋11.9×8×2}mm＝1225 mm＝1.225 m	37	
9	②～③跨内箍筋	外大箍筋＝[(300－40×2＋500－40×2)×2＋11.9×8×2]mm＝1470 mm＝1.470 m	10＋(7000－600－50×2－8×100)/200－1＝37	(1.470×37＋1.225×74)×0.394＝18.051
		内小箍筋＝{[(300－40×2－8×2－20)/3)＋20＋2×8]×2＋(500－40×2)×2＋11.9×8×2}mm＝1225 mm＝1.225 m	37	

续表

序号	钢筋名称	单根长度	根数/根	重量/kg
10	节点内箍筋	外大箍筋＝[(300－40×2＋500－40×2)×2＋11.9×8×2]mm＝1470 mm＝1.470 m	[(600－100)/100＋1]×4＝24	(1.470×24＋1.225×24)×0.394＝25.484
		内小箍筋＝{[(300－40×2－8×2－20)/3)＋20＋2×8]×2＋(500－40×2)×2＋11.9×8×2}mm＝1225 mm＝1.225 m	24	
11	合计			544.946

例 2-8　计算如图 2-71 所示 LPB01 中的钢筋。保护层厚为 40 mm，锚固长度 $L_a=30d$，机械连接。

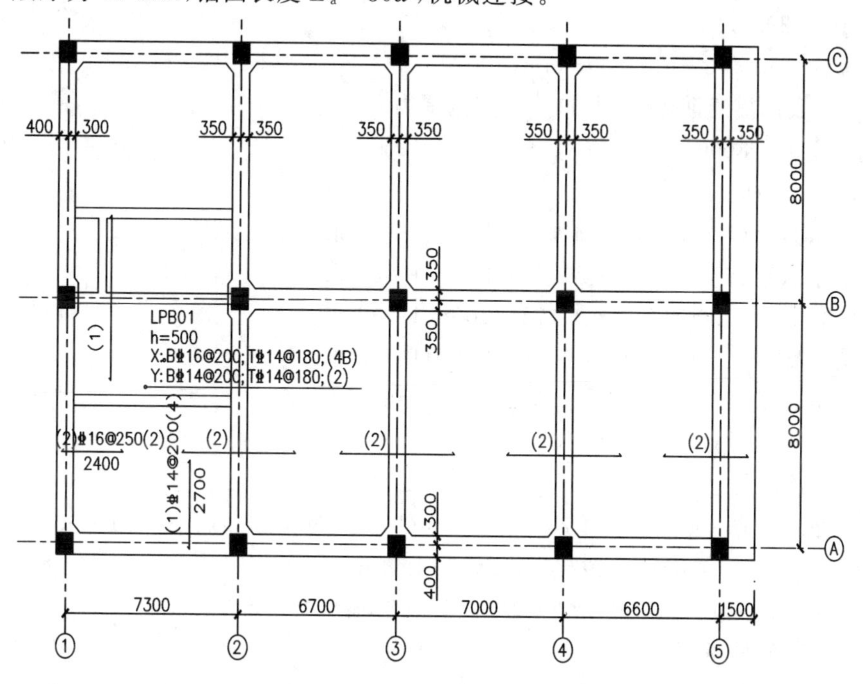

注：外伸端采用U形封边构造，U形钢筋为⌀20@300，封边处侧部构造筋为2⌀8。

图 2-71　例 2-8 的图

解　基础平板中钢筋预算量计算如表 2-19 所示。

表 2-19　例 2-8 中基础平板中钢筋预算量计算

序号	钢筋名称	单根长度/m	根数/根	重量/kg
1	x 向底部贯通筋	29.832	85	1.58×29.832×85＝4006.438
2	y 向底部贯通筋	17.100	133	1.21×17.100×133＝2751.903
3	x 向顶部贯通纵筋	29.278	82	1.21×29.278×82＝2904.963
4	y 向顶部贯通筋	16.100	148	1.21×16.100×148＝2883.188

续表

序号	钢筋名称	单根长度/m	根数/根	重量/kg
5	A～C 轴线处①号非贯通筋	3.200	254	1.21×3.200×254=983.488
	B 轴线处①号非贯通筋	5.400	127	1.21×5.400×127=829.818
6	①轴线处②号筋	2.930	60	1.58×2.930×60=277.764
	②③④轴线处②号筋	4.800	180	1.58×4.80×180=1365.120
	⑤轴线处②号筋	4.052	60	1.58×4.052×60=384.130
7	U 形封边筋	1.020	57	2.47×1.020×57=143.606
总质量	⏀16:6033.452 kg;⏀14:10353.360 kg;ϕ20:143.606 kg			

(1) x 向底部贯通筋(满铺)。

单根长度 L=7300+6700+7000+6600+1500+400−40−20+15×16−40+12×16=29832 mm=29.832 m

根数 n=[8000×2+400×2−min(200/2,75)×2]/200+1=85 根

(2) y 向底部贯通筋(平行方向的梁宽范围内不布置)。

单根长度 L=8000×2+400×2−80−20×2+15×14×2=17100 mm=17.100 m

根数：

①～②根数=(7300−650−2×75)/200+1=34 根

②～③根数=(6700−700−2×75)/200+1=31 根

③～④根数=(7000−700−2×75)/200+1=32 根

④～⑤根数=(6600−700−2×75)/200+1=30 根

外伸部分根数=(1500−350−75/200)+1=6 根

总根数 n=34+31+32+30+6=133 根

(3) x 向顶部贯通筋。

单根长度 L=[7300+6700+7000+6600+1500−300+max(12×14,700/2)−40+12×14]mm=29278 mm=29.278 m

根数 n={[(8000−650−75×2)/180+1]×2}根=82 根

(4) y 向顶部贯通筋。

单根长度 L=[8000×2−600+max(12×14,700/2)×2]mm=16100 mm=16.100 m

根数：

①～②根数=[(7300−650−2×75)/180+1]根=38 根

②～③根数=[(6700−700−2×75)/180+1]根=34 根

③～④根数=[(7000−700−2×75)/180+1]根=36 根

④～⑤根数=[(6600−700−2×75)/180+1]根=33 根

外伸部分根数=(1500−350−2×75)/180+1 根=7 根

总根数 n=(38+34+36+33+7)根=148 根

(5) ①号底部非贯通筋。

A 轴和 C 轴处①号筋：

单根长度 L=(2700+350−40−20+15×14)mm=3200 mm=3.200 m

根数：

①～②根数＝{[(7300－650－2×75)/200＋1]}根×2＝68 根

②～③根数＝{[(6700－700－2×75/200)＋1]}根×2＝62 根

③～④根数＝{[(7000－700－2×75/200)＋1]}根×2＝64 根

④～⑤根数＝{[(6600－700－2×75/200)＋1]}根×2＝60 根

总根数 n＝(68＋62＋64＋60)根＝254 根

B 轴线处①号筋：

单根长度 L＝2700×2 mm＝5400 mm＝5.400 m

根数：

①～②根数＝[(7300－650－2×75)/200＋1]根＝34 根

②～③根数＝[(6700－700－2×75)/200＋1]根＝31 根

③～④根数＝[(7000－700－2×75)/200＋1]根＝32 根

④～⑤根数＝[(6600－700－2×75)/200＋1]根＝30 根

总根数 n＝(34＋31＋32＋30)根＝127 根

(6) ②号非贯通筋。

①轴线处的②号非贯通筋：

单根长度 L＝(2400＋350－40－20＋15×16)mm＝2930 mm＝2.930 m

根数 n＝{[(8000－650－75×2)/250＋1]×2}根＝60 根

②③④轴线处的②号非贯通筋：

单根长度 L＝(2400×2)mm＝4800 mm＝4.800 m

根数 n＝{[(8000－650－75×2)/250＋1]}根×6＝180 根

⑤轴线处的②号非贯通筋：

单根长度 L＝(2400＋1500－40＋12×16)mm＝4025 mm＝4.052 m

根数 n＝{[(8000－650－75×2)/250＋1]}根×2＝60 根

(7) U 形封边钢筋。

单根长度 L＝[500－40×2＋max(15×20,200)×2]mm＝1020 mm＝1.020 m

根数 n＝{[(8000×2＋400×2－40×2－20×2)/300]＋1}根＝57 根

课后任务

1. 读懂工程案例中所示内容，并计算图中一个独立基础和 FB1 钢筋预算量。
2. 简述独立基础设计步骤。
3. 简述梁板式筏板基础各构件的钢筋组成。

柱

工作手册3

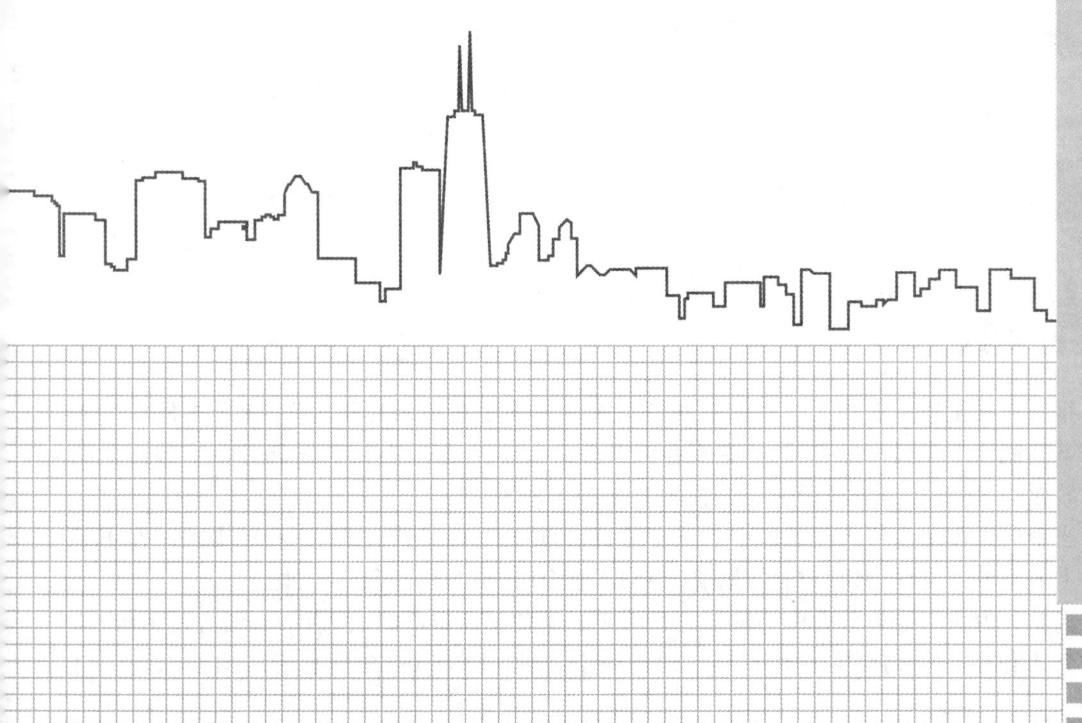

学习目标

1. 知识目标

(1) 掌握柱的一般构造要求、受力特征、配筋计算原理。

(2) 掌握柱的平法施工图制图规则。

2. 能力目标

(1) 具备熟练识读柱施工图的能力。

(2) 具备计算柱钢筋预算量的能力。

工程案例

二维码所示为某大厦基础顶～－1.000 墙柱平面布置图。本工作手册主要介绍柱的设计原理、柱的施工图识读和钢筋算量等内容。

任务1 柱的设计原理

一、概述

钢筋混凝土柱在混凝土结构体系的各种构件中属于典型的受压构件，受压构件在荷载作用下其截面上一般作用有轴力、弯矩和剪力等。在计算受压构件时，常将作用在截面上的弯矩转化为等效的、偏离截面中心的轴向力考虑。

当轴向力作用线与构件截面中心重合时，称为轴心受压构件；当弯矩和轴力共同作用于构件上或当轴向力作用线与构件截面中心轴不重合时，称为偏心受压构件。

当轴向力作用线与截面中心轴平行且沿某一主轴偏离重心时，称为单向偏心受压构件；当轴向力作用线与截面中心轴平行且偏离两个主轴时，称为双向偏心受压构件，如图 3-1 所示。

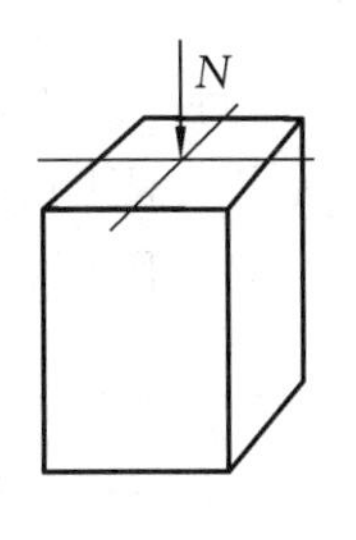

(a) 轴心受压

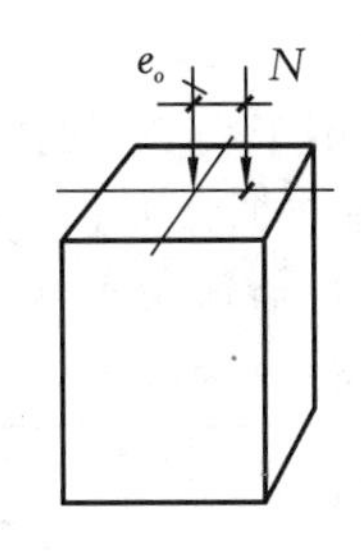

(b) 单向偏心受压

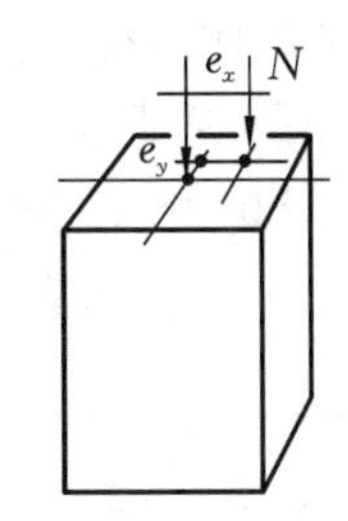

(c) 双向偏心受压

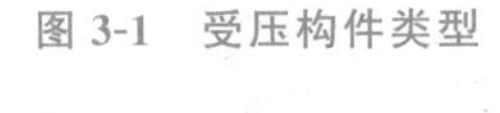
图 3-1　受压构件类型

在实际结构中，由于混凝土质量不均匀、配筋不对称、制作和安装误差等原因，往往存在着或多或少的偏心，因此在工程中理想的轴心受压构件是不存在的。目前有些国家的设计规范中已取消了轴心受压的计算。我国考虑到对以恒载为主的多层房屋的内柱、屋架的斜压腹杆和压杆等构件，往往因弯矩很小而略去不计，因此仍近似简化为轴心受压构件进行计算。

钢筋混凝土柱通常都配有纵向受力钢筋和箍筋，见图 3-2。纵筋的作用有：抗拉、抗压和与箍筋一起形成骨架约束核心区混凝土提高混凝土的抗压能力、提高构件的延性增强其抗震能力；箍筋的作用有：抗剪、形成骨架、提高构件延性等。

图 3-2　柱的钢筋骨架

二、柱的一般构造要求

1. 截面形式及尺寸

柱的截面多采用方形或矩形，有时也采用圆形或多边形。矩形截面框架柱的边长不应小于 300 mm，圆形截面柱的直径不应小于 350 mm。

柱截面尺寸宜符合模数，800 mm 及以下的，取 50 mm 的倍数；800 mm 以上的，可取 100 mm 的倍数。

2. 柱中纵筋构造要求

(1) 纵向受力钢筋直径不宜小于 12 mm，全部纵向钢筋的配筋率不宜大于 5%。

(2) 柱中纵向钢筋的净间距不应小于 50 mm，且不宜大于 300 mm。

(3) 偏心受压柱的截面高度不小于 600 mm 时，在柱的侧面上应设置直径不小于10 mm 的纵向构造钢筋，并相应设置复合箍筋或拉筋。

(4) 圆柱中纵向钢筋不宜少于 8 根，不应少于 6 根，且宜沿周边均匀布置。

(5) 在偏心受压柱中，垂直于弯矩作用平面的侧面上的纵向受力钢筋以及轴心受压柱中各边的纵向受力钢筋，其中距不宜大于 300 mm。

(6) 框架柱的最小配筋率。

框架柱纵向钢筋最小配筋率是抗震设计中的一项较重要的构造措施。考虑到实际地震作用在大小及作用方式上的随机性，经计算确定的配筋数量仍可能在结构中造成某些估计不到的薄弱构件或薄弱截面。通过纵向钢筋最小配筋率规定可以对这些薄弱部位进行补救，以提高结构整体地震反应能力的可靠性。

柱全部纵向普通钢筋的配筋率不应小于表3-1的规定，且柱截面每一侧纵向普通钢筋配筋率不应小于0.20%；当柱的混凝土强度等级为C60以上时，应按表中规定值增加0.10%采用；当采用400 MPa级纵向受力钢筋时，应按表中规定值增加0.05%采用。

表3-1 柱纵向受力钢筋最小配筋率(%)

柱类型	抗震等级			
	一级	二级	三级	四级
中柱、边柱	0.90(1.00)	0.70(0.80)	0.60(0.70)	0.50(0.60)
角柱、框支柱	1.10	0.90	0.80	0.70

注：表中括号内数值用于房屋建筑纯框架结构柱。

3. 柱中箍筋构造要求

(1) 箍筋直径不应小于$d/4$，且不应小于6 mm，d为纵向钢筋的最大直径。

(2) 箍筋间距不应大于400 mm及构件截面的短边尺寸，且不应大于$15d$，d为纵向钢筋的最小直径。

(3) 柱及其他受压构件中的周边箍筋应做成封闭式。对圆柱中的箍筋，搭接长度不应小于规定的锚固长度，且末端应做成135°弯钩，弯钩末端平直段长度不应小于$5d$，d为箍筋直径。

(4) 当柱截面短边尺寸大于400 mm且各边纵向钢筋多于3根时，或当柱截面短边尺寸不大于400 mm但各边纵向钢筋多于4根时，应设置复合箍筋。

(5) 柱中全部纵向受力钢筋的配筋率大于3%时，箍筋直径不应小于8 mm，间距不应大于$10d$，且不应大于200 mm，d为纵向受力钢筋的最小直径。箍筋末端应做成135°弯钩，且弯钩末端平直段长度不应小于箍筋直径的10倍。

(6) 在配有螺旋式或焊接环式箍筋的柱中，如在正截面受压承载力计算中考虑间接钢筋的作用时，箍筋间距不应大于80 mm及$d_{cor}/5$，且不宜小于40 mm，d_{cor}为按箍筋内表面确定的核心截面直径。

(7) 截面形状复杂的构件，不可采用具有内折角的箍筋，避免产生向外的拉力，致使折角处的混凝土破损，见图3-3。

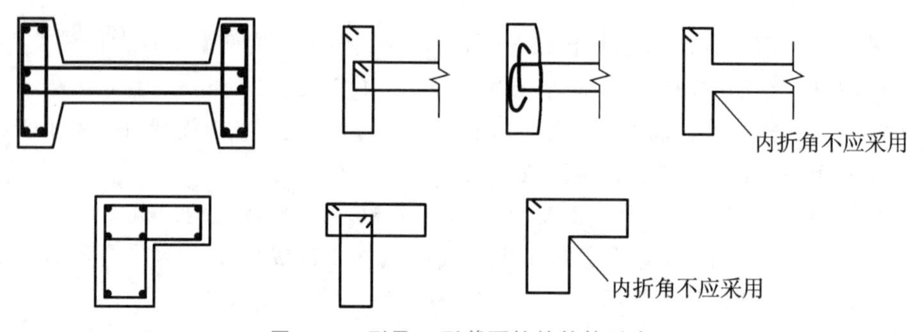

图3-3 I形及L形截面柱的箍筋形式

(8) 柱端箍筋加密区。

框架柱端箍筋加密区长度的规定是根据试验结果及震害经验作出的。该长度相当于柱端潜在塑性铰区的范围再加一定的安全余量。箍筋肢距作出的限制是为了保证塑性铰区内箍筋对混凝土和受压纵筋的有效约束。

① 加密区长度：框架柱的箍筋加密区长度，应取柱截面长边尺寸（或圆形截面直径）、柱净高的 1/6 和 500 mm 中的最大值；一、二级抗震等级的角柱应沿柱全高加密箍筋。底层柱根箍筋加密区长度应取不小于该层柱净高的 1/3；当有刚性地面时，除柱端箍筋加密区外尚应在刚性地面上、下各 500 mm 的高度范围内加密箍筋。

② 柱箍筋加密区内的箍筋肢距：一级抗震等级不宜大于 200 mm；二、三级抗震等级不宜大于 250 mm 和 20 倍箍筋直径中的较大值；四级抗震等级不宜大于 300 mm。每隔一根纵向钢筋宜在两个方向有箍筋或拉筋约束；当采用拉筋且箍筋与纵向钢筋有绑扎时，拉筋宜紧靠纵向钢筋并勾住箍筋。

③ 箍筋加密区的箍筋最大间距和最小直径应按表 3-2 采用。

表 3-2　柱箍筋加密区的箍筋最大间距和最小直径

抗震等级	箍筋最大间距/mm	箍筋最小直径/mm
一级	$6d$ 和 100 的较小值	10
二级	$8d$ 和 100 的较小值	8
三级、四级	$8d$ 和 150（柱根 100）的较小值	8

注：表中 d 为柱纵向普通钢筋的直径（mm）；柱根指柱底部嵌固部位的加密区范围。

三、轴心受压构件的承载力计算

钢筋混凝土轴心受压构件箍筋的配置方式有两种：普通箍筋和螺旋箍筋（或焊接环式箍筋）。由于这两种箍筋对混凝土的约束作用不同，因而相应的轴心受压构件的承载力也不同。习惯上把配有普通箍筋的柱称为普通箍筋柱，配有螺旋箍筋（或焊接环式箍筋）的柱称为螺旋箍筋柱。

1. 普通箍筋柱的承载力计算

1）短柱的受力特点和破坏特征

典型的钢筋混凝土轴心受压短柱荷载-应力曲线如图 3-4(a)所示，破坏试验如图 3-4(b)所示。在轴心荷载作用下，截面应变基本是均匀分布的。由于钢筋与混凝土之间黏结力的存在，使两者的应变基本相同，即 $\varepsilon_c=\varepsilon_s$。当荷载较小时，混凝土和钢筋均处于弹性工作阶段，柱子压缩变形的增加与荷载的增加成正比，混凝土压应力 σ_c 和钢筋压应力 σ_s 增加与荷载增加也成正比；当荷载较大时，由于混凝土塑性变形的发展，压缩变形的增加速度快于荷载增加速度，另外，在相同荷载增量下，钢筋压应力 σ_s 比混凝土压应力 σ_c 增加得快，亦即钢筋和混凝土之间的应力出现了重分布现象；随着荷载的继续增加，柱中开始出现微细裂缝，在临近破坏荷载时，柱四周出现明显的纵向裂缝，箍筋间纵筋压屈，向外凸出，混凝土被压碎，柱子即告破坏。

2）细长轴心受压构件的承载力降低现象

如前所述，由于材料本身的不均匀性、施工的尺寸误差等原因，轴心受压构件的初始偏心是不可避免的。初始偏心距的存在，必然会在构件中产生附加弯矩和相应的侧向挠度，而

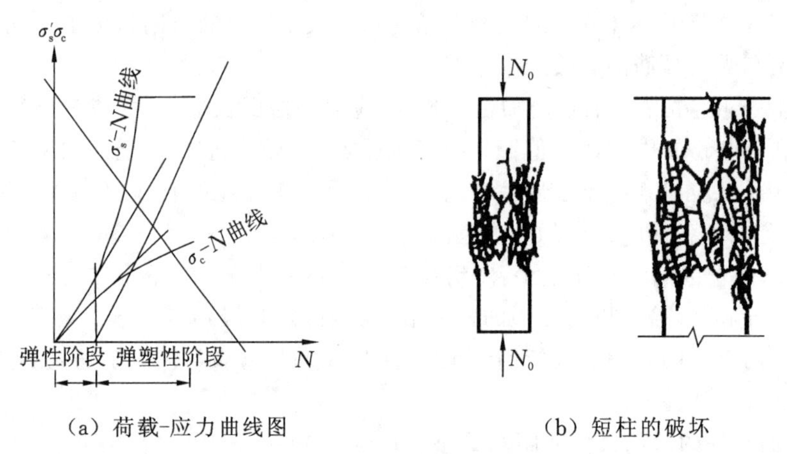

（a）荷载-应力曲线图　　（b）短柱的破坏

图 3-4　轴心受压短柱的破坏试验

侧向挠度又加大了原来的初始偏心距。这样相互影响的结果，必然导致构件承载能力的降低。试验表明，对粗短受压构件，初始偏心距对构件承载力的影响并不明显，而对细长受压构件，这种影响是不可忽略的。细长轴心受压构件的破坏，实质上已具有偏心受压构件强度破坏的典型特征。破坏时，首先在凹侧出现纵向裂缝，随后混凝土被压碎，纵筋压屈向外凸出；凸侧混凝土出现垂直纵轴方向的横向裂缝，侧向挠度迅速增大，构件破坏，如图 3-5 所示。对于长细比很大的细长受压构件，甚至还可能发生失稳破坏。在长期荷载作用下，由于徐变的影响，使细长受压构件的侧向挠度增大，因而，构件的承载力降低更多。

3）轴心受压构件的承载力计算

轴心受压构件在承载能力极限状态时的截面应力情况如图 3-6 所示，此时，混凝土应力达到其轴心抗压强度设计值 f_c，受压钢筋应力达到抗压强度设计值 f_y。短柱的承载力设计

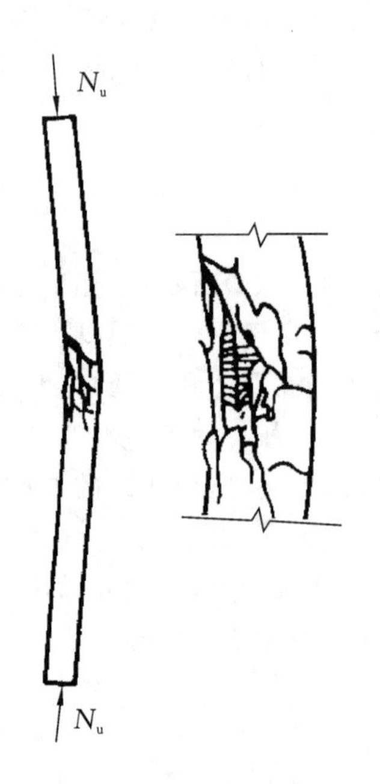

图 3-5　长柱的破坏

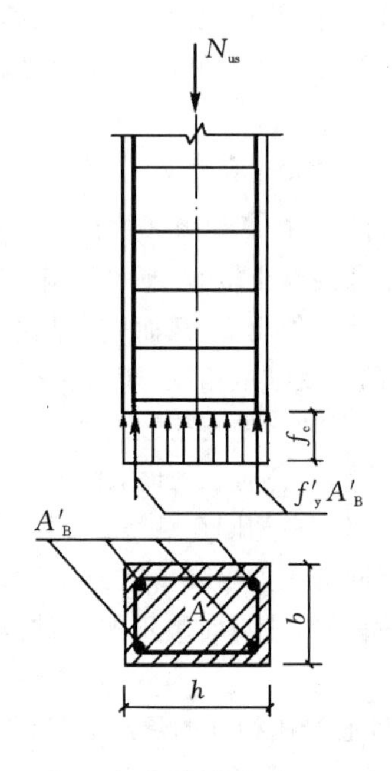

图 3-6　轴心受压构件应力图

值为：

$$N_{us}=f_c A+f'_y A'_s \tag{3-1}$$

式中：f_c——混凝土轴心抗压强度设计值；

f'_y——纵向钢筋抗压强度设计值；

A——构件截面面积；

A'_s——全部纵向钢筋的截面面积。

对细长柱，如前所述，其承载力要比短柱低，《混凝土结构设计规范》采用稳定系数 φ 来表示细长柱承载力降低的程度，则细长柱的承载力设计值为：

$$N_{us}=\varphi N_{us} \tag{3-2}$$

式中：φ——钢筋混凝土构件的稳定系数，主要与构件的长细比有关，按表 3-3 采用。则轴心受压构件承载力设计值为：

$$N_u=0.9\varphi(f_c A+f'_y A'_s) \tag{3-3}$$

式中：系数 0.9 为可靠度调整系数。

当纵向钢筋配筋率大于 3%时，公式(3-1)和(3-3)中的 A 应改用$(A-A'_s)$代替。将式(3-3)写成：

$$N\leqslant N_u=0.9\varphi(f_c A+f'_y A'_s) \tag{3-4}$$

式中：N——轴向压力设计值。

表 3-3　钢筋混凝土轴心受压构件稳定系数

$\frac{l_0}{b}$	$\frac{l_0}{d}$	$\frac{l_0}{i}$	φ	$\frac{l_0}{b}$	$\frac{l_0}{d}$	$\frac{l_0}{i}$	φ
≤8	≤7	≤28	≤1.0	30	26	104	0.52
10	8.5	35	0.98	32	28	111	0.48
12	10.5	42	0.95	34	29.5	118	0.44
14	12	48	0.92	36	31	125	0.40
16	14	55	0.87	38	33	132	0.36
18	15.5	62	0.81	40	34.5	139	0.32
20	17	69	0.75	42	36.5	146	0.29
22	19	76	0.70	44	38	153	0.26
24	21	83	0.65	46	40	160	0.23
26	22.5	90	0.60	48	41.5	167	0.21
28	24	97	0.56	50	43	174	0.19

注：表中 l_0 为构件计算长度；b 为矩形截面的短边尺寸；d 为圆形截面的直径；i 为截面最小回转半径。

4) 设计方法

轴心受压构件的设计问题可分为截面设计和截面复核两类。

(1) 截面设计。

一般已知轴心压力设计值(N)，材料强度设计值(f_c、f'_y)，构件的计算长度 l_0，求构件截面面积(A 或 $b\times h$)及纵向受压钢筋面积(A'_s)。

(2) 截面复核。

截面复核比较简单，只需将有关已知数据代入公式(3-4)，如果公式(3-4)成立，则满足承载力要求。

例 3-1 某钢筋混凝土轴心受压柱，计算长度 $l_0=4.9$ m，抗震等级为四级。承受轴向力设计值 $N=1580$ kN，采用 C25 级混凝土和 HRB400 级钢筋，求柱截面尺寸 $b\times h$ 及纵筋截面面积 A_s'。

解

（1）估算截面尺寸：

假定 $\rho'=\frac{A_s'}{A}=1\%$，$\varphi=1.0$，代入公式(3-4)得：

$$A\geqslant\frac{N}{0.9\varphi(f_c+\rho' f_y')}=\frac{1580\times10^3}{0.9\times1.0\times(11.9+0.01\times360)}\ \text{mm}^2=113262\ \text{mm}^2$$

实取 $b=h=350$ mm，$A=122500$ mm^2

（2）求稳定系数：

$$\frac{l_0}{b}=\frac{4900}{350}=14,\varphi=0.92$$

（3）求纵筋面积：

$$A_s'\geqslant\frac{\frac{N}{0.9\varphi}-f_cA}{f_y'}=\frac{\frac{1580\times10^3}{0.9\times0.92}-11.9\times350\times350}{360}\ \text{mm}^2=1251\ \text{mm}^2$$

（4）验算配筋率：

总配筋率 $\rho'=\frac{1251}{350\times350}=1.02\%>\rho'_{\min}=0.5\%$满足要求。

实选 4 ⌀ 20 钢筋（$A_s'=1256$ mm^2）。

2. 螺旋箍筋柱的承载力计算

配置有螺旋箍筋或焊接环形钢筋的柱用钢量大，施工复杂，造价较高，一般较少采用。当柱子需要承受较大的轴向压力，而截面尺寸又受到限制，增加钢筋和提高混凝土强度均无法满足要求的情况下，可以采用螺旋箍筋或焊接环形箍筋（统称为间接钢筋）以提高柱子的承载力。螺旋箍筋柱的构造形式见图 3-7。间接钢筋的间距不应大于 80 mm 及 $d_{cor}/5$（d_{cor} 为按间接钢筋内表面确定的核心截面直径），且不小于 40 mm；间接钢筋的直径要求与普通柱箍筋同。

1）受力特点及破坏特征

螺旋箍筋柱的受力性能与普通箍筋柱有很大不同，图 3-8 所示为螺旋箍筋柱与普通箍筋柱的荷载-应变曲线的对比。图中可见，荷载不大（$\sigma_c\leqslant0.8f_c$）时，两条曲线并无明显区别，当荷载增加至应变达到混凝土的峰值应变 ε_0 时，混凝土保护层开始剥落，由于混凝土截面减小，荷载有所下降。但由于核心部分混凝土产生较大的横向变形，使螺旋箍筋产生环向拉力，亦即核心部分混凝土受到螺旋箍筋的径向压力，处在三向受压的状态，其抗压强度超过了 f_c，曲线逐渐回升。随着荷载的不断增大，箍筋的环向拉力随核心混凝土横向变形的不断发展而提高，对核心混凝土的约束也不断增大。当螺旋箍筋达到屈服时，不再对核心混凝土有约束作用，混凝土抗压强度也不再提高，混凝土被压碎，构件破坏。破坏时，螺旋箍筋柱的承载力及应变都要比普通箍筋柱大（压应变达到 0.01 以上）。试验资料表明，螺旋箍筋的配箍率越大，柱的承载力越高，延性越好。

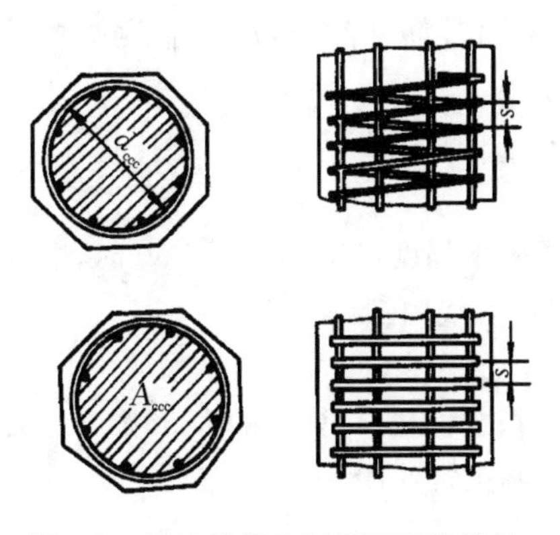

图 3-7　螺旋箍筋和焊接环形箍筋柱

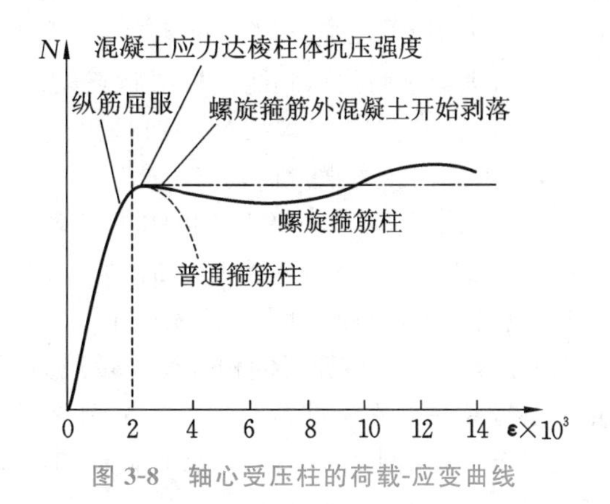

图 3-8　轴心受压柱的荷载-应变曲线

2）承载力计算

根据混凝土圆柱体在三向受压状态下的试验结果，约束混凝土的轴心抗压强度 f_{cc} 可近似按下列公式计算：

$$f_{cc}=f_c+4\sigma_c \tag{3-5}$$

式中：f_c——混凝土轴心抗压强度设计值；

σ_c——混凝土的径向压应力。

设螺旋箍筋的截面面积为 A_{ss1}，间距为 S，螺旋箍筋的内径为 d_{cor}（即核心混凝土截面的直径）。螺旋箍筋柱达到轴心受压极限状态时，螺旋箍筋达到屈服，其对核心混凝土约束产生的径向压应力 σ_c 可由图 3-9 所示的隔离体平衡条件得到：

$$\sigma_c=\frac{2f_yA_{ss1}}{sd_{cor}} \tag{3-6}$$

代入式(3-5)得：

$$f_{cc}=f_c+\frac{8f_yA_{ss1}}{sd_{cor}} \tag{3-7}$$

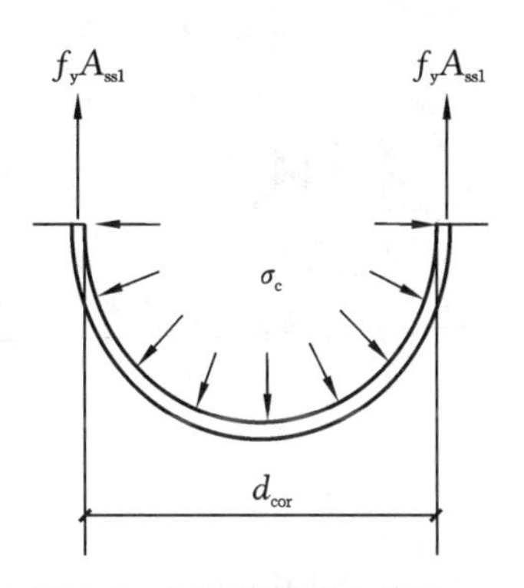

图 3-9　螺旋箍筋受力情况

由于箍筋屈服时，混凝土保护层已经剥落，所以混凝土的截面面积应取核心混凝土的截面面积 A_{cor}。由轴向力的平衡条件得螺旋箍筋柱的承载力为：

$$\begin{aligned}N_u&=f_{cc}A_{cor}+f'_yA'_s\\&=f_cA_{cor}+f'_yA'_s+\frac{8f_yA_{ss1}}{sd_{cor}}A_{cor}\end{aligned} \tag{3-8}$$

按体积相等的原则将间距 s 范围内的螺旋箍筋换算成相当的纵向钢筋面积 A_{ss0}，即：

$$\pi d_{cor}A_{ss1}=sA_{ss0}$$

$$A_{ss0}=\frac{\pi d_{cor}A_{ss1}}{S} \tag{3-9}$$

式(3-8)可写成：

$$N_u=f_cA_{cor}+f'_yA'_s+2f_yA_{ss0} \tag{3-10}$$

试验表明，当混凝土强度等级大于 C50 时，径向压应力对构件承载力的影响有所降低，因此，上式中的第 3 项应乘以折减系数 α。另外，与普通箍筋柱类似，取可靠度调整系数为 0.9。于是，螺旋箍筋柱承载能力极限状态设计表达式为：

$$N \leqslant N_u = 0.9(f_c A_{cor} + 2\alpha f_y A_{ss0} + f'_y A'_s) \tag{3-11}$$

式中：N——轴向压力设计值；

α——螺旋箍筋对混凝土约束的折减系数：当混凝土强度等级不大于 C50 时，取 1.0；当混凝土强度等级为 C80 时，取 0.85；其间按直线内插法确定。

应用公式(3-11)设计时，应注意以下几个问题。

(1) 按公式(3-11)算得的构件受压承载力不应比按公式(3-4)算得的大 50%。这是为了保证混凝土保护层在标准荷载下不过早剥落，不会影响正常使用。

(2) 当 $l_0/d>12$ 时，不考虑螺旋箍筋的约束作用，应用公式(3-4)进行计算。这是因为长细比较大时，构件破坏时实际处于偏心受压状态，截面不是全部受压，螺旋箍筋的约束作用得不到有效发挥。由于长细比较小，故公式(3-11)没考虑稳定系数 φ。

(3) 当螺旋箍筋的换算截面面积 A_{ss0} 小于纵向钢筋的全部截面面积的 25%时，不考虑螺旋箍筋的约束作用，应用公式(3-4)进行计算。这是因为螺旋箍筋配置得较少时，很难保证它对混凝土发挥有效的约束作用。

(4) 按公式(3-11)算得的构件受压承载力不应小于按公式(3-4)算得的受压承载力。

例 3-2 某展示厅内一根钢筋混凝土柱，按建筑设计要求截面为圆形，直径不大于 500 mm。该柱承受的轴心压力设计值 $N=500$ kN，柱的计算长度 $l_0=5.25$ m，混凝土强度等级为 C25，纵筋用 HRB335 级钢筋，箍筋用 HPB300 级钢筋。试进行该柱的设计。

解 (1) 按普通箍筋柱设计：

由 $l_0/d=5250/500=10.5$，查表 3-3 得 $\varphi=0.95$，代入公式(3-4)得：

$$A'_d=\frac{1}{f'_y}\left(\frac{N}{0.9\varphi}-f_c A\right)=\frac{1}{30}\left(\frac{5000\times10^3}{0.9\times0.95}-11.9\times\frac{\pi\times500^2}{4}\right)\text{mm}^2=11708\ \text{mm}^2$$

$$\rho'=\frac{A'_s}{A}=\frac{11708}{\frac{\pi\times500^2}{4}}=0.0597=5.97\%$$

由于配筋率太大，且长细比又满足 $l_0/d<12$ 的要求，故考虑按螺旋箍筋柱设计。

(2) 按螺旋箍筋柱设计：

假定纵筋配筋率 $\rho'=4\%$，则 $A'_s=0.04\times\frac{\pi\times500^2}{4}\text{mm}^2=7850\ \text{mm}^2$，选 16 Φ 25，$A'_s=7854.4\ \text{mm}^2$。

取混凝土保护层为 30 m，则 $d_{cor}=(500-30)\text{mm}\times2=440$ mm。

$A_{cor}=\frac{\pi d_{cor}^2}{4}=\frac{\pi\times440^2}{4}\text{mm}^2=152053\ \text{mm}^2$。

混凝土 C25<C50，$\alpha=1.0$。

由式(3-11)得：

$$\begin{aligned}A_{ss0}&=\frac{N/0.9-(f_c A_{cor}+f'_y A'_s)}{2f_y}\\&=\frac{5000\times10^3/0.9-(11.9\times152053+300\times7854.4)}{2\times270}\ \text{mm}^2\\&=2573\ \text{mm}^2\end{aligned}$$

$A_{ss0}=2573\ mm^2>0.25A'_s=1964\ mm^2$ 满足要求。

假定螺旋箍筋直径 $d=10$ mm，则 $A_{ss1}=78.5\ mm^2$，由公式(3-9)得：

$$s=\frac{\pi d_{cor}A_{ss1}}{A_{ss0}}=\frac{\pi\times440\times78.5}{2573}\ mm=42\ mm$$

实取螺旋箍筋为ф10@45。

按公式(3-4)求普通箍筋柱的承载力为：

$$N_u=0.9\varphi(f_cA+f'_yA'_s)=0.9\times0.95\left(11.9\times\frac{\pi\times500^2}{4}+300\times7854.4\right)N=4011.4\times10^3N$$

其中，1.5×4011.4 kN=6017.1 kN>5000 kN 满足设计要求。

四、偏心受压构件正截面承载力计算

工程中偏心受压构件应用较为广泛，如常见的多高层框架柱、单层刚架柱、单层厂房排架柱；大量的实体剪力墙和联肢剪力墙中的相当一部分墙肢；水塔、烟囱的筒壁和屋架、托架的上弦杆以及某些受压腹杆等均为偏心受压构件。

偏心受压构件大部分只考虑轴向压力 N 沿截面一个主轴方向的偏心作用，即按单向偏心受压进行截面设计。离偏心压力 N 较近一侧的纵向钢筋受压，其截面面积用 A'_s表示；而另一侧的纵向钢筋则随轴向压力 N 偏心距的大小可能受拉也可能受压，其截面面积用 A_s 表示。

1. 偏心受压构件正截面的破坏特征

偏心受压构件截面上同时作用有弯矩 M 和轴向压力 N，轴向压力对截面重心的偏心距 $e_0=M/N$。我们可把偏心受压状态视为轴心受压与受弯之间的过渡状态，故能断定，偏心受压截面中的应变和应力分布特征将随着偏心距 e_0 值的逐渐减小而从接近于受弯构件的状态过渡到接近于轴心受压状态。

钢筋混凝土偏心受压构件正截面的受力特点和破坏特征与轴向压力偏心距大小、纵向钢筋的数量、钢筋强度和混凝土强度等因素有关，一般可分为以下两类：第一类为受拉破坏，亦称为“大偏心受压破坏”；第二类为受压破坏，亦称为“小偏心受压破坏”，如图 3-10 所示。

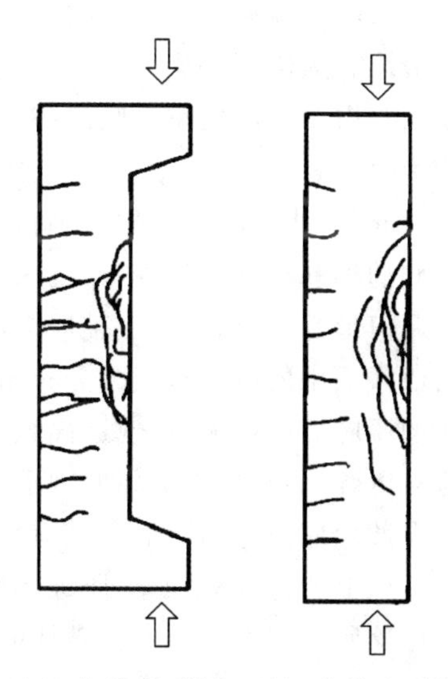
(a) 大偏心受压　(b) 小偏心受压

图 3-10　偏心受压构件的破坏

1) 大偏心受压破坏

当构件截面中轴向压力的偏心距较大，而且没有配置过多的受拉钢筋时，就将发生这种类型的破坏。

这类构件由于 e_0 较大，即弯矩 M 的影响较为显著，它具有与适筋受弯构件类似的受力特点。在偏心距较大的轴向压力 N 作用下，远离纵向偏心力一侧截面受拉。当 N 增大到一定程度时，受拉边缘混凝土将达到极限拉应变，出现垂直于构件轴线的裂缝。这些裂缝将随着荷载的增大而不断加宽并向受压一侧发展，裂缝截面中的拉力将全部转由受拉钢筋承担。随着荷载的增大，受拉钢筋将首先屈服。随着钢筋屈服后的塑性伸长，裂缝将明显加宽并进一步向受压一侧延伸，从而使受压区面积减小，受压边缘的压应变逐步增大。最后当受压边缘混凝土达到其极限压应变 ε_{cu} 时，受压区混凝土被压碎而导致构件的最终破坏。这类构件的混凝土压碎区一般都不太长，破坏时受拉区形成一条较宽的主裂缝。试验所得的典型破坏状况如图 3-10(a)所示。只要受压区相对高度不致过小，混凝土保护层不是太厚，即受压钢筋不是过分靠近中和轴，而且受压钢筋的强度也不是太高，则在混凝土开始压碎时，受压钢筋应力一般都能达到屈服强度。

大偏心受压关键的破坏特征是受拉钢筋首先屈服，然后受压钢筋也能达到屈服，最后由于受压区混凝土压碎而导致构件破坏，这种破坏形态在破坏前有明显的预兆，属于塑性破坏。破坏阶段截面中的应变及应力分布图形如图 3-11(a)所示。这类破坏也称为“受拉破坏”。

2）小偏心受压破坏

若构件截面中轴向压力的偏心距较小或虽然偏心距较大，但配置过多的受拉钢筋时，构件就会发生这种类型的破坏。此时，截面可能处于大部分受压而少部分受拉状态。当荷载增加到一定程度时，受拉边缘混凝土将达到其极限拉应变，从而沿构件受拉边将出现一些垂直于构件轴线的裂缝。在构件破坏时，中性轴距受拉钢筋较近，钢筋中的拉应力较小，受拉钢筋达不到屈服强度，因此也不可能形成明显的主拉裂缝。构件的破坏是由受压区混凝土的压碎所引起的，而且压碎区的长度往往较大。

当柱内配置的箍筋较少时，还可能于混凝土压碎前在受压区内出现较长的纵向裂缝。在混凝土压碎时，受压一侧的纵向钢筋只要强度不是过高，其压应力一般都能达到屈服强度。试验所得的典型破坏状况如图 3-10(b)所示。破坏阶段截面中的应变及应力分布图形则如图 3-11(b)所示。这里需要注意的是，由于受拉钢筋中的应力没有达到屈服强度，因此在截面应力分布图形中其拉应力只能用 σ_s 来表示。

当轴向压力的偏心距很小时，也发生小偏心受压破坏。此时，构件截面将全部受压，只不过一侧压应变较大，另一侧压应变较小。这类构件的压应变较小一侧在整个受力过程中自然也就不会出现与构件轴线垂直的裂缝。构件的破坏是由压应变较大一侧的混凝土压碎所引起的。在混凝土压碎时，接近纵向偏心力一侧的纵向钢筋只要强度不是过高，其压应力一般均能达到屈服强度。这种受压情况破坏阶段截面中的应变及应力分布图形如图 3-11(c)所示。由于受压较小一侧的钢筋压应力通常也达不到屈服强度，故在应力分布图形中它的应力也用 σ_s 表示。

此外，小偏心受压的一种特殊情况是：当轴向压力的偏心距很小，而远离纵向偏心压力一侧的钢筋配置得过少，靠近纵向偏心压力一侧的钢筋配置较多时，截面的实际重心和构件的几何形心不重合，重心轴向纵向偏心压力方向偏移，且越过纵向压力作用线。此时，破坏阶段截面中的应变和应力分布图形如图 3-11(d)所示。可见远离纵向偏心压力一侧的混凝土的压应力反而大，出现远离纵向偏心压力一侧边缘混凝土的应变先达到极限压应变，混凝土被压碎，导致构件破坏的现象。由于压应力较小一侧钢筋的应力通常也达不到屈服强度，故在截面应力分布图形中其应力只能用 σ_s' 来表示。

综上所述，小偏心受压破坏所共有的关键性破坏特征是：构件的破坏是由受压区混凝土的压碎所引起的。构件在破坏前变形不会急剧增长，但受压区垂直裂缝不断发展，破坏时没有明显预兆，属脆性破坏。具有这类特征的破坏形态统称为“受压破坏”。

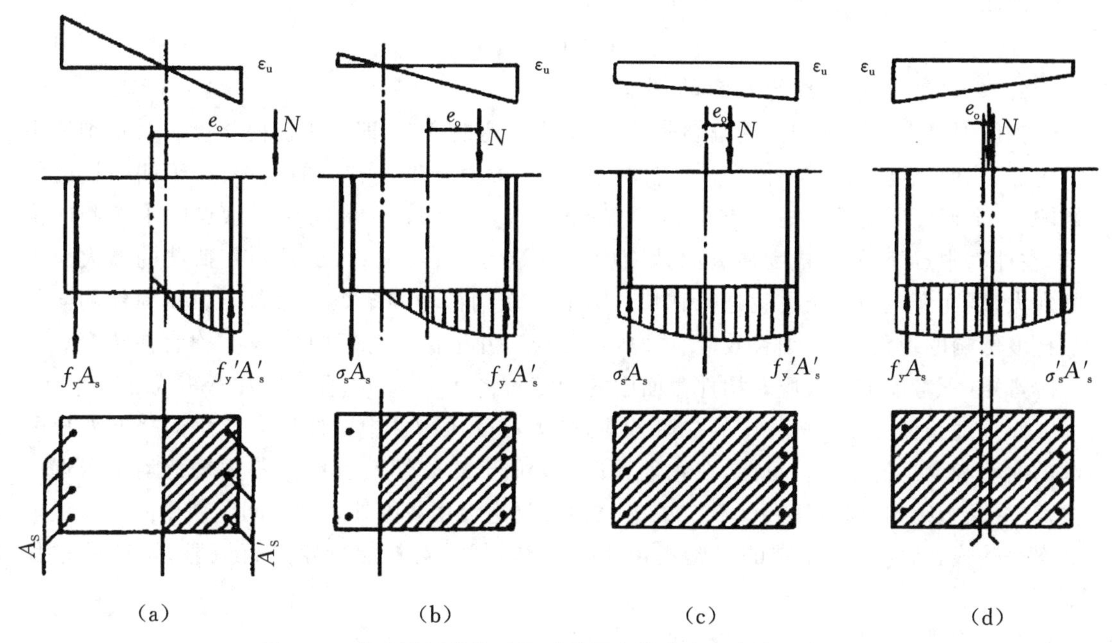

图 3-11　偏心受压构件破坏时截面中的应变及应力分布图

2. 大小偏心受压界限

受弯构件正截面承载力计算的基本假定同样也适用于偏心受压构件正截面承载力的计算。与受弯构件相似，利用平截面假定和规定了受压区边缘极限应变的数值后，就可以求得偏心受压构件正截面在各种破坏情况下，沿截面高度的平均应变分布，见图 3-12。

在图 3-12 中，ε_{cu}表示受压区边缘混凝土极限应变值；ε_y 表示受拉纵筋在屈服点时的应变值；ε'_y表示受压纵筋屈服时的应变值，$\varepsilon'_y=f'_y/E_s$；x_{cb}表示界限状态时截面受压区的实际高度。

从图 3-12 可看出，当受压区太小，混凝土达到极限应变值时，受压纵筋的应变很小，以至达不到屈服强度。当受压区达到 x_{cb}时，混凝土和受拉筋分别达到极限压应变值和屈服点应变值即为界限破坏形态。相应于界限破坏形态的相对受压区高度 ξ_b 与受弯构件相同。

当 $\xi\leqslant\xi_b$ 时为大偏心受压破坏形态，当 $\xi>\xi_b$ 时为小偏心受压破坏形态。

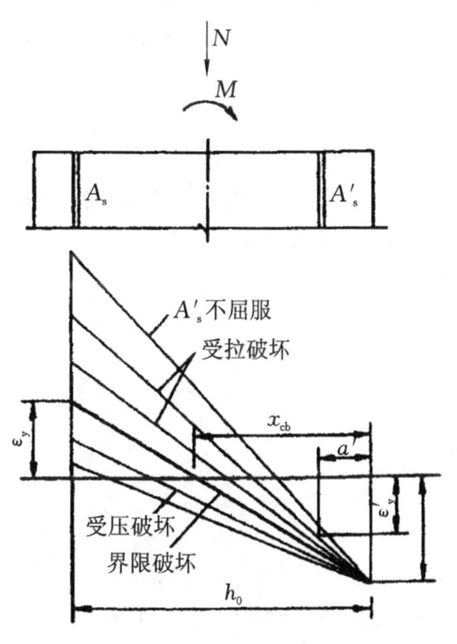

图 3-12　偏心受压构件正截面破坏时应变分布

3. 附加偏心距和初始偏心距

因荷载的作用位置和大小的不定性、施工误差以及混凝土质量的不均匀性等原因，以致轴向力产生附加偏心距 e_a，e_a 取 20 mm 和偏心方向截面尺寸的 1/30 两者中的较大值。

因此，轴向力的初始偏心距 e_i 按下式计算：

$$e_i=e_0+e_a \tag{3-12}$$

4. 偏心受压构件初始弯矩的调整

钢筋混凝土受压构件承受偏心荷载，产生纵向弯曲变形，即产生侧向挠度。对长细比小的短柱，侧向挠度小，计算时一般可忽略其影响。而对长细比较大的长柱，由于侧向挠度的影响，各个截面所受的弯矩不再是 Ne_0，而变为 $N(e_0+y)$，y 为构件任意点的水平侧向挠度，在柱高中点处，侧向挠度最大的截面中的弯矩为 $N(e_0+\Delta)$，Δ 是随着荷载的增大而不断加大，因而弯矩的增长也就越来越快。偏心受压构件中的弯矩受轴向压力和构件侧向附加挠度影响的现象称为“细长效应”或“压弯效应”，并把截面弯矩中的 Ne_0 称为初始弯矩或一阶弯矩（不考虑细长效应时构件截面中的弯矩），将 Ny 或 $N\Delta$ 称为附加弯矩或二阶弯矩。

对于细长偏心受压构件中的二阶效应，是偏心受压构件中轴向压力产生的挠曲变形引起的曲率和弯矩的增量。目前，在一般情况下，对于二阶效应的计算，各国规范均采用近似法。《混凝土结构设计规范》(GB 50010—2010)规定沿用我国处理这个问题使用的传统极限曲率表达式，结合国际先进的经验提出了新方法，就是对初始弯矩进行调整，调整的过程如下。

对于除排架结构外的其他偏心受压构件：

(1) 判断是否对初始弯矩进行调整。

当 $\dfrac{N}{f_cA}\leqslant 0.9$ 且 $\dfrac{M_1}{M_2}\leqslant 0.9$ 且构件长细比 $l_c/i\leqslant 34-12\left(\dfrac{M_1}{M_2}\right)$ 时，可以不考虑二阶效应对偏心距的影响，即不对初始弯矩进行调整。

上述式中：M_2、M_1——柱两端截面按结构弹性分析确定的对同一主轴的组合弯矩设计值，绝对值较大端弯矩为 M_2，绝对值较小端弯矩为 M_1，当构件按单曲率弯曲时，$\dfrac{M_1}{M_2}$为正值，否则，为负值；

l_c——柱的计算长度，可近似取偏心受压柱相对于主轴方向上下支撑点之间的距离；

i——偏心方向的截面回转半径。

(2) 调整初始弯矩。

$$M=C_m\eta_{ns}M_2 \tag{3-13}$$

$$C_m=0.7+0.3M_1/M_2 \tag{3-14}$$

$$\eta_{ns}=1+\frac{1}{1300(M_2/N+e_a)/h_0}(l_c/h)^2\zeta_c \tag{3-15}$$

$$C_m\times\eta_{ns}\geqslant 1.0$$

$$\zeta_c=\frac{0.5f_cA}{N} \tag{3-16}$$

式中：η_{ns}——弯矩增大系数；

N——与弯矩设计值 M_2 相应的轴向力设计值；

C_m——构件端截面偏心距调节系数，当小于 0.7 时取 0.7；

ζ_c——截面曲率修正系数，当计算值大于 1.0 时取 1.0；

h_0——截面有效高度。

5. 矩形截面偏心受压构件正截面承载力计算公式

1) 大偏心受压

大偏心受压破坏时，承载能力极限状态下截面的实际应力和应变图如图 3-13(a)所示。与受弯构件的处理方法相同，将受压区混凝土曲线应力图用等效矩形应力分布图来代替，应力值为 $\alpha_1 f_c$，受压区高度为 x，则大偏心受压破坏的截面计算图如图 3-13(b)所示。

由轴向力为零和各力对受拉钢筋合力点的力矩为零两个平衡条件得：

$$N_u = \alpha_1 f_c bx + f'_y A'_s - f_y A_s \tag{3-17}$$

$$N_u e = \alpha_1 f_c bx\left(h_0 - \frac{x}{2}\right) + f'_y A'_s (h_0 - a') \tag{3-18}$$

式中：N_u——偏心受压承载力设计值；

α_1——系数，当混凝土强度等级不大于 C50 时，取 1.0；当混凝土强度等级为 C80 时，取 0.94；其间按线性内插法确定；

x——受压区计算高度；

e——轴向力作用点到受拉钢筋 A_s 合力点之间的距离。

$$e = e_i + h/2 - a \tag{3-19}$$

$$\begin{aligned} e' &= e_i - h/2 + a' \\ e_i &= e_0 + e_a \\ e_0 &= M/N \end{aligned} \tag{3-20}$$

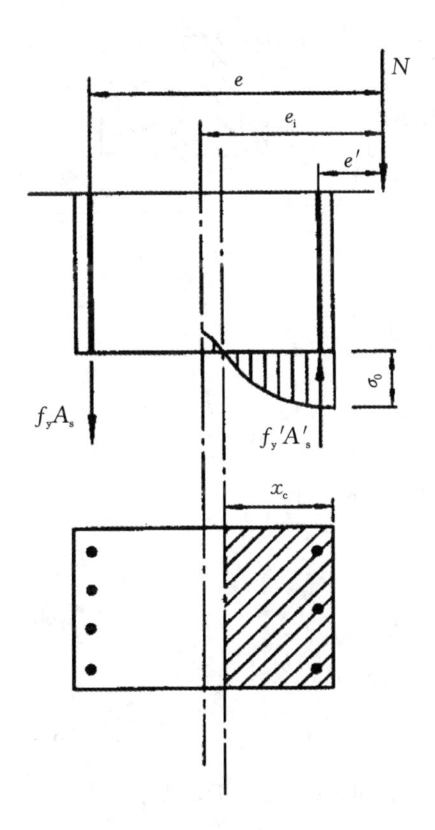

(a) 截面应力分布情况

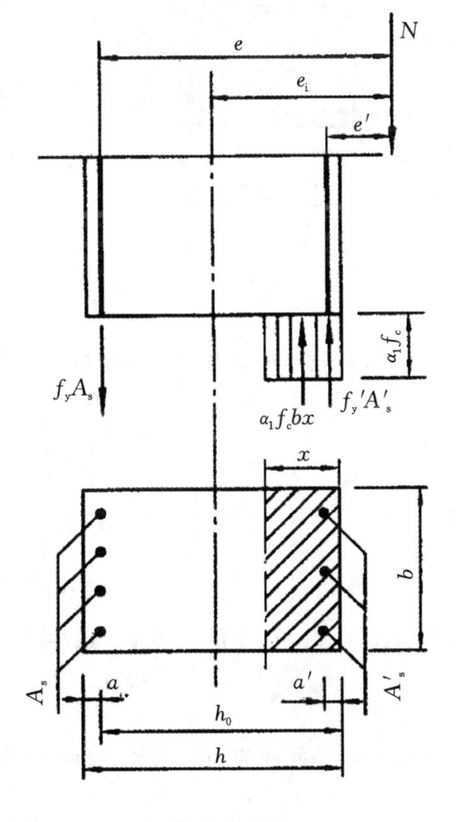

(b) 等效应力图

图 3-13　大偏心受压应变和应力图

适用条件：

(1) 为保证为大偏心受压破坏，亦即破坏时受拉钢筋应力先达到屈服强度，必须满足 $x \leqslant \xi_b h_0$（或 $\xi \leqslant \xi_b$）。

(2) 为了保证构件破坏时，受压钢筋应力能达到抗压强度设计值 f'_y，应满足 $x \geqslant 2a'$。当 $x < 2a'$时，表明受压钢筋达不到抗压强度设计值 f'_y，安全起见，取 $x = 2a'$ 并对受压钢筋的合力点取矩，得：

$$Ne' = f_y A_s (h_0 - a') \tag{3-21}$$

2）小偏心受压

小偏心受压破坏时，承载能力极限状态下截面的应力图形如图 3-14 所示。受压区的混凝土曲线应力图仍然用等效矩形应力图来代替。

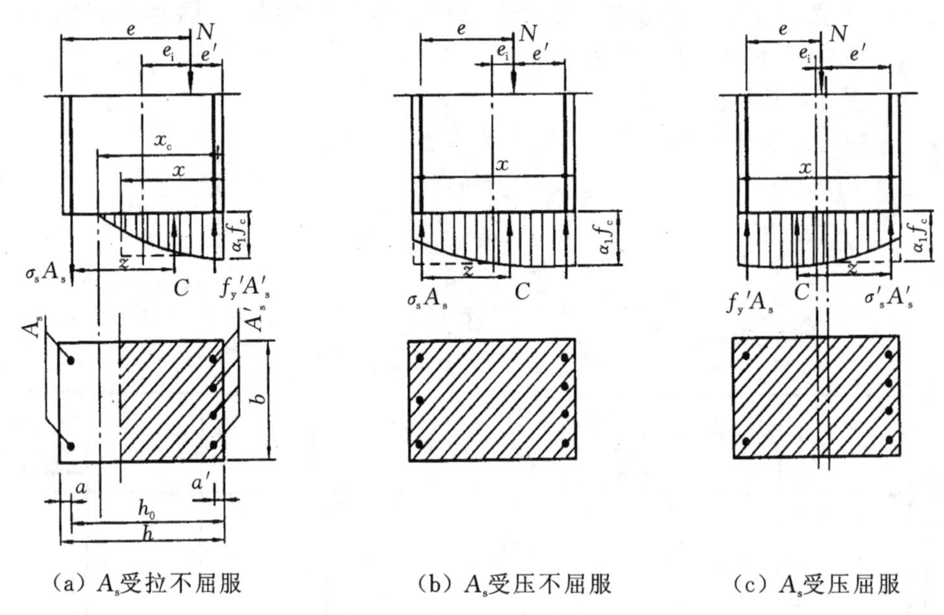

(a) A_s受拉不屈服　　(b) A_s受压不屈服　　(c) A_s受压屈服

图 3-14　小偏心受压应力图

根据力的平衡条件及力矩平衡条件得：

$$N_u = \alpha_1 f_c bx + f'_y A'_s - \sigma_s A_s \tag{3-22}$$

$$N_u e = \alpha_1 f_c bx \left(h_0 - \frac{x}{2}\right) + f'_y A'_s (h_0 - a') \tag{3-23}$$

或

$$N_u e' = \alpha_1 f_c bx \left(\frac{x}{2} - a'\right) - \sigma_s A_s (h_0 - a') \tag{3-24}$$

式中：σ_s——钢筋 A_s 的应力值。σ_s 可根据应变符合平截面假定的条件得到：

$$\sigma_s = \varepsilon_{cu} E_s \left(\frac{\beta_1}{\xi} - 1\right) \tag{3-25}$$

也可根据截面应力的边界条件（$\xi = \xi_b$ 时，$\sigma_s = f_y$；$\xi = \beta_1$ 时，$\sigma_s = 0$），近似取为：

$$\sigma_s = \frac{\xi - \beta_1}{\xi_b - \beta_1} f_y \tag{3-26}$$

6. 对称配筋矩形截面偏心受压构件正截面承载力计算方法

根据受力情况，偏心受压构件正截面配筋可分为对称配筋和不对称配筋。所谓对称配筋是指在偏心力作用方向截面的两边配筋的面积和强度等级都相同，否则，为非对称配筋。

实际工程中，偏心受压构件截面在各种不同内力组合下，可能承受方向相反的弯矩，当两个方向的弯矩相差不大，或即使相差较大，但按对称配筋设计算得的纵向钢筋总用量比按不对称配筋设计增加不多时，均宜采用对称配筋。装配式偏心受压构件为避免吊装出错，一般也采用对称配筋。

1）截面设计

即：根据已知条件，求 $A_s=A'_s=?$

（1）判别大小偏心类型。

对称配筋时，$A_s=A'_s$，$f_y=f'_y$，代入式(3-17)得：

$$x=\frac{N}{\alpha_1 f_c b} \tag{3-27}$$

当 $x\leqslant\xi_b h_0$ 时，按大偏心受压构件计算；

当 $x>\xi_b h_0$ 时，按小偏心受压构件计算。

不论是大小偏心受压构件的设计，A_s 和 A_s' 都必须满足最小配筋率的要求。

（2）大偏心受压。

若 $2a'\leqslant x\leqslant\xi_b h_0$，则将 x 代入式(3-18)得：

$$A_s=A'_s=\frac{Ne-\alpha_1 f_c bx(h_0-0.5x)}{f'_y(h_0-a')} \tag{3-28}$$

式中：$e=e_i+h/2-a$。

若 $x<2a'$，亦可按不对称配筋大偏心受压计算方法一样处理：

$$A_s=A'_s=\frac{Ne'}{f_y(h_0-a')} \tag{3-29}$$

式中：$e'=e_i-h/2+a'$。

（3）小偏心受压。

对于小偏心受压破坏，将 $A_s=A'_s$，$f_y=f'_y$，代入相关公式可得：

$$N=\alpha_1 f_c bx+f_y A_s-\frac{x/h_0-\beta_1}{\xi_b-\beta_1}f_y A_s \tag{3-30}$$

$$Ne=\alpha_1 f_c bx\left(h_0-\frac{x}{2}\right)+f_y A_s(h_0-a') \tag{3-31}$$

求 x 需求解三次方程，计算复杂。可改用规范给定 ξ 简化计算 ：

$$\xi=\frac{N-\xi_b\alpha_1 f_c bh_0}{\dfrac{Ne-0.43\alpha_1 f_c bh_0^2}{(\beta_1-\xi_b)(h_0-a')}+\alpha_1 f_c bh_0}+\xi_b \tag{3-32}$$

将 ξ 代入式(3-28)即可得：

$$A_s=A'_s=\frac{Ne-\alpha_1 f_c bh_0^2\xi(1-0.5\xi)}{f'_y(h_0-a')} \tag{3-33}$$

查表配筋后验算配筋率是否满足要求，再根据构造要求（如柱纵筋的直径、净距、对称均匀等要求）画出包括箍筋在内的柱截面配筋图。

2）截面复核

即：根据已知条件，求出构件的承载力M_U=？　N_U=？

在此，不再赘述。

例 3-3 某矩形截面钢筋混凝土框架柱，截面尺寸$b=400$ mm，$h=600$ mm，柱的计算长度$l_c=3.6$ m，$a_s=a'_s=40$ mm，承受弯矩设计值，$M_1=405$ kN·m，$M_2=425$ kN·m，与M_2相对应的轴向力设计值$N=1030$ kN，混凝土采用C30，纵筋采用HRB400级钢筋，柱为单曲率弯曲。对称配筋，求钢筋截面面积A_s、A'_s，并画出配筋图。

解 查表可知：

$$f_c=14.3\ \text{N/mm}^2\quad f_y=f'_y=360\ \text{N/mm}^2\quad \xi_b=0.518$$

$$h_0=h-a_s=(600-40)\text{mm}=560\ \text{mm}$$

(1)判断是否调整弯矩：

$$M_1/M_2=405/425=0.95>0.9$$

由此可见，需要调整。

(2) 计算M：

$$M=C_m\eta_{ns}M_2$$

$$C_m=0.7+0.3M_1/M_2=0.7+0.3\times0.95=0.985$$

$$\zeta_c=\frac{0.5f_cA}{N}=\frac{0.5\times14.3\times240\times10^3}{1030\times10^3}=1.67>1.0\ \text{取}\ 1.0$$

$$e_a=\max(20\ \text{mm},h/30)=20\ \text{mm}$$

$$\eta_{ns}=1+\frac{1}{1300(M_2/N+e_a)/h_0}\left(\frac{l_c}{h}\right)^2\zeta_c$$

$$=1+\frac{1}{1300\left(\frac{425\times10^6}{1030\times10^3}+20\right)/560}\times\left(\frac{3600}{600}\right)^2\times1.0$$

$$=1+0.036=1.036$$

$$M=0.985\times1.036\times425\ \text{kN}\cdot\text{m}=434\ \text{kN}\cdot\text{m}$$

(3) 判断大小的偏心：

$$x=\frac{N}{a_1f_cb}=\frac{1030\times10^3}{1.0\times14.3\times400}=180<\xi_bh_0=0.518\times560\ \text{mm}=290.08\ \text{mm}$$

因此为大偏心受压。

(4) 求A_s、A'_s。

$$e_0=\frac{M}{N}=\frac{434\times10^6}{1030\times10^3}\ \text{mm}=421\ \text{mm}$$

$$e=e_0+e_a+\frac{h}{2}-a_s=(421+20+300-40)\text{mm}=701\ \text{mm}$$

$$A_s=A'_s=\frac{Ne-a_1f_cbx\left(h_0-\frac{x}{2}\right)}{f'_y(h_0-a'_s)}$$

$$=\frac{1030\times10^3\times701-1.0\times14.3\times400\times180\times\left(560-\frac{180}{2}\right)}{360\times(560-40)}\text{m}^2$$

$$=1272\ \mathrm{m}^2$$

（5）结合构造要求配筋（直径、配筋率、净距等均满足要求）。

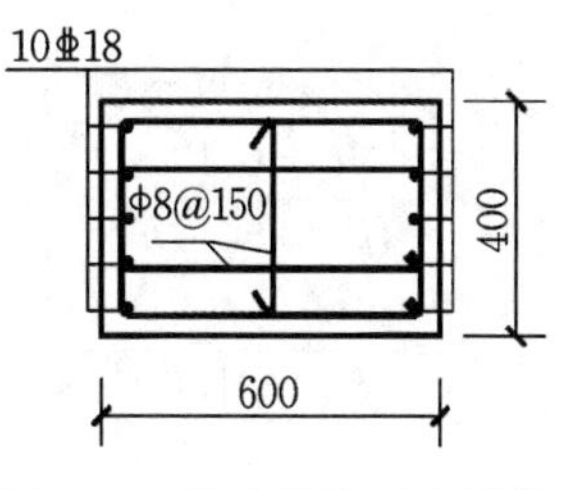

图 3-15　结合构造要求配筋

$$5\,⌀18\quad A_s=A'_s=1272\ \mathrm{mm}^2$$

$$0.55\%\leqslant\rho=\frac{A_s+A'_s}{A}=\frac{1272\times2}{400\times600}=1.06\%\leqslant5\%$$

具体如图 3-15 所示。

例 3-4　已知某矩形截面钢筋混凝土框架柱，截面尺寸 400 mm×600 mm，$l_c=4.2$ m，$M_1=235$ kN·m，$M_2=245$ kN·m，$N=1800$ kN，混凝土采用 C30，钢筋采用 HRB400 级，$a_s=a'_s=60$ mm，柱为单曲率弯曲，求 A_s、A'_s并配筋（对称配筋）。

解　查表可知：

$$f_c=14.3\ \mathrm{N/mm^2}$$

$$f_y=f'_y=360\ \mathrm{N/mm^2}$$

$$\xi_b=0.518$$

$$h_0=h-a_s=(600-60)\mathrm{mm}=540\ \mathrm{mm}$$

（1）判断是否调整弯矩。

$$\frac{M_1}{M_2}=\frac{235}{245}=0.96>0.9$$

所以要调整。

（2）计算 M。

$$M=C_m\eta_{ns}M_2$$

$$C_m=0.7+0.3\frac{M_1}{M_2}=0.7+0.3\times0.96=0.988$$

$$\zeta_c=\frac{0.5f_cA}{N}=\frac{0.5\times14.3\times240\times10^3}{1800\times10^3}=0.953$$

$$e_a=20\ \mathrm{mm}$$

$$\eta_{ns}=1+\frac{1}{1300\times\left(\dfrac{M_2}{N}+e_a\right)/h_0}\left(\frac{lc}{h}\right)^2\xi_c$$

$$\eta_{ns}=1+\frac{1}{1300\times\left(\dfrac{245\times10^6}{1800\times10^3}+20\right)/540}\times\left(\frac{4200}{600}\right)^2\times0.953=1.124$$

$$M=0.988\times1.124\times245\times10^3\ \mathrm{kN\cdot m}=272.08\ \mathrm{kN\cdot m}$$

（3）判断大小偏心。

$$x=\frac{N}{a_1f_cb}=\frac{1800\times10^3}{1.0\times14.3\times400}=315\ \mathrm{mm}>\xi_bh_0=0.518\times540\ \mathrm{mm}=280\ \mathrm{mm}$$

所以为小偏压。

（4）

$$e_0=\frac{M}{N}=\frac{272.08\times10^6}{1800\times10^3}\ \mathrm{mm}=151\ \mathrm{mm}$$

$$e=e_0+e_a+\frac{h}{2}-a_s=(151+20+300-40)\mathrm{mm}=431\ \mathrm{mm}$$

$$\xi=\frac{N-\xi_b\alpha_1 f_c bh_0}{\dfrac{Ne-0.43\alpha_1 f_c bh_0^2}{(\beta_1-\xi_b)(h_0-a')}+\alpha_1 f_c bh_0}+\xi_b$$

$$=\frac{1800\times1000-0.518\times1.0\times14.3\times400\times540}{\dfrac{1800\times1000\times431-0.43\times1.0\times14.3\times400\times540^2}{(0.8-0.518)(540-60)}+1.0\times14.3\times400\times540}+0.518$$

$$=0.575$$

$$A_s'=\frac{Ne-a_1 f_c b\xi h_0\left(h_0-\dfrac{\xi h_0}{2}\right)}{f_y'(h_0-a')}$$

$$=\frac{1800\times10^3\times431-1.0\times14.3\times400\times0.575\times540\times\left(540-\dfrac{0.575\times540}{2}\right)}{360\times(540-40)}\text{mm}^2$$

$$=514\ \text{mm}^2$$

按最小配筋率为 0.55%，可推算出 $A_s=A_s'=0.55\%\times400\times600/2\ \text{mm}^2=660\ \text{mm}^2$。配置 3⌀18，$A_s=A_s'=763\ \text{mm}^2$，如图 3-16 所示。

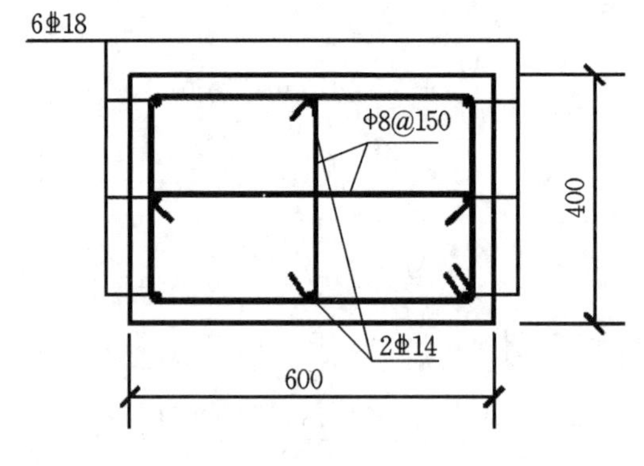

图 3-16 例 3-4 配筋图

五、偏心受压构件斜截面承载力计算

一般情况下偏心受压构件的剪力值相对较小，可不进行斜截面承载力的验算；但对于有较大水平力作用的框架柱，有横向力作用的桁架上弦压杆等，剪力影响较大，必须进行斜截面受剪承载力计算。

试验表明，轴向压力对构件抗剪起有利作用，主要是因为轴向压力的存在不仅能阻滞斜裂缝的出现和开展，而且能增加混凝土剪压区的高度，使剪压区的面积相对增大，从而提高了剪压区混凝土的抗剪能力。

轴向压力对构件抗剪承载力的有利作用是有限度的，图 3-17 为一组构件的试验结果。在轴压比$\dfrac{N}{f_cA}$较小时，构件的抗剪承载力随轴压比的增大而提高，当轴压比$\dfrac{N}{f_cA}=0.3\sim0.5$时，抗剪承载力达到最大值。若再增大轴压力，则构件抗剪承载力反而会随着轴压力的增大而降低，并转变为带有斜裂缝的小偏心受压正截面破坏。

根据图 3-17 和图 3-18 所示的试验结果，并考虑一般偏心受压框架柱两端在节点处是有约束的，故在轴向压力作用下的偏心受压构件受剪承载力，采用在无轴力受弯构件连续梁受剪承载力公式的基础上增加一项附加受剪承载力的办法，来考虑轴向压力对构件受剪承载力的有利影响。矩形、T 形和 I 形截面偏心受压构件的受剪承载力计算公式为：

$$V \leqslant \frac{1.75}{\lambda+1.0} f_t b h_0 + 1.0 f_{yv} \frac{A_{sv}}{s} h_0 + 0.07N \tag{3-34}$$

式中：λ——偏心受压构件计算截面的剪跨比；

N——与剪力设计值 V 相应的轴向压力设计值，当 $N > 0.3 f_c A$ 时，取 $N = 0.3 f_c A$，A 为构件截面面积。

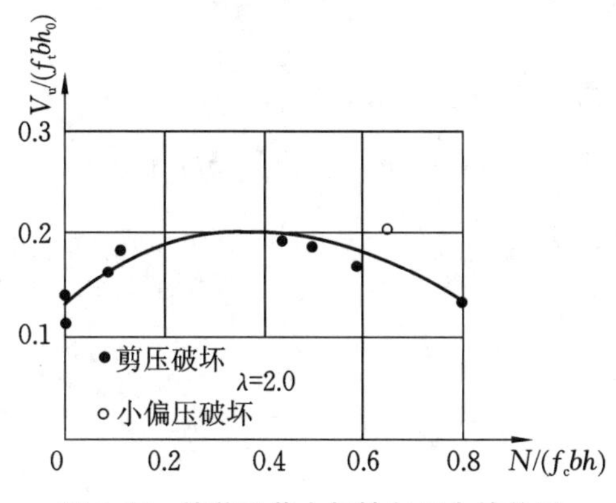

图 3-17　抗剪承载力与轴向压力的关系

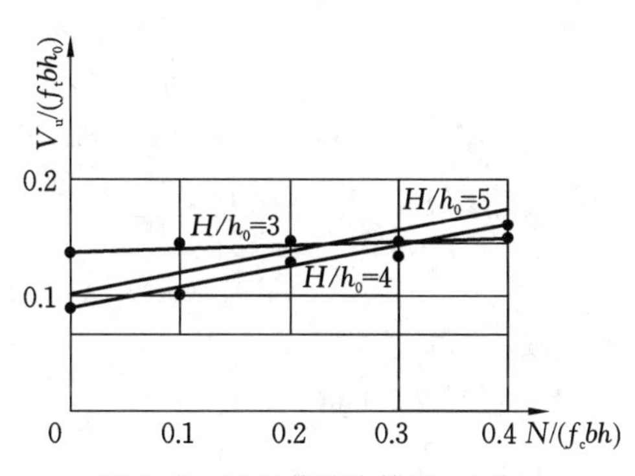

图 3-18　不同剪跨比的 V_c-N 关系

计算截面的剪跨比应按下列规定取用：

(1) 对框架柱，当其反弯点在层高范围内时，取 $\lambda = H_n/(2h_0)$；当 $\lambda < 1$ 时，取 $\lambda = 1$；当 $\lambda > 3$ 时，取 $\lambda = 3$，此处 H_n 为柱净高。

(2) 对其他偏心受压构件，当承受均布荷载时，取 $\lambda = 1.5$；当承受集中荷载时（包括作用有多种荷载，其集中荷载对支座截面或节点边缘所产生的剪力值占总剪力值的 75% 以上的情况），取 $\lambda = a/h_0$；当 $\lambda < 1.5$ 时，取 $\lambda = 1.5$；当 $\lambda > 3$ 时，取 $\lambda = 3$，此处，a 为集中荷载到支座或节点边缘的距离。

与受弯构件类似，为防止斜压破坏，《混凝土结构设计规范》规定矩形、T 形和 I 形截面框架柱的截面必须满足下列条件：

当 $h_w/b \leqslant 4$ 时

$$V \leqslant 0.25 \beta_c f_c b h_0 \tag{3-35}$$

当 $h_w/b \geqslant 6$ 时

$$V \leqslant 0.2 \beta_c f_c b h_0 \tag{3-36}$$

当 $4 < h_w/b < 6$ 时，按线性内插法确定。

式中：β_c——混凝土强度影响系数，当混凝土强度等级不超过 C50 时，取 $\beta_c = 1.0$；当混凝土强度等级为 C80 时，取 $\beta_c = 0.8$；其间按线性内插法确定；

h_w——截面的腹板高度，取值同受弯构件。

此外，当符合下面公式要求时，则可不进行斜截面受剪承载力计算，而仅需按构造要求配置箍筋。

$$V \leqslant \frac{1.75}{\lambda+1.0} f_t b h_0 + 0.07N \tag{3-37}$$

例 3-5 某偏心受压柱，截面尺寸 $b=400$ mm，$h=600$ mm，柱净高 $H_n=3.2$ m，取 $a=a'=40$ mm，混凝土强度等级为 C30，箍筋用 HRB335 钢筋。在柱端作用剪力设计值 $V=280$ kN，相应的轴向压力设计值 $N=750$ kN。确定该柱所需的箍筋数量。

解 (1)验算截面尺寸是否满足要求。

$$\frac{h_w}{b}=\frac{560}{400}=1.4<4$$

$0.25\beta_c f_c bh_0=0.25\times1.0\times14.3\times400\times560\ \text{N}=800800\ \text{N}=800.8\ \text{kN}>V=280\ \text{kN}$

截面尺寸满足要求。

(2)验算截面是否需按计算配置箍筋。

$$\lambda=\frac{H_n}{2h_0}=\frac{3200}{2\times560}=2.857\qquad 1<\lambda<3$$

$$0.3f_cA=0.3\times14.3\times400\times600\ \text{N}=1029600\ \text{N}=1029.6\ \text{kN}>N=750\ \text{kN}$$

$$\frac{1.75}{\lambda+1}f_t bh_0+0.07\ \text{N}=\left(\frac{1.75}{2.857+1}\times1.43\times400\times560+0.07\times750000\right)\text{N}=197835.75\ \text{N}$$
$$=197.8\ \text{kN}<V=280\ \text{kN}$$

应按计算配置箍筋。

(3) 计算箍筋用量。

由 $V\leqslant\frac{1.75}{\lambda+1}f_t bh_0+f_{yv}\frac{A_{sv}}{s}h_0+0.07\ \text{N}$ 得：

$$\frac{nA_{sv1}}{s}\geqslant\frac{V-\left(\frac{1.75}{\lambda+1}f_t bh_0+0.07N\right)}{f_{yv}h_0}=\frac{280000-197835.75}{300\times560}\text{mm}^2/\text{mm}=0.489\ \text{mm}^2/\text{mm}$$

采用Φ 8 @200 双肢箍筋，

$$\frac{nA_{sv1}}{s}=\frac{2\times50.3}{200}=0.503>0.489$$

满足要求。

任务 2 柱平法识图

一、柱的类型

根据柱的位置及作用不同将其分为框架柱 KZ、转换柱 ZHZ、芯柱 XZ，如图 3-19 所示。

由于建筑结构底部需要大空间的使用要求，使部分结构的竖向构件(剪力墙、框架柱)不能直接连续贯通落地，因此需要设置转换层。这样的结构体系属于竖向抗侧力构件不连续体系。部分不能落地的剪力墙和框架柱，需要在转换层的梁上生根，承托剪力墙的梁称为框支梁 KZL，而承托框架柱的梁称为托柱转换梁 TZL，框支梁和托柱转换梁统称为转换梁。支承转换梁的柱统称为转换柱。

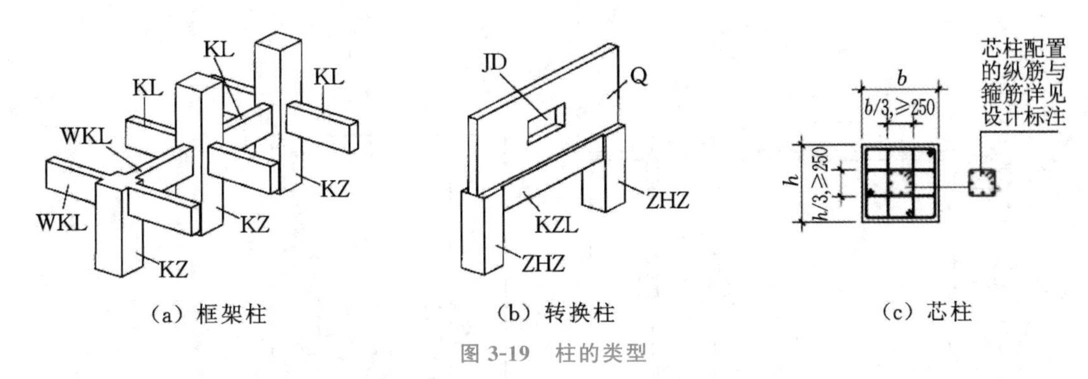

(a) 框架柱　(b) 转换柱　(c) 芯柱

图 3-19　柱的类型

抗震设计的框架柱，为了提高柱的受压承载力，增强柱的变形能力，可在框架柱内设置芯柱。试验研究和工程实践都证明在框架柱内设置芯柱，可以有效地减小柱的压缩，具有良好的延性和耗能能力。芯柱在大地震的情况下，能有效地改善在高轴压比情况下的抗震性能，特别是对高轴压比下的短柱，更有利于提高变形能力，延缓倒塌。

根据框架柱的平面位置不同可将其分为中间柱、角柱和边柱，如图 3-20 所示。

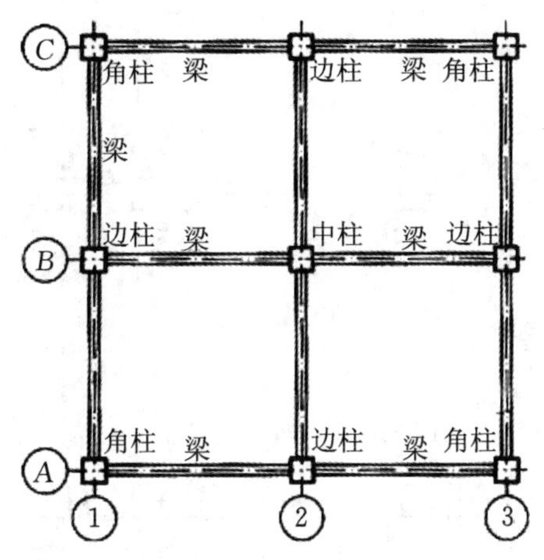

图 3-20　角柱、边柱、中间柱示意

二、柱的平法识读

根据 22G101-1 图集规定，柱平法施工图，有列表注写方式和截面注写方式。

1. *列表注写方式*

列表注写方式，系在柱平面布置图上，分别在同一编号的柱中选择一个(有时需要选择几个)截面标注几何参数代号，在柱表中注写柱号、柱段起止标高、几何尺寸(含柱截面对轴线的偏心情况)与配筋的具体数值，并配以各种柱截面形状及其箍筋类型图的方式，来说明柱情况的平法施工图(如图 3-21 所示)。

1)柱的编号表示方法

柱编号是根据柱的类型由柱的汉语拼音字母的字头表示。如框架柱的代号 KZ。同类柱不同的截面和配筋时，加序号进行区别，如 KZ1、KZ2 等。

2)柱的标高表示方法

柱的标高在图的左侧表中表示了各楼层的标高和层高，在图的下侧表中表示了各标高的柱子配筋和截面尺寸的选择。当查看各层柱子的配筋时，要将左侧的表与下侧的表对照进行查找。当同一位置的柱子截面或配筋变化时，图的下侧就会出现与其标高对应的一种柱子截面和配筋表。

3)柱的截面尺寸表示方法

柱的上下两条边的长度用 b 表示，柱的左右两边的长度用 h 表示。为了区分各边与轴线的关系，柱的上下两条边的长度 $b=b_1+b_2$，b_1 是柱的左边缘到轴心的距离，b_2 是柱的右边缘到轴线的距离。

层号	标高(m)	层高(m)
屋面2	65.670	
塔层2	62.370	3.30
屋面1(塔层1)	59.070	3.30
16	55.470	3.60
15	51.870	3.60
14	48.270	3.60
13	44.670	3.60
12	41.070	3.60
11	37.470	3.60
10	33.870	3.60
9	30.270	3.60
8	26.670	3.60
7	23.070	3.60
6	19.470	3.60
5	15.870	3.60
4	12.270	3.60
3	8.670	3.60
2	4.470	4.20
1	-0.030	4.50
-1	-4.530	4.50
-2	-9.030	4.50

结构层楼面标高
结构层高

注：上部结构嵌固部位：-4.530 m。

柱　表

柱编号	标高(m)	$b \times h$ (mm×mm)(圆柱直径D)	b_1(mm)	b_2(mm)	h_1(mm)	h_2(mm)	全部纵筋	角筋	b边一侧中部筋	h边一侧中部筋	箍筋类型号	箍筋	备注
KZ1	-4.530~-0.030	750×700	375	375	150	550	28Φ25				1(6×6)	Φ10@100/200	—
	-0.030~19.470	750×700	375	375	150	550	24Φ25				1(5×4)	Φ10@100/200	
	19.470~37.470	650×600	325	325	150	450		4Φ22	5Φ22	4Φ20	1(4×4)	Φ10@100/200	
	37.470~59.070	550×500	275	275	150	350		4Φ22	5Φ22	4Φ20	1(4×4)	Φ8@100/200	
XZ1	-4.530~8.670						8Φ25				按标准构造详图	Φ10@100	⑤×Ⓒ轴KZ1中设置

-4.530~59.070柱平法施工图（局部）

注：1. 如采用非对称配筋，需在柱表中增加相应栏目分别表示各边的中部筋。
2. 箍筋对纵筋至少隔一拉一。
3. 本页示例表示地下一层(-1层)、首层（1层）柱端箍筋加密区长度范围及纵筋连接位置均按嵌固部位要求设置。
4. 层高表中，竖向粗线表示本页柱的起止标高为-4.530m~59.070m，所在层为-1~16层。

图3-21　柱平法施工图列表注写方式示例

柱的左右两条边的长度 $h=h_1+h_2$，h_1 是柱的上边缘到轴线的距离，h_2 是柱的下边缘到轴线的距离。KZ1 在－0.030～19.470 的标高位置中柱的截面尺寸是 750 mm×700 mm，柱的左右边缘距轴线都是 375 mm。轴线处于 b 边的中间，柱的上边缘距轴线 150 mm，柱的下边缘距轴线 550 mm，轴线处于 h 边是偏心轴，柱子的截面和配筋分别在第 6 层（19.470 m）和第 11 层（37.470 m）发生改变。

4）柱的纵向筋表示方法

柱子的纵向筋分别用角筋即柱子四个角的钢筋、上边的截面 b 边中部配筋和左边 h 边的中部配筋进行表示。对称配筋的矩形截面柱，两个 b 边和两个 h 边相等时，只注写一侧的中部配筋。

5）柱箍筋的表示方法

在箍筋的类型栏内注写箍筋的类型号与肢数，包括箍筋的钢筋级别、直径与间距。箍筋的类型见表 3-4。

表 3-4　箍筋类型表

箍筋类型编号	箍筋肢数	复合方式
1	$m\times n$	肢数m 肢数n h b
2	—	h b
3	—	h b
4	Y+$m\times n$ 圆形箍	肢数m 肢数n

如：φ10@100/250，表示箍筋为 HPB300 级钢筋，直径φ10，加密间距为 100，非加密间距为 250。当圆柱采用螺旋箍筋时，需在箍筋前加“L”。

箍筋有各种组成方式，矩形箍筋组成方式如图 3-22 所示。

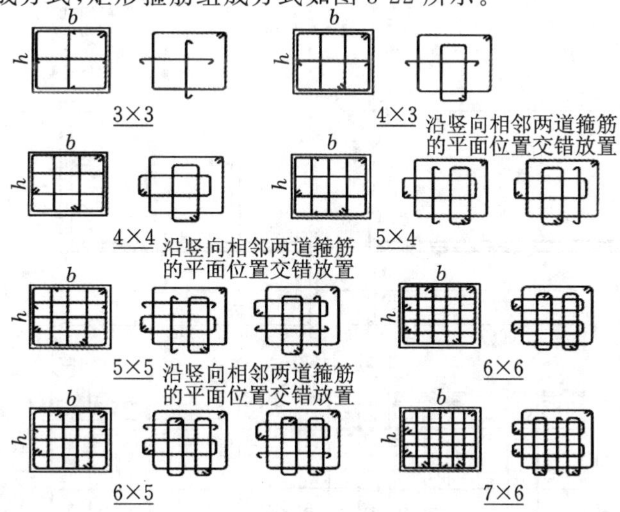

图 3-22　矩形箍筋组成方式

2. 截面注写方式

截面注写方式，系在柱平面布置图上，分别在同一编号的柱中选择一个截面，以直接注写截面尺寸和配筋等的方式来表达柱情况的平法施工图（如图 3-23 所示）。

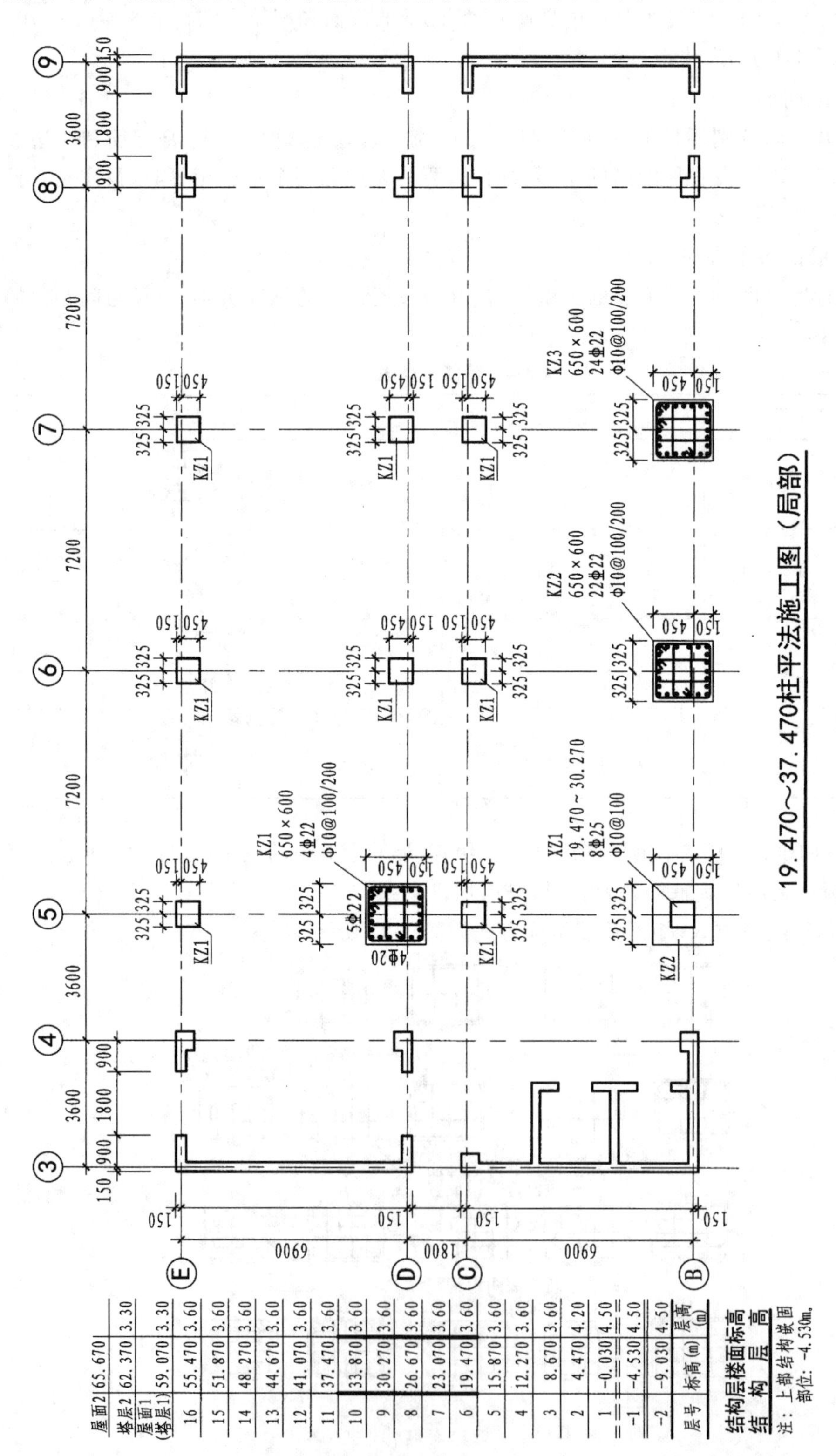

层号	标高(m)	层高(m)
屋面2	65.670	
塔层2	62.370	3.30
屋面1(塔层1)	59.070	3.30
16	55.470	3.60
15	51.870	3.60
14	48.270	3.60
13	44.670	3.60
12	41.070	3.60
11	37.470	3.60
10	33.870	3.60
9	30.270	3.60
8	26.670	3.60
7	23.070	3.60
6	19.470	3.60
5	15.870	3.60
4	12.270	3.60
3	8.670	3.60
2	4.470	4.20
1	-0.030	4.50
-1	-4.530	4.50
-2	-9.030	4.50

图 3-23 柱平法施工图截面注写方式示例

任务3　柱构造详图

一、柱钢筋在基础中的构造（亦称为基础插筋）

柱纵向钢筋在基础中的构造如图 3-24 所示。

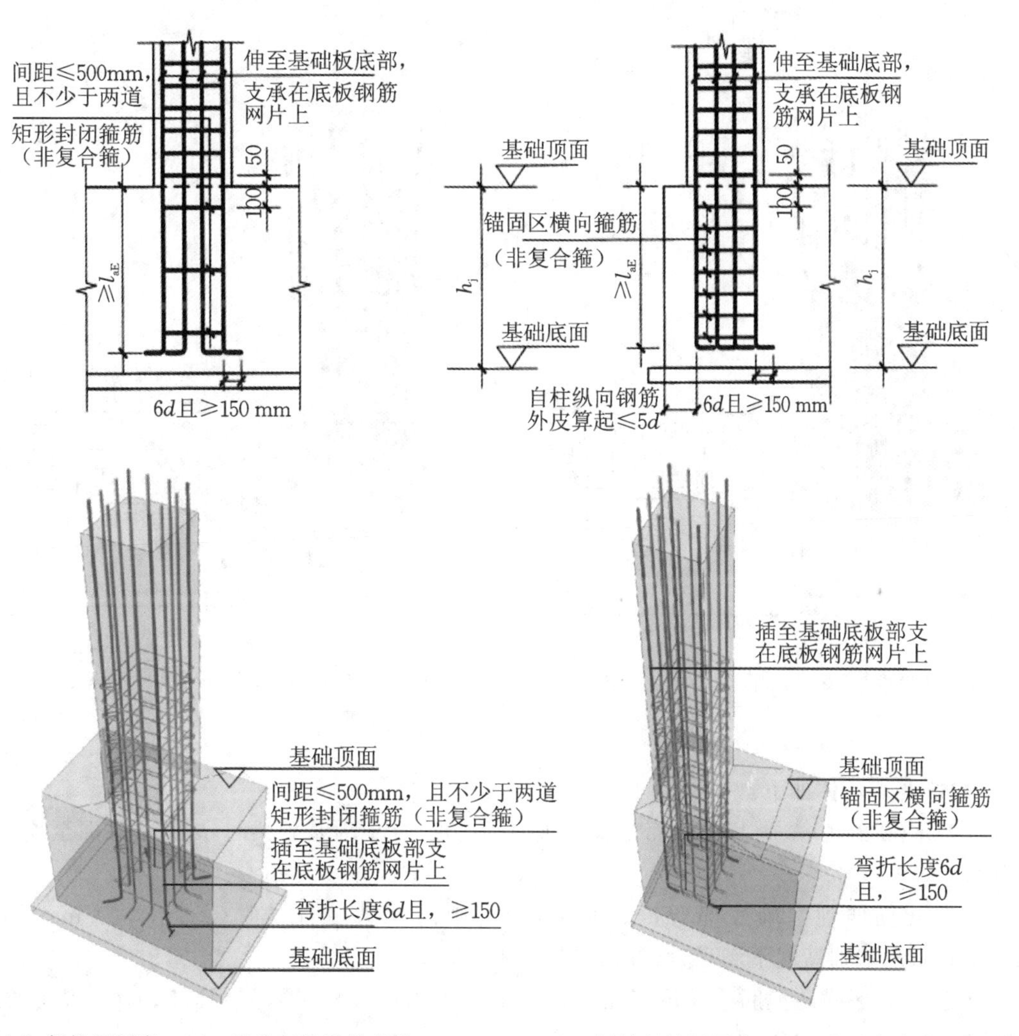

（a）保护层厚度>5d；基础高度满足直锚　　（b）插筋保护层厚度≤5d；基础高度满足直锚

图 3-24　柱纵向钢筋在基础中的构造

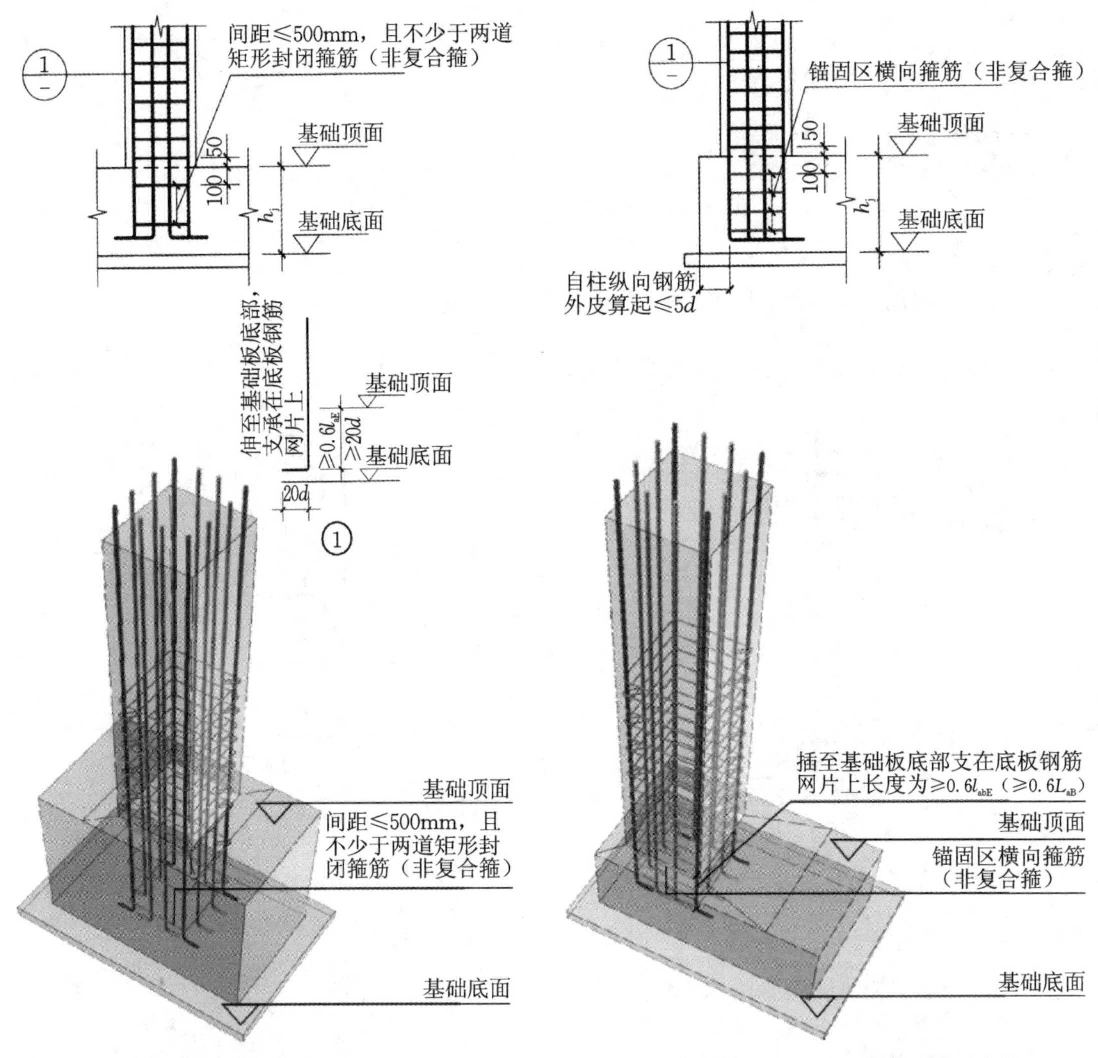

（c）保护层厚度>5d；基础高度不满足直锚　　（d）插筋保护层厚度≤5d；基础高度不满足直锚

续图 3-24

构造要点具体如下：

(1) 图 3-24 中 h_j 为基础底面至基础顶面的高度，柱下为基础梁时，h_j 为梁底面至顶面的高度。

(2) 纵筋伸到基础底部弯折的长度：当基础高度满足直锚时（$\geqslant l_{aE}$），为 max($6d$，150 mm)；当基础高度不满足直锚时（$<l_{aE}$），为 $15d$。

(3) 锚固区横向箍筋应满足直径$\geqslant d/4$（d 为纵筋最大直径），间距$\leqslant 5d$（d 为纵筋最小直径）且≤100 mm 的要求。

(4) 当柱纵筋在基础中保护层厚度不一致（如纵筋部分位于梁中，部分位于板内），保护层厚度$\leqslant 5d$ 的部分应设置锚固区横向钢筋。

(5) 非复合箍筋是指只有外围大箍筋，里面没有箍筋或拉结筋的形式。

(6) 图 3-24 中 d 为柱纵筋直径。

二、KZ 纵向钢筋连接构造

在施工过程中，当构件的钢筋不够长时（钢筋出厂长度有 8 m、9 m、12 m），另外柱、墙钢筋是一层一层绑扎的，故需要对纵筋进行连接。钢筋的连接方法有搭接、机械连接和焊接。对于框架柱，柱端箍筋加密区、节点核心区是关键部位，为实现“强节点”的要求，纵向受力钢筋连接接头要求尽量避开这两个部位，如图 3-25 所示。

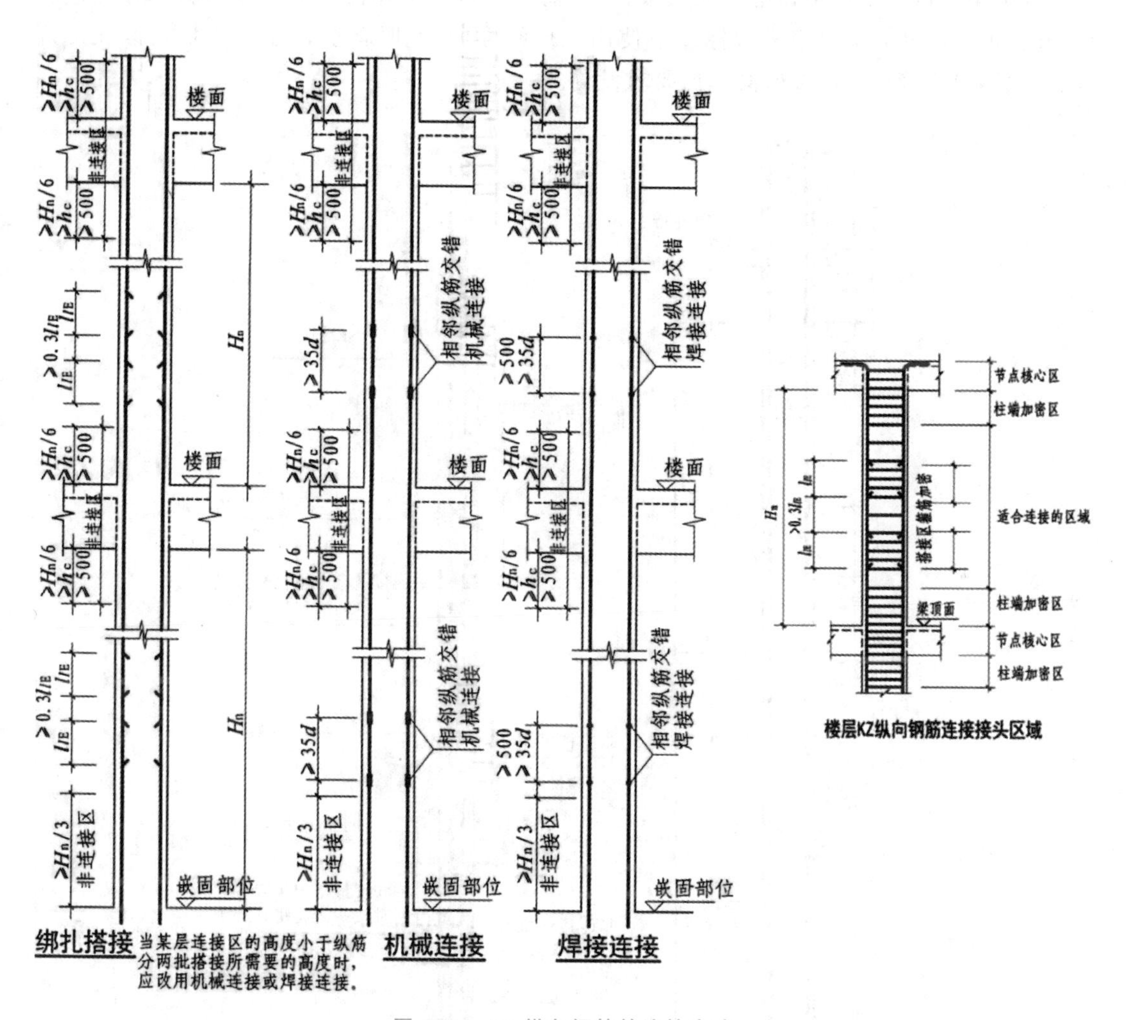

图 3-25　KZ 纵向钢筋的连接方式

KZ 纵向钢筋的连接方式常用焊接、机械连接两种。

构造要点具体如下：

(1) 焊接与机械连接在构造上主要区别是相邻纵筋连接错开距离，即连接区段长度不同：机械连接错开距离为$\geqslant 35d$；焊接连接错开距离为 max(500，$35d$)。注意：此处 d 为纵筋的直径；当两根不同直径的钢筋相连时，d 为相互连接两根钢筋中较小直径；当同一构件内不同连接钢筋计算连接区段长度不同时取大值。机械连接构造三维图见图 3-26。

(2) 同一连接区段内纵向钢接头面积百分率，为该区段内有连接接头的纵向受力钢筋截面面积与全部纵向钢筋截面面积的比值，在 KZ 中一般不宜超过 50%。

(3) 图 3-25 中：H_n 为本层柱净高，其值为 $H_n=H$(本柱结构层高)$-h_b$(本层顶梁高)。

(4) 上部结构嵌固部位的注写。

嵌固部位由设计值决定，在施工图中主要看层高表中标注，如图3-27所示。

① 框架柱嵌固部位在基础顶面时，无须注明。

② 框架柱嵌固部位不在基础顶面时，在层高表嵌固部位标高下使用双细线注明，并在层高表下注明上部结构嵌固部位标高。

③框架柱嵌固部位不在地下室顶板，但仍需考虑地下室顶板对上部结构实际存在嵌固作用时，可在层高表地下室顶板标高下使用双虚线注明，此时首层柱端箍筋加密区长度范围、纵向钢筋连接位置均按嵌固部位要求设置。

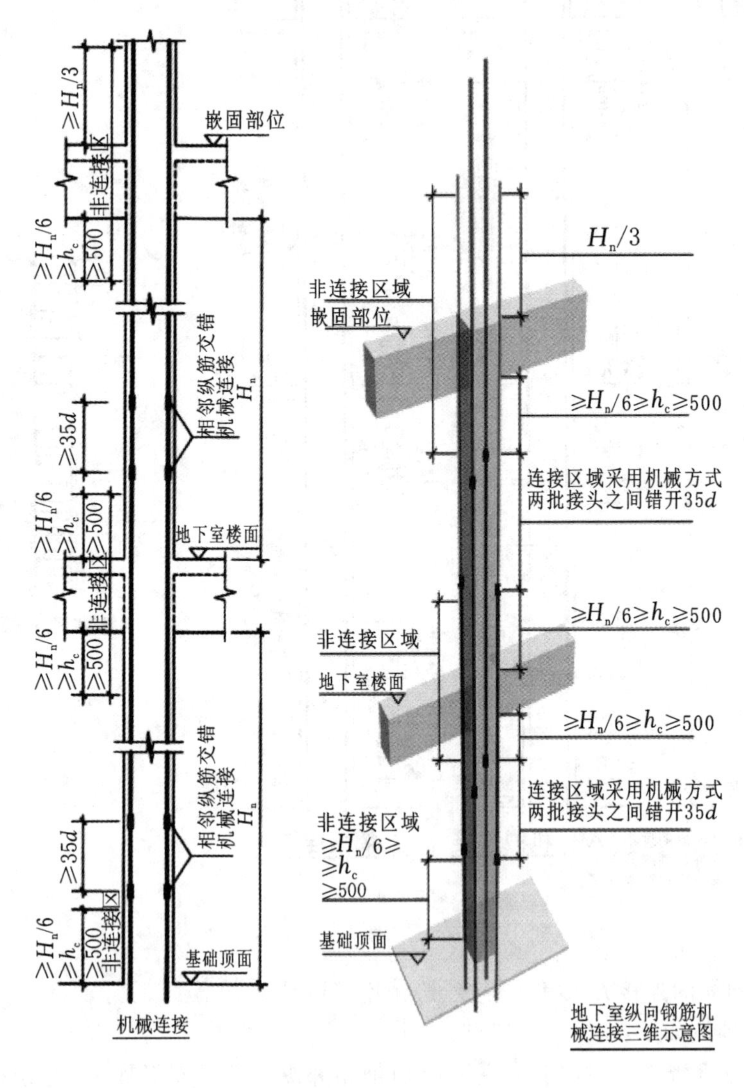

(a) 地下室KZ纵向钢筋机械连接构造

图 3-26 KZ 纵向钢筋机械连接构造

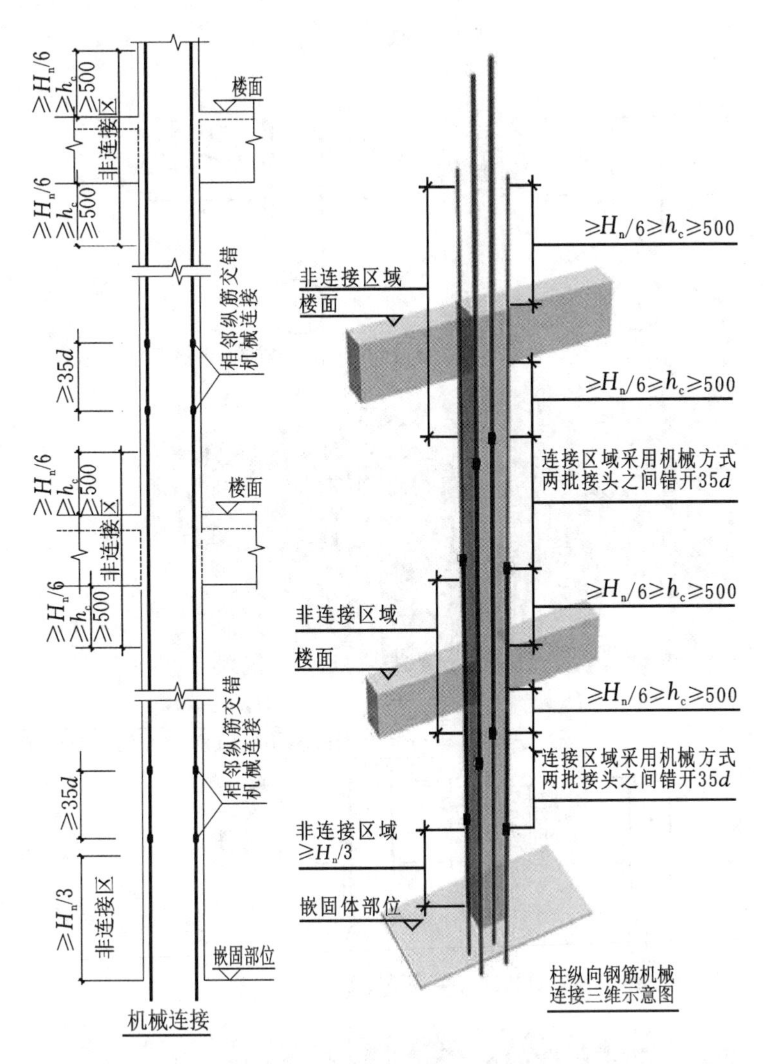

(b) 无地下室KZ纵向钢筋机械连接构造

续图 3-26

(5) 非连接区是指柱纵筋不能在此区域进行连接，包括：

① 楼层梁柱交接节点内(核心区)，即梁高范围内；

② 每层顶梁底向下，用 max(H_n/6、h_c、500)表示；

③ 每层柱下部：若是嵌固部位或考虑实际嵌固作用的部位的非连接区，其值为 H_n/3，其他情况均为 max(H_n/6，500，h_c)。

层号	标高(m)	层高(m)
[illegible]	[illegible]	[illegible]
6	19.470	3.60
5	15.870	3.60
4	12.270	3.60
3	8.670	3.60
2	4.470	4.20
1	-0.030	4.50
-1	-4.530	4.50
-2	-9.030	4.50

结构层楼面标高
结构层高

注：上部结构嵌固部位：-4.530 m。

图 3-27　层高表

三、KZ 柱顶纵向钢筋构造

框架柱纵筋顶部构造分为中柱和边角柱两类。

1. 中柱柱顶构造

KZ 中柱柱顶纵向钢筋构造如图 3-28 所示。

构造要点具体如下：

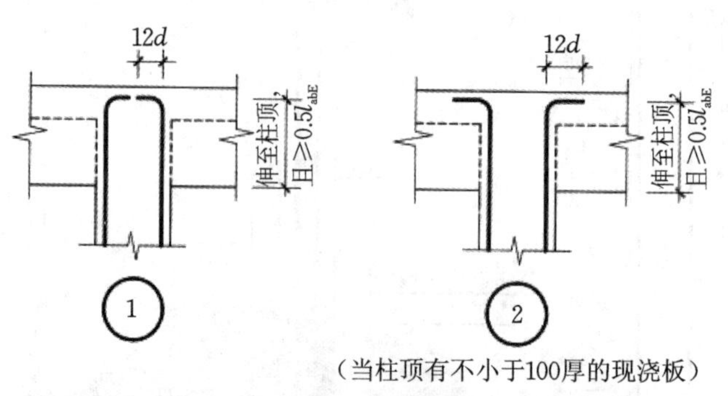

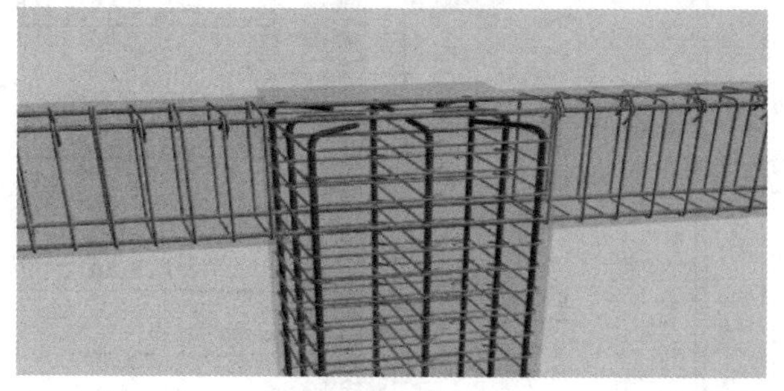

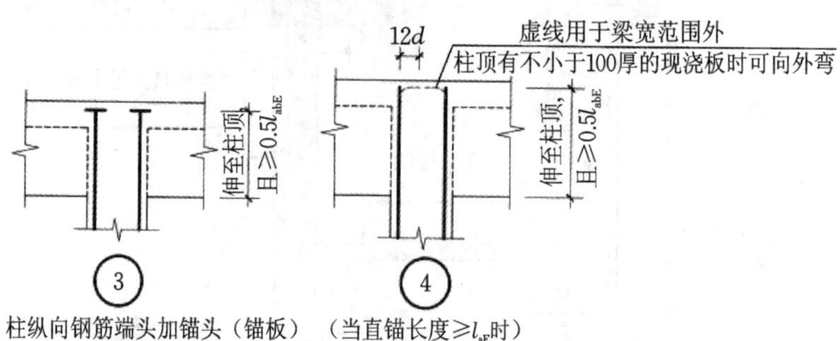

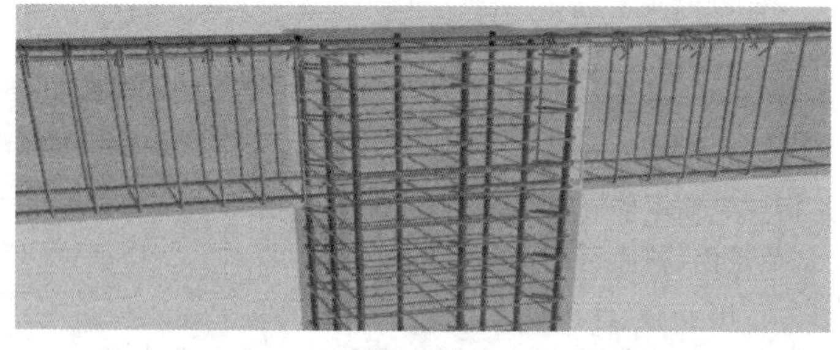

图 3-28　KZ 中柱柱顶纵向钢筋构造

(1) 当梁高－保护层厚度≥L_{aE}时，钢筋可以直锚；不满足直锚，则钢筋需弯锚；

(2) 弯锚的长度为钢筋伸至柱顶，且直段长度≥0.5L_{abE}后，弯锚 12d；

(3) 当柱顶有不小于 100 mm 现浇板时，钢筋可向板内弯折。

2. 边、角柱柱顶构造

(1) 构造一，见图 3-29。

(2) 构造二，见图 3-30。

(3) 构造三，见图 3-31。

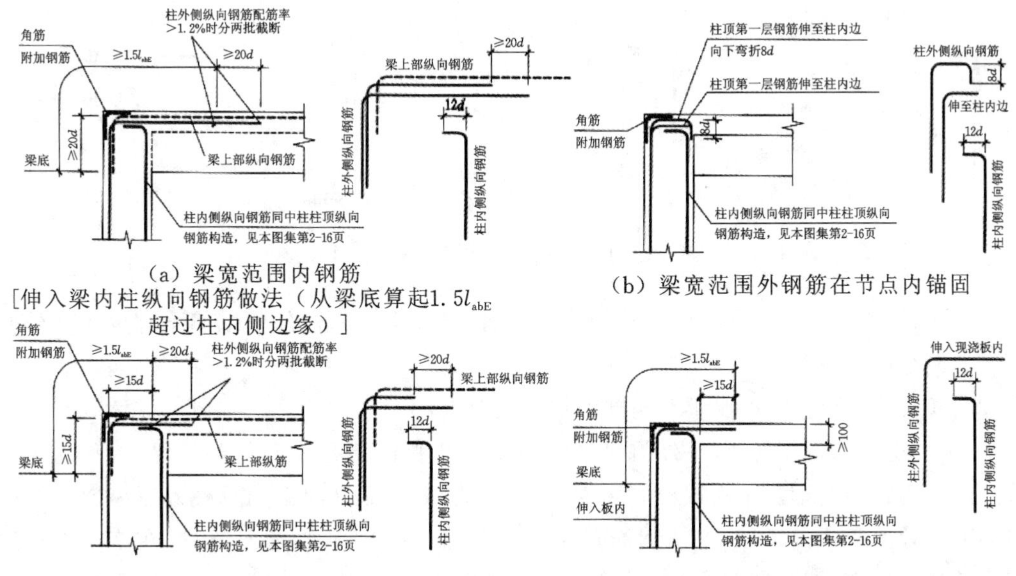

(a) 梁宽范围内钢筋
[伸入梁内柱纵向钢筋做法（从梁底算起1.5l_{abE}超过柱内侧边缘）]

(b) 梁宽范围外钢筋在节点内锚固

(c) 梁宽范围内钢筋[伸入梁内柱纵向钢筋做法（从梁底算起1.5l_{abE}未超过柱内侧边缘）]

(d) 梁宽范围外钢筋[伸入现浇板内锚固（现浇板厚度不小于100mm时）]

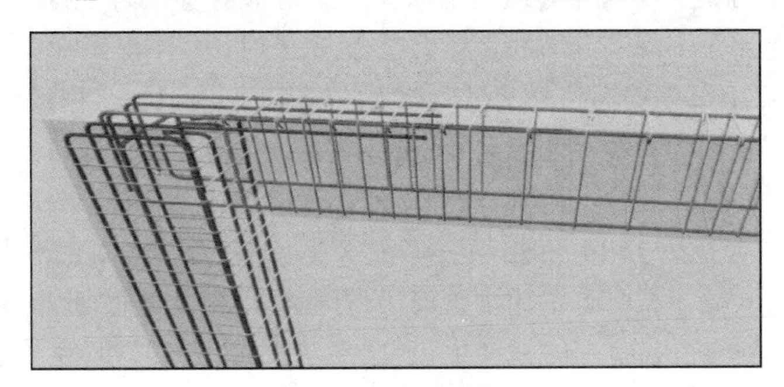

(e) 三维示意图

图 3-29　柱外侧纵向钢筋和梁上部纵向钢筋在节点外侧弯折搭接构造

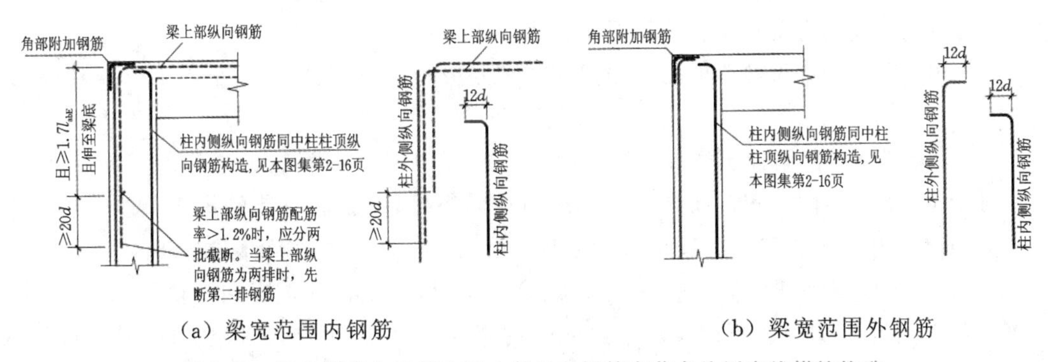

(a) 梁宽范围内钢筋　　(b) 梁宽范围外钢筋

图 3-30　柱外侧纵向钢筋和梁上部纵向钢筋在节点外侧直线搭接构造

KZ 边柱和角柱柱顶纵向钢筋构造要点具体如下：

(1) KZ 边柱和角柱梁宽范围外节点外侧柱纵向钢筋构造应与梁宽范围内节点外侧和梁端顶部弯折搭接构造配合使用。

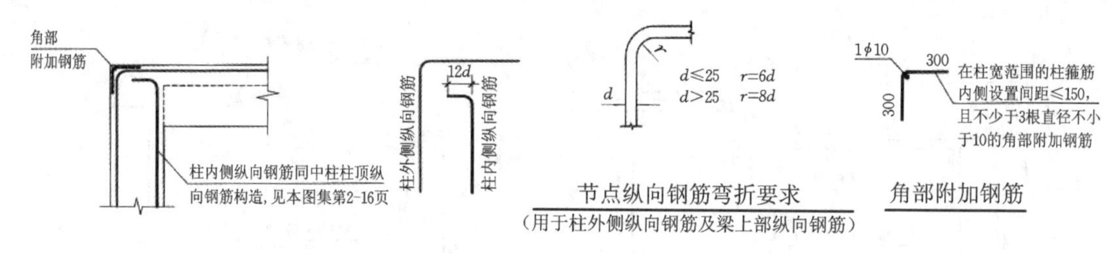

图 3-31 梁宽范围内柱外侧纵向钢筋弯入梁内作梁筋构造

（2）梁宽范围内 KZ 边柱和角柱柱顶纵向钢筋伸入梁内的柱外侧纵筋不宜少于柱外侧全部纵筋面积的 65%。

（3）节点纵向钢筋弯折要求和角部附加钢筋要求：

① 框架柱顶层端节点处，柱外侧纵向受力钢筋弯弧内半径比其他部位要大，是为了防止节点内弯折钢筋的弯弧下混凝土局部被压碎；框架梁上部纵向钢筋及柱外侧纵向钢筋在顶层端节点处的弯弧内半径，根据钢筋直径的不同，而规定弯弧内半径不同，在施工中这种不同经常被忽略，特别是框架梁的上部纵向受力钢筋。

梁上部纵向受力钢筋与柱外侧纵向钢筋在节点角部的弯弧内半径，当钢筋的直径不大于 25 mm 时，取不小于 $6d$；当钢筋的直径大于 25 mm 时，取不小于 $8d$（d 为钢筋的直径）。

② 由于顶层梁上部钢筋和柱外侧纵向钢筋的弯弧内半径加大，框架角节点钢筋外弧以外可能形成保护层很厚的素混凝土区，因此要设置附加构造钢筋，加以约束，防止混凝土裂缝、坠落。构造要求是保证结构安全的一种措施，不可以随意取消。

框架柱在顶层端节点外侧上角处，至少设置 3 根φ10 的钢筋，间距不大于 150 mm 并与主筋扎牢。在角部设置 1 根φ10 的附加钢筋，当有框架边梁通过时，此钢筋可以取消。

（4）在承受以静力荷载为主的框架中，顶层端节点的梁、柱端均主要承受负弯矩作用，相当于 90°折梁。节点外侧钢筋不是锚固受力，而属于搭接传力问题，故不允许将柱纵筋伸至柱顶，而将梁上部钢筋锚入节点的做法。因为这种做法无法保证梁、柱钢筋在节点区的搭接传力，无法保证梁、柱端钢筋发挥出所需的正截面受弯承载力。梁上部纵向钢筋与柱外侧纵向钢筋在节点及附近部位搭接方法具体要求如下：

① 采用“节点外侧和梁端顶面 90°弯折搭接”方法时，搭接长度不应小于 $1.5l_{abE}$，构造要点如下：

（a）梁上部纵向钢筋伸至柱外侧纵筋内侧弯折，弯折段伸至梁底。

（b）伸入梁内的柱外侧钢筋与梁上部纵向钢筋搭接，从梁底算起的搭接长度不应小于 $1.5l_{abE}$；伸入梁内的柱外侧钢筋截面积不宜小于柱外侧纵向钢筋全部面积的 65%。

（c）梁宽范围以外柱外侧钢筋，位于柱顶第一层时，伸至柱内边后向下弯折 $8d$；位于柱顶第二层时，伸至柱内边截断；当有>100 mm 的现浇板时，也可伸入现浇板内，其长度伸入梁内不应小于 $1.5l_{abE}$ 并宽出柱内边缘至少 $15d$。

（d）当柱外侧纵向钢筋配筋率大于 1.2% 时，钢筋分两批截断，截断点之间距离不宜小于 $20d$。配筋率按公式 $p=A_s/A_c$ 计算，式中 A_s 为柱外侧纵向钢筋面积，A_c 为柱截面面积。

（e）当梁的截面高度较大，梁、柱纵向钢筋相对较小，钢筋从梁底算起的弯折搭接长度未伸至柱内侧边缘即已满足 $1.5l_{abE}$ 的要求时，其弯折后包括弯弧在内的水平段长度不应小于 $15d$。

② 采用“柱顶部外侧直线搭接”方法时：

(a) 搭接长度自柱顶算起不应小于 $1.7l_{abE}$。

(b) 当梁上部纵向钢筋配筋率大于1.2%时，宜分两批截断，截断点之间距离不宜小于 $20d$。当梁上部纵筋为两排时，宜首先截断第二排钢筋。配筋率按公式 $p=A_s/A$ 计算，式中 A_s 为梁上部纵向钢筋面积，$A=bh$ 为梁截面面积。

③ 柱外侧钢筋与梁上部钢筋合并的方法。当梁上部钢筋和柱外侧钢筋数量匹配时，可将柱外侧处于梁截面宽度内的纵向钢筋直接弯入梁上部作梁负弯矩钢筋使用。

④ 柱内侧纵向钢筋构造同中柱柱顶，梁下部纵向钢筋构造同中间层梁。

(5) 搭接接头有两种做法。第一种做法是设在节点外侧和梁端顶面的90°弯折搭接；第二种做法是搭接接头设在柱顶部外侧的直线搭接。第一种做法适用于梁上部钢筋和柱外侧钢筋数量不多的民用建筑框架。其优点是梁上部钢筋不伸入柱内，有利于在梁底标高处设置柱内混凝土施工缝。但当梁上部和柱外侧钢筋数量过多时，采用第一种做法将造成节点顶部钢筋的拥挤，不利于自上而下浇筑混凝土。此时，宜改用第二种方法。

(6) 等截面伸出时纵向钢筋的构造，见图3-32。

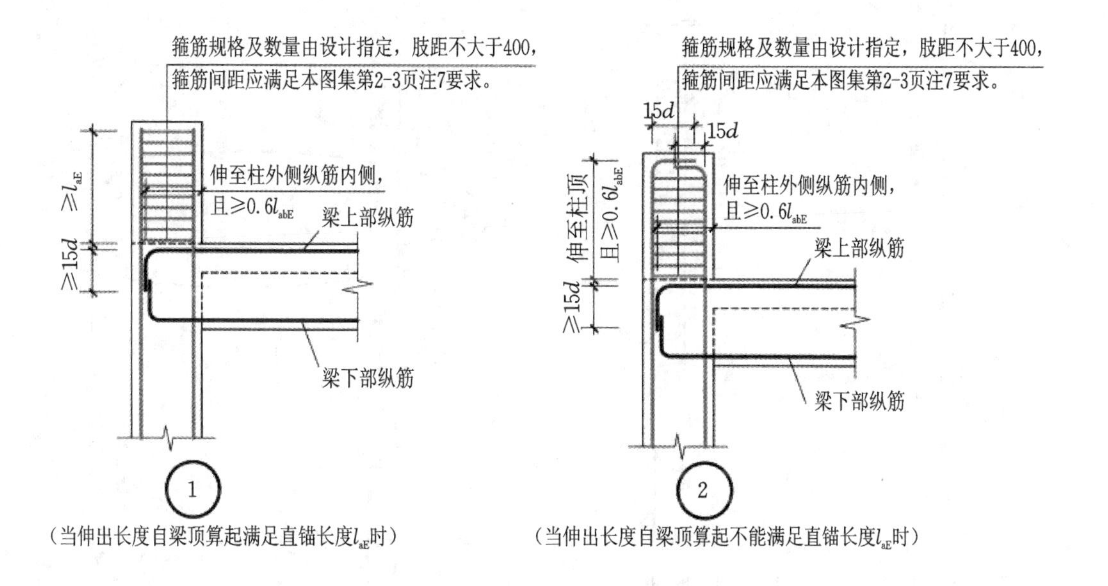

图3-32　KZ边柱、角柱柱顶等截面伸出时纵向钢筋构造

其构造要点具体如下：

① 当框架边柱、角柱顶部伸出屋面框架梁时，柱所有纵筋伸出到柱顶，当伸出长度自梁顶算起不小于 $0.6l_{abE}$，但不能满足直锚长度 l_{aE} 时，应向柱内弯折，水平段长度不小于 $15d$。

② 梁上部纵筋伸至柱外侧纵筋内侧且不小于 $0.6l_{abE}$，然后向下弯折不小于 $15d$。

③ 箍筋间距不应大于 $5d$（d 为锚固钢筋的最小直径）。

四、KZ 箍筋加密区范围

1. KZ 箍筋加密区

KZ 箍筋加密区范围如图 3-33 所示。为增强框架柱端抗剪能力、提高柱的延性以及“强节点”抗震设计理念。KZ 在柱端和节点核心区，箍筋均要加密。

构造要点具体如下：

(1) 嵌固部位的箍筋加密区范围为$\geqslant H_n/3$；其他部位都是 max(柱长边尺寸、$H_n/6$ 或 $H_{n*}/6$、500)。H_n 为所在楼层的柱净高，H_{n*} 为穿层时的柱净高。

单方向穿层，单方向无梁且无板，即柱在某楼层处 x 向或 y 向既没有梁也没有板；双方向穿层，双方向无梁且无板，即柱在某楼层处 x 向和 y 向均无梁且无板。

(2) 对于短柱、转换柱和一、二级抗震等级的角柱，其箍筋应全截面加密。

当框架结构中的框架柱的反弯点在柱层高范围之内时，可认为：柱净高 H_n 与柱截面长边尺寸 h 的比值 $H_n/h\leqslant 4$ 时为短柱。短柱延性较差，易产生脆性剪切破坏，设计中应避免使用短柱。当必须采用时，柱全高度箍筋应加密，并宜采用螺旋箍或井字复合箍。

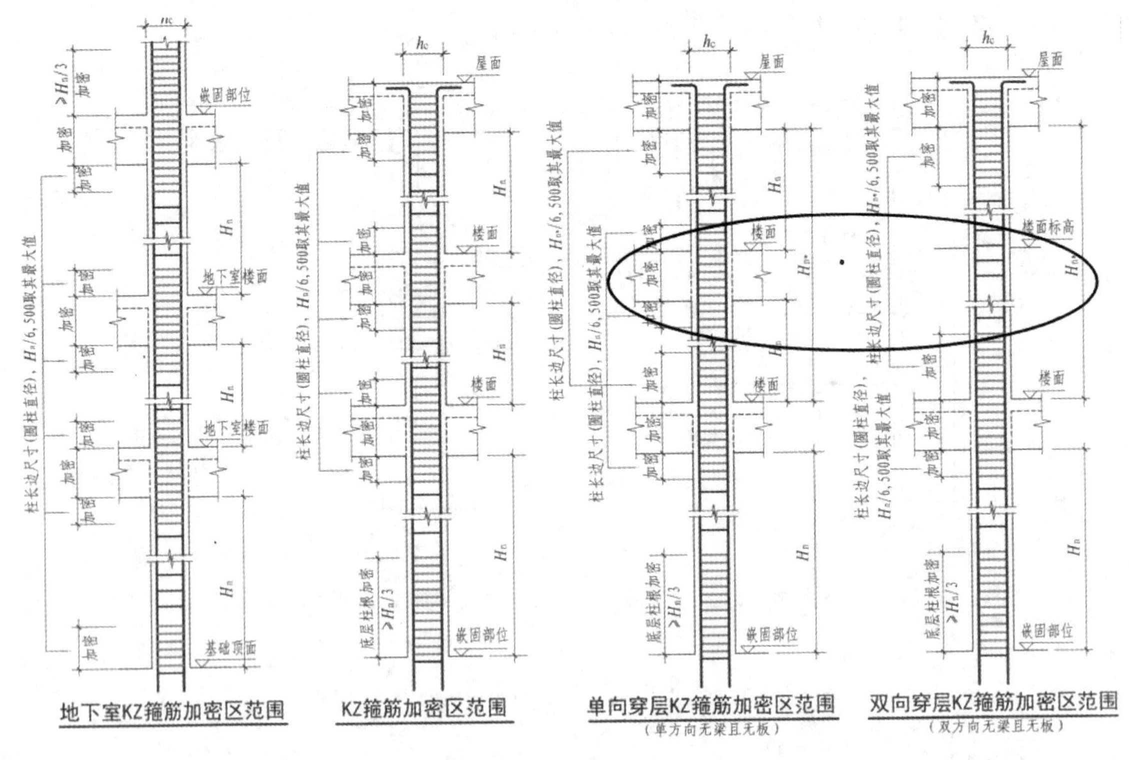

注：除具体工程设计标注有箍筋全高加密的柱外，柱箍筋加密区按本图所示。

图 3-33　KZ 箍筋加密区范围

2. 剪力墙上柱和梁上柱箍筋加密

剪力墙上柱和梁上柱箍筋加密如图 3-34、图 3-35 所示。柱根加密区范围$\geqslant H_n/3$；其他部位是 max(柱长边尺寸、$H_n/6$ 或 $H_{n*}/6$、500)。

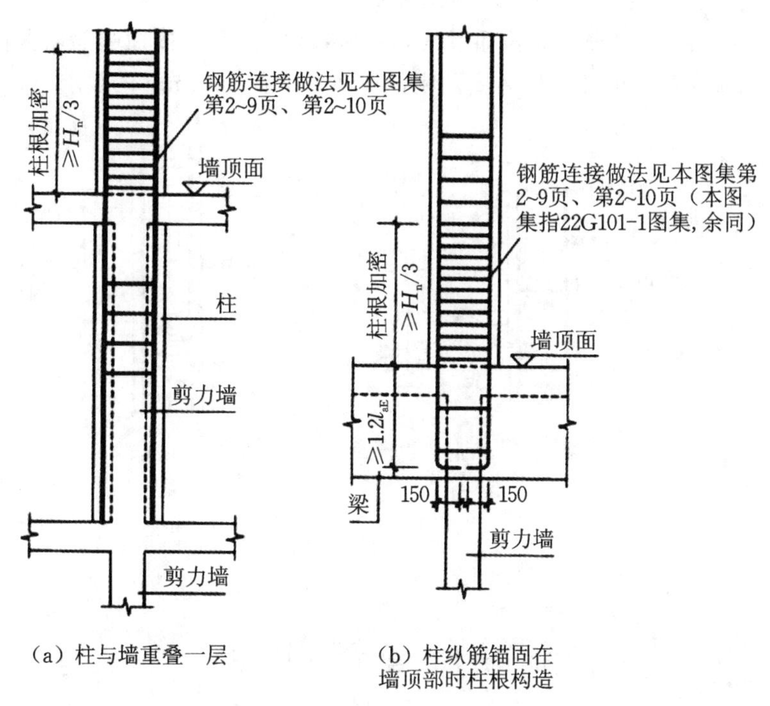

（a）柱与墙重叠一层　　（b）柱纵筋锚固在墙顶部时柱根构造

图 3-34　剪力墙上起柱 KZ 纵筋构造

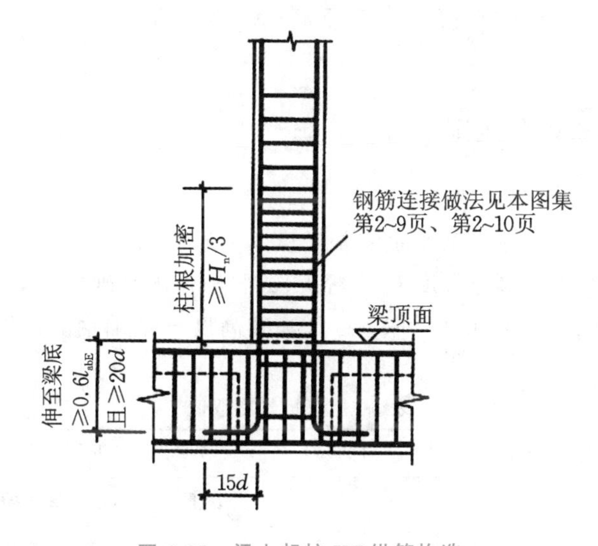

图 3-35　梁上起柱 KZ 纵筋构造

3. 刚性地面处 KZ 箍筋加密范围

（1）刚性地面平面内的刚度比较大，在水平力作用下，平面内变形很小，对柱根有较大的侧向约束作用。

通常现浇混凝土地面会对混凝土柱产生约束，其他硬质地面达到一定厚度也属于刚性地面。如石材地面、沥青混凝土地面及有一定基层厚度的地砖地面等。

（2）在刚性地面上下各 500 mm 范围内设置箍筋加密，其箍筋直径和间距按柱端箍筋加密区的要求。当柱两侧均为刚性地面时，加密范围取各自上下的 500 mm，当柱仅一侧有刚性地面时，也应按此要求设置加密区，见图 3-36。

(3) 当与柱端箍筋加密区范围重叠时，重叠区域的箍筋可按柱端部加密箍筋要求设置，加密区范围同时满足柱端加密区高度及刚性地面上下各 500 mm 的要求。

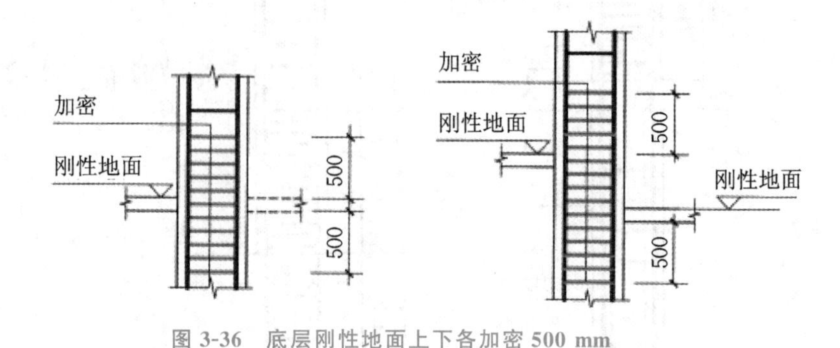

图 3-36 底层刚性地面上下各加密 500 mm

任务 4 柱中钢筋预算量计算

在施工中，柱从基础开始分层施工，因此柱中钢筋分为基础部分的钢筋、一层钢筋、中间层钢筋、顶层钢筋，设地下室的还有地下室钢筋，应分别计算。

一、柱基础插筋计算规则

由前述柱中纵筋和箍筋构造详图可得：

柱基础插筋单根长度 L = 基础内长度

(包括基础内竖直长度 h_1 + 弯折长度) + 伸出基础非连接区高度

基础内竖直长度，一般情况可以取 h_1 = (基础高度 − 基础钢筋保护层厚度 − 基础钢筋直径)，弯折长度取值见表 3-5。

表 3-5 弯折长度取值

竖直长度/mm	弯折长度/mm
$\geqslant L_{aE}$	$6d$ 且 $\geqslant 150$（d—基础插筋的直径）
$\geqslant 0.6L_{abE}$，但 $< L_{aE}$	$15d$（d—基础插筋的直径）

二、中间层柱纵筋的计算

中间层柱纵筋的单根长度 L = 本层层高 − 本层下部非连接区长度

+ 伸入上一层非连接区长度

三、顶层柱的纵筋计算

顶层柱因其所处位置的不同，柱纵筋的顶层锚固长度各不相同，因此有不同的计算规则。

1. 中柱顶层纵筋计算

中柱顶部四面均有梁，其纵向钢筋直接锚入顶层梁内或板内。

顶层中柱纵筋单根长度 L＝顶层层高－顶层下部非连接区长度－顶部保护层厚度＋$12d$

2. 顶层边柱、角柱纵筋计算

顶层边柱、角柱的外侧和内侧纵筋构造不同，外侧和内侧纵筋区别见图 3-37。

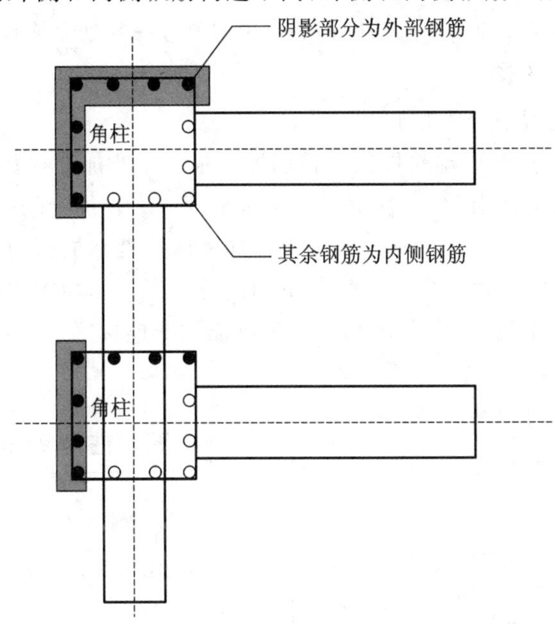

图 3-37　顶层边柱内、外侧钢筋示意图

柱顶计算规则见表 3-6。

表 3-6　柱顶层纵筋伸入顶梁内长度

中柱柱顶纵筋	直锚：顶梁高－保护层（当伸入顶梁的垂直段长度≥L_{aE}）		
	弯锚：顶梁高－保护层＋$12d$（当伸入顶梁的垂直段长度＜L_{aE}）		
边柱、角柱柱顶纵筋	梁宽范围内的外侧纵筋	柱外侧纵向钢筋配筋率＞1.2%时分两批截断	第一批截断的长度：自梁底起 $1.5L_{abE}+20d$
			第二批截断的长度：自梁底起 $1.5L_{abE}$，且水平段长度≥$15d$
	梁宽范围外的外侧纵筋	在节点内锚固	第一层伸至柱内侧下弯 $8d$；第二层伸至柱内侧
		伸入现浇板内锚固	自梁底起 $1.5L_{abE}$，且超出柱内边缘 $15d$
	内侧纵筋	同中柱柱顶纵筋	

四、柱中箍筋计算

箍筋单根长度计算同基础梁中箍筋计算规则，但每层柱中箍筋根数不尽相同，要分别计算。

1. 基础中箍筋根数

基础中箍筋皆为非复合箍筋（只有外围箍筋），计算规则见表 3-7。

表 3-7　基础内箍筋布置

箍筋布置	柱外侧插筋的保护层厚度＞$5d$ 时	间距≤500 mm，且不少于两道封闭箍筋
	柱外侧插筋的保护层厚度≤$5d$ 时（锚固区）	间距≤$5d$，且≤100 mm（d 为基础插筋最小直径）封闭箍筋

基础内箍筋的根数＝（基础高度－基础钢筋保护层厚度－基础纵筋直径－100）/间距＋1

2. 基础以上箍筋根数

基础以上每层箍筋根数计算规则：

靠左每层箍筋根数＝箍筋加密根数＋非加密根数

加密区根数＝（柱下部加密区长度－50）/加密间距＋1＋（柱上部加密区长度）/加密间距＋1

非加密区根数＝（层高－上、下加密总长度）/非加密间距－1

每层柱上部和下部加密长度（范围），一般为纵筋的非连接区。

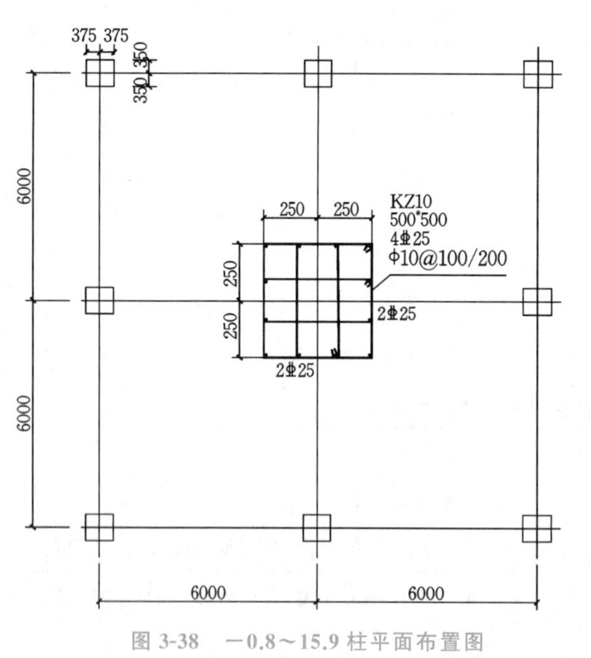

图 3-38　－0.8～15.9 柱平面布置图

五、柱中钢筋预算量计算

例 3-6　计算图 3-38 中 KZ10 钢筋预算量，计算条件见表 3-8，KZ10 各层标高见表 3-9。嵌固部位在基础的顶部，基础底部 x、y 向纵筋的直径为 10 mm，基础插筋的侧面保护层厚度＞$5d$。

解　通过下述图表可以得到：KZ10 从基础到顶层的截面尺寸和配筋相同，皆为 12 根纵筋直径 25 mm，箍筋直径 10 mm，加密区间距 100 mm，非加密区间距 200 mm。要求分别计算基础层、1、2、3、4 层的纵筋和箍筋质量。

基础高度 $h_j=800<L_{aE}=40d=40\times25$ mm$=1000$ mm，所以基础插筋全部伸到基础底部，并且弯折 $a=15d$。KZ10 纵剖面图如图 3-39 所示。KZ10 的钢筋预算量计算具体如表 3-10 所示。

表 3-8　KZ10 计算条件

基础、柱的混凝土强度等级	抗震等级	基础保护层/mm	柱保护层厚/mm	纵筋连接方式	L_{aE}
C30	一级抗震	40	30	焊接	$40d$

表 3-9　KZ10 各层标高

层号	顶标高/m	层高/m	顶梁高/mm
4	15.900	3.60	700
3	12.300	3.60	700
2	8.700	4.20	700
1	4.500	4.50	700
基础	−0.800		基础厚度:800

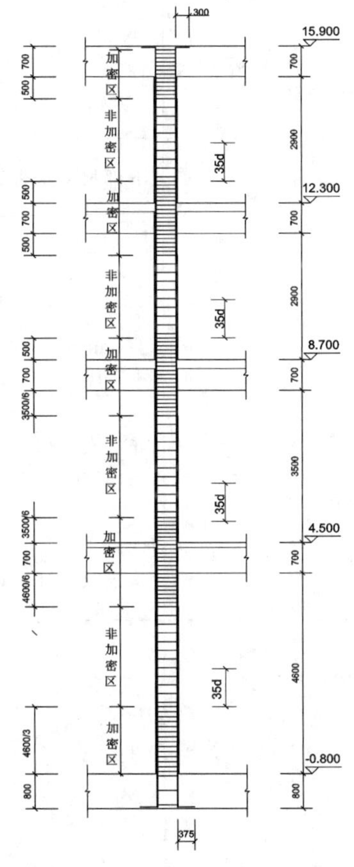

图 3-39　KZ10 纵剖面图

表 3-10　KZ10 的钢筋预算量计算

层号	钢筋名称	单根长度	根数/根	重量/kg
基础层	基础插筋	连接点较低的： [(4500＋800－700)/3＋800－40－20＋15×25]mm ＝2648 mm＝2.648 m	6	6×2.648×3.85＝61.169
		连接点较高的： [2648＋max(35×25,500)]mm ＝(2648＋875)mm ＝3523 mm＝3.523 m	6	6×3.523×3.85＝81.381
	大箍筋	[(500－30×2)×4＋(1.87×10＋10×10)×2]mm ＝1997 mm＝1.997 m	(800－40－20－100)/500＋1＝3	3×1.997×0.617＝3.700
	小箍筋	基础内只有外围大箍筋，没有小箍筋		
一层	纵筋	[5300－4600/3＋max(3500/6,500,500)]mm＝4.350 m	12	12×4.350×3.85＝200.970
	大箍筋	1.997 m	下部加密区根数 ＝[(4500＋800－700)/3－50]/100＋1＝16 上部加密区及梁高范围内根数 ＝[max(4600/6,500,500)＋700]/100＋1 ＝16 非加密区根 ＝(4500＋800－1533－767－700)/200－1 ＝11 总根数＝16＋16＋11＝43	52.982
	箍筋	{[(500－30×2－2×10－25)/3＋25＋20]×2＋(500－2×30)×2＋11.87×10×2}mm ＝1.471 m	43×2 ＝86	78.054

续表

层号	钢筋名称	单根长度	根数/根	重量/kg
二层	纵筋	[4200－3500/6＋max(2900/6,500,500)]mm ＝4.117 m	12	190.305
	大箍筋	1.997 m	下部加密区根数 [max(3500/6,500,500)－50]/100＋1 ＝7 上部加密区及梁高范围内根数 ＝[max(3500/6,500,500)＋700]/100＋1 ＝14 非加密区根 ＝(4200－600－600－700)/200－1 ＝11 总根数＝7＋14＋11＝32	39.428
	小箍筋	1.471 m	64	58.087
三层	纵筋	[3600－500＋max(2900/6,500,500)]mm ＝3.600 m	12	166.320
	箍筋	1.997 m	上部加密区根数 [max(2900/6,500,500)－50]/100＋1 ＝6 上部加密区及梁高范围内根数 ＝[max(2900/6,500,500)＋700]/100＋1 ＝13 非加密区根数 ＝(3600－500－500－700)/200－1 ＝9 总根数＝6＋13＋9＝28	34.500
	小箍筋	1.471 m	56	48.960

续表

层号	钢筋名称	单根长度	根数/根	重量/kg
四层	纵筋	下部连接点较低的：(3600－500－30＋12×25)mm＝3.370 m	6	77.847
		下部连接点较高的：(3.370－0.50)m＝2.870 m	6	66.297
	大箍筋	1.997 m	28	34.500
	小箍筋	1.471 m	56	50.826
合计	⌀25：844.289 kg ϕ10：401.037 kg			

例 3-7 计算图 3-40 中一根 KZ3 中顶层纵筋预算量，计算条件见表 3-11，K23 各层标高见表 3-12。

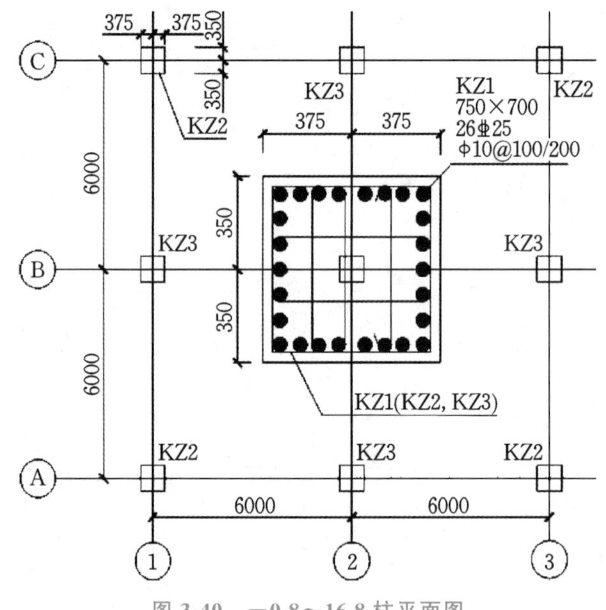

图 3-40 －0.8～16.8 柱平面图

表 3-11 KZ3 计算条件

柱、基础混凝土强度等级	抗震等级	基础保护层/mm	柱纵筋保护层/mm	钢筋连接方式	顶节点类型
C35	二级抗震	40	30	机械连接	22G101-1

表 3-12　KZ3 各层标高

层号	顶标高/m	层高/m	顶梁高/mm
4	16.800	4.20	700
3	12.600	4.20	700
2	8.400	4.20	700
1	4.200	4.20	700
基础	−1.200		基础厚度:800

解 根据条件可知,顶层节点采用 22G101-1 图集中 2-14 页的(a)、(c)节点,具体计算如表 3-13 所示。

表 3-13　KZ3 顶层纵筋预算量计算

层号	钢筋名称	单根长度	根数
顶层	顶层外侧伸进梁内纵筋 外侧纵筋的配筋率 $=\frac{3436}{750\times700}$ $=0.65\%<1.2\%$ 可以一次性截断	$4200-\max(H_n/6,h_c,500)-700+1.5l_{abE}$ $=4200-(3500/6,750,500)-700+1.5\times37\times25$ $=4138$ mm $=4.138$ m	n
	顶层外侧未伸进梁内纵筋	$4200-\max(H_n/6,h_c,500)-30+750-60+8\times25$ $=4310$ mm $=4.310$ m	$7-n$
	顶层内侧纵筋	$4200-(3500/6,750,500)-30+12\times25$ $=3720$ mm $=3.720$ m	19

读者可自行完成 KZ3 其余钢筋的计算。

课后任务

1. 读懂工程案例中所示内容。计算图中其中一根框架柱从基础顶到 −1.000 的钢筋预算量。
2. 简述柱的受力特征和柱中纵筋和箍筋配置依据。
3. 简述柱纵筋连接、箍筋加密区的要求。

工作手册 4

剪力墙

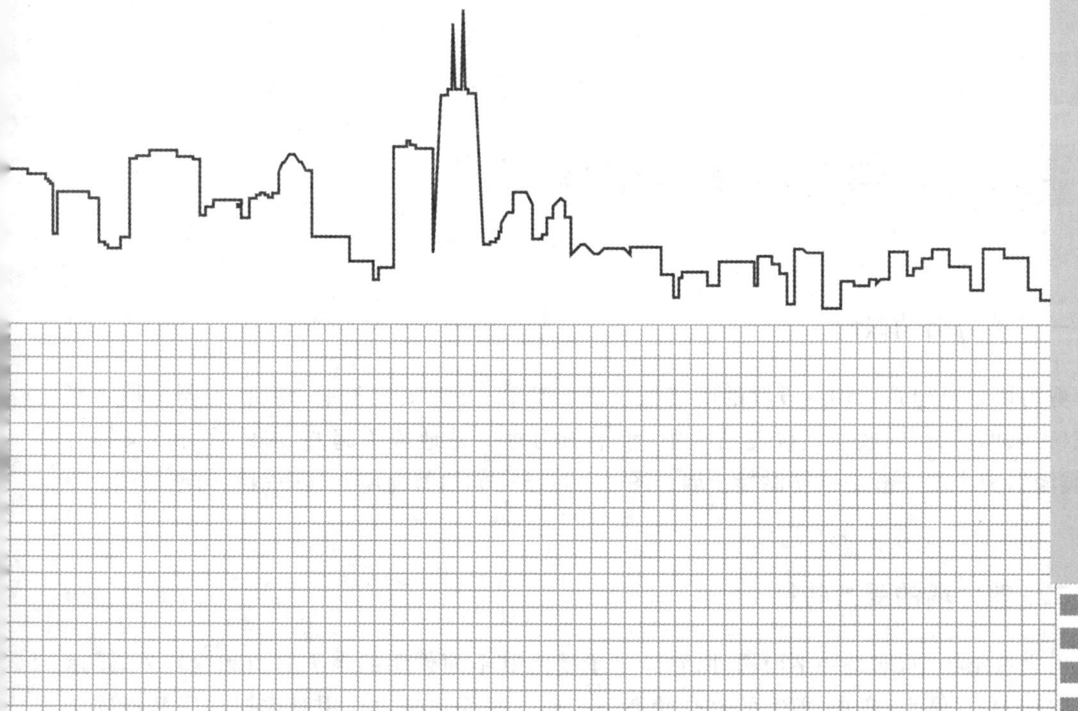

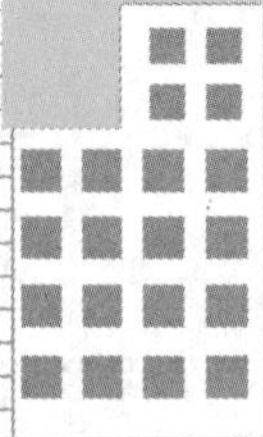

学习目标

1. 知识目标

(1) 掌握剪力墙的一般构造要求、受力特征。

(2) 掌握剪力墙的平法施工图制图规则。

2. 能力目标

(1) 具备熟练识读剪力墙施工图的能力。

(2) 具备计算剪力墙钢筋预算量的能力。

工程案例

二维码所示为某大厦－1.000～5.770 墙柱平面布置图。本工作手册主要介绍剪力墙受力特征、构件组成、剪力墙的施工图识读和钢筋算量等内容。

任务1 剪力墙基本结构知识

一、剪力墙的概念

剪力墙是指建筑结构中设置的既能抵抗竖向荷载，又能抵抗水平荷载且主要抵抗水平荷载（带来的剪力）的墙。在抗震结构中，水平剪力主要是地震引起的，因此剪力墙又称为"抗震墙"，剪力墙一般是钢筋混凝土墙。图 4-1 是已完成的剪力墙和其中钢筋的现场图。

二、剪力墙的受力特征

剪力墙结构中，墙是一平面构件，它除了承受沿其平面作用的水平剪力和弯矩外，还承受竖向压力，在轴力、弯矩、剪力的复合状态下工作。其受水平力作用时类似一底部嵌固于基础上的悬臂梁。在地震作用或风载下剪力墙除需满足刚度强度要求外，还必须满足非弹性变形反复循环下的延性、能量耗散和控制结构裂而不倒的要求。墙肢必须能防止墙体发

图 4-1　剪力墙及其钢筋现场图片

生脆性剪切破坏,因此应尽量将剪力墙设计成延性弯曲型。

结构试验表明矩形截面剪力墙的延性比工字形或槽形截面剪力墙差,计算分析表明增加墙肢截面两端的翼缘能显著提高墙的延性。因此在矩形墙两端设约束边缘构件不但能较显著地提高墙体的延性,还能防止剪力墙发生水平剪切滑动,提高其抗剪能力。

实际工程中剪力墙分为整体墙和联肢墙。整体墙如一般房屋端的山墙、鱼骨式结构片墙及小开洞墙。整体墙受力如同竖向悬臂梁,当剪力墙墙肢较长时,在力作用下法向应力呈线性分布,破坏形态似偏心受压柱,配筋应尽量将竖向钢筋布置在墙肢两端;为防止剪切破坏,提高延性,应将底部截面的组合设计内力适当提高或加大配筋率;为将剪力墙设计成具有延性的弯曲破坏剪力墙,墙肢的长度不宜过大,不宜超过 8 m。

联肢墙是由连梁连接起来的剪力墙,但因一般连梁的刚度比墙肢刚度小得多,墙肢单独作用显著,连梁中部会出现反弯点,要注意墙肢轴压比限值。

壁式框架:当剪力墙开洞过大时形成宽梁、宽柱组成的短墙肢,构件形成两端带有刚域的变截面杆件,在内力作用下许多墙肢将出现反弯点,墙呈现类似框架的受力特点,因此计算和构造应按近似框架结构考虑。

剪力墙与柱的破坏状态和设计原理基本相同。但截面配筋构造有很大不同,配筋计算方法也各不相同。截面高厚比不大于 4 时,按柱进行截面设计。剪力墙应进行平面内的斜截面受剪、偏心受压或偏心受拉、平面外轴心受压承载力。

三、剪力墙构造要求

(1) 为了保证墙体的稳定性及便于施工,使墙有较好的承载力和在地震作用下具有较强的耗散能力,规范要求一、二级抗震墙的厚度不小于 160 mm,底部加强区宜大于或等于 200 mm,三、四级抗震等级时墙的厚度应不小于 140 mm,竖向钢筋应尽量配置于约束边缘。

(2) 高层剪力墙结构的竖向和水平分布钢筋不应单排配置。剪力墙截面厚度不大于 400 mm时,可采用双排配筋;大于 400 mm,但不大于 700 mm 时,宜采用三排配筋;大于 700 mm 时,宜采用四排配筋。各排分布钢筋之间拉筋的间距不应大于 600 mm,直径不应小于 6 mm。

(3) 剪力墙的竖向和水平分布钢筋的配筋率,一、二、三级抗震等级时均不应小于 0.25%,四级时不应小于 0.20%。

四、构件类型

剪力墙的构件组成有：一墙、二柱、三梁（见图 4-2），即：

墙身：剪力墙的中间的直段部位

墙柱：端柱（比墙身厚）、暗柱（与墙身同厚）

墙梁：连梁、暗梁、边框梁

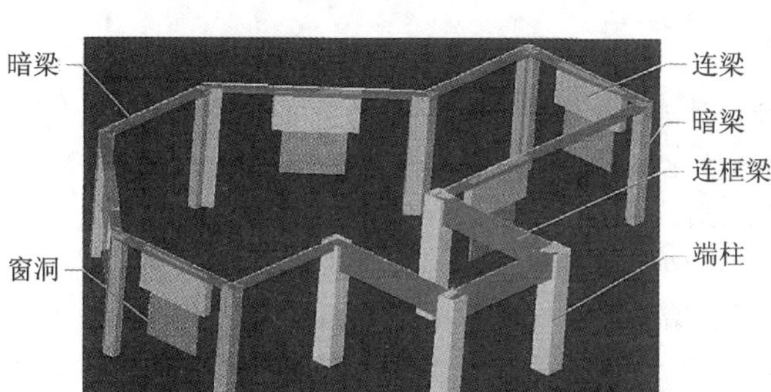

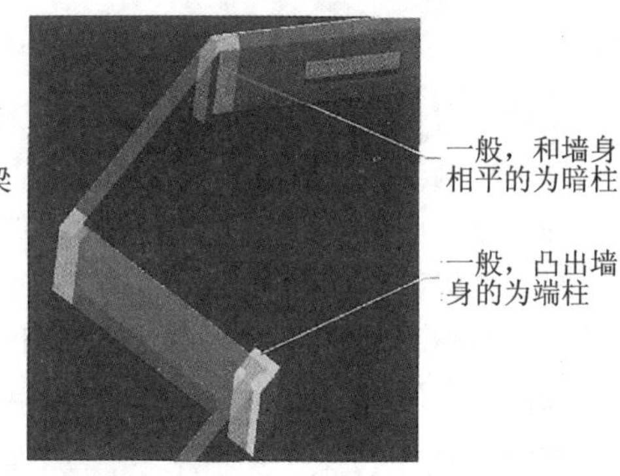

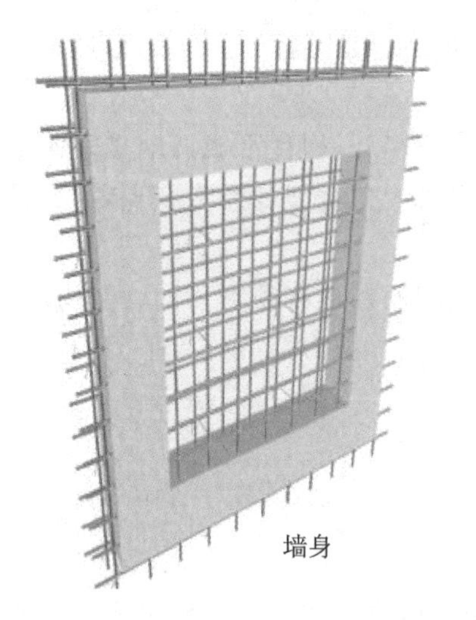

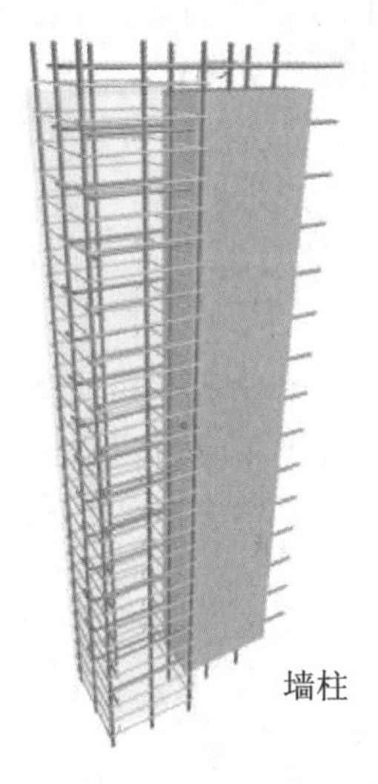

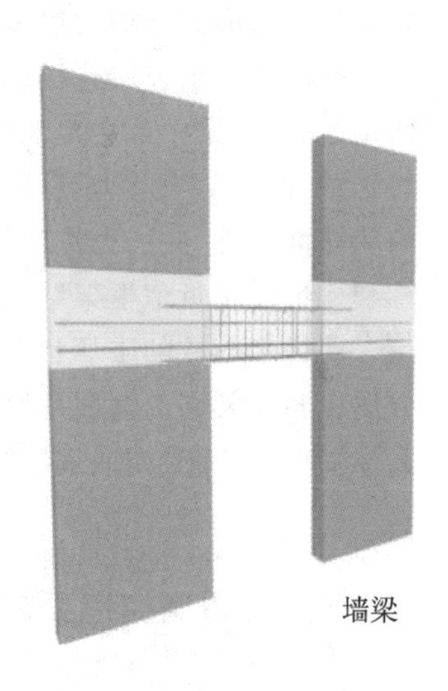

图 4-2　剪力墙构件组成

在 22G101-1 图集中，墙柱包括：约束边缘构件、构造边缘构件、非边缘暗柱和扶壁柱。图 4-3 所示为部分墙柱构造。

约束边缘构件包括约束边缘柱和约束边缘墙，构造边缘构件包括构造边缘柱和构造边缘墙。约束边缘构件一般比构造边缘构件要“强”，所以约束边缘构件常用在抗震等级较高，或者是同一建筑底部加强部位，而同一平面位置的上部则为构造边缘构件。

值得注意的是墙柱是墙身的“竖直加强带”，类似砌体结构中的构造柱，而不是独立的柱构件。

连梁一般是连接上下门(窗)洞口部位水平窗间墙(相邻两洞口之间的垂直窗间墙内一般设暗柱)。连梁的高度较大,其高度从本层洞口之上到上一层洞口下边缘。

暗梁与砌体结构的圈梁类似,其位置在楼板层附近,宽度和墙厚相同,隐藏在墙体内部,所以称为“暗梁”。

边框梁一般设在屋顶处,其厚度比墙厚大,所以凸显出来,形成“边框”。

边框梁和暗梁只是墙体的“水平加强带”,不能把它们看成“梁”。而连梁有梁,即具有受弯构件的性质,其支座是洞口两边的墙或暗柱。

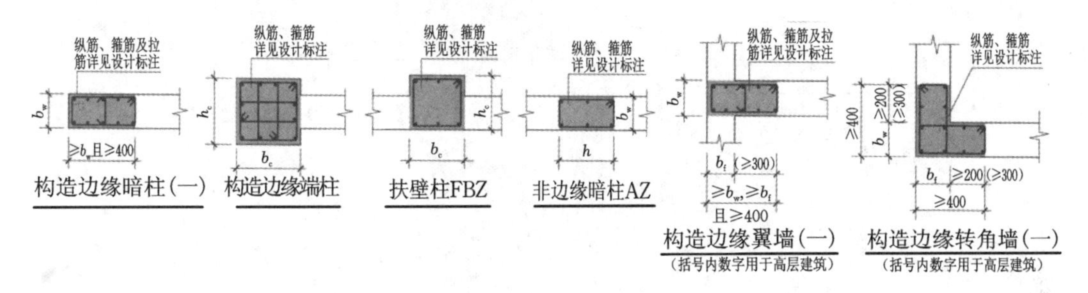

图 4-3　部分墙柱构造

五、钢筋的组成

钢筋的组成如下:

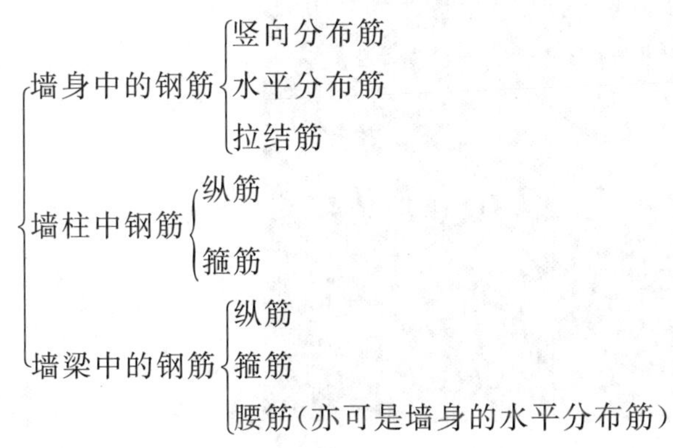

图 4-4 所示为剪力墙钢筋骨架。

剪力墙身的水平分布筋主要起抗剪作用,其次可以抑制墙体垂直裂缝的扩展,因此布置在竖向分布筋的外侧。对于要承受平面外填土荷载的地下室外墙,为了获得更大的截面有效高度,把受力最大的钢筋放在外侧,可以节约钢筋。因此是把竖向分布筋放在外侧还是内侧,由设计者确定。

暗柱、暗梁、边框梁都不能看成墙身的支座,只是剪力墙的“加强带”。所以剪力墙身的水平分布筋遇到暗柱时,要么连续通过,要么收边,而不是锚固,墙身竖向分布筋遇到暗梁和边框梁时也是连续通过或收边。另外,墙体分布筋在布置时遵循“能直通则通”原则。

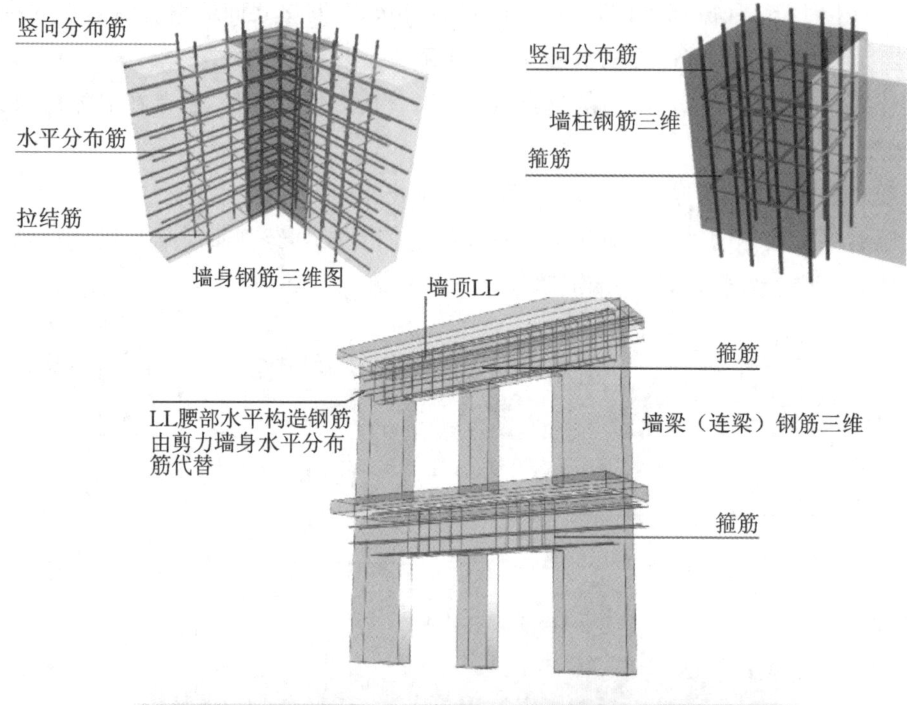

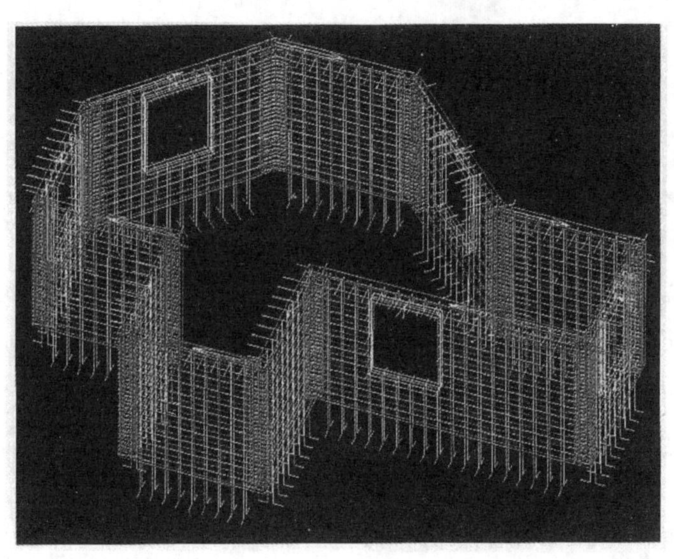

图 4-4 剪力墙钢筋骨架

任务 2 剪力墙平法识图

一、剪力墙平法施工图的表示方法

(1) 剪力墙平法施工图系在剪力墙平面布置图上采用列表注写方式或截面注写方式

表达。

(2) 剪力墙平面布置图可采用适当比例单独绘制，也可与柱或梁平面布置图合并绘制。当剪力墙较复杂或采用截面注写方式时，应按标准层分别绘制剪力墙平面布置图。

(3) 在剪力墙平法施工图中，尚应按规定注明各结构层的楼面标高、结构层高及相应的结构层号。

(4) 对于轴线未居中的剪力墙(包括端柱)，应标注其偏心定位尺寸。

二、列表注写方式

1. 列表注写方式

列表注写方式，系分别在剪力墙柱表、剪力墙身表和剪力墙梁表中，对应于剪力墙平面布置图上的编号，用绘制截面配筋图并注写几何尺寸与配筋具体数值的方式，来表达剪力墙平法施工图(如图 4-5(a)及图 4-5(b)所示)。

2. 编号规定

将剪力墙按剪力墙柱、剪力墙身、剪力墙梁(简称为墙柱、墙身、墙梁)三类构件分别编号。

(1)墙柱编号，由墙柱类型代号和序号组成，表达形式应符合表 4-1 的规定，墙柱示意图如图 4-6 所示。

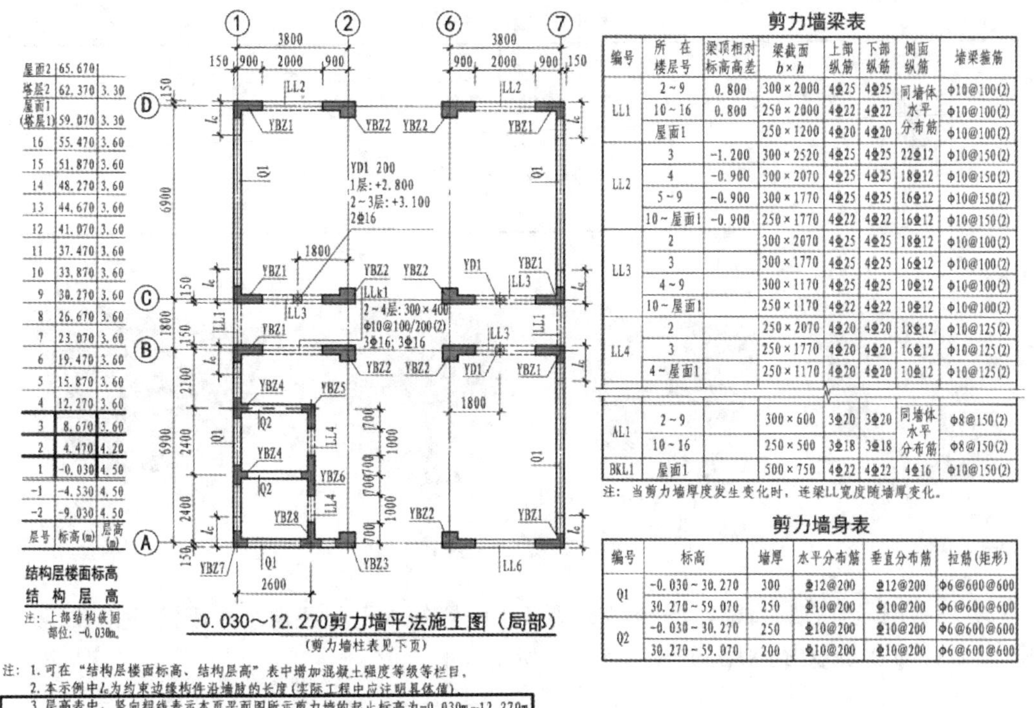

层号	标高(m)	层高(m)
屋面2	65.670	
塔层2	62.370	3.30
屋面1(塔层1)	59.070	3.30
16	55.470	3.60
15	51.870	3.60
14	48.270	3.60
13	44.670	3.60
12	41.070	3.60
11	37.470	3.60
10	33.870	3.60
9	30.270	3.60
8	26.670	3.60
7	23.070	3.60
6	19.470	3.60
5	15.870	3.60
4	12.270	3.60
3	8.670	3.60
2	4.470	4.20
1	-0.030	4.50
-1	-4.530	4.50
-2	-9.030	4.50

结构层楼面标高
结构层高
注：上部结构嵌固部位：-0.030m。

剪力墙梁表

编号	所在楼层号	梁顶相对标高高差	梁截面 $b \times h$	上部纵筋	下部纵筋	侧面纵筋	墙梁箍筋
LL1	2~9	0.800	300×2000	4Φ25	4Φ25	同墙体水平分布筋	Φ10@100(2)
	10~16	0.800	250×2000	4Φ22	4Φ22		Φ10@100(2)
	屋面1		250×1200	4Φ20	4Φ20		Φ10@100(2)
LL2	3	-1.200	300×2520	4Φ25	4Φ25	22Φ12	Φ10@150(2)
	4	-0.900	300×2070	4Φ25	4Φ25	18Φ12	Φ10@150(2)
	5~9	-0.900	300×1770	4Φ25	4Φ25	16Φ12	Φ10@150(2)
	10~屋面1	-0.900	250×1770	4Φ22	4Φ22	16Φ12	Φ10@150(2)
LL3	2		300×2070	4Φ25	4Φ25	18Φ12	Φ10@100(2)
	3		300×1770	4Φ25	4Φ25	16Φ12	Φ10@100(2)
	4~9		300×1170	4Φ25	4Φ25	10Φ12	Φ10@100(2)
	10~屋面1		250×1170	4Φ22	4Φ22	10Φ12	Φ10@100(2)
LL4	2		250×2070	4Φ20	4Φ20	18Φ12	Φ10@125(2)
	3		250×1770	4Φ20	4Φ20	16Φ12	Φ10@125(2)
	4~屋面1		250×1170	4Φ20	4Φ20	10Φ12	Φ10@125(2)
AL1	2~9		300×600	3Φ20	3Φ20	同墙体水平分布筋	Φ8@150(2)
	10~16		250×500	3Φ18	3Φ18		Φ8@150(2)
BKL1	屋面1		500×750	4Φ22	4Φ22	4Φ16	Φ10@150(2)

注：当剪力墙厚度发生变化时，连梁LL宽度随墙厚变化。

剪力墙身表

编号	标高	墙厚	水平分布筋	垂直分布筋	拉筋(矩形)
Q1	-0.030~30.270	300	Φ12@200	Φ12@200	Φ6@600@600
	30.270~59.070	250	Φ10@200	Φ10@200	Φ6@600@600
Q2	-0.030~30.270	250	Φ10@200	Φ10@200	Φ6@600@600
	30.270~59.070	200	Φ10@200	Φ10@200	Φ6@600@600

注：1. 可在“结构层楼面标高、结构层高”表中增加混凝土强度等级等栏目。
2. 本示例中l_c为约束边缘构件沿墙肢的长度(实际工程中应注明具体值)。
3. 层高表中，竖向粗线表示本页平面图所示剪力墙的起止标高为-0.030m~12.270m，所在层为1~3层；横向粗线表示本页平面图所示墙梁的楼面标高为2~4层楼面标高：4.470m、8.670m、12.270m。

(a)

图 4-5 剪力墙列表注写示意图

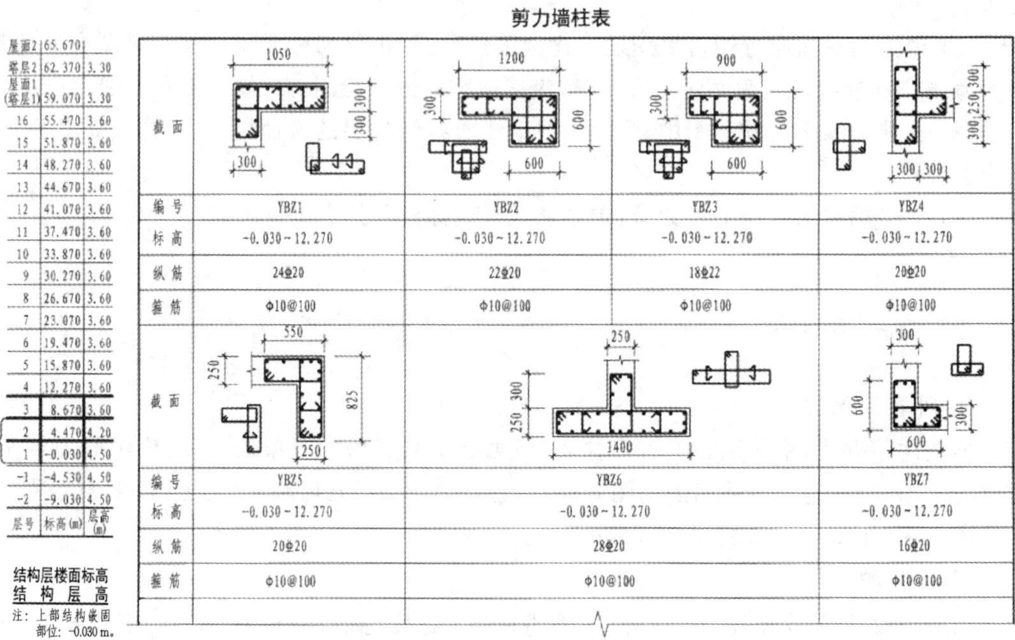

剪力墙柱表

层号	标高(m)	层高(m)
屋面2	65.670	
塔层2	62.370	3.30
屋面1(塔层1)	59.070	3.30
16	55.470	3.60
15	51.870	3.60
14	48.270	3.60
13	44.670	3.60
12	41.070	3.60
11	37.470	3.60
10	33.870	3.60
9	30.270	3.60
8	26.670	3.60
7	23.070	3.60
6	19.470	3.60
5	15.870	3.60
4	12.270	3.60
3	8.670	3.60
2	4.470	4.20
1	-0.030	4.50
-1	-4.530	4.50
-2	-9.030	4.50

底部加强部位

结构层楼面标高

结构层高

注：上部结构嵌固部位：-0.030m。

截面	YBZ1	YBZ2	YBZ3	YBZ4
编号	YBZ1	YBZ2	YBZ3	YBZ4
标高	-0.030~12.270	-0.030~12.270	-0.030~12.270	-0.030~12.270
纵筋	24⌀20	22⌀20	18⌀22	20⌀20
箍筋	Φ10@100	Φ10@100	Φ10@100	Φ10@100

截面	YBZ5	YBZ6	YBZ7
编号	YBZ5	YBZ6	YBZ7
标高	-0.030~12.270	-0.030~12.270	-0.030~12.270
纵筋	20⌀20	28⌀20	16⌀20
箍筋	Φ10@100	Φ10@100	Φ10@100

-0.030～12.270剪力墙平法施工图（部分剪力墙柱表）

（b）

续图 4-5

表 4-1 墙柱编号

墙柱类型	代号	序号
约束边缘构件	YBZ	××
构造边缘构件	GBZ	××
非边缘暗柱	AZ	××
扶壁柱	FBZ	××

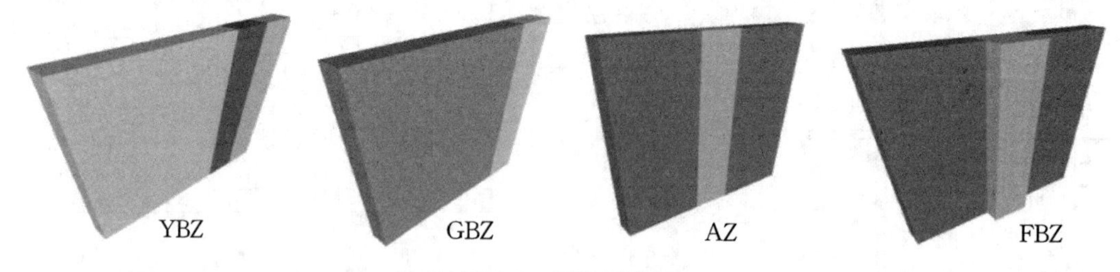

图 4-6 墙柱示意图

（2）墙身编号，由墙身代号、序号以及墙身所配置的水平与竖向分布钢筋的排数组成，其中，排数注写在括号内。表达形式如图 4-7 所示。

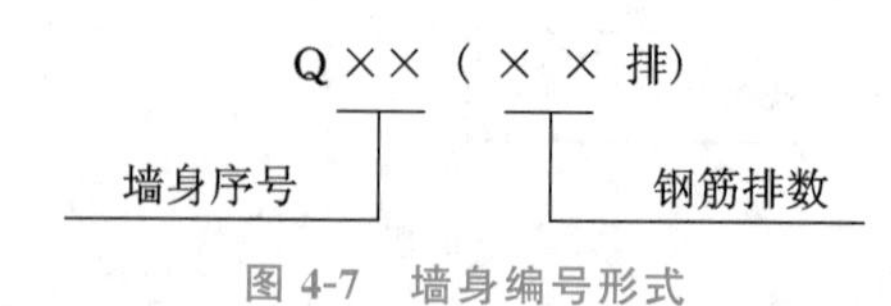

图 4-7 墙身编号形式

在编号中：如若干墙柱的截面尺寸与配筋均相同，仅截面与轴线的关系不同时，可将其编为同一墙柱号；又如若干墙身的厚度尺寸和配筋均相同，仅墙厚与轴线的关系不同或墙身长度不同时，也可将其编为同一墙身号。

各排水平分布钢筋和竖向分布钢筋的直径与间距应保持一致。当剪力墙配置的分布钢筋多于两排时，剪力墙拉筋两端应同时钩住外排水平纵筋和竖向纵筋，还应与剪力墙内排水平纵筋和竖向纵筋绑扎在一起。

(3) 墙梁编号，由墙梁类型代号和序号组成，表达形式应符合表4-2的规定。

表 4-2　墙梁编号

墙梁类型	代号	序号
连梁	LL	××
连梁(跨高比不小于5)	LLK	××
连梁(对角暗撑配筋)	LL(JC)	××
连梁(对角斜筋配筋)	LL(JX)	××
连梁(集中对角斜筋配筋)	LL(DX)	××
暗梁	AL	××
边框梁	BKL	××

3. 剪力墙柱表中表达的内容

规定如下：

(1) 注写墙柱编号和绘制该墙柱的截面配筋图。

(2) 注写各段墙柱的起止标高，自墙柱根部往上以变截面位置或截面未变但配筋改变处为界分段注写。墙柱根部标高系指基础顶面标高(如为框支剪力墙结构则为框支梁顶面标高)。

(3) 注写各段墙柱的纵向钢筋和箍筋，注写值应与在表中绘制的截面配筋图对应一致。纵向钢筋注总配筋值；墙柱箍筋的注写方式与柱箍筋相同。

4. 剪力墙身表中表达的内容

规定如下：

(1) 注写墙身编号(含水平与竖向分布钢筋的排数)。

(2) 注写各段墙身起止标高，自墙身根部往上以变截面位置或截面未变但配筋改变处为界分段注写。墙身根部标高系指基础顶面标高(框支剪力墙结构则为框支梁的顶面标高)。

(3) 注写水平分布钢筋、竖向分布钢筋和拉筋的具体数值。注写数值为一排水平分布钢筋和竖向分布钢筋的规格与间距，具体设置几排已经在墙身编号后面表达。拉结筋应注明“矩形”还是“梅花形”布置，如图4-8所示(图中 a 为竖向分布筋的间距，b 为水平分布筋的间距)。

5. 剪力墙梁表中表达的内容

规定如下：

(1) 注写墙梁编号。

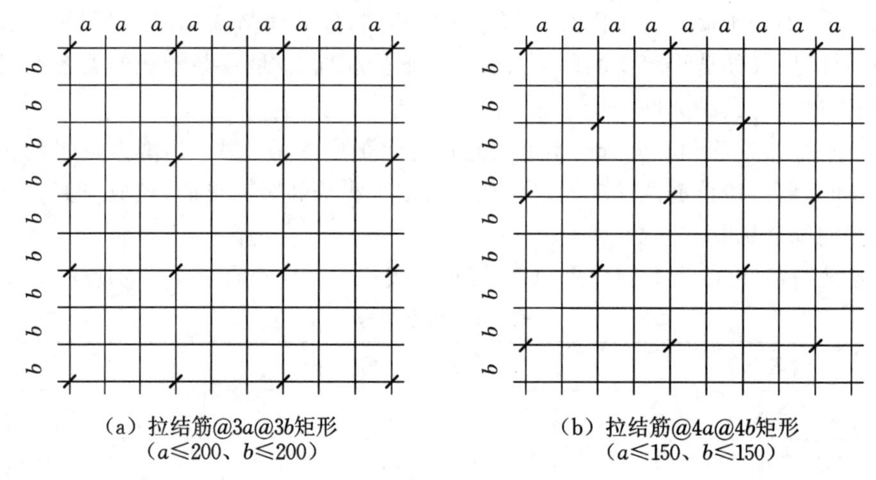

图 4-8 拉结筋设置示意

（2）注写墙梁所在楼层号。

（3）注写墙梁顶面标高高差，该高差系指相对于墙梁所在结构层楼面标高（层底标高）的高差值，高于者为正值，低于者为负值，当无高差时不注。

（4）注写墙梁截面尺寸 $b \times h$，上部纵筋、下部纵筋和箍筋的具体数值。

（5）当连梁设有斜向交叉暗撑时[代号为 LL(JC)××]，注写暗撑的截面尺寸，注写一根暗撑的全部纵筋，并标注"×2"表明有两根暗撑相互交叉，以及箍筋的具体数值。

（6）当连梁设有交叉斜筋时[代号为 LL(JX)××]，注写连梁一侧对角斜筋的配筋值，并标注"×2"表明对称设置；注写对角斜筋在连梁端部设置的拉筋根数、强度级别及直径，并标注"×4"表示四个角都设置；注写连梁一侧折线筋配筋值，并标注"×2"表明对称设置。

（7）当连梁设有集中对角斜筋时[代号为 LL(DX)××]，注写一条对角线上的对角斜筋，并标注"×2"表明对称设置。

（8）跨高比不小于 5 的连梁，按框架梁设计时（代号为 LLK××），采用平面注写方式，注写规则同框架梁，可采用适当比例单独绘制，也可与剪力墙平法施工图合并绘制。

（9）当设置双连梁、多连梁时，应分别表达在剪力墙平法施工图上。

三、截面注写方式

1. 截面注写方式

截面注写方式系在按标准层绘制的剪力墙平面布置图上，以直接在墙柱、墙身、墙梁上注写截面尺寸和配筋具体数值的方式来表达剪力墙平法施工图（如图 4-9 所示）。

2. 具体表示

选用适当比例原位放大绘制剪力墙平面布置图，其中对墙柱绘制配筋截面图；对所有墙柱、墙身、墙梁分别按规定进行编号，并分别在相同编号的墙柱、墙身、墙梁中选择一根墙柱、一道墙身、一根墙梁进行注写，其注写方式按以下规定进行。

（1）从相同编号的墙柱中选择一个截面，标注全部纵筋及箍筋的具体数值。

（2）从相同编号的墙身中选择一道墙身，按顺序引注的内容为：墙身编号（应包括注写

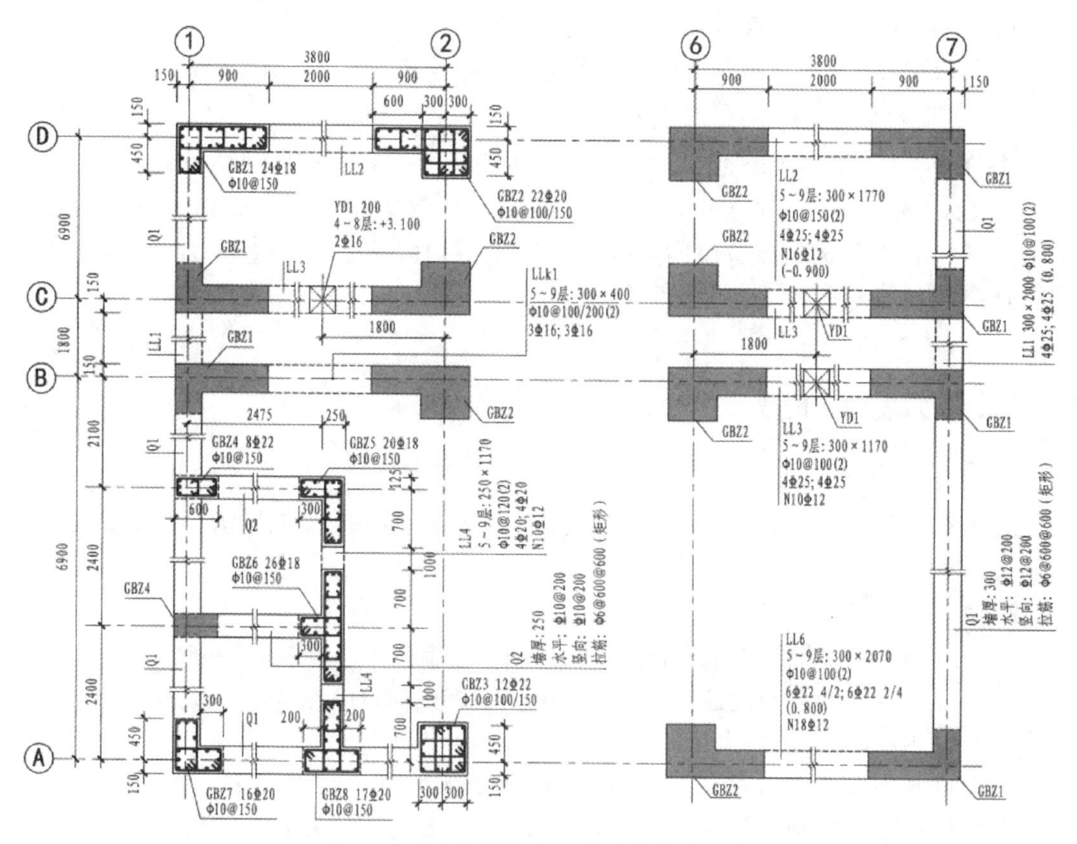

图 4-9　剪力墙平法施工图(截面注写方式)

在括号内墙身所配置的水平与竖向分布钢筋的排数)、墙厚尺寸,水平分布钢筋、竖向分布钢筋和拉筋的具体数值。

(3) 从相同编号的墙梁中选择一根墙梁,按顺序引注的内容为:

① 当连梁无斜向交叉暗撑时,注写:墙梁编号、墙梁截面尺寸 $b \times h$、墙梁箍筋、上部纵筋、下部纵筋和墙梁顶面标高高差的具体数值。其中,墙梁顶面标高高差的注写规定同前所述。

② 当连梁设有对角暗撑时[代号为 LL(JC)××],注写规则同列表注写中的相关规定。

例 4-1　LL(JC)1 5 层:500×1800 Φ10@100(4) 4Φ25:4Φ25 N18Φ14 JC300×300 6Φ22(×2)Φ10@200(3),表示 1 号设对角暗撑连梁,所在楼层为 5 层;连梁宽 500 mm,高 1800 mm;箍筋为Φ10@100(4);上部纵筋 4Φ25,下部纵筋 4Φ25;连梁两侧配置纵筋 18Φ14;梁顶标高相对于 5 层楼面标高无高差;连梁设有两根相互交叉的暗撑,暗撑截面(箍筋外皮尺寸)宽 300 mm,高 300 mm;每根暗撑纵筋为 6Φ22,上下排各 3 根;箍筋为Φ10@200(3)。

③ 当连梁设有交叉斜筋时[代号为 LL(JX)××],注写规则同列表注写中的相关规定。

例 4-2　LL(JX)2 6 层:300×800 Φ10@100(4) 4Φ18:4Φ18 N6Φ14 (+0.100) JX2Φ22(×2)3Φ10(×4),表示 2 号设交叉斜筋连梁,所在楼层为 6 层;连梁宽 300 mm,高 800 mm;箍筋为Φ10@100(4);上部纵筋 4Φ18,下部纵筋 4Φ18;连梁两侧配置纵筋 6Φ14;梁顶高于 6 层楼面标高 100 mm;连梁对称设置交叉斜筋,每侧配筋 2Φ22;交叉斜筋在连梁

端部设置拉筋 3⌽10，四个角都设置。

④ 当连梁设有集中对角斜筋时[代号为 LL(DX)××]，注写规则同列表注写中的相关规定。

例 4-3 LL(DX)3 6 层：400×1000 ⌽10@100(4) 4⌽20：4⌽20 N8⌽14 DX8⌽20(×2)，表示 3 号设对角斜筋连梁，所在楼层为 6 层；连梁宽 400 mm，高 1000 mm；箍筋为⌽10@100(4)；上部纵筋 4⌽20，下部纵筋 4⌽20；连梁两侧配置纵筋 8⌽14；连梁对称设置对角斜筋，每侧斜筋配筋 8⌽20，上下排各 4⌽20。

四、剪力墙洞口的表示方法

1. 一般规定

无论采用列表注写方式还是截面注写力式，剪力墙上的洞口均可在剪力墙平面布置图上原位表达。

2. 洞口的具体表示方法

(1) 在剪力墙平面布置图上绘制洞口示意，并标注洞口中心的平面定位尺寸。

(2) 在洞口中心位置引注：洞口编号、洞口几何尺寸、洞口中心相对标高、洞口每边补强钢筋，共四项内容。具体规定如下。

① 洞口编号：矩形洞口为 JD××(××为序号)，圆形洞口为 YD××(××为序号)。

② 洞口几何尺寸：矩形洞口为洞宽×洞高($b \times h$)，圆形洞口为洞口直径 D。

③ 洞口中心相对标高，系相对于结构层楼(地)面标高的洞口中心高度，应为正值。

④ 洞口每边补强钢筋，分以下几种不同情况。

(a) 当矩形洞口的洞宽、洞高均不大于 800 mm 时，此项注写洞口每边补强钢筋的具体数值。

例 4-4 JD 3 400×300 5 层：+1.100 3⌽16，表示 5 层设置 3 号矩形洞口，洞宽 400 mm，洞高 300 mm，洞口中心距本结构层楼面 1100 mm，洞口每边补强钢筋为 3⌽16。

(b) 当矩形洞口的洞宽或圆形洞口的直径大于 800 mm 时，在洞口的上、下需设置补强暗梁，此项注写为洞口上、下每边暗梁的纵筋与箍筋的具体数值(在标准构造详图中，补强暗梁梁高一律定为 400 mm，施工时按标准构造详图取值，设计不注。当设计者采用与该构造详图不同的做法时，应另行注明)：当洞口上、下边为剪力墙连梁时，此项免注；洞口竖向两侧按边缘构件配筋，亦不在此项表达。

例 4-5 JD 5 1800×2100 2～5 层：+1.800 6⌽20 ⌽8@150(2)，表示在 2～5 层设置 5 号矩形洞口，洞宽 18000，洞高 21000，洞口中心距本结构层楼面 18000，洞口上下设补强暗梁，暗梁纵筋为 6⌽20，上下对称布置；箍筋为⌽8@150，双肢箍。

(c) 当圆形洞口设置在连梁中部 1/3 范围(且圆洞直径不大于 1/3 梁高)时，需注写在圆洞上下水平设置的每边补强纵筋与箍筋。

(d) 当圆形洞口设置在墙身或暗梁、边框梁位置，且洞口直径不大于 300 mm 时，此项注写洞口上下左右每边布置的补强纵筋的数值。

(e) 当圆形洞口直径大于 300 mm，但不大于 800 mm 时，此项注写洞口上下左右每边布置的补强纵筋的具体数值，以及环向加强钢筋的具体数值。

例 4-6　YD5 600 5 层：＋1.800 2ⴔ20 2ⴔ16，表示 5 层设置 5 号圆形洞口，直径 600 mm，洞口中心距 5 层楼面 1800 mm，洞口上下左右每边补强钢筋为 2ⴔ20，环向加强钢筋为 2ⴔ16。

五、地下室外墙的表示方法

（1）此处的地下室外墙仅适用于起挡土作用的地下室外墙。地下室墙中的墙柱、墙梁及洞口等的表示方法同地上剪力墙。

（2）地下室外墙编号，由墙身代号、序号组成。表达为：DWQ××。

（3）地下室外墙平面注写方式，包括集中标注和原位标注。

集中标注内容：墙体编号、厚度、贯通筋、拉筋。原位标注主要标注的是地下室外墙外侧配置的水平和竖向非贯通筋，如图 4-10 所示。

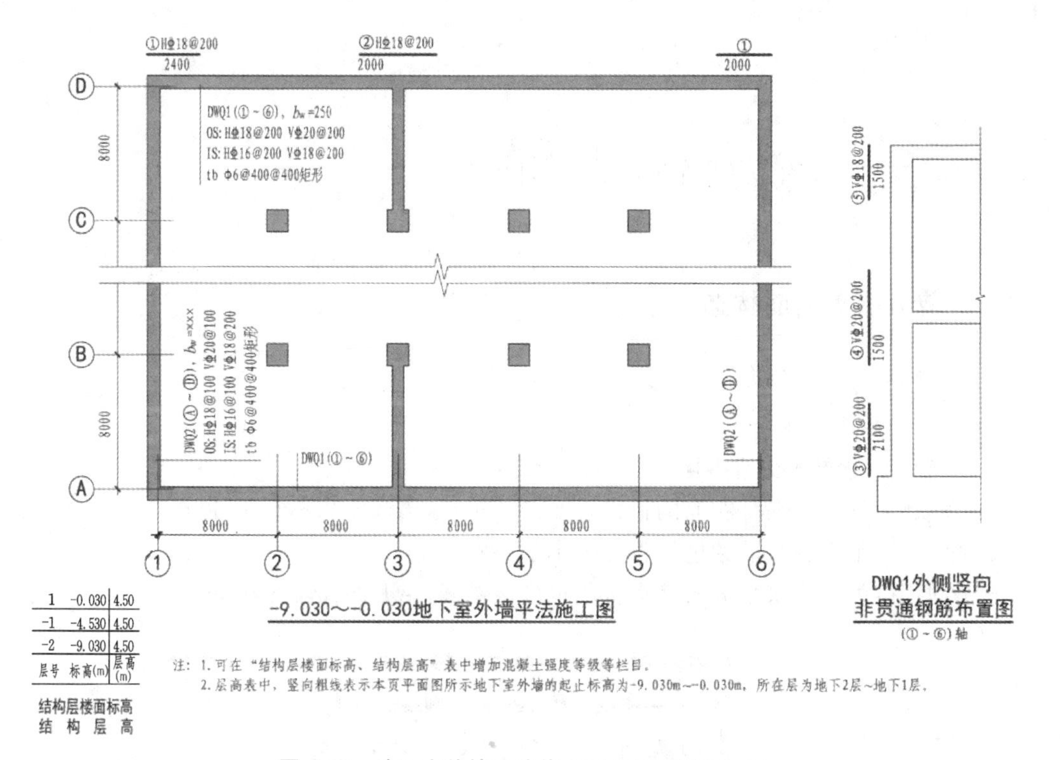

图 4-10　地下室外墙平法施工图（平面注写方式）

如图 4-10 中：

DWQ1(①～⑥)，b_W＝250：是指 1 号地下室外墙，长度范围①～⑥，墙厚为 250 mm。

OS：Hⴔ18@200 Vⴔ20@200：是指外侧水平贯通筋为ⴔ18@200；外侧竖向贯通筋为 Vⴔ20@200。

IS：Hⴔ16@200 Vⴔ18@200：是指内侧水平贯通筋为ⴔ16@200；内侧竖向贯通筋为 Vⴔ20@200。

tbϕ6@400@400 矩形：拉筋为ϕ6，矩形布置，水平间距和竖向间距都为 400 mm。

如图 4-10 中：①、② 筋为地下室外墙外侧配置的水平非贯通筋；③、④、⑤筋为地下室外墙外侧配置的竖向非贯通筋。

地下室外墙外侧非贯通钢筋通常采用“隔一布一”方式与集中标注的贯通钢筋间隔布置，其标注间距应与贯通钢筋相同，两者组合后的实际分布间距为各自标注间距的 1/2。

当在地下室外墙外侧底部、顶部、中层楼板位置配置竖向非贯通钢筋时，应补充绘制地下室外墙竖向剖面图并在其上原位标注。表示方法为在地下室外墙竖向剖面图外侧绘制粗实线段代表竖向非贯通钢筋，在其上注写钢筋编号并以 V 打头注写钢筋种类、直径、分布间距，以及向上（下）层的伸出长度值，并在外墙竖向剖面图名下注明分布范围（××～××轴）。

外墙外侧竖向非贯通钢筋向层内的伸出长度值注写方式如下：

（1）地下室外墙底部非贯通钢筋向层内的伸出长度值从基础底板顶面算起。

（2）地下室外墙顶部非贯通钢筋向层内的伸出长度值从顶板底面算起。

（3）中层楼板处非贯通钢筋向层内的伸出长度值从板中间算起，当上下两侧伸出长度值相同时可仅注写一侧。

任务 3 剪力墙构造详图

一、剪力墙身钢筋构造

1. 墙身水平分布钢筋的构造

1）水平分布筋搭接

剪力墙水平分布筋交错搭接如图 4-11 所示：

（1）相邻上下层水平分布筋的搭接段要错开布置，错开距离不小于 500 mm；

（2）同一层水平分布筋的搭接长度不小于 $1.2l_{aE}$；

（3）同一层内外排水平分布筋搭接段也应该错开，错开距离不小于 500 mm。

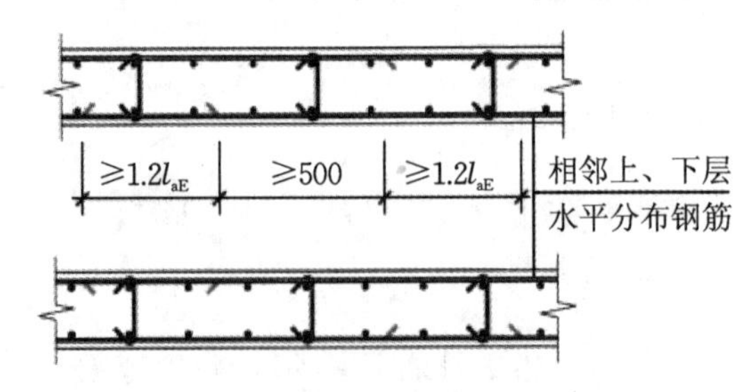

图 4-11 剪力墙水平分布筋交错搭接

2）水平分布筋在端部有暗柱和转角处有暗柱部分的构造

剪力墙水平分布筋在端部暗柱和转角处有暗柱的部分构造如图 4-12 所示。

(1) 直墙端部有暗柱时，伸到暗柱外侧纵筋的内侧并弯折 $10d$；

(2) 转角墙的内侧水平分布筋伸到暗柱外侧纵筋的内侧并弯折 $15d$，外侧水平分布筋在转角处连续通过转弯，然后在墙柱范围外交错搭接。

3) 水平分布筋在端柱中的构造

剪力墙水平分布筋在端柱中的构造如图 4-13 所示。

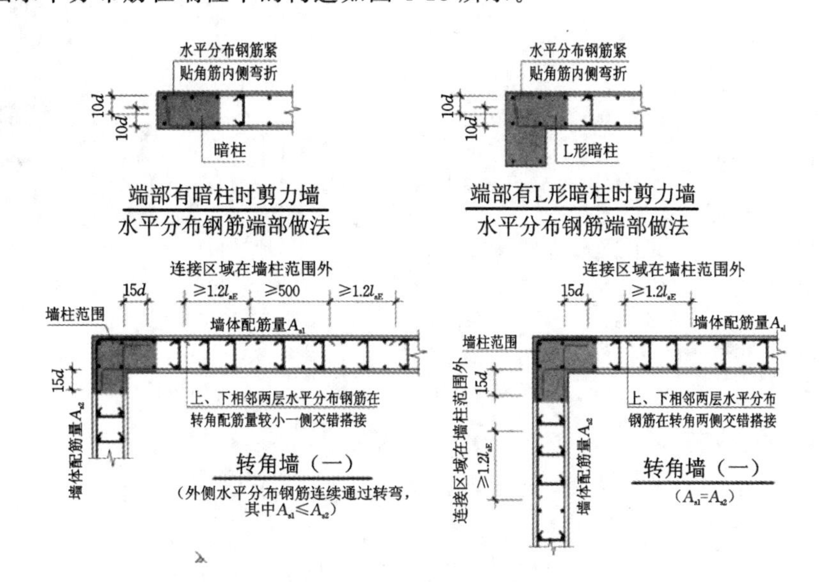

图 4-12　剪力墙水平分布筋在端部暗柱和转角处有暗柱部分的构造

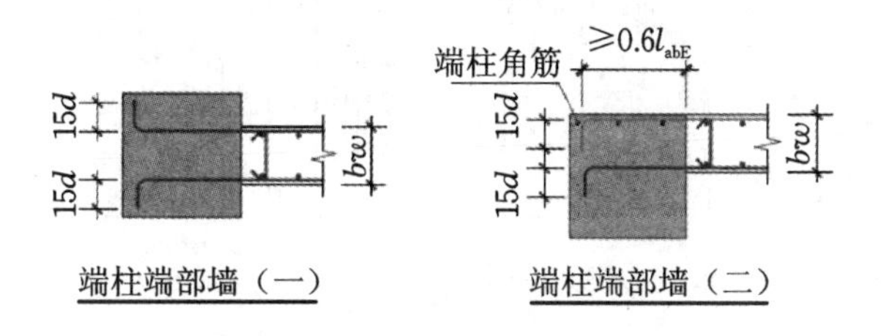

图 4-13　剪力墙水平分布筋在端柱中的构造

2. 墙身竖向分布钢筋构造

1) 墙身竖向分布筋在基础中的构造

墙身竖向分布筋在基础中的构造如图 4-14 所示。

构造要点：

(1) 竖向分布筋底部弯钩长度的大小是 max($6d$,150)还是 $15d$，与柱竖向筋底部弯钩长度的判断标准一致；

(2) 基础内墙身水平分布筋是否加密，取决于外侧竖向分布筋的侧向保护层厚度；

(3) 竖向分布筋采用“隔二下一”的布置方式，要满足两个条件：基础高度满足直锚；竖向分布筋的侧向保护层厚度大于 $5d$。

2) 墙身竖向分布筋中间部分连接构造

墙身竖向分布筋中间部分连接构造如图 4-15 所示。

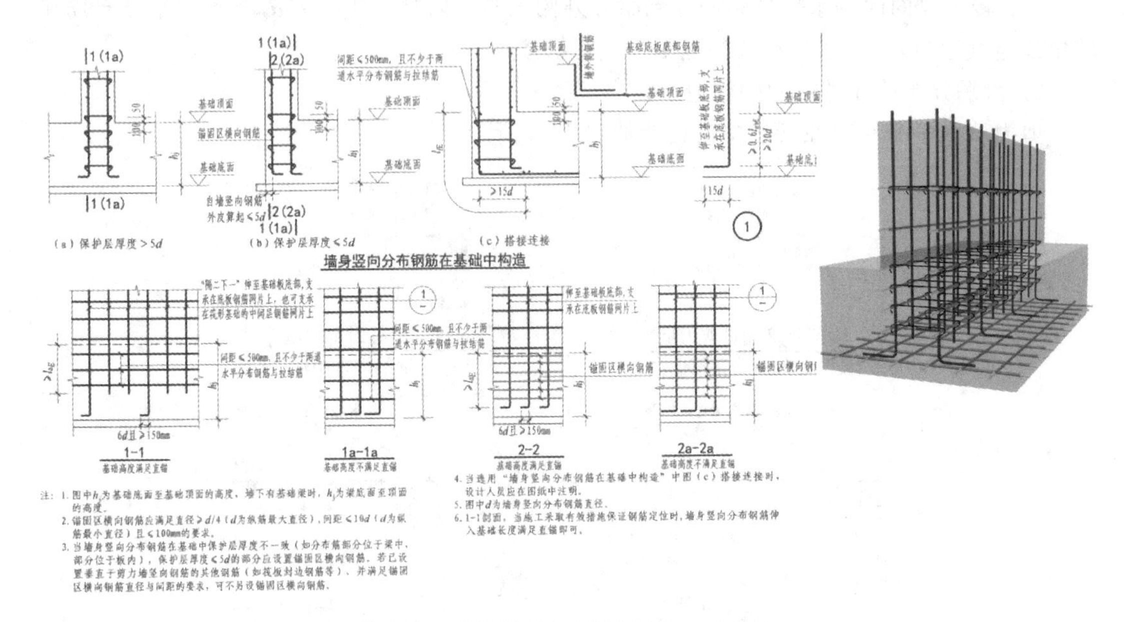

图 4-14　墙身竖向分布筋在基础中的构造

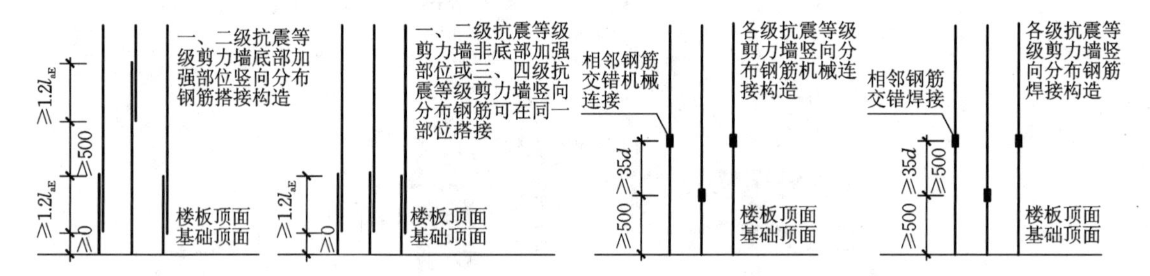

图 4-15　墙身竖向分布筋中间部分连接构造

构造要点：

(1) 墙身的竖向分布筋有三种连接方式：搭接、机械连接、焊接；

(2) 墙身的竖向分布筋搭接时，如果不是一、二级抗震等级剪力墙底部加强部位，则所有竖向分布筋可在楼板顶面或基础顶面一次性搭接，无须错开，搭接长度不小于 $1.2l_{aE}$。

(3) 墙身的竖向分布筋机械连接和焊接连接时，相邻钢筋均需要错开。

3) 墙身的竖向分布筋顶部构造

剪力墙竖向钢筋顶部构造如图 4-16 所示。

构造要点：墙顶没有边框梁时，墙身的竖向分布筋伸到顶部弯折 $12d$；有边框梁，但墙身的竖向分布筋伸入边框梁高度不满足直锚要求时，也要伸到顶部弯折 $12d$。

4) 墙身拉结筋排布构造

剪力墙拉结筋排布构造图如图 4-17 所示。

拉结筋布置要点：

(1) 拉结筋应与剪力墙每排的竖向分布钢筋和水平分布钢筋绑扎。

(2) 剪力墙水平钢筋拉结筋起始位置为墙柱范围外第一列竖向分布筋处。

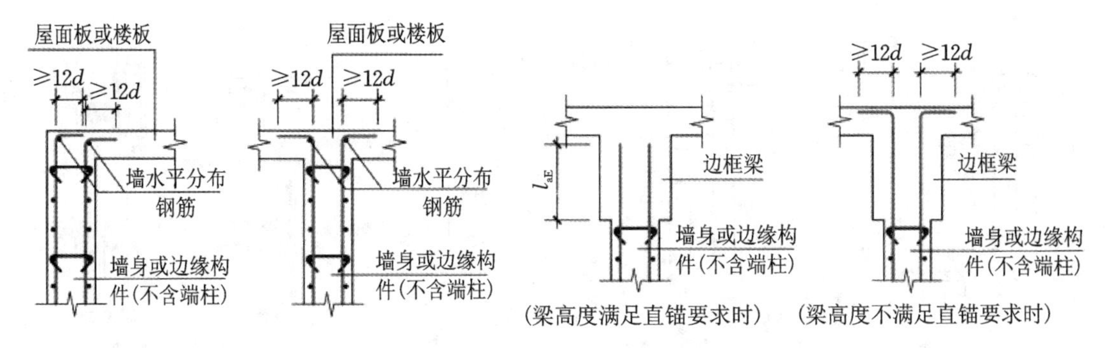

图 4-16　剪力墙竖向钢筋顶部构造

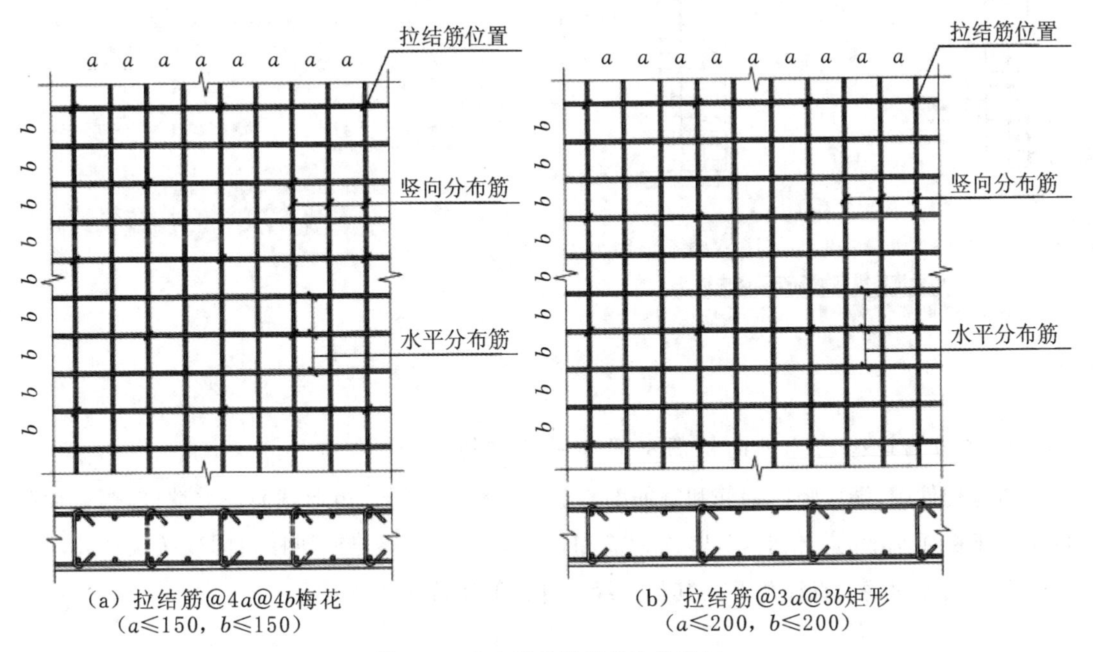

图 4-17　剪力墙拉结筋排布构造图

(3) 剪力墙层高范围竖向钢筋拉结筋起始位置为底部板顶以上第二排水平分布钢筋位置处，终止位置为层顶部板底(梁底)以下第一排水平分布钢筋位置处。

二、墙柱钢筋构造

1. 墙柱(剪力墙边缘构件)钢筋在基础中的构造

剪力墙边缘构件纵向钢筋在基础中的构造如图 4-18 所示。

构造要点：边缘构件钢筋在基础中的构造和框架柱钢筋在基础中的构造类似，不同点是边缘构件锚固区横向箍筋间距满足不大于 $10d$(d 为纵筋最小直径)且小于 100 mm 的要求。另外，边缘构件的角部纵筋(不含端柱)是指处于矩形箍筋角部的纵筋。

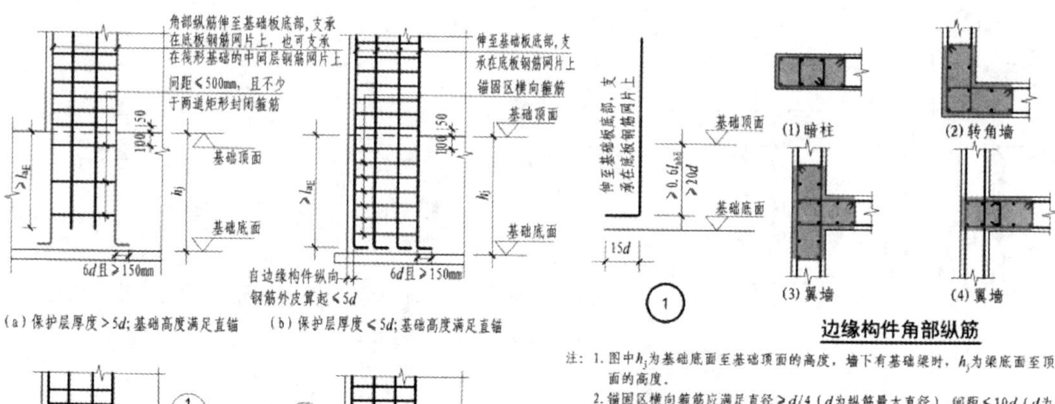

注：1. 图中h_j为基础底面至基础顶面的高度，墙下有基础梁时，h_j为梁底面至顶面的高度。
2. 锚固区横向箍筋应满足直径≥$d/4$（d为纵筋最大直径），间距≤$10d$（d为纵筋最小直径）且≤100mm的要求。
3. 当边缘构件纵筋在基础中保护层厚度不一致（如纵筋部分位于梁中，部分位于板内），保护层厚度≤$5d$的部分应设置锚固区横向箍筋。
4. 图中d为边缘构件纵筋直径。
5. 当边缘构件（包括端柱）一侧纵筋位于基础外边缘（保护层厚度≤$5d$，且基础高度满足直锚）时，边缘构件内所有纵筋均按本图（b）构造；对于端柱锚固区横向钢筋要求应按本图集第2-10页；其他情况端柱纵筋在基础中构造按本图集第2-10页。
6. 伸至钢筋网上的边缘构件角部纵筋（不包含端柱）之间间距不应大于500mm，不满足时应将边缘构件其他纵筋伸至钢筋网上。
7. “边缘构件角部纵筋”图中角部纵筋（不包含端柱）是指边缘构件阴影区角部纵筋，图示为红色点状钢筋，图示红色的箍筋为在基础高度范围内采用的箍筋形式。

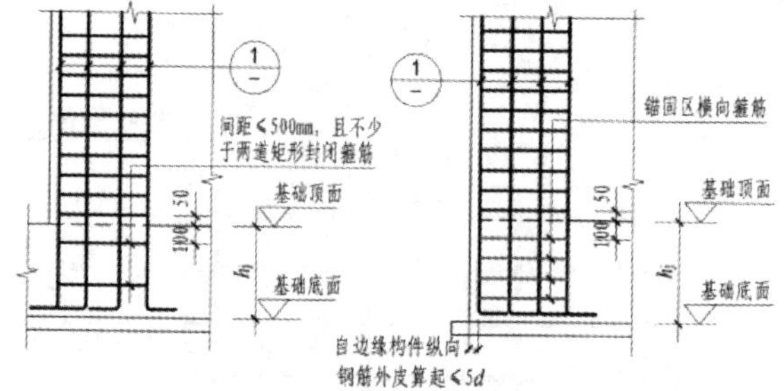

图 4-18　剪力墙边缘构件纵向钢筋在基础中的构造

2. 剪力墙边缘构件纵向钢筋中间部分连接构造

边缘构件中，端柱竖向钢筋和箍筋的构造与框架柱相同。矩形截面独立墙肢，当截面高度不大于截面厚度的 4 倍时，其竖向钢筋和箍筋的构造要求与框架柱相同或按设计要求设置。上下层纵向钢筋直径相等的其他边缘构件钢筋连接见图 4-19。

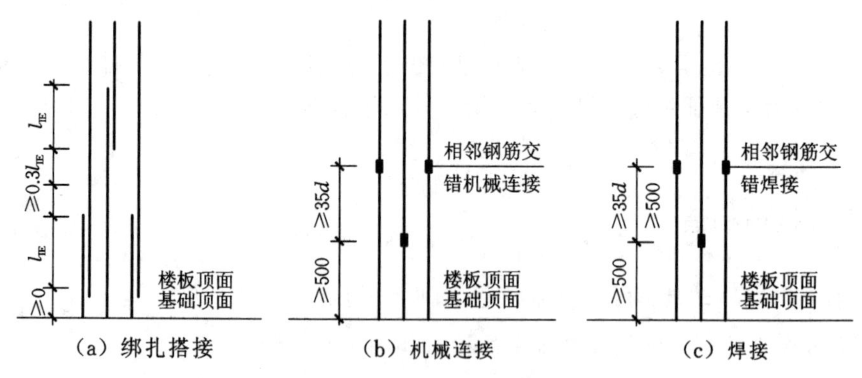

图 4-19　剪力墙边缘构件纵向钢筋连接构造

（适用于约束边缘构件阴影部分和构造边缘构件的纵向钢筋）

3. 剪力墙边缘构件纵向钢筋顶部构造

端柱和截面高度不大于截面厚度4倍的矩形截面独立墙肢纵向钢筋顶部构造参照框架柱纵筋的顶部构造。其余边缘构件纵向钢筋参照墙身纵筋的顶部构造。

三、墙梁钢筋构造

1. 连梁钢筋构造

连梁的配筋构造如图4-20所示。

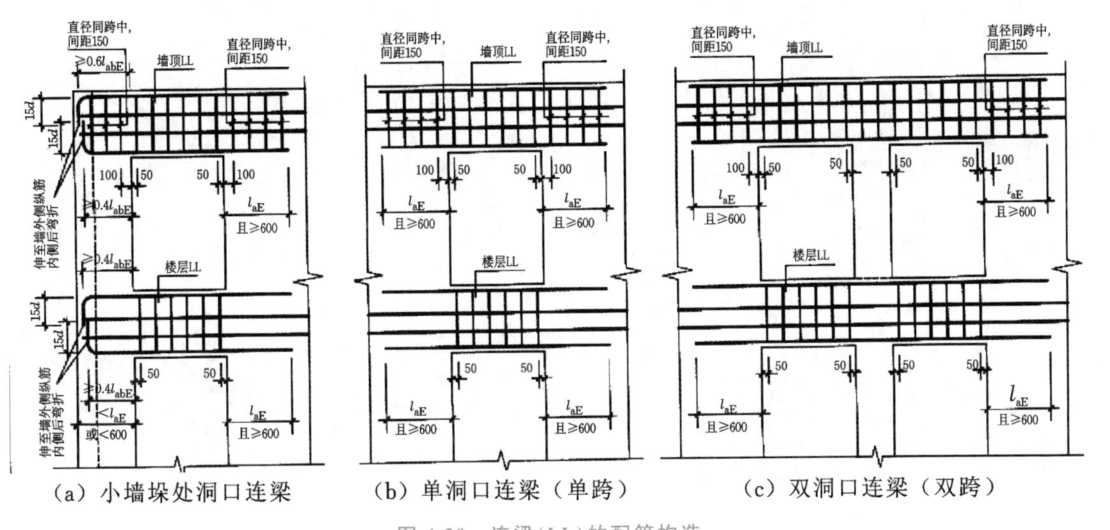

(a) 小墙垛处洞口连梁 (b) 单洞口连梁（单跨） (c) 双洞口连梁（双跨）

图4-20 连梁(LL)的配筋构造

构造要点：

(1) 当端部洞口连梁纵向钢筋在端支座的直锚长度不小于 l_{aE} 且不小于600 mm时，可不弯折。暗梁和边框梁端部构造同框架梁。

(2) 连梁、暗梁及边框梁拉筋直径：当梁宽≤350 mm时为6 mm，梁宽>350 mm时为8 mm，拉筋间距为2倍箍筋间距。当设有多排拉筋时，上下两排拉筋竖向错开设置。

(3) 剪力墙的竖向钢筋连续贯穿边框梁和暗梁。

(4) 连梁的侧面纵向钢筋单独设置时，侧面纵向钢筋沿梁高度方向均匀布置。

2. 边框梁和连梁重叠时配筋构造

剪力墙BKL与LL重叠时配筋构造如图4-21所示。

3. 洞口补强构造

洞口补强构造如图4-22、图4-23所示。

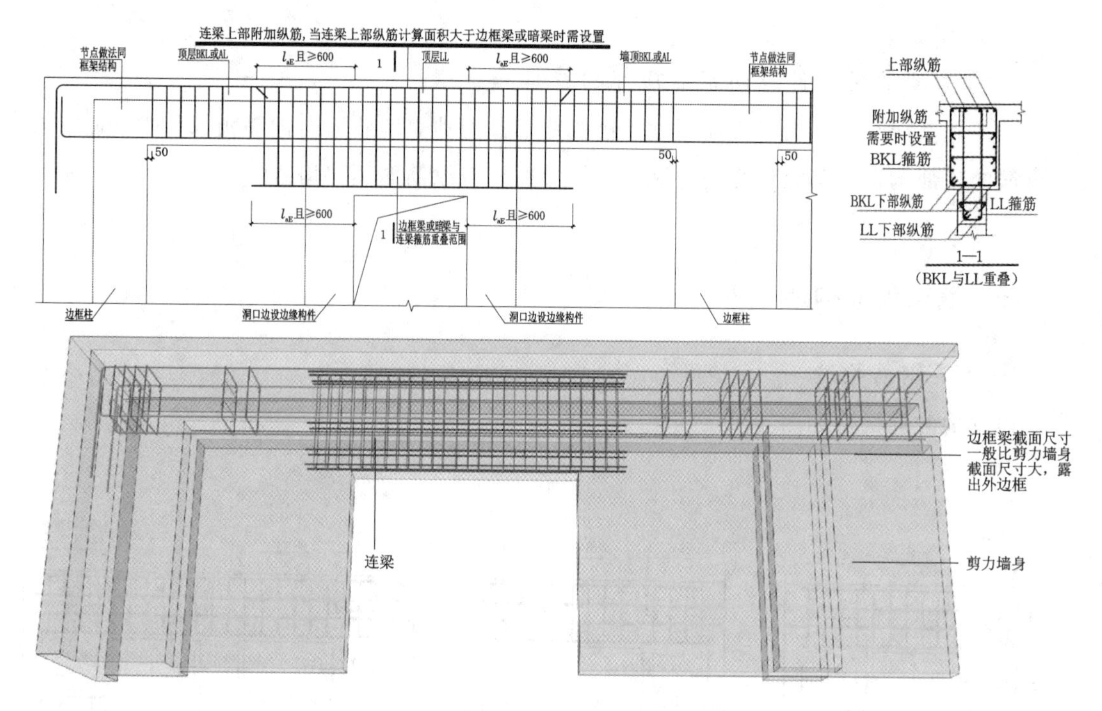

图 4-21　剪力墙 BKL 与 LL 重叠时配筋构造

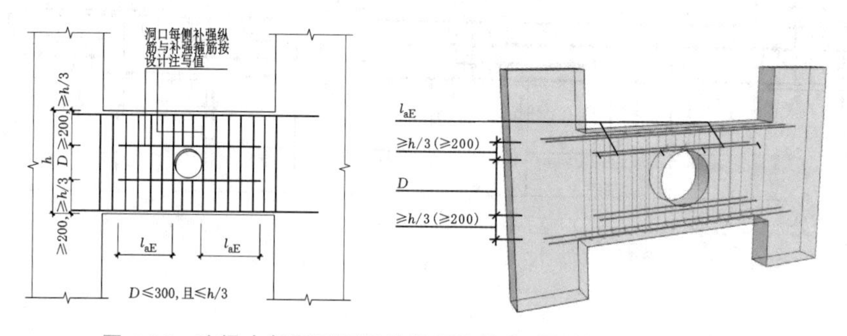

图 4-22　连梁中部圆形洞口补强钢筋构造（圆形洞口预埋钢套管）

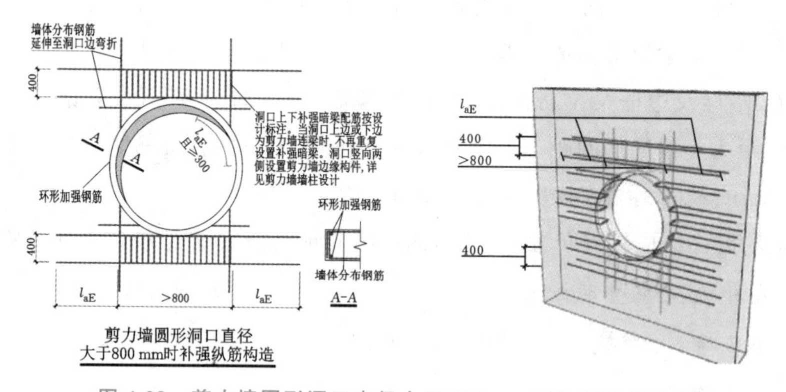

图 4-23　剪力墙圆形洞口直径大于 800 mm 时补强钢筋构造

任务4 剪力墙钢筋预算量计算

剪力墙柱和剪力墙梁中钢筋计算思路同框架柱和框架梁,可参考相关章节的内容,在此不再讲解。本节主要讲解剪力墙身钢筋预算量计算规则。

一、墙身竖向分布筋计算规则

1. 墙身基础插筋计算规则

单根长度 L＝伸入基础内直段长度＋弯钩长度(直锚时为零)＋伸出基础顶面的长度

式中:伸入基础内直段长度,直锚时取 l_{aE},弯锚时取基础高度减去基础保护层厚度再减去基础底部纵筋的直径;弯钩长度取 max(6d,150)或 15d;伸出基础顶面的长度要根据钢筋的连接方式、抗震等级及所处的位置而定。

2. 中间层竖向分布筋计算规则

单根长度 L＝本层层高＋伸入上一层的长度(机械连接和焊接为零)

3. 顶层竖向分布筋计算规则

单根长度 L＝本层层高－保护层厚度＋12d(直锚时为零)

4. 竖向分布筋根数计算规则

每层竖向分布筋根数计算规则相同,即

n＝[(墙身净长－两边起步距离)/间距＋1]×排数

其中,起步距离取竖向分布筋间距的一半。

注意:如果竖向分布筋是“隔二下一”的布置,则需要分别计算根数。

二、墙身水平分布筋计算规则

1. 基础内水平分布筋计算规则

没有锚固区时:

n＝单排水平分布筋根数×排数

单排水平分布筋根数＝(基础高度－基础钢筋保护层厚度－基础纵筋直径－100)/500＋1

有锚固区时:

n＝(单排锚固区水平分布筋根数＋单排非锚固区水平分布筋根数)×排数

单排锚固区水平分布筋根数＝(基础高度－基础钢筋保护层厚度－基础纵筋直径－100)/100＋1

单排非锚固区水平分布筋根数＝(基础高度－基础钢筋保护层厚度－基础纵筋直径－100)/500＋1

单根长度＝墙身净长＋伸入边缘构件的长度

当采用“隔二下一”的布置方式时，水平分布筋只在 L_{aE} 范围内布置。

2. 上部各层水平分布筋的计算规则

$$n=[(层高-50)/间距+1]\times 排数$$

单根长度＝墙身净长＋伸入边缘构件的长度

三、墙身拉结筋计算规则

单根长度＝墙厚－2×保护层厚度＋弯钩圆弧长度差值×2＋弯钩直段长度 max(md,75)×2＋2d(拉筋在水平分布筋的外侧)

式中：d 为拉结筋直径。

基础范围内拉结筋数量 n＝剪力墙水平钢筋排数×(剪力墙的实际长度/间距)

基础上部剪力墙拉结筋根数计算：

拉结筋矩形布置计算方法：

$$n=(墙净面积/水平间距/垂直间距)+1$$

拉结筋梅花布置计算方法：

$$n=2\times[(墙净面积/水平间距/垂直间距)+1]$$

四、剪力墙的钢筋预算量计算

例 4-7 计算图 4-24 中 Q2 钢筋量，计算条件见表 4-3 和表 4-4。墙身嵌固部位在基础的顶部，基础底部 x、y 向纵筋的直径为 25 mm，墙身在基础内插筋的侧面保护层厚度大于 $5d$。

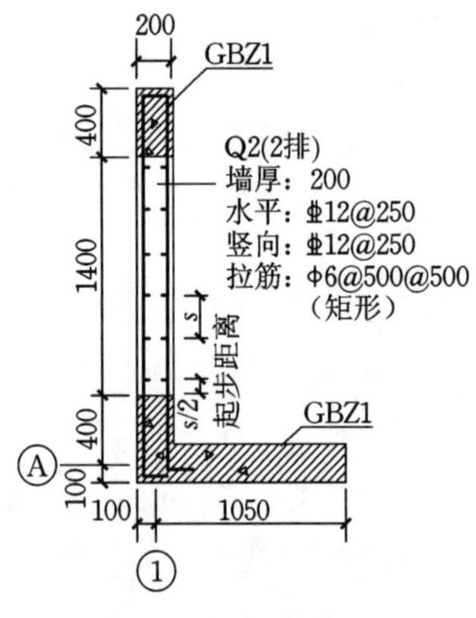

图 4-24 Q2 平法施工图

表 4-3 Q2 计算条件

基础、剪力墙的混凝土强度等级	抗震等级	基础保护层/mm	墙体保护层厚/mm	墙身钢筋连接方式	L_{aE}
C30	三级抗震	40	20	搭接	37d

表 4-4　各层标高

层号	顶标高/m	层高/m	顶板厚/mm
4	15.900	3.60	150
3	12.300	3.60	150
2	8.700	4.20	150
1	4.500	4.50	150
基础	−1.000		基础厚度:1200

解　纵筋伸入基础高度为(1200−40−25×2)mm=1110 mm>$L_{aE}=37d=$37×12 mm=444 mm,所以可采用隔二下一的方式,并且弯钩为$a=150$ mm。三级抗震,竖向分布筋可在同一位置搭接。具体计算过程如表4-5所示。

表 4-5　Q2 钢筋计算表

层号	钢筋名称	单根长度	根数/根	重量/kg
基础层	竖向分布筋	伸入基础内直段长度+弯钩长度(直锚时为零)+伸出基础顶面的长度×弯锚竖向分布筋单根长度 =(150+1110+1.2×37×12)mm =1793 mm=1.793 m	两排总根数: [(1400−250)/250+1]×2 =12 1/3×12=4	4×1.793×0.888 =6.369
		直锚竖向分布筋单根长度=(37×12+1.2×37×12)mm=977 mm=0.977 m	2/3×12=8	8×0.977×0.888 =6.941
	水平分布筋	墙身水平分布筋两边伸入暗柱内 1400+400+500−c×2+2×10×d =(1400+400+500−20×2+2×10×12)mm =2500 mm=2.500 m	当采用"隔二下一"的布置方式时,水平分布筋只在L_{aE}范围内布置。 [(L_{aE}−100)/500+1]×2= [(444−100)/500+1]×2=4	4×2.500×0.888 =8.880
	拉筋	墙厚−2×保护层厚度+弯钩圆弧长度差值×2+弯钩直段长度(md,75)×2+2d =(200−2×20+1.87×6×2+75×2+2×6)mm =344 mm=0.344 m	剪力墙水平钢筋排数×(剪力墙的实际长度/间距) =2×1400/500=6	6×0.344×0.222 =0.458

续表

层号	钢筋名称	单根长度	根数/根	重量/kg
一层	竖向分布筋	L＝本层层高＋伸入上一层的长度＝（5500＋1.2×37×12）mm＝6033 mm＝6.033 m	12	12×6.033×0.888＝64.288
	水平分布筋	2.500 m	[(5500－50－200)/250＋1]×2＝44	44×2.500×0.888＝97.680
	拉筋	0.344 m	(墙净面积/水平间距/垂直间距)＋1＝[(1400－250)×(5500－200－300)/500/500]＋1＝24	24×0.344×0.222＝1.839
二层	竖向分布筋	(4200＋1.2×444)mm＝4733 mm＝4.733 m	12	12×4.733×0.888＝50.435
	水平分布筋	2.500 m	[(4200－50－200)/250＋1]×2＝34	34×2.500×0.888＝75.480
	拉筋	0.344 m	[(1400－250)×(4200－200－300)/500/500]＋1＝19	19×0.344×0.222＝1.451
三层	竖向分布筋	(3600＋1.2×444)mm＝4133 mm＝4.133 m	12	12×4.133×0.888＝44.041
	水平分布筋	2.500 m	[(3600－50－200)/250＋1]×2＝30	30×2.500×0.888＝66.600
	拉筋	0.344 m	[(1400－250)×(3600－200－300)/500/500]＋1＝16	16×0.344×0.222＝1.222
顶层	竖向分布筋	(3600－20＋12×12) mm＝3724 mm＝3.724 m	12	12×3.724×0.888＝39.983
	水平分布筋	2.500 m	[(3600－50－200)/250＋1]×2＝30	30×2.500×0.888＝66.600
	拉筋	0.344 m	[(1400－250)×(3600－200－300)/500/500]＋1＝16	16×0.344×0.222＝1.222
合计	Φ12:527.297 kg ϕ6:6.192 kg			

课后任务

1. 读懂工程案例中所示内容，计算 2 层 Q2 和 LL2 的钢筋预算量。
2. 简述剪力墙的构件组成和各构件中钢筋的作用。
3. 承受土压力的地下室外墙和一般剪力墙的钢筋布置有何不同？

梁

工作手册5

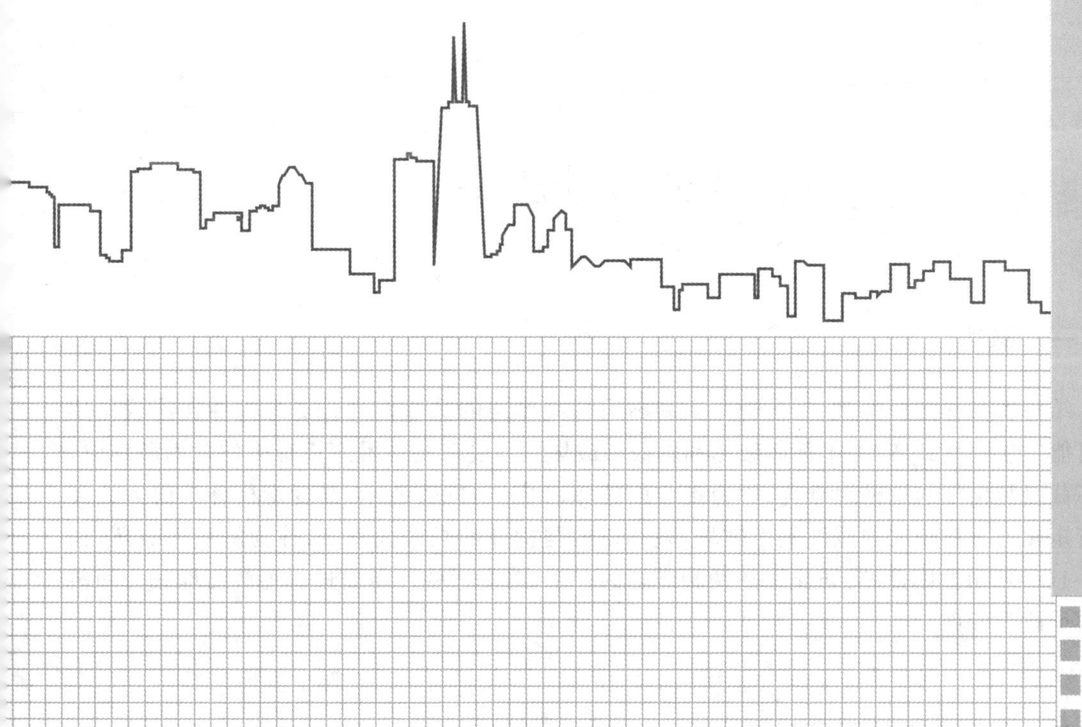

学习目标

1. 知识目标

(1) 掌握受弯构件的受力特征、破坏类型、设计原理。

(2) 掌握梁平法制图规则。

2. 能力目标

(1) 具备熟练识读梁施工图的能力。

(2) 具备计算梁钢筋预算量的能力。

工程案例

二维码所示是某大厦的二层梁的平法施工图。内容主要包括梁的布置、梁的类型、梁的集中标注和原位标注。本项目将介绍上述相关内容。

任务1 受弯构件的设计原理

一、概述

结构中各种类型的梁、板是受弯矩和剪力共同作用的受弯构件。受弯构件在荷载作用下可能发生两种破坏，即正截面破坏和斜截面破坏。当受弯构件沿弯矩最大的截面破坏时，破坏截面与构件的纵轴线垂直，称为正截面破坏，如图 5-1(a)所示；当受弯构件沿剪力最大或弯矩和剪力都较大的截面发生破坏，破坏截面与构件的纵轴线斜交，称为斜截面破坏，如图 5-1(b)所示。因此，为防止上述两种破坏的产生，对受弯构件需要进行正截面承载力和斜截面承载力计算。

二、受弯构件的截面形式

受弯构件常用矩形、T 形、工形、环形、槽形板、空心板、矩形板等截面，如图 5-2 所示。

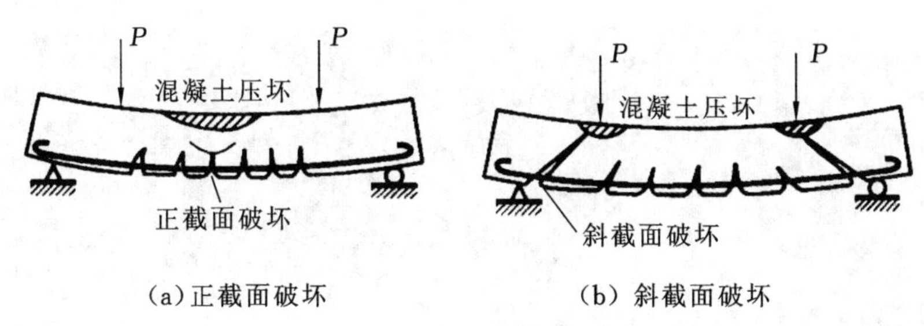

图 5-1　受弯构件的破坏形式

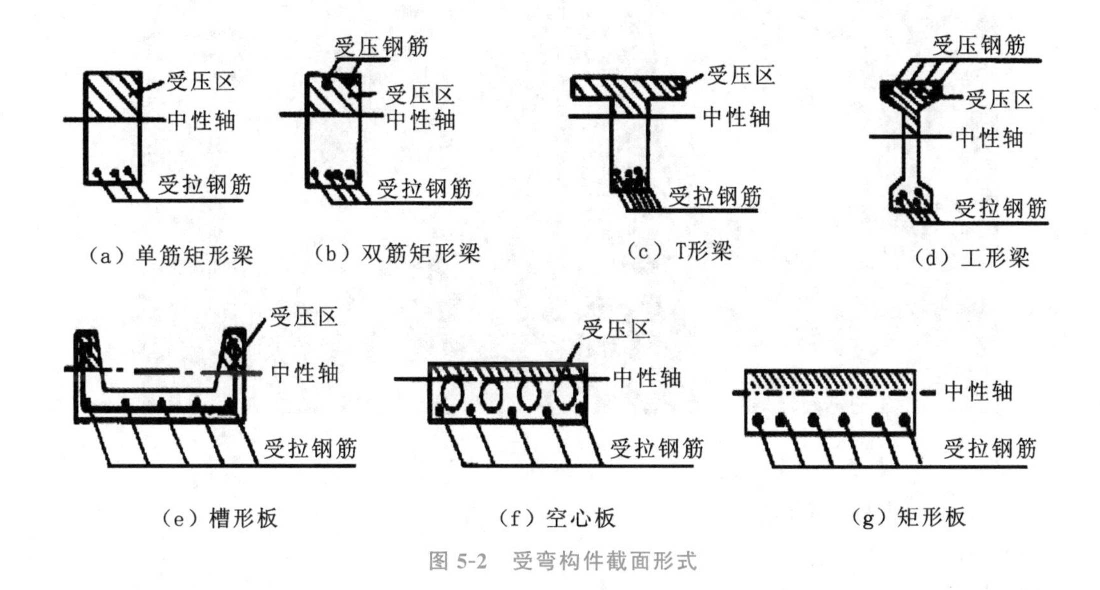

图 5-2　受弯构件截面形式

在受弯构件中，仅在截面的受拉区配置纵向受力钢筋的截面，称为单筋截面，如图5-2(a)所示。同时在截面的受拉区和受压区配置纵向受力钢筋的截面，称为双筋截面，如图5-2(b)所示。

三、梁的构造要求

梁中一般配置纵向受力钢筋、弯起钢筋、箍筋和架立钢筋等，如图 5-3、图 5-4 所示。

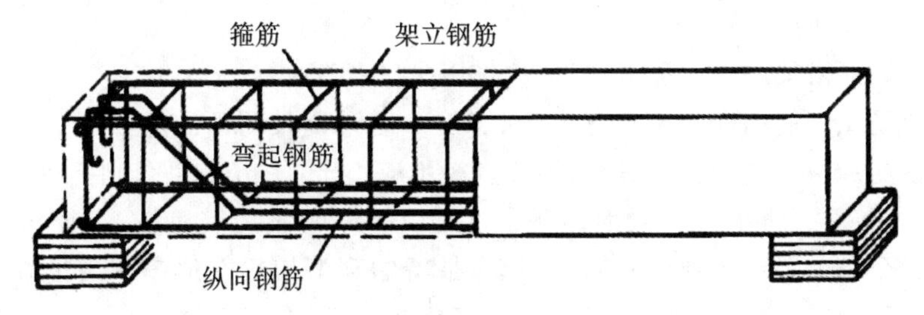

图 5-3　梁的配筋示意图

1. 截面尺寸

(1) 截面宽度不宜小于 200 mm。

图 5-4　梁的配筋实例

（2）截面高宽比不宜大于 4。

（3）净跨与截面高度之比不宜小于 4。

（4）梁宽大于柱宽的扁梁应符合下列要求：

$$b_b \leqslant 2b_c$$
$$b_b \leqslant b_c + h_b$$
$$h_b \geqslant 16d$$

式中：b_c——柱截面宽度，圆形截面取柱直径的 0.8 倍；

b_b、h_b——梁截面宽度和高度；

d——柱纵筋直径。

2. 钢筋类型及要求

1）纵向受拉钢筋

纵向受拉钢筋沿梁的纵向配置，起抗拉作用（弯矩引起的拉力）。

梁端纵向受拉钢筋的配筋率不宜大于 2.5%。沿梁全长顶面和底面至少应各配置两根通长的纵向钢筋，对一、二级抗震等级，钢筋直径不应小于 14 mm，且分别不应少于梁两端顶面和底面纵向受力钢筋中较大截面面积的 1/4；对三、四级抗震等级，钢筋直径不应小于 12 mm。沿梁全长配置一定数量的通长钢筋，是考虑到框架梁在地震作用过程中反弯点位置可能出现的移动。这里“通长”的含义是保证梁各个部位都配置有这部分钢筋，并不意味着不允许这部分钢筋在适当部位设置接头。

纵筋的净间距应满足图 5-5 所示的要求：非并筋布置时，梁上部钢筋水平方向的净间距不应小于 30 mm 和 1.5d；梁下部钢筋水平方向的净间距不应小于 25 mm 和 d。当下部钢筋多于 2 层时，2 层以上钢筋水平方向的中距应比下面 2 层的中距增大一倍；各层钢筋之间的净间距不应小于 25 mm 和 d，d 为钢筋的最大直径。

对于配筋密集引起的设计、施工困难，可采用并筋的配筋形式。并筋应按单根有效直径进行计算，等效直径应按截面面积相等的原则确定，见表 5-1，并筋的重心为等效直径钢筋的重心。

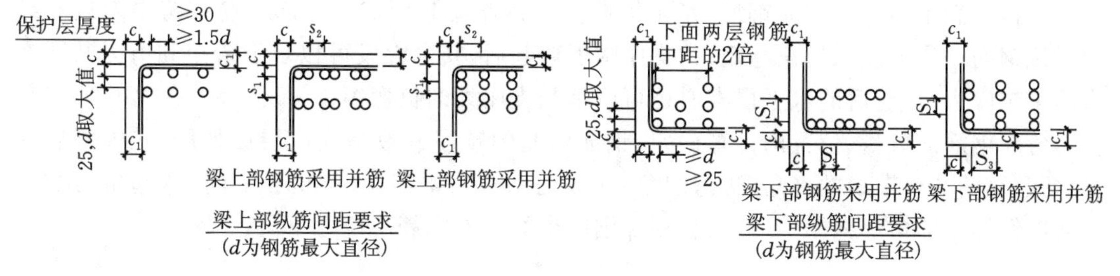

图 5-5　梁纵筋净距的要求

表 5-1　梁并筋等效直径、最小净距

单筋直径 d/mm	25	28	32
并筋根数	2	2	2
等效直径 d_{eq}/mm	35	39	45
层净距 S_1/mm	35	39	45
上部钢筋净距 S_2/mm	53	59	68
下部钢筋净距 S_3/mm	35	39	45

注：并筋等效直径的概念可用于钢筋的净距、保护层厚度、钢筋锚固长度等计算中。

2）纵向构造钢筋

（1）架立钢筋。

为了固定箍筋并与纵向受力钢筋形成钢筋骨架，在梁的受压区有时需要布置架立钢筋。梁内架立钢筋的直径，当梁的跨度 $h<1000$ mm 时，不宜小于 8 mm；当梁的跨度 1000 mm$\leqslant h<1500$ mm 时，不宜小于 10 mm；当梁的跨度 1500 mm$\leqslant h<2000$ mm 时，不宜小于 12 mm。

（2）梁侧腰筋。

对于截面尺寸较大的混凝土梁，配筋较少时，往往在梁腹板范围内的侧面产生垂直于梁轴线的收缩裂缝。裂缝一般呈枣核状，两头尖而中间宽，向上伸至板底，向下至梁底纵筋处，截面较高的梁，情况更为严重。为此，应在大尺寸梁的两侧沿梁长度方向布置纵向构造钢筋（腰筋），以控制裂缝。当梁的腹板高度 $h_w\geqslant 450$ mm 时，每侧纵向构造钢筋（不包括梁上、下部受力钢筋及架立钢筋）的截面面积不应小于腹板截面面积 bh_w 的 0.1%，且其间距不宜大于 200 mm。此处腹板高度 h_w：矩形截面为有效高度 h_0；对 T 形截面，取有效高度 h_0 减去翼缘高度；对工形截面，取腹板净高。

3）箍筋

箍筋沿梁横截面布置，主要起抗剪和骨架作用，另外对抑制斜裂缝的开展和增强纵筋的锚固也有很大的帮助。对于抗震框架梁，梁端箍筋加密区长度、箍筋最大间距、箍筋最小直径必须满足构造要求。其目的是从构造上对框架梁塑性铰区的受压混凝土提供约束，并约束纵向受压钢筋，防止受压钢筋在保护层混凝土剥落后过早压屈，继而受压区混凝土被压溃，以保证该塑性铰延性能力。

4）弯起钢筋

弯起钢筋是指梁的下部(或上部)纵向受拉钢筋，按规定的部位和角度弯至构件上部(或下部)后，并满足锚固要求的钢筋，是由纵向受拉钢筋弯起而成。弯起钢筋在跨中附近和纵向受拉钢筋一样可以承担正弯矩；在支座附近弯起后，其弯起段可以承受弯矩和剪力共同产生的主拉应力；弯起后的水平段有时还可以承受支座处的负弯矩。

弯起钢筋的数量、位置由计算确定，钢筋弯起的顺序一般是先内层后外层、先内侧后外侧，弯起钢筋与梁轴线的夹角(称弯起角)一般是45°；当梁高 $h>800$ mm 时，弯起角为60°。梁底层钢筋中的角部钢筋不应弯起，顶部钢筋中的角部钢筋不应弯下。

四、板的构造要求

1. 板的厚度

现浇钢筋混凝土实心楼板的厚度不应小于80 mm，现浇空心楼板的顶板、底板厚度均不应小于50 mm；预制钢筋混凝土实心叠合楼板的预制底板及后浇混凝土厚度均不应小于50 mm。

板的跨厚比，即板的计算跨度和厚度之比，一般单向板不大于30，双向板不大于40(较小计算跨度)，悬挑板不大于10。

单向板和双向板的区分：两对边支撑的板应按单向板计算；当四边支撑的板的长边与短边之比大于3时，荷载主要是通过沿板的短边方向的弯曲(及剪切)作用传递的，沿长边方向传递的荷载可以忽略不计，宜按沿短边方向受力的单向板计算，并应沿长边方向布置构造钢筋。否则按双向板计算。

2. 板的钢筋

板内钢筋一般有受力钢筋和分布钢筋，如图5-6所示。受力筋主要作用是抗拉，分布筋的作用是固定受力筋的位置和抗裂等。

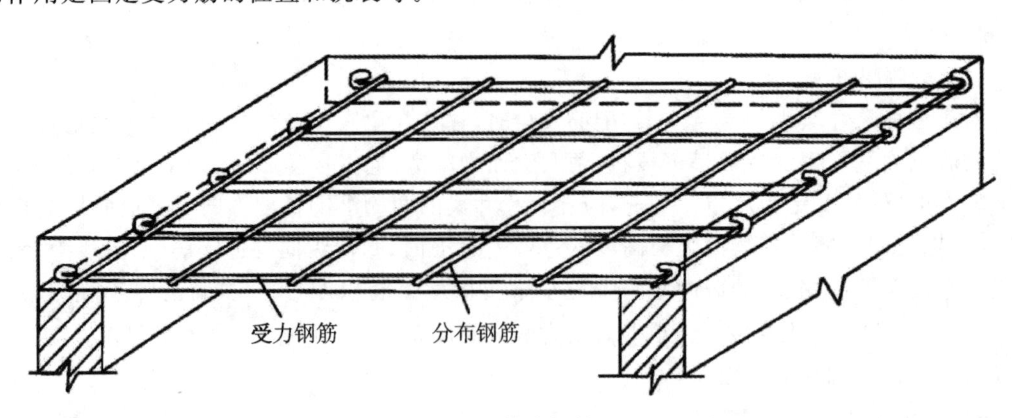

图5-6 板中钢筋

为了便于浇筑混凝土，保证钢筋周围混凝土的密实性，板内钢筋间距不宜太密；为了使板能正常承受外荷载，也不宜过稀；钢筋的间距一般为70～200 mm，如图5-7所示。当板厚$h \leqslant 150$ mm时，不宜大于200 mm；当板厚$h > 150$ mm，不宜大于1.5h，且不宜大于250 mm。

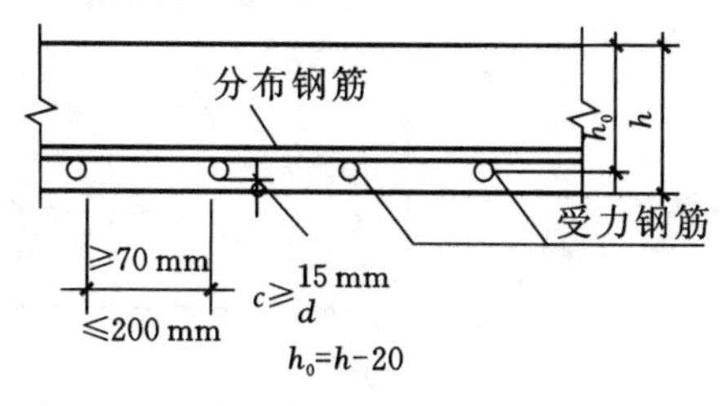

图5-7　板钢筋构造要求

3.板的分布钢筋

当按单向板设计时，除沿受力方向布置受力钢筋外，还应在垂直受力方向布置分布钢筋，如图5-7所示。单位长度上分布钢筋的截面面积不宜小于单位宽度上受力钢筋截面面积的15%，且不宜小于该方向板截面面积的0.15%；分布钢筋的间距不宜大于250 mm，直径不宜小于6 mm；对集中荷载较大或温度变化较大的情况，分布钢筋的截面面积应适当增加，其间距不宜大于200 mm。

在温度、收缩应力较大的现浇板区域，应在板的表面双向配置防裂构造钢筋。配筋率均不宜小于0.10%，间距不宜大于200 mm。防裂构造钢筋可利用原有钢筋贯通布置，也可另行设置钢筋并与原有钢筋按受拉钢筋的要求搭接或在周边构件中锚固。

五、受弯构件正截面承载力计算

1. 纵向受拉钢筋的配筋率ρ

钢筋混凝土构件是由钢筋和混凝土两种材料组成的，随着它们的配比变化，将对其受力性能和破坏形态有很大影响。截面上配置钢筋的多少，通常用配筋率来衡量。

对矩形截面受弯构件，纵向受拉钢筋的面积A_s与截面有效面积bh_0的比值，称为纵向受拉钢筋的配筋率，简称配筋率，用ρ表示，即：

$$\rho = \frac{A_s}{bh_0} \tag{5-1}$$

式中：ρ——纵向受拉钢筋的配筋率，用百分数计量；

A_s——纵向受拉钢筋的面积；

b——截面宽度；

h_0——截面有效高度，$h_0 = h - a$；

a——纵向受拉钢筋合力点至截面近边的距离。

2. 受弯构件正截面破坏类型

根据试验研究，受弯构件正截面的破坏形态主要与配筋率、混凝土和钢筋的强度等级、截面形式等因素有关，但以配筋率对构件的破坏形态的影响最为明显。根据配筋率不同，其破坏形态为适筋破坏、超筋破坏和少筋破坏，如图5-8所示，与三种破坏形态相对应的弯矩-挠度（M-f）曲线如图5-9所示。

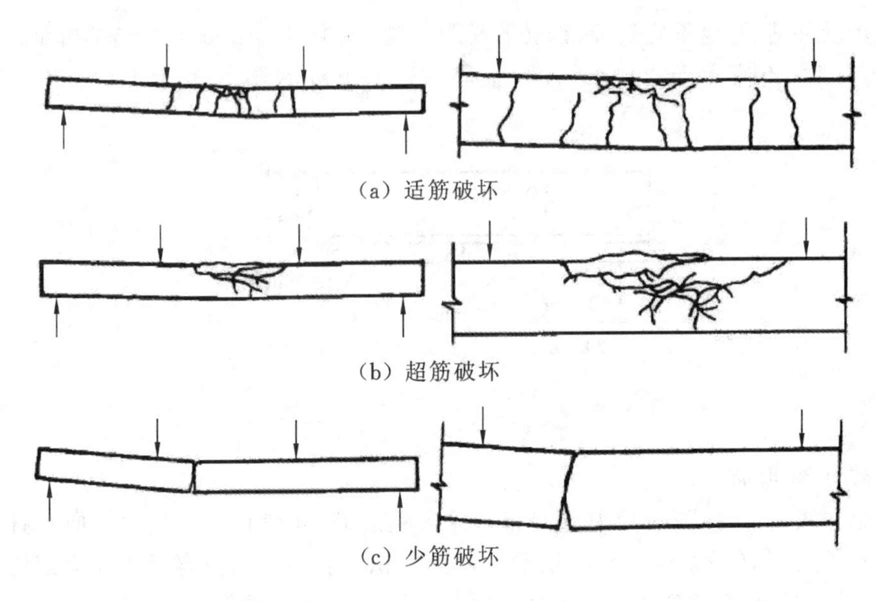

图 5-8　梁正截面的三种破坏形态

1）适筋梁破坏

当配筋适中，即 $\rho_{\min} \leqslant \rho \leqslant \rho_{\max}$ 时（$\rho_{\min}$、$\rho_{\max}$ 分别为纵向受拉钢筋的最小配筋率、最大配筋率）发生适筋梁破坏，其特点是纵向受拉钢筋先屈服，然后随着弯矩的增加受压区混凝土被压碎，破坏时两种材料的性能均得到充分发挥。

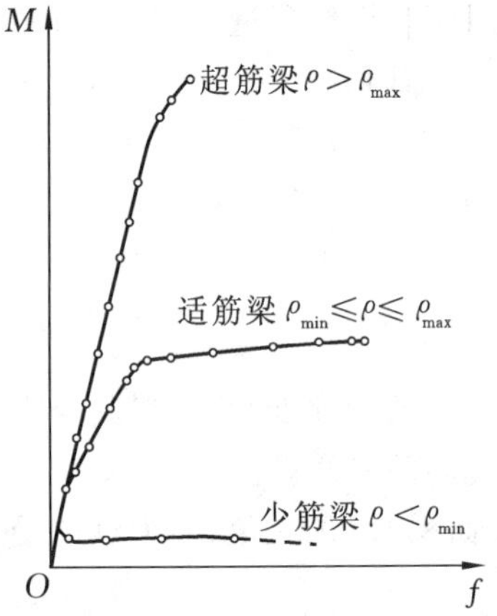

M
超筋梁 $\rho > \rho_{\max}$
适筋梁 $\rho_{\min} \leqslant \rho \leqslant \rho_{\max}$
少筋梁 $\rho < \rho_{\min}$
O
f

图 5-9　适筋梁、超筋梁、少筋梁的 M-f 曲线

适筋梁的破坏特点是破坏始自受拉区钢筋的屈服。在钢筋应力达到屈服强度之初，受压区边缘纤维的应变小于受弯时混凝土极限压应变。在梁完全破坏之前，由于钢筋要经历较大的塑性变形，随之引起裂缝急剧开展和梁挠度的激增（如图 5-9 所示），它将给人以明显的破坏预兆，属于延性破坏类型，如图 5-8(a)所示。

2）超筋梁破坏

当配筋过多，即 $\rho > \rho_{\max}$ 时发生超筋梁破坏，其特点是混凝土受压区先压碎，纵向受拉钢筋不屈服。

超筋梁的破坏特点是在受压区边缘纤维应变达到混凝土受弯极限压应变值时，钢筋应力尚小于屈服强度，但此时梁已告破坏。试验表明，钢筋在梁破坏前仍处于弹性工作阶段，裂缝开展不宽，延伸不高，梁的挠度亦不大，如图 5-9 所示。总之，它在没有明显预兆的情况下由于受压区混凝土被压碎而突然破坏，故属于脆性破坏类型，如图 5-8(b)所示超筋梁虽配置过多的受拉钢筋，但由于梁破坏时其钢筋应力低于屈服强度，不能充分发挥作用，造成钢材的浪费。这不仅不经济，而且破坏前没有预兆，故设计中不允许采用超筋梁。

3）少筋梁破坏

当配筋过少，即 $\rho < \rho_{\min}$ 时发生少筋破坏形态，其特点是受拉区混凝土一开裂就破坏。少筋梁的破坏特点是一旦开裂，受拉钢筋立即达到屈服强度，有时可迅速经历整个流幅而进入

强化阶段，在个别情况下，钢筋甚至可能被拉断。少筋梁破坏时，裂缝往往只有一条，不仅裂缝开展过宽，且沿梁高延伸较高，即已标志着梁的“破坏”，如图 5-8(c)所示。

从单纯满足承载力需要出发，少筋梁的截面尺寸过大，故不经济；同时它的承载力取决于混凝土的抗拉强度，属于脆性破坏类型，故在土木工程中不允许采用。

比较适筋梁和超筋梁的破坏特点，可以发现两者的差异在于：前者破坏始自受拉钢筋屈服，后者破坏则始自受压区混凝土被压碎。显然，总会有一个界限配筋率 ρ_b，这时钢筋应力达到屈服强度的同时，受压区边缘纤维应变也恰好达到混凝土受弯时极限压应变值，这种破坏形态叫“界限破坏”，即适筋梁与超筋梁的界限。界限配筋率 ρ_b 即为适筋梁的最大配筋率 ρ_{max}。界限破坏也属于延性破坏类型，所以界限配筋的梁也属于适筋梁的范围。可见，梁的配筋率应满足 $\rho_{min} \leqslant \rho \leqslant \rho_{max}$ 的要求。

3. 最大配筋率 ρ_{max}、最小配筋率 ρ_{min}

1)最大配筋率

$$\rho_{max} = \xi_b \alpha_1 \frac{f_c}{f_y} \tag{5-2}$$

式中：ξ_b——相对界限受压区高度，$\xi_b = \frac{x_b}{h_0}$，C50 以下的混凝土对不同强度等级钢筋的 ξ_b 按表 5-2 取用；

x_b——界限受压区高度；

α_1——系数，《规范》规定 $f_{cu,k} \leqslant 50\ \text{N/mm}^2$ 时，$\alpha_1 = 1.0$；当 $f_{cu,k} = 80\ \text{N/mm}^2$ 时，$\alpha_1 = 0.94$，其间按线性内插法确定。

表 5-2　相对界限受压区高度 ξ_b 取值

混凝土强度等级	≤C50			
钢筋级别	HPB300	HRB335 HRBF335	HRB400 HRBF400 RRB400	HRB500 HRBF500
ξ_b	0.576	0.550	0.518	0.487

2) 最小配筋率 ρ_{min}

少筋破坏的特点是一裂就坏，而最小配筋率 ρ_{min} 是适筋梁与少筋梁的界限配筋率。我国《规范》规定，对梁类受弯构件，受拉钢筋的最小配筋率取：$\rho_{min} = 45 \frac{f_t}{f_y}\%$，同时不应小于 0.2%。当纵向受拉钢筋采用强度等级 500 MPa 的钢筋时，其最小配筋率应允许采用 0.15%和 $45 \frac{f_t}{f_y}\%$ 中的较大值。若为框架梁，其纵向受拉钢筋的最小配筋率，还应符合表 5-3 的规定。

表 5-3　梁纵向受拉钢筋最小配筋率(%)

抗震等级	位置	
	支座(取较大值)	跨中(取较大值)
一级	0.40 和 $80f_t/f_y$	0.30 和 $65f_t/f_y$
二级	0.30 和 $65f_t/f_y$	0.25 和 $55f_t/f_y$

续表

抗震等级	位置	
	支座(取较大值)	跨中(取较大值)
三、四级	0.25 和 $55f_t/f_y$	0.20 和 $45f_t/f_y$

若按最小配筋率配筋，当是矩形截面 $\rho_{min}=\frac{A_{s,min}}{bh}$，当为T形或工字形截面时

$$A_{s,min}=\rho_{min}[bh+(b_f-b)h_f] \tag{5-3}$$

或

$$A_{s,min}=\rho_{min}[A-(b'_f-b)h'_f] \tag{5-4}$$

式中：$A_{s,min}$——按最小配筋率配置的纵向受拉钢筋的面积；

A——构件全截面面积；

b——矩形截面宽度，T形、工形截面的腹板宽度；

h——梁的截面高度；

b'_f、b_f——T形或I形截面受压区、受拉区的翼缘宽度；

h'_f、h_f——T形或I形截面受压区、受拉区的翼缘高度。

4. 单筋矩形截面正截面受弯承载力计算

1）基本计算公式

单筋矩形截面受弯构件正截面承载力计算简图如图5-10所示。

$$\sum X=0 \quad f_yA_s=\alpha_1f_cbx \tag{5-5}$$

$$\sum M=0 \quad M\leqslant M_u=\alpha_1f_cbx\left(h_0-\frac{x}{2}\right) \tag{5-6}$$

或

$$M\leqslant M_u=f_yA_s\left(h_0-\frac{x}{2}\right) \tag{5-7}$$

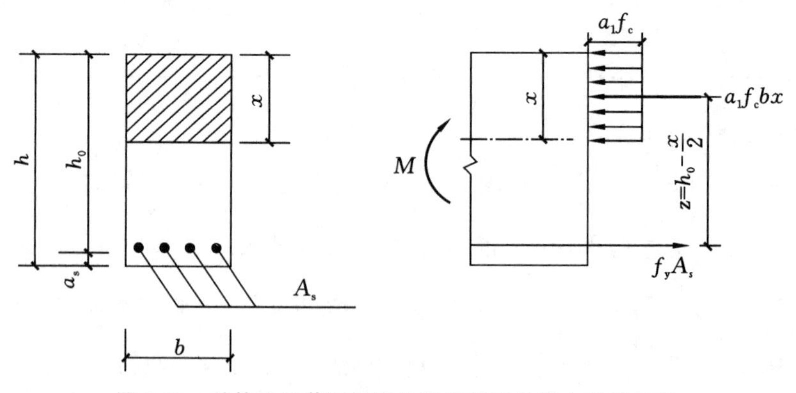

图5-10 单筋矩形截面受弯构件正截面承载力计算简图

式中：M——弯矩设计值；

M_u——正截面受弯承载力设计值；

f_c——混凝土轴心抗压强度设计值；

f_y——钢筋抗拉强度设计值；

A_s——纵向受拉钢筋截面面积；

h_0——截面有效高度，$h_0=h-a_s$；

b——截面宽度；

x——混凝土受压区高度。

采用相对受压区高度 $\xi=\dfrac{x}{h_0}$，式(5-5)可写成：

$$f_yA_s=\alpha_1 f_c bh_0\xi \tag{5-8}$$

$$M\leqslant M_u=\alpha_1 f_c bh_0^2\xi(1-0.5\xi) \tag{5-9}$$

或

$$M\leqslant M_u=f_yA_sh_0(1-0.5\xi) \tag{5-10}$$

适用条件：

(1) $\xi\leqslant\xi_b(x\leqslant\xi_b h_0)$ 或 $\rho=\dfrac{A_s}{bh_0}\leqslant\rho_{max}$——防止发生超筋脆性破坏；

(2) $\rho=\dfrac{A_s}{bh_0}\geqslant\rho_{min}$——防止发生少筋脆性破坏。

若令：

$$\alpha_s=\xi(1-0.5\xi) \tag{5-11}$$

将式(5-11)代入式(5-9)，得：

$$\alpha_s=\frac{M}{\alpha_1 f_c bh_0^2} \tag{5-12}$$

式中：α_s——截面抵抗矩系数。

由式(5-11)可知：

$$\xi=1-\sqrt{1-2\alpha_s} \tag{5-13}$$

由式(5-5)可知：

$$A_s=\frac{\alpha_1 f_c bh_0\xi}{f_y} \tag{5-14}$$

2) 设计计算方法

在进行受弯构件正截面承载力计算时，一般仅需对控制截面进行受弯承载力计算。所谓控制截面，在等截面构件中一般是指弯矩设计值最大的截面；在变截面构件中则是指截面尺寸相对较小，而弯矩相对较大的截面。

在工程设计计算中，正截面受弯承载力计算包括截面设计和截面复核。

(1) 截面设计。

截面设计是指根据截面所承受的弯矩设计值 M 选定材料、确定截面尺寸，计算配筋量。设计时，应满足 $M\leqslant M_u$。为了经济起见，一般按 $M=M_u$ 进行计算。

已知：弯矩设计值 M、截面尺寸 $b\times h$、混凝土和钢筋的强度等级，求受拉钢筋截面面积 A_s。

计算的一般步骤如下：

① 计算 $\alpha_s=\dfrac{M}{\alpha_1 f_c bh_0^2}$、$\xi=1-\sqrt{1-2\alpha_s}$；

② 若 $\xi\leqslant\xi_b$，则计算 $A_s=\dfrac{\alpha_1 f_c bh_0\xi}{f_y}$，选择钢筋；

③ 验算最小配筋率 $\rho=\frac{A_s}{bh_0}\geq\rho_{min}$。

(2) 截面复核。

截面复核是在截面尺寸、截面配筋以及材料强度已给定的情况下，要求确定该截面的受弯承载力 M_u，并验算是否满足 $M\leqslant M_u$ 的要求。若不满足承载力要求，应修改设计或进行加固处理。这种计算一般在设计审核或结构检验鉴定时进行。

如果计算发现 $A_s<\rho_{min}bh$，则该受弯构件认为是不安全的，应修改设计或进行加固。

已知：弯矩设计值 M、截面尺寸 $b\times h$、混凝土和钢筋的强度等级、受拉钢筋的面积 A_s，求受弯承载力 M_u。

计算的一般步骤如下：

① 计算 $\rho=\frac{A_s}{bh_0}$；

② 计算 $\xi=\rho\frac{f_y}{\alpha_1 f_c}$；

③ 若 $\xi\leqslant\xi_b$，则 $M_u=f_yA_sh_0(1-0.5\xi)$ 或 $M_u=\alpha_1 f_c bh_0^2\xi(1-0.5\xi)$；

④ 若 $\xi>\xi_b$，则取 $\xi=\xi_b$，$M\leqslant M_u$；

⑤ 当 $M\leqslant M_u$ 时，构件截面安全，否则为不安全。

当 $M<M_u$ 过多时，该截面设计不经济。也可以按基本计算公式求解 M_u，更为直观。

例 5-1 已知矩形梁截面尺寸 $b\times h=250\ \text{mm}\times500\ \text{mm}$，弯矩设计值 $M=150\ \text{kN}\cdot\text{m}$，混凝土强度等级为 C30，钢筋采用 HRB400 级，环境类别为一类。求所需的受拉钢筋截面面积 A_s。

解

(1)设计参数。

查表可得：$f_c=14.3\ \text{N/mm}^2$、$f_t=1.43\ \text{N/mm}^2$、$\alpha_1=1.0$，$c=20$ mm，纵向受力筋的直径假设为 20 mm，单排布置，箍筋直径假设为 10 mm，$a_s=c+d_{箍}+d/2=(20+10+20/2)\text{mm}=40\ \text{mm}$，$h_0=(500-40)\text{mm}=460\ \text{mm}$，HRB400 级钢筋，查得 $f_y=360\ \text{N/mm}^2$，查得 $\xi_b=0.518$。

(2) 计算系数 ξ、α_s。

$$\alpha_s=\frac{M}{\alpha_1 f_c bh_0^2}=\frac{150\times10^6}{1.0\times14.3\times250\times460^2}=0.198$$

$\xi=1-\sqrt{1-2\alpha_s}=1-\sqrt{1-2\times0.198}=0.222<\xi_b=0.518$，不会发生超筋现象。

(3) 计算配筋 A_s。

$$A_s=\frac{\alpha_1 f_c bh_0\xi}{f_y}=\frac{1.0\times14.3\times250\times460\times0.222}{360}\text{mm}^2=1014\ \text{mm}^2$$

查附表 B-1：选用 4Φ20，$A_s=1017\ \text{mm}^2$。

(4) 验算最小配筋率。

$$\rho=\frac{A_s}{bh_0}=\frac{1017}{250\times460}=0.84\%>\rho_{min}=0.45\frac{f_t}{f_y}=0.45\times\frac{1.43}{300}=0.214\%$$

大于 0.2%，满足要求。

(5) 验算配筋构造要求。

钢筋净间距$=\dfrac{250-4\times18-2\times30}{3}$ mm$=39$ mm>25 mm，且大于 d，满足要求。

截面配筋如图 5-11 所示。

例 5-2 已知矩形截面梁 $b\times h=250$ mm$\times500$ mm，承受弯矩设计值 $M=160$ kN·m，混凝土强度等级为 C25，钢筋采用 HRB400 级，环境类别为一类，结构的安全等级为二级。截面配筋如图 5-12 所示，试复核该截面是否安全。

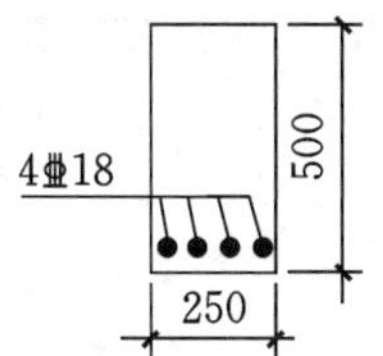

图 5-11 例题 5-1 截面配筋图

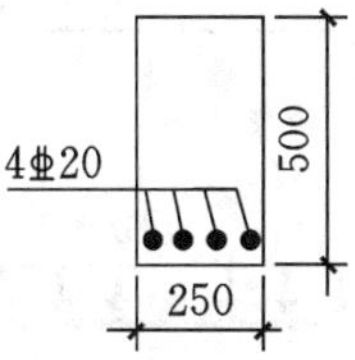

图 5-12 例题 5-2 截面配筋图

解 （1）设计参数。

C25 混凝土，查得：$f_c=11.9$ N/mm^2、$f_t=1.27$ N/mm^2、$\alpha_1=1.0$；环境类别为一类，查得 $c=20$ mm$+5$ mm$=25$ mm，$a_1=(25+10+20/2)$mm$=45$ mm，$h_0=(500-45)$mm$=455$ mm，HRB400 级钢筋，查表得 $f_y=360$ N/mm^2，$\xi_b=0.518$，4⌀20，$A_s=1256$ mm^2。

（2）验算最小配筋率。

$$\rho=\frac{A_s}{bh_0}=\frac{1256}{250\times455}=1.10\%>\rho_{\min}=0.45\frac{f_t}{f_y}=0.45\times\frac{1.27}{360}=0.158\%$$

大于 0.2%，满足要求。

（3）计算受压区高度 x。

$$x=\frac{f_yA_s}{f_cb}=\frac{360\times1256}{11.9\times250}\text{mm}=152\text{ mm}<\xi_bh_0=0.518\times455\text{ mm}=215\text{ mm}$$

满足适筋要求。

（4）计算受弯承载力 M_u。

$$M_u=f_yA_s\left(h_0-\frac{x}{2}\right)=360\times1256\times\left(455-\frac{152}{2}\right)\times10^{-6}\text{ kN}\cdot\text{m}=171.36\text{ kN}\cdot\text{m}>$$

160 kN·m，故该截面满足受弯承载力要求。

例 5-3 某办公楼的走廊为简支在砖墙上的现浇钢筋混凝土板[如图 5-13(a)所示]，计算跨度 $l_0=2.38$ m，板上作用的均布活荷载标准值 $q_k=2$ kN/m^2，水磨石地面及细石混凝土垫层共 30 mm 厚(重力密度为 22 kN/m^3)，板底粉刷白灰砂浆 12 mm 厚(重力密度为 17 kN/m^3)。已知环境类别为一类，结构的安全等级为二级，混凝土强度等级为 C25，纵向受拉钢筋采用 HPB300 级。试确定板厚和所需的受拉钢筋截面面积。

解 设板厚 $h=80$ mm，取板宽 $b=1000$ mm 的板带作为计算单元，如图 5-13(b)所示。

（1）设计参数。

C25 混凝土，查得：$f_c=11.9$ N/mm^2、$f_t=1.27$ N/mm^2、$\alpha_1=1.0$；环境类别为一类，查得 $c=(15+5)$mm$=20$ mm，$h_0=(80-20-10/2)$mm$=55$ mm，假设板筋直径为 10 mm，

HPB300 级钢筋，查得 $f_y = 270\ \text{N/mm}^2$，查得 $\xi_b = 0.576$。

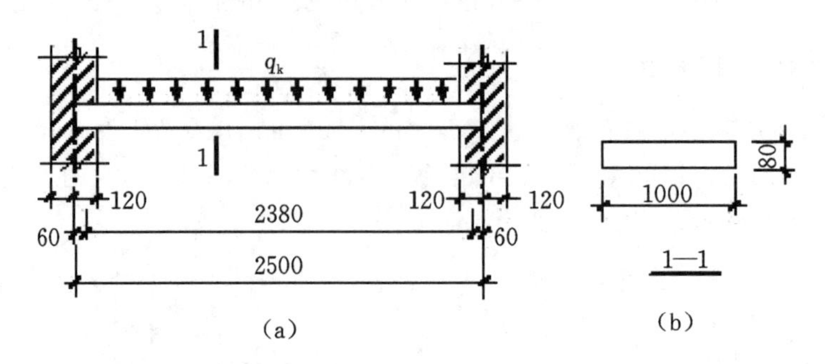

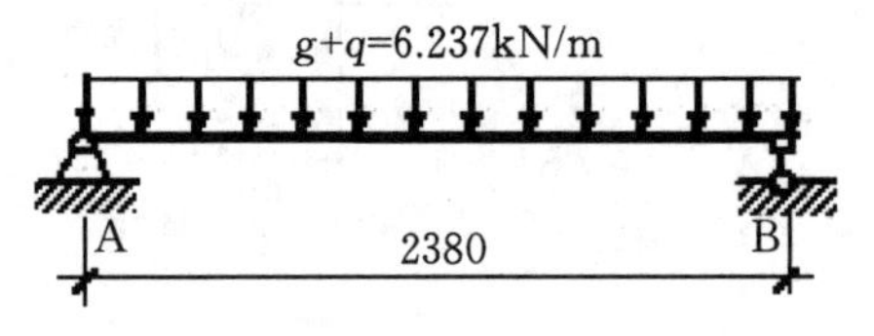

(c)

图 5-13　例 5-3 的图

(2) 计算荷载标准值和设计值。

① 荷载标准值。

恒荷载标准值：g_k。

水磨石地面及细石混凝土垫层 30 mm 厚：

$$0.03 \times 22\ \text{kN/m}^2 = 0.66\ \text{kN/m}^2$$

80 mm 厚钢筋混凝土板自重：

$$0.08 \times 25\ \text{kN/m}^2 = 2\ \text{kN/m}^2$$

板底粉刷白灰砂浆 12 mm 厚：

$$0.012 \times 17\ \text{kN/m}^2 = 0.204\ \text{kN/m}^2$$

$$g_k = (0.66 + 2 + 0.204) \times 1\ \text{kN/m}^2 = 2.864\ \text{kN/m}^2$$

活荷载标准值：

$$q_k = 2 \times 1\ \text{kN/m}^2 = 2\ \text{kN/m}^2$$

② 荷载设计值。

$$g + q = 1.2 g_k + 1.4 q_k = (1.2 \times 2.864 + 1.4 \times 2)\text{kN/m}^2 = 6.237\ \text{kN/m}^2$$

$$g + q = 1.35 g_k + 1.4 \times 0.7 q_k = (1.35 \times 2.864 + 1.4 \times 0.7 \times 2)\text{kN/m}^2 = 5.826\ \text{kN/m}^2$$

∴取 $g + q = 6.237\ \text{kN/m}^2$。

计算简图如图 5-13(c)所示。

(3) 计算弯矩设计值 M。

$$M = \frac{1}{8}(g+q) l_0^2 = \frac{1}{8} \times 6.237 \times 2.38^2\ \text{kN/m} = 4.416\ \text{kN} \cdot \text{m}$$

(4) 计算系数 α_s、ξ。

$$\alpha_s = \frac{M}{\alpha_1 f_c b h_0^2} = \frac{4.416 \times 10^6}{1.0 \times 11.9 \times 1000 \times 55^2} = 0.123$$

$\xi = 1 - \sqrt{1 - 2\alpha_s} = 1 - \sqrt{1 - 2 \times 0.123} = 0.132 < \xi_b = 0.576$，满足适筋要求。

(5) 计算配筋 A_s。

$$A_s=\frac{\alpha_1 f_c b h_0 \xi}{f_y}=\frac{1.0\times 11.9\times 1000\times 55\times 0.132}{270}\ \text{mm}^2=320\ \text{mm}^2$$

查附表 B-2：选用Φ 8 @130，$A_s=387\ \text{mm}^2$。

(6) 验算最小配筋率 ρ_1。

$$\rho=\frac{A_s}{bh_0}=\frac{387}{1000\times 55}=0.70\%>\rho_{min}=0.45\frac{f_t}{f_y}=0.45\times\frac{1.27}{270}=0.21\%$$

大于 0.2%，满足要求，截面配筋如图 5-14 所示。

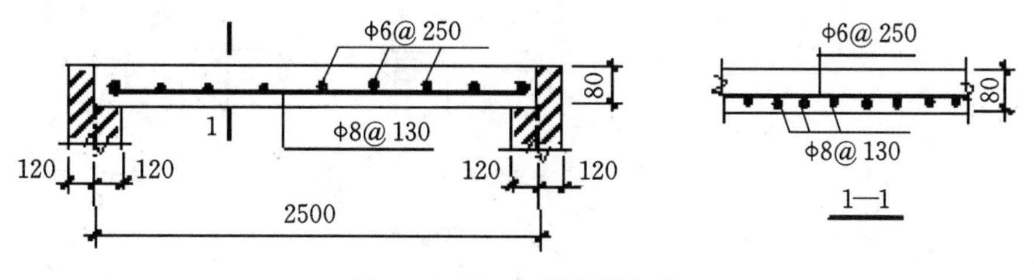

图 5-14　例 5-3 截面配筋图

5. T 形截面梁

1) 受弯性能

受弯构件在破坏时，大部分受拉区混凝土早已退出工作，故可挖去部分受拉区混凝土，并将钢筋集中放置，如图 5-15(a)所示，形成 T 形截面，对受弯承载力没有影响。这样既可节省混凝土，也可减轻结构自重。若受拉钢筋较多，为便于布置钢筋，可将截面底部适当增大，形成工形截面，如图 5-15(b)所示。

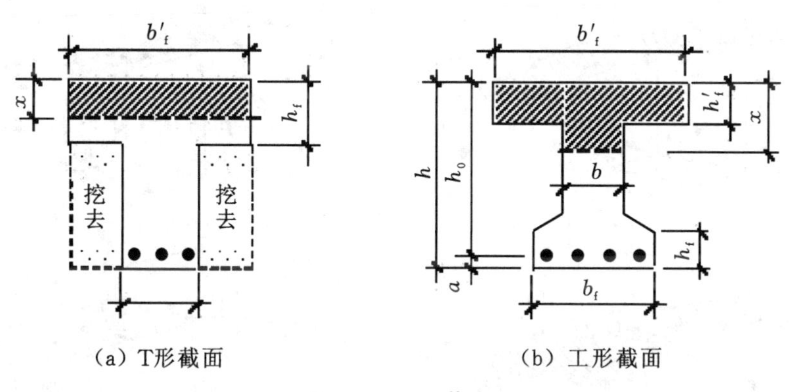

(a) T形截面　　(b) 工形截面

图 5-15　T 形截面

T 形截面伸出部分称为翼缘，中间部分称为肋或梁腹。肋的宽度为 b，位于截面受压区的翼缘宽度为 b'_f，厚度为 h'_f，截面总高为 h。工形截面位于受拉区的翼缘不参与受力，因此也按 T 形截面计算。

工程结构中，T 形和工形截面受弯构件的应用是很多的，如现浇肋形楼盖中的主、次梁，T 形吊车梁、薄腹梁、槽形板等均为 T 形截面；箱形截面、空心楼板、桥梁中的梁为工形截面。

但是，若翼缘在梁的受拉区，如图 5-16(a)所示的倒 T 形截面梁，当受拉区的混凝土开裂以后，翼缘对承载力就不再起作用了。对于这种梁应按肋宽为 b 的矩形截面计算承载力。又如整体式肋梁楼盖连续梁中的支座附近的 2-2 截面，如图 5-16(b)所示，由于承受负弯矩，翼缘(板)受拉，故仍应按肋宽为 b 的矩形截面计算。

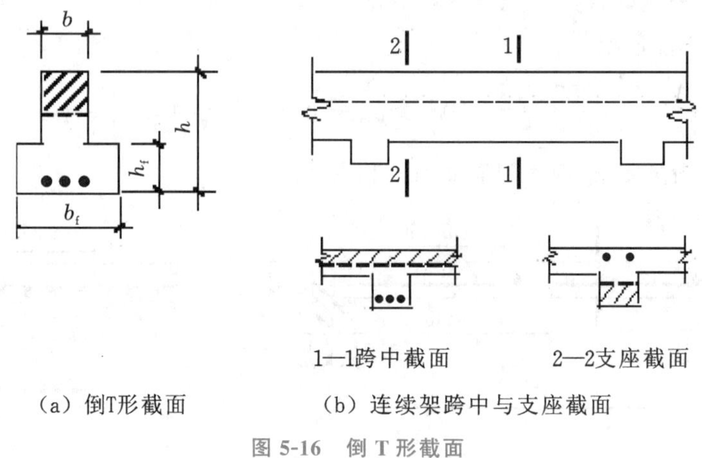

图 5-16 倒 T 形截面

2）翼缘的计算宽度 b'_f

由实验和理论分析可知，T 形截面梁受力后，翼缘上的纵向压应力是不均匀分布的，离梁肋越远压应力越小，实际压应力分布如图 5-17(a)、(c)所示。故在设计中把翼缘限制在一定范围内，称为翼缘的计算宽度 b'_f，并假定在 b'_f范围内压应力是均匀分布的，如图 5-17(b)、(d)所示。

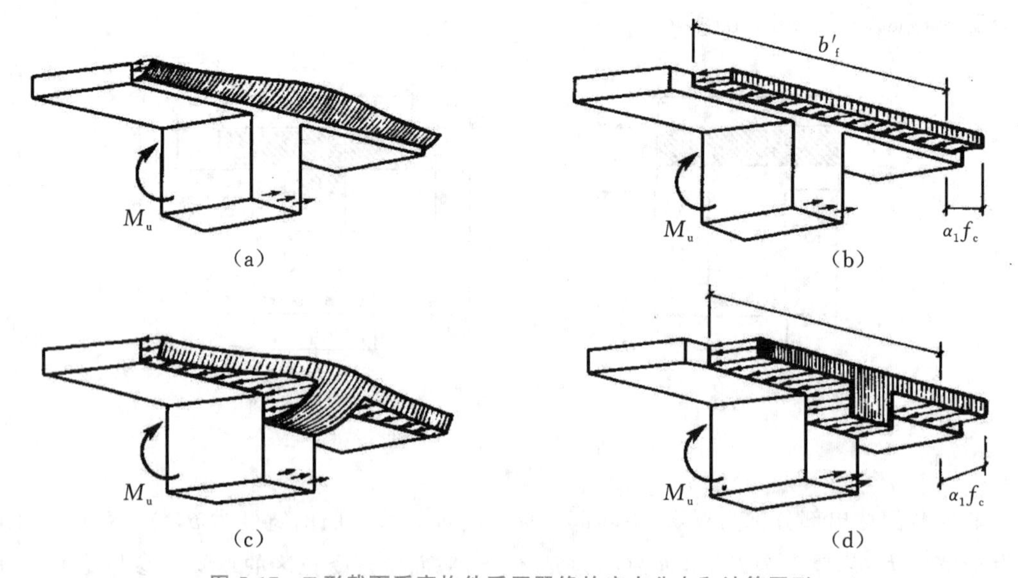

图 5-17 T 形截面受弯构件受压翼缘的应力分布和计算图形

《规范》对翼缘计算宽度 b'_f的取值规定见表 5-4，计算时应取表中有关各项中的最小值。图 5-18 所示为 T 形截面受压翼缘的计算宽度示意图。

表 5-4　T 形、工形及倒 L 形截面受弯构件翼缘的计算宽度 b'_f

项次	情况		T 形、工形截面		倒 L 形截面
			肋形梁(肋形板)	独立梁	肋形梁(板)
1	按跨度 l_0 考虑		$\frac{1}{3}l_0$	$\frac{1}{3}l_0$	$\frac{1}{6}l_0$
2	按梁(纵肋)净距 s_n 考虑		$b+s_n$	—	$b+\frac{S_n}{2}$
3	按翼缘高度 h'_p 考虑	$\frac{h'_f}{h_0}\geqslant 0.1$	—	$b+12h'_f$	—
		$0.1>\frac{h'_f}{h_0}\geqslant 0.05$	$b+12h'_f$	$b+6h'_f$	$b+5h'_f$
		$\frac{h'_f}{h_0}<0.05$	$b+12h'_f$	b	$b+5h'_f$

注:1.表中 b 为梁的腹板宽度。

2.如肋形梁在梁跨内设有间距小于纵肋间距的横肋时,则可不遵守表中项次 3 的规定。

3.对有加腋的 T 形、工形和倒 L 形截面,当受压区加腋的高度 h_b 不小于 h'_f 且加腋的宽度 $\leqslant 3b_h$ 时,则其翼缘计算宽度可按表中项次 3 的规定分别增加 $2b_h$(T 形、工形截面)和 b_h(倒 L 形截面)。

4.独立梁受压区的翼缘板在荷载作用下经验算沿纵肋方向可能产生裂缝时,则其计算宽度应取用腹板宽度 b。

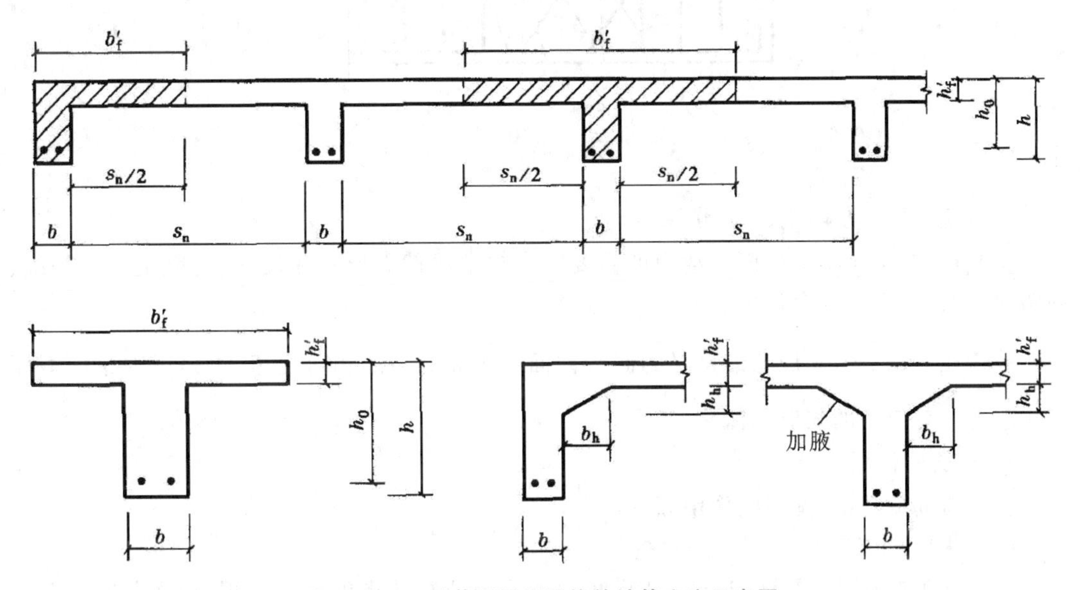

图 5-18　T 形截面受压翼缘的计算宽度示意图

T 形截面正截面承载力计算与矩形截面正截面承载力计算类似,不再赘述。

六、受弯构件斜截面承载力计算

在荷载作用下,截面除产生弯矩 M 外,还产生剪力 V,在剪力和弯矩共同作用的剪弯区段,常产生斜裂缝,如果斜截面承载力不足,可能沿斜裂缝发生斜截面受剪破坏或斜截面受弯破坏。因此,还要保证受弯构件斜截面承载力,即斜截面受剪承载力和斜截面受弯承载力。

工程设计中,斜截面受剪承载力是由抗剪计算来满足的,斜截面受弯承载力则是通过构造要求来满足的。

1. 斜裂缝的形成

由于混凝土抗拉强度很低，随着荷载的增加，当主拉应力超过混凝土复合受力下的抗拉强度时，就会出现与主拉应力轨迹线大致垂直的裂缝。除纯弯段的裂缝与梁纵轴垂直以外，M、V 共同作用下的截面主应力轨迹线都与梁纵轴有一倾角，其裂缝与梁的纵轴是倾斜的，故称为斜裂缝。

当荷载继续增加，斜裂缝不断延伸和加宽，当截面的抗弯强度得到保证时，梁最后可能由于斜截面的抗剪强度不足而破坏。为了防止斜截面破坏，理论上应在梁中设置与主拉应力方向平行的钢筋最合理，可以有效地限制斜裂缝的发展。但为了施工方便，一般采用梁中设置与梁轴垂直的箍筋(如图 5-19 所示)。弯起钢筋一般利用梁内的纵筋弯起而形成，虽然弯起钢筋的方向与主拉应力方向一致，但由于其传力较集中，受力不均匀，同时增加了施工难度，一般仅在箍筋略有不足时采用。箍筋和弯起钢筋称为腹筋。

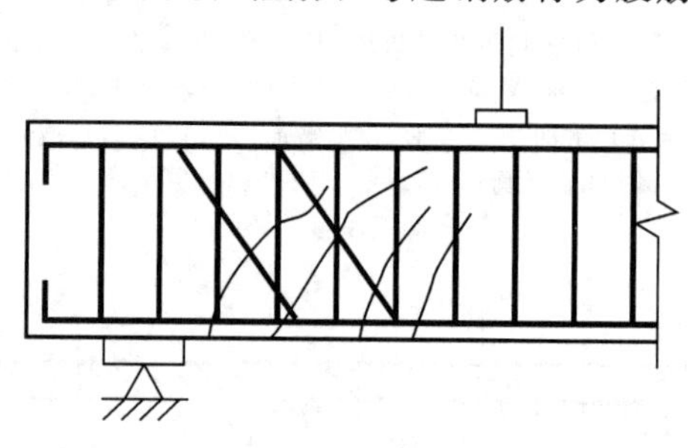

图 5-19　箍筋、弯起钢筋和斜裂缝

2. 有腹筋梁的斜截面受剪性能

实验证实，影响梁斜截面承载力的主要因素包括梁截面形状和尺寸、混凝土强度等级、剪跨比的大小、腹筋的含量等。

剪跨比 $\lambda=\frac{M}{Vh_0}$，它反映的是梁的同一截面弯矩和剪力的相对比值，也是反映梁内截面上正应力与剪应力的相对比值。

1）箍筋的作用

在有腹筋的梁中，箍筋的作用如下：

(1) 箍筋可以直接承担部分剪力；

(2) 腹筋能限制斜裂缝的开展和延伸，增大混凝土剪压区的截面面积，提高混凝土剪压区的抗剪能力；

(3) 箍筋还将提高斜裂缝交界面骨料的咬合和摩擦作用，延缓沿纵筋的黏结劈裂裂缝的发展，防止混凝土保护层的突然撕裂，提高纵向钢筋的销栓作用。因此，腹筋将使梁的受剪承载力有较大的提高。

2）有腹筋梁斜截面破坏的主要形态

(1) 配箍率 ρ_{sv}。

有腹筋梁的破坏形态不仅与剪跨比有关，还与配箍率 ρ_{sv} 有关。

配箍率 ρ_{sv} 按下式计算：

$$\rho_{sv}=\frac{A_{sv}}{bs}=\frac{nA_{sv1}}{bs} \tag{5-15}$$

式中：A_{sv}——配置在同一截面内箍筋各肢的截面面积总和，$A_{sv}=nA_{sv1}$，这里 n 为同一截面内箍筋的肢数，如图 5-20 中箍筋为双肢箍，$n=2$；

A_{sv1}——单肢箍筋的截面面积；

s——箍筋的间距；

b——梁宽。

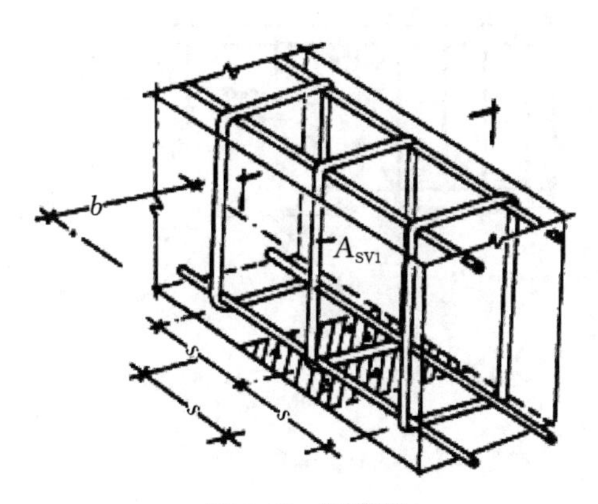

图 5-20　配箍筋

(2) 斜截面破坏的主要形态。

有腹筋梁斜截面剪切破坏形态与无腹筋梁一样，也可概括为三种主要破坏形态：斜压、剪压和斜拉破坏。

① 斜拉破坏。

当配箍率太小或箍筋间距太大且剪跨比较大($\lambda>3$)时，易发生斜拉破坏。其破坏特征与无箍筋梁相同，破坏时箍筋被拉断。

② 斜压破坏。

当配置的箍筋太多或剪跨比很小($\lambda<1$)时，发生斜压破坏，其特征是混凝土斜向柱体被压碎，但箍筋不屈服。

③ 剪压破坏。

当配箍适量且剪跨比适中($1\leqslant\lambda\leqslant3$)时发生剪压破坏。其特征是箍筋受拉屈服，剪压区混凝土压碎，斜截面受剪承载力随配箍率及箍筋强度的增加而增大。

斜压破坏和斜拉破坏都是不理想的。因为斜压破坏在破坏时箍筋强度未得到充分发挥，斜拉破坏发生得十分突然，因此在工程设计中应避免出现这两种破坏。

剪压破坏在破坏时箍筋强度得到了充分发挥，且破坏时承载力较高。因此斜截面承载力计算公式就是根据这种破坏模型建立的。

3. 有腹筋梁的受剪承载力计算公式

由于各种理论的计算结果不尽相同，有些计算模型过于复杂，还无法在实际设计中应用。因此《规范》中的斜截面受剪承载力的计算公式是在大量的试验基础上，依据极限破坏理论，采用理论与经验相结合的方法建立的。

1) 基本假定

对于梁的三种斜截面破坏形态，在工程设计时都应设法避免。对于斜压破坏，通常采用限制截面尺寸的条件来防止；对于斜拉破坏，则用满足最小配箍率及构造要求来防止；剪压破坏，因其承载力变化幅度较大，必须通过计算，用构件满足一定的斜截面受剪承载力，防止剪压破坏。《规范》的基本计算公式就是根据这种剪切破坏形态的受力特征而建立的。采用理论与试验相结合的方法，同时引入一些试验参数。假设梁的斜截面受剪承载力 V_u 由斜裂缝上端剪压区混凝土的抗剪能力 V_c、与斜裂缝相交的箍筋的抗剪能力 V_{sv} 和斜裂缝相交的弯起钢筋的抗剪能力 V_{sb} 三部分所组成(见图 5-21)，由平衡条件 $\sum y=0$ 得：

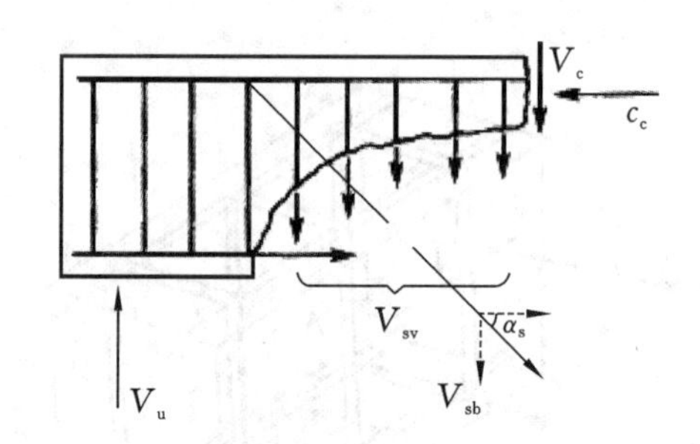

图 5-21 有腹筋梁斜截面破坏时的受力状态

$$V_u=V_{cs}+V_{sb}=V_c+V_{sv}+V_{sb} \tag{5-16}$$

2）计算公式

（1）当仅配有箍筋时，斜截面受剪承载力计算公式：

$$V_u=V_c+V_{sv}=V_{cs} \tag{5-17}$$

根据试验结果分析统计，《规范》按 95%保证率取偏下限给出受剪承载力的计算公式如下：

对矩形、T 形和工形截面的一般梁：

$$V\leqslant V_{cs}=o.7f_tbh_0+f_{yv}\frac{A_{sv}}{s}h_0 \tag{5-18}$$

式中：V——构件斜截面上的最大剪力设计值；

V_{cs}——构件斜截面上混凝土和箍筋的受剪承载力设计值；

A_{sv}——配置在同一截面内箍筋各肢的全部截面面积，$A_{sv}=nA_{sv1}$；

n——在同一截面内箍筋肢数；

A_{sv1}——单肢箍筋的截面面积；

s——沿构件长度方向的箍筋间距；

f_t——混凝土轴心抗拉强度设计值；

f_{yv}——箍筋抗拉强度设计值；

b——矩形截面的宽度或 T 形截面和工形截面的腹板宽度。

对集中荷载作用下(包括作用有多种荷载，其中集中荷载对支座截面或节点边缘所产生的剪力值占总剪力值的 75%以上的情况)的矩形、T 形和工形截面的独立梁(没有和楼板整浇一起的梁，如吊车梁)，按下列公式计算：

$$V\leqslant V_{cs}=\frac{1.75}{\lambda+1}f_tbh_0+f_{yv}\frac{A_{sv}}{s}h_0 \tag{5-19}$$

式中：λ——计算截面的计算剪跨比，可取 $\lambda=\frac{M}{Vh_0}=\frac{a}{h_0}$，$a$ 为集中荷载作用点至支座截面或节点边缘的距离；当 $\lambda<1.5$ 时，取 $\lambda=1.5$；当 $\lambda>3$ 时，取 $\lambda=3$，此时，在集中荷载作用点与支座之间的箍筋应均匀配置。

T形和工形截面的独立梁忽略翼缘的作用，只取腹板的宽度作为矩形截面梁计算构件的受剪承载力，其结果偏于安全。

必须指出，由于配置箍筋后混凝土所能承受的剪力与无箍筋时所能承受的剪力是不同的，因此，对于上述二项表达式，虽然其第一项在数值上等于无腹筋梁的受剪承载力，但不应理解为配置箍筋梁的混凝土所能承受的剪力；同时，第二项代表箍筋受剪承载力和箍筋对限制斜裂缝宽度后间接抗剪作用。换句话说，对于上述二项表达式应理解为二项之和代表有箍筋梁的受剪承载力。

(2) 同时配置箍筋和弯起钢筋的梁。

弯起钢筋所能承担的剪力为弯起钢筋的总拉力在垂直于梁轴方向的分力，如图5-22所示，即 $V_{sb}=0.8f_yA_{sb}\sin\alpha_s$。系数0.8是考虑弯起钢筋在破坏时可能达不到其屈服强度的应力不均匀系数。因此，对于配有箍筋和弯起钢筋的矩形、T形和工形截面的受弯构件，其受剪承载力按下列公式计算：

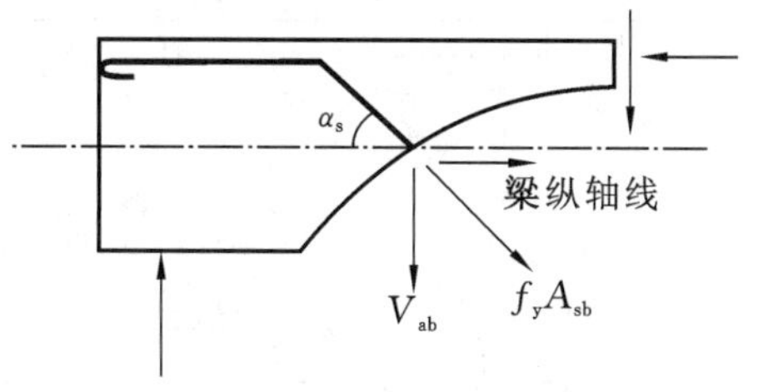

图5-22　弯起钢筋承担的剪力

$$V\leqslant V_u=V_{cs}+V_{sb}=V_{cs}+0.8f_yA_{sb}\sin\alpha_s \tag{5-20}$$

式中：V——剪力设计值；

V_{cs}——构件斜截面上混凝土和箍筋的受剪承载力设计值；

f_y——弯起钢筋的抗拉强度设计值；

A_{sb}——同一弯起平面内弯起钢筋的截面面积；

α_s——弯起钢筋与构件纵轴线之间的夹角，一般情况下 $\alpha_s=45°$，梁截面高度较大($h\geqslant$ 800 mm)时，取 $\alpha_s=60°$。

(3) 有腹筋梁的受剪承载力计算公式的适用范围。

为了防止发生斜压及斜拉这两种严重脆性的破坏形态，必须控制构件的截面尺寸不能过小及箍筋用量不能过少，为此规范给出了相应的控制条件。

① 上限值——最小截面尺寸。

当梁的截面尺寸较小而剪力过大时，可能在梁的腹部产生过大的主压应力，使梁腹产生斜压破坏。这种梁的承载力取决于混凝土的抗压强度和截面尺寸，不能靠增加腹筋来提高承载力，多配置的腹筋不能充分发挥作用。为了避免斜压破坏，同时也为了防止梁在使用阶段斜裂缝过宽(主要指薄腹梁)。对矩形、T形和工形截面的一般受弯构件，应满足下列条件：

当 $h_w/b\leqslant 4$ 时　$$V\leqslant 0.25\beta_c f_c bh_0 \tag{5-21}$$

当 $h_w/b\geqslant 6$ 时　$$V\leqslant 0.2\beta_c f_c bh_0 \tag{5-22}$$

当 $4<h_w/b<6$ 时，按直线内插法取用。

式中：V——构件斜截面上的最大剪力设计值；

β_c——高强混凝土的强度折减系数，当混凝土强度等级不大于C50级时，取 $\beta_c=1$；当混凝土强度等级为C80时，$\beta_c=0.8$，其间按线性内插法取值；

h_w——截面腹板高度，按图5-23所示规定采用；

b——矩形截面的宽度或T形截面和工形截面的腹板宽度。

对于薄腹梁，由于其肋部宽度较薄，所以在梁腹中部剪应力很大，与一般梁相比容易出现腹剪斜裂缝，裂缝宽度较宽，因此对其截面限值条件[式(5-22)]取值有所降低。

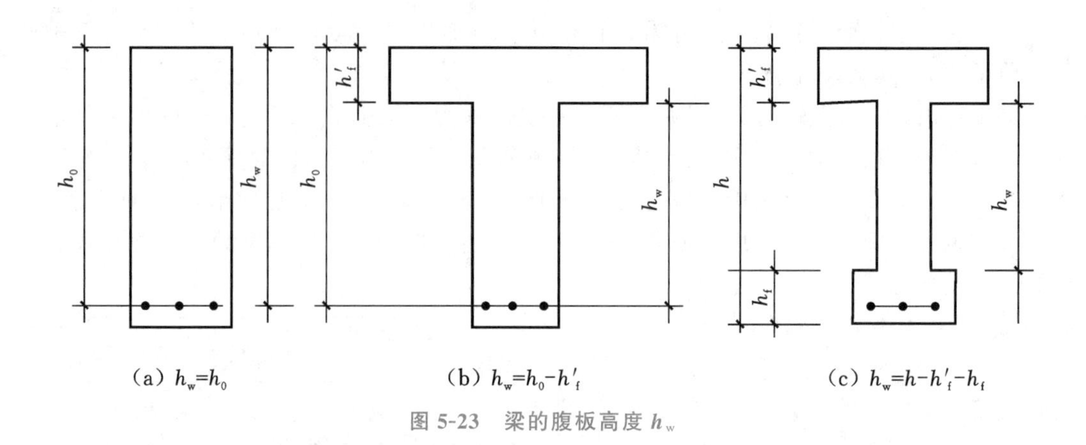

图 5-23　梁的腹板高度 h_w

② 下限值——最小配箍率。

当配箍率小于一定值时，斜裂缝出现后，箍筋不能承担斜裂缝截面混凝土退出工作释放出来的拉应力，而很快达到屈服，其受剪承载力与无腹筋梁基本相同，当剪跨比较大时，可能产生斜拉破坏。为了防止斜拉破坏，《规范》规定当 $V>V_c$ 时配箍率应满足：

$$\rho_{sv}=\frac{nA_{sv1}}{bs}\geqslant\rho_{svmin}=0.24f_t/f_{yv} \tag{5-23}$$

为控制使用荷载下的斜裂缝宽度，并保证箍筋穿越每条斜裂缝，《规范》规定了最大箍筋间距 S_{max}（见图 5-24）。

同样，为防止弯起钢筋间距太大，出现不与弯起钢筋相交的斜裂缝，使其不能发挥作用，《规范》规定当按计算要求配置弯起钢筋时，前一排弯起点至后一排弯终点的距离不应大于最大箍筋间距 S_{max}，且第一排弯起钢筋弯终点距支座边的间距也不应大于 S_{max}（见图 5-24）。

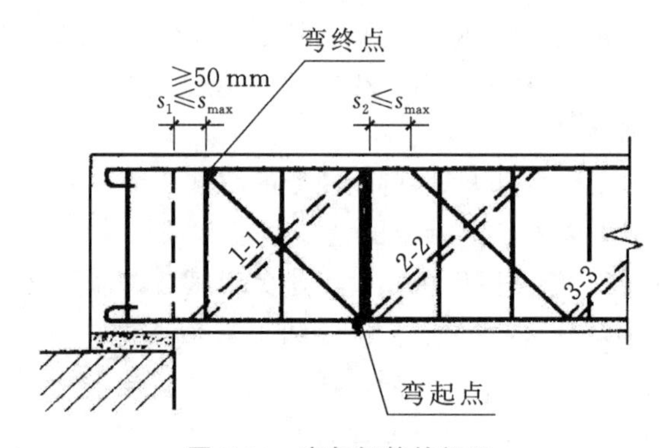

图 5-24　弯起钢筋的间距

例 5-4　一承受均布荷载的矩形截面简支梁，截面尺寸 $b\times h=200\ \text{mm}\times 500\ \text{mm}$，采用混凝土 C30，箍筋 HPB300 级，$a_s=35$ mm，当采用Φ8@200 箍筋时，双肢箍，见图 5-25，试求该梁能够承担的最大剪力设计值 V 为多少？

解　(1) 已知条件：

$h_0=(500-35)\text{mm}=465$ mm，混凝土 C30，查得：$f_c=14.3\ \text{N/mm}^2$，$f_t=1.43\ \text{N/mm}^2$，箍筋 HPB300 级，查得 $f_{yv}=270\ \text{N/mm}^2$，Φ8 双肢箍，查得 $A_{sv1}=50.3\ \text{mm}^2$，$n=2$。

(2) 假设次梁的截面尺寸和配箍率均满足要求，则其受剪承载力为：

$$V_{cs}=0.7f_cbh_0+1.25f_{yv}\frac{A_{sv}}{s}h_0=\left(\begin{array}{l}0.7\times1.43\times200\times465+1.25\\ \times270\times\frac{2\times50.3}{200}\times465\end{array}\right)\mathrm{N}$$

$=172032\ \mathrm{N}=172.03\ \mathrm{kN}$

$$V_u=V_{cs}=172.03\ \mathrm{kN}$$

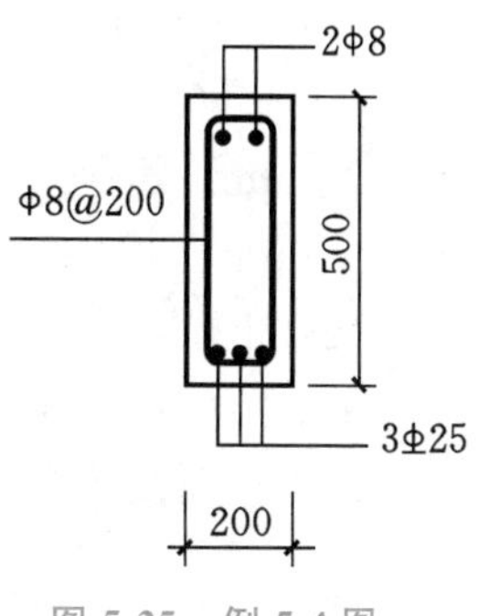

图 5-25　例 5-4 图

(3) 复核截面尺寸及配箍率。

$$h_w=h_0=465\quad\frac{h_w}{b}=\frac{465}{200}=2.33<4$$

$$0.25\beta_cf_cbh_0=0.25\times1\times14.3\times200\times465\ \mathrm{N}=332.48\ \mathrm{kN}>V_u=172.03\ \mathrm{kN}$$

截面尺寸满足要求,不会发生斜压破坏。

$$\rho_{sv}=\frac{nA_{sv}}{bs}=\frac{2\times50.3}{200\times200}=0.25\%>\rho_{sv,min}=0.24f_t/f_{yv}=0.24\times1.43/270=0.12\%$$

所以不会发生斜拉破坏。

所选箍筋直径和间距均满足要求。

所以该梁能承担的最大剪力设计值 $V=V_u=172.03\ \mathrm{kN}$。

例 5-5　如图 5-26 所示一钢筋混凝土简支梁,承受永久荷载标准值 $g_k=25\ \mathrm{kN/m}$,可变荷载标准值 $q_k=40\ \mathrm{kN/m}$,环境类别一类,采用混凝土 C25,箍筋 HPB300 级,纵筋 HRB335 级,按正截面受弯承载力计算得,选配 3Φ25 纵筋,试根据斜截面受剪承载力要求确定腹筋。

解　配置腹筋的方法有两种:只配置箍筋;同时配置箍筋和弯起钢筋。下面分别介绍:

方法一:只配置箍筋不配置弯起钢筋。

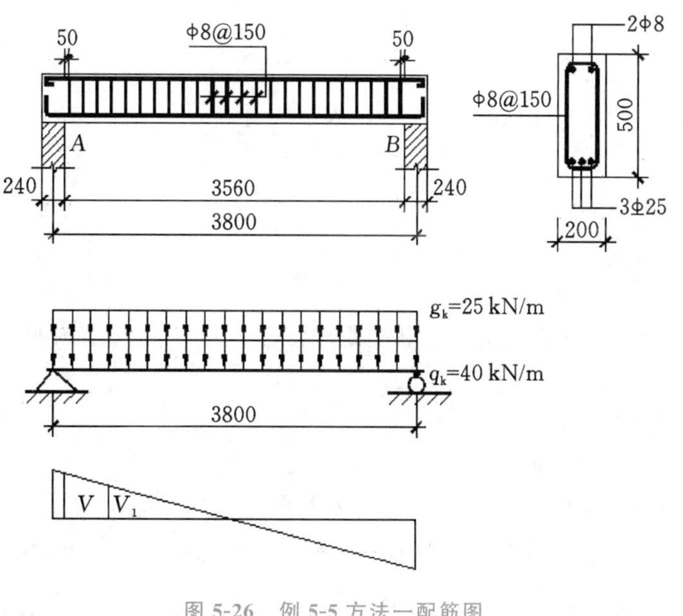

图 5-26　例 5-5 方法一配筋图

(1)已知条件：

$l_n=3.56$，$h_0=(500-35)\ \text{mm}=465\ \text{mm}$，混凝土 C25，查得 $f_c=11.9\ \text{N/mm}^2$，$f_t=1.27\ \text{N/mm}^2$，箍筋 HPB300 级，查得 $f_{yv}=270\ \text{N/mm}^2$，纵筋 HRB335 级，查得 $f_y=300\ \text{N/mm}^2$。

(2) 计算剪力设计值。

最危险的截面在支座边缘处，剪力设计值为：

以永久荷载效应组合为主：

$$V=\frac{1}{2}(\gamma_G g_k+\gamma_Q q_K)\times l_n=\frac{1}{2}(1.35\times 25+1.4\times 0.7\times 40)\times 3.56\ \text{kN}=130.12\ \text{kN}$$

以可变荷载效应组合为主：

$$V=\frac{1}{2}(\gamma_G g_k+\gamma_Q q_K)\times l_n=\frac{1}{2}(1.2\times 25+1.4\times 40)\times 3.56\ \text{kN}=153.08\ \text{kN}$$

两者取大值 $V=153.08\ \text{kN}$。

(3) 验算截面尺寸。

$$h_w=h_0=465 \qquad \frac{h_w}{b}=\frac{465}{200}=2.325<4$$

$$0.25\beta_c f_c bh_0=0.25\times 1\times 11.9\times 200\times 465\ \text{N}=276675\ \text{N}=276.675\ \text{kN}>V=153.08\ \text{kN}$$

截面尺寸满足要求。

(4) 判断是否需要按计算配置腹筋。

$$0.7f_t bh_0=0.7\times 1.27\times 200\times 465\ \text{N}=82677\ \text{N}=82.677\ \text{kN}<V=153.08\ \text{kN}$$

所以需要按计算配置腹筋

(5) 计算腹筋用量。

$$V\leqslant V_{cs}=0.7f_t bh_0+f_{yv}\frac{A_{sv}}{s}h_0$$

$$\frac{nA_{sv}}{s}=\frac{V-0.7f_t bh_0}{f_{yv}h_0}=\frac{153.08\times 10^3-0.7\times 1.27\times 200\times 465}{270\times 465}\text{mm}^2/\text{mm}=0.561\ \text{mm}^2/\text{mm}$$

选ϕ 8 双肢箍，$A_{sv1}=50.3\ \text{mm}^2$，$n=2$，代入上式得 $s\leqslant\frac{2\times 50.3}{0.561}\ \text{mm}=179\ \text{mm}$。

取 $s=150\ \text{mm}<S_{max}=200\ \text{mm}$。

(6) 验算配箍率。

$$\rho_{sv}=\frac{nA_{sv1}}{bs}=\frac{2\times 50.3}{200\times 150}=0.335\%>\rho_{sv,min}=0.24f_t/f_{yv}=0.163\%$$

配箍率满足要求，且所选箍筋直径和间距均符合构造要求，配筋图如图 5-26 所示。

方法二：既配置箍筋又配置弯起钢筋。

(1) 截面尺寸验算与方法一相同；

(2) 确定箍筋和弯起钢筋。

一般可先确定箍筋，箍筋的数量可参考设计经验和构造要求，本题选ϕ 6 @150，弯起钢筋利用梁底纵筋 HRB335，$f_y=300\ \text{N/mm}^2$，弯起角 $\alpha=45°$。

$$\rho_{sv}=\frac{nA_{sv1}}{bs}=\frac{2\times 28.3}{200\times 150}=0.1887\%>\rho_{sv,min}=0.24f_t/f_{yv}=0.145\%$$

$$V\leqslant V_u=V_{cs}+0.8f_y A_{sb}\sin\alpha$$

$$V_{cs}=0.7f_tbh_0+f_{yv}\frac{A_{sv}}{s}h_0=\left(0.7\times1.27\times200\times465+270\times\frac{2\times28.3}{150}\times465\right)\mathrm{N}$$

$$=130051\ \mathrm{N}=130.05\ \mathrm{kN}$$

$$A_{sb}\geqslant\frac{V-V_{cs}}{0.8f_y\sin\alpha}=\frac{153.08\times10^3-130.05\times10^3}{0.8\times300\times0.707}\mathrm{mm}^2=135.72\ \mathrm{mm}^2$$

实际从梁底弯起 1⌀25，$A_{sb}=491\ \mathrm{mm}^2$，满足要求，若不满足，应修改箍筋直径和间距。

上面的计算考虑的是从支座边 A 处向上发展的斜截面 $A—I$（见图 5-27），为了保证沿梁各斜截面的安全，对纵筋弯起点 C 处的斜截面 $C—J$ 也应该验算。根据弯起钢筋的弯终点到支座边缘的距离应符合 $S_1<S_{max}$，本例取 $S_1=50$ mm，根据 $\alpha=45°$可求出弯起钢筋的弯起点到支座边缘的距离为(50＋500－25－25－25)mm＝475 mm，因此 C 处的剪力设计值为：

$$V_1=\frac{0.5\times3.56-0.475}{0.5\times3.56}\times153.08\ \mathrm{kN}=112.23\ \mathrm{kN}$$

$$V\leqslant V_{cs}=0.7f_tbh_0+f_{yv}\frac{A_{sv}}{s}h_0$$

$$=166.88\ \mathrm{kN}>V_1=112.23\ \mathrm{kN}$$

$C—J$ 斜截面受剪承载力满足要求，若不满足，应修改箍筋直径和间距或再弯起一排钢筋，直到满足。既配箍筋又配弯起钢筋的情况见图 5-27。

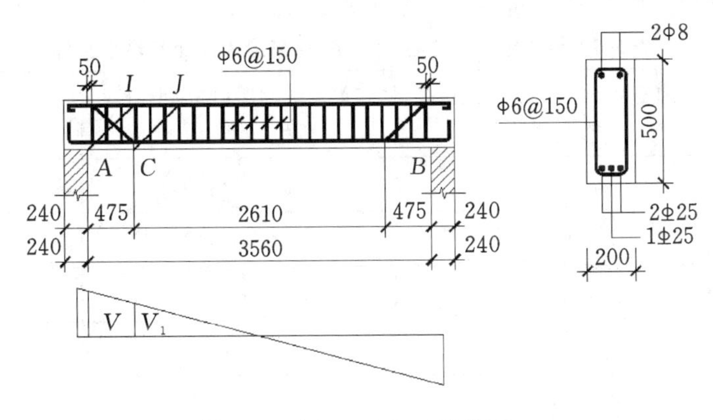

图 5-27　例 5-5 方法二配筋图

4. 箍筋的构造要求

1）箍筋的设置

当 $V\leqslant V_c$，按计算不需设置箍筋时，对于高度大于 300 mm 的梁，仍应按梁的全长设置箍筋；高度为 150～300 mm 的梁，可仅在梁的端部各 1/4 跨度范围内设置箍筋，但当梁的中部 1/2 跨度范围内有集中荷载作用时，则应沿梁的全长配置箍筋；高度为 150 mm 以下的梁，可不设箍筋。

梁支座处的箍筋应从梁边（或墙边）50 mm 处开始放置。

2）箍筋的直径

箍筋除承受剪力外，还能固定纵向钢筋的位置，并与纵向钢筋一起构成钢筋骨架，为使钢筋骨架具有一定的刚度，箍筋直径：梁高 $h\leqslant800$ 时，直径不小于 6 mm；梁高 $h>800$ 时，直径不小于 8 mm。当梁中配有计算需要的纵向受压钢筋时，箍筋直径还不应小于 $d/4$（d 为纵向受压钢筋的最大直径）。

3）箍筋的间距

（1）梁内箍筋的最大间距应符合表5-5的要求。

（2）当梁中配有按计算需要的纵向受压钢筋时，箍筋应做成封闭式；此时，箍筋的间距不应大于15d（d为纵向受压钢筋的最小直径），同时不应大于400 mm；当一层内的纵向受压钢筋多于5根且直径大于18 mm时，箍筋间距不应大于10d；当梁的宽度大于400 mm且一层内的纵向受压钢筋多于3根时，或当梁的宽度不大于400 mm但一层内的纵向受压钢筋多于4根时，应设置复合箍筋。

（3）梁中纵向受力钢筋搭接长度范围内的箍筋间距应符合《规范》规定。

表5-5　箍筋的最大间距S_{max}

梁高h	$V>0.7f_tbh_0$	$V\leqslant 0.7f_tbh_0$
$150<h\leqslant 300$	150	200
$300<h\leqslant 500$	200	300
$500<h\leqslant 800$	250	350
$h>800$	300	400

对于框架梁箍筋构造，应满足表5-6的要求。

表5-6　梁端箍筋加密区的长度、箍筋最大间距和最小直径

抗震等级	加密区长度（取较大值）/mm	箍筋最大间距（取最小值）/mm	箍筋最小直径/mm
一	$2.0h_b$，500	$h_b/4$，$6d$，100	10
二	$1.5h_b$，500	$h_b/4$，$8d$，100	8
三	$1.5h_b$，500	$h_b/4$，$8d$，150	8
四	$1.5h_b$，500	$h_b/4$，$8d$，150	6

注：表中d为纵向钢筋直径，h_b为梁截面高度。

梁端箍筋加密区长度、箍筋最大间距、箍筋最小直径做出规定，其目的是从构造上对框架梁塑性铰区的受压混凝土提供约束，并约束纵向受压钢筋，防止受压钢筋在保护层混凝土剥落后过早压屈，继而受压区混凝土被压溃。

4）箍筋的形式

箍筋通常有开口式和封闭式两种（见图5-28）。

对于T形截面梁，当不承受动荷载和扭矩时，在其跨中承受正弯矩区段内，可采用开口式箍筋。

除上述情况外，一般均应采用封闭式箍筋。在实际工程中，大多数情况下都是采用封闭式箍筋。

5）箍筋的肢数

箍筋按其肢数，分为单肢、双肢及四肢箍（见图5-29）。

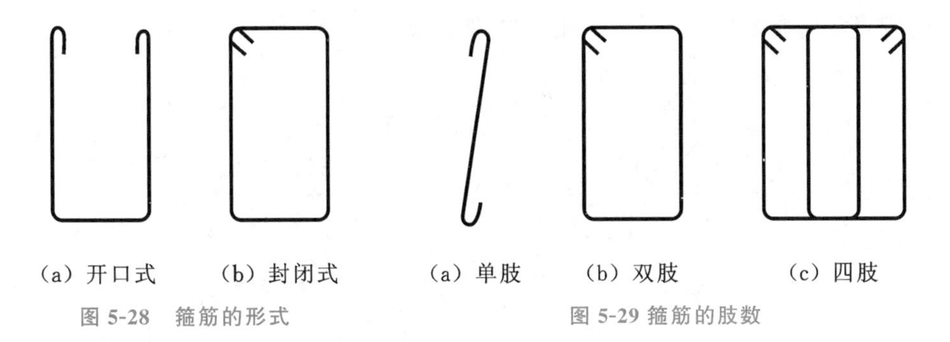

图 5-28 箍筋的形式　　图 5-29 箍筋的肢数

梁中箍筋肢数按顺剪力方向数。

采用图 5-30 所示形式的双肢箍或四肢箍时，钢筋末端应采用 135°的弯钩，且弯钩伸进梁截面内的平直段长度，对于一般结构，应不小于箍筋直径的 5 倍。

任务 2 梁平法识图

梁平法施工图系在梁平面布置图上采用平面注写方式或截面注写方式表达，如图 5-30 所示。

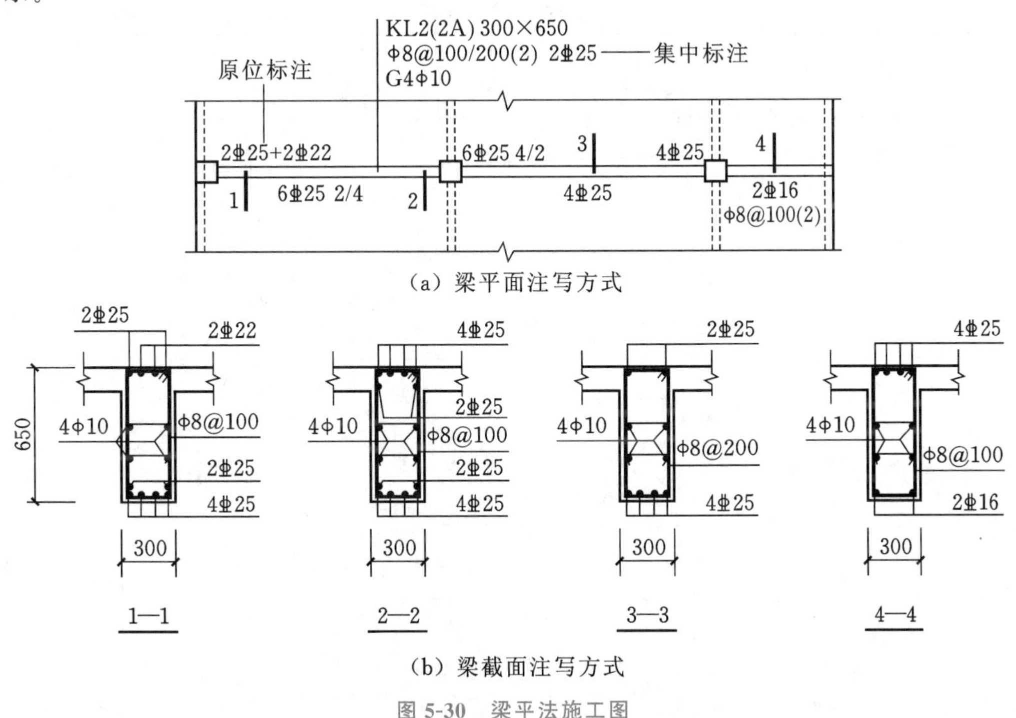

图 5-30 梁平法施工图

梁的平面注写方式，系在梁平面布置图上，分别在不同编号的梁中各选一根梁，在其上注写梁的截面尺寸和配筋的具体数值，包括集中标注和原位标注（见图 5-31）。集中标注表达梁的通用数值，原位标注表达梁的特殊数值。当集中标注中的某项数值不适用于梁的某部位时，则将该项数值用原位标注。使用时，原位标注取值优先。

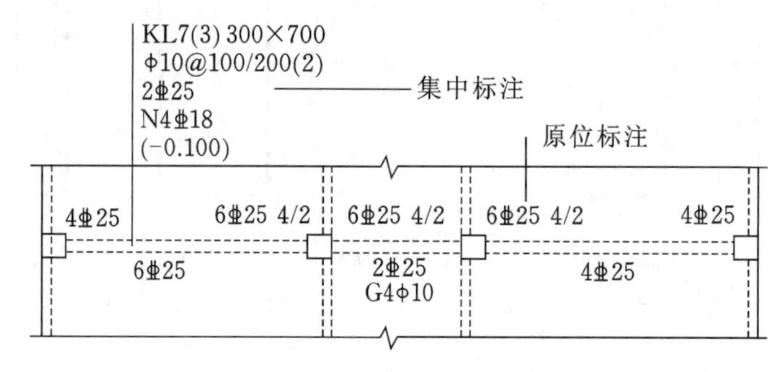

图 5-31　平面注写方式示例图

一、集中标注

集中标注可从梁的任意一跨引出。集中标注的内容，包括五项必注值和一项选注值。五项必注值包括：梁编号、梁截面尺寸、梁箍筋、梁上部通长筋或架立筋配置、梁侧面纵向构造钢筋或受扭钢筋配置；一项选注值为梁顶面标高高差。

1. 梁编号

梁编号由梁类型、代号、序号、跨数及有无悬挑几项组成，见表 5-7。

表 5-7　梁编号表

序号	梁类型	代号	序号	跨数及是否带有悬挑	节点位置三维视图	备注
1	楼层框架梁	KL	××	(××)、(xxA)或(xxB)		框架梁是指两端与框架柱相连的梁，或者两端与剪力墙相连但跨高比不小于 5 的梁。KL 指处于楼层的框架梁
2	楼层框架扁梁	KBL	××	(××)、(xxA)或(xxB)		梁宽大于梁高的框架梁
3	屋面框架梁	WKL	××	(××)、(xxA)或(xxB)		处于屋顶处的框架梁

续表

序号	梁类型	代号	序号	跨数及是否带有悬挑	节点位置三维视图	备注
4	框支梁	KZL	××	(××)、(xxA)或(xxB)	JD Q ZHZ KZL ZHZ	转换层中支撑上部剪力墙的梁。建筑物某层的上部与下部因平面使用功能不同，该楼层上部与下部采用不同结构类型，并通过该楼层进行结构转换，则该楼层称为结构转换层
5	托柱转换梁	TZL	××	(××)、(xxA)或(xxB)	KZ TZL	转换层中支撑上部柱的梁
6	非框架梁	L	××	(××)、(xxA)或(xxB)	KL KL KL L	支撑在框架梁上的梁
7	悬挑梁（纯悬挑梁）	XL	××		XL	一端埋在或者浇筑在支撑物上，另一端伸出挑出支撑物的梁
8	井字梁	JZL	××	(××)、(xxA)或(xxB)	井字梁 JZL 框架梁 KL	不分主次，高度相当的梁，同位相交，呈井字形的梁(格)

注：1.(××A)为一端有悬挑，(××B)为两端有悬挑，悬挑不计入跨数。

【例】KL7(5A)表示第7号框架梁，5跨，一端有悬挑；L9(7B)表示第9号非框架梁，7跨，两端有悬挑。

2.楼层框架扁梁节点核心区代号为KBH。

3.本图集中非框架梁L、井字梁JZL表示端支座为铰接；当非框架梁L、井字梁JZL端支座上部纵筋为充分利用钢筋的抗拉强度时，在梁代号后加“g”。

【例】Lg7(5)表示第7号非框架梁，5跨，端支座上部纵筋为充分利用钢筋的抗拉强度。

4.当非框架梁L按受扭设计时，在梁代号后加“N”。

【例】LN5(3)表示第5号受扭非框架梁，3跨。

2. 梁截面尺寸

等截面梁用 $b \times h$ 表示；竖向加腋梁用 $b \times h$、GY$c_1 \times c_2$表示（其中 c_1 为腋长，c_2 为腋高），见图5-32(a)；水平加腋梁用 $b \times h$、PY$c_1 \times c_2$表示（其中 c_1 为腋长，c_2 为腋宽），见图5-32(b)；悬挑梁当根部和端部不同时，同 $b \times h_1/h_2$ 表示（其中 h_1 为根部高，h_2 为端部高），见图5-33。

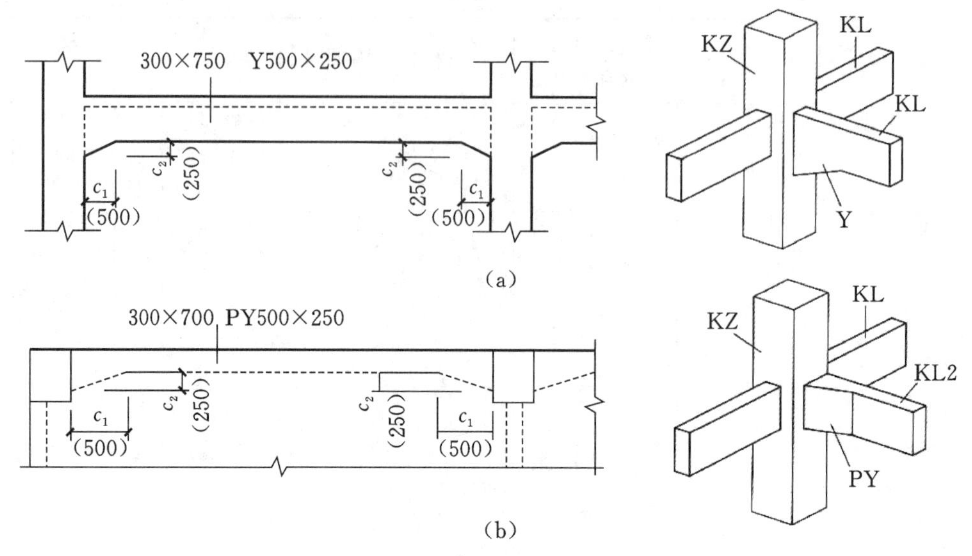

图 5-32 加腋梁截面尺寸注写示意图

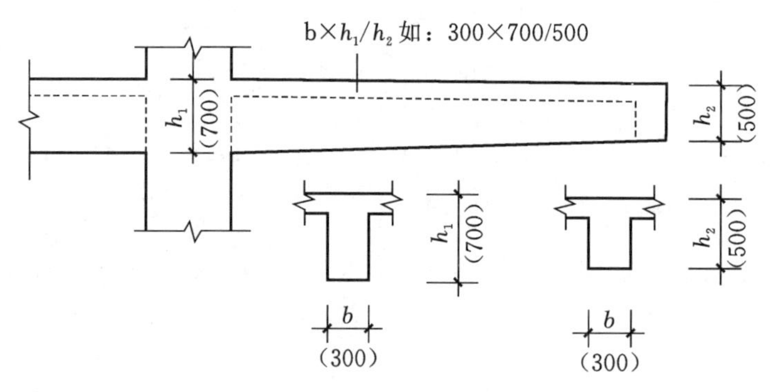

图 5-33 悬挑梁不等高截面尺寸注写图

3. 梁箍筋

根据钢筋的位置和作用不同，梁中钢筋一般有：上部钢筋（抗弯和骨架作用）、中间侧部钢筋（抗裂和抗扭作用）、下部钢筋（抗弯和骨架作用）、箍筋（抗剪和骨架作用）及吊筋和附加箍筋（抵抗集中力带来的剪力）（见图 5-34）。

抗震结构中的框架梁箍筋的表示包括钢筋级别、直径、加密区与非加密区间距及肢数。箍筋加密区与非加密区的不同间距及肢数需用斜线"/"分隔，如果加密区和非加密区的箍筋肢数不同，要分别写在各间距后的括号内，若相同只要最后写一次。箍筋加密区长度按相应抗震等级的标准构造详图采用。

如：φ10@200(2)表示Ⅰ级钢筋、直径 10 mm、间距 200 mm、双肢箍；

φ8@100/150(2)表示Ⅰ级钢筋、直径 8 mm、加密区间距 100 mm、非加密区间距 150 mm，均为双肢箍；

φ10@100(4)/150(2)表示Ⅰ级钢筋、直径 10 mm、加密区间距 100 mm 为四肢箍、非加密区间距 150 mm 为双肢箍。

当抗震结构中的非框架梁、悬挑梁、井字梁、基础梁，以及非抗震结构中的各类梁采用不

图 5-34　梁钢筋骨架

同的箍筋间距及肢数时，也用斜线“/”将其分隔开来。注写时，先注写梁支座端部的箍筋（包括箍筋的箍数、钢筋级别、直径、间距与肢数），在斜线后注写梁跨中部分的箍筋间距及肢数。

如：15ф10@150/200(4)表示Ⅰ级钢筋，直径 10 mm，梁的两端各有 15 道四肢箍，间距 150 mm，梁的中部间距 200 mm，均为四肢箍。

18ф12@150(4)/200(2)，表示箍筋为Ⅰ级钢筋，直径为 12；梁的两端各有 18 道，四肢箍，间距为 150 mm；梁跨中部分，间距为 200 mm，双肢箍。

9ф14@100/12ф14@150/ф14@200(4)，表示箍筋直径为 14 mm，Ⅰ级钢筋，从梁两端向跨内，间距为 100 mm 的 9 道，间距是 150 的 12 道，剩下中间部分的箍筋间距皆为 200 mm，均为 4 肢箍。

4. 梁上部通长筋或架立筋配置

上部通长筋即是全跨通长，当超过钢筋的定尺长度时，中间用焊接、搭接或机械连接方式接长，这是抗震梁的构造要求。架立筋一般与支座负筋连接，只起骨架作用。

所注规格及根数应根据结构受力要求及箍筋肢数等构造要求而定。

（1）当同排纵筋中既有通长筋又有架立筋时，应用加号“＋”将通长筋和架立筋相连。注写时须将角部纵筋写在加号的前面，架立筋写在加号后面的括号内，以示不同直径及与通长筋的区别。

如：2ф20＋(4ф12)，其中 2ф20 为通长筋，4ф12 为架立筋。

（2）当梁的上部纵筋和下部纵筋均为全跨相同，且多数跨配筋相同时，可加注下部纵筋的配筋值，用分号“；”将上部与下部纵筋的配筋值分隔。

如：3ф14；3ф18 表示梁的上部配置 3ф14 的通长筋，下部配置 3ф18 的通长筋。

5. 梁侧面纵向构造钢筋或受扭钢筋配置

（1）当梁腹板高度 H_w＞450 mm 时，须配置符合规范规定的纵向构造钢筋。此项注写值以大写字母 G 打头，注写总数，且对称配置。

如：G4ф12，表示梁的两个侧面共配置 4ф12 的纵向构造钢筋，两侧各配置 2ф12。

（2）当梁侧面需配置受扭纵向钢筋时，此项注写值以大写字母N打头，注写总数，且对称配置。

如：N4⏀18，表示梁的两个侧面共配置4⏀18的受扭纵向钢筋，两侧各配置2⏀18。

当配置受扭纵向钢筋时，不再重复配置纵向构造钢筋，但此时受扭纵向钢筋应满足规范对梁侧面纵向构造钢筋的间距要求。

6. 梁顶面标高高差

此项为选注值。当梁顶面标高不同于结构层楼面标高时，需要将梁顶面标高相对于结构层楼面标高的高差值注写在括号内，无高差时不注。高于楼面为正值，低于楼面为负值。

如：(－0.050)，表示该梁顶面标高比该楼层的结构层标高低0.05 m。

二、原位标注

原位标注的内容包括：梁支座上部纵筋、梁下部纵筋、附加箍筋或吊筋。

1. 梁支座上部纵筋

原位标注的梁支座上部纵筋应为包括集中标注的通长筋在内的所有钢筋。

（1）当梁支座上部钢筋多于一排时，用斜线“/”将各排纵筋自上而下分开。

如：6⏀20 4/2表示支座上部纵筋共两排，上排4⏀20，下排2⏀20。

（2）同排纵筋有两种直径时，用加号“＋”将两种直径的纵筋相连，且角部纵筋写在前面。

如：2⏀25＋2⏀22表示支座上部纵筋共四根一排放置，其中角部2⏀25，中间2⏀22。

（3）当梁中间支座左右的上部纵筋相同时，仅在支座的一边标注配筋值；否则，须在两边分别标注。

2. 梁下部纵筋

与上部纵筋标注类似，多于一排时，用斜线“/”将各排纵筋自上而下分开。同排纵筋有两种不同直径时，用加号“＋”将两种直径的纵筋相连，且角部纵筋写在前面。

如：6⏀25 2/4表示下部纵筋共两排，上排2⏀25，下排4⏀25，全部伸入支座。

当梁下部纵筋不全伸入支座时，将梁支座下部纵筋减少的数量写在括号内。

如：6⏀25 2(－2)/4表示上排纵筋2⏀25，不伸入支座，下排纵筋4⏀25，全部伸入支座；2⏀25＋2⏀22(－2)/5⏀25，表示梁下部纵筋共有两排，上排2⏀25和2⏀22，其中2⏀22不伸入支座，下排是5⏀25，全部伸入支座。

3. 附加箍筋或吊筋

附加箍筋和吊筋直接画在平面图中的主梁上，用线引注总配筋值（附加箍筋的肢数注在括号内）。当多数附加箍筋或吊筋相同时，可在图中统一说明，少数与统一说明不一致者，再原位引注，图5-35中，配有吊筋2⏀18，图5-36中配有箍筋8ϕ10（两边各4根），双肢箍。

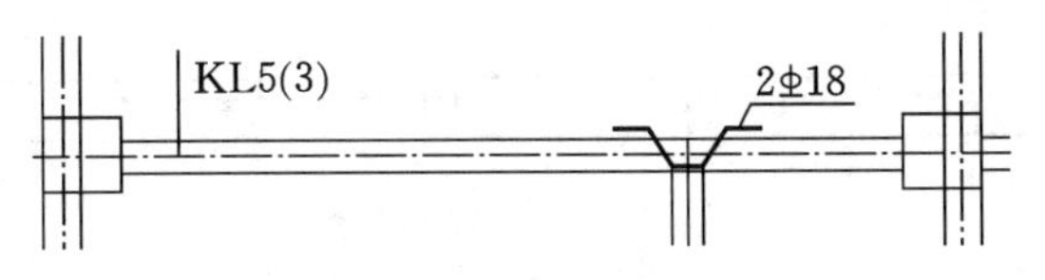

图 5-35　梁吊筋标注示例

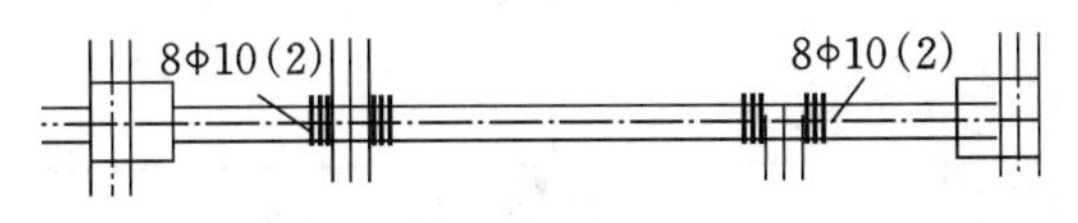

图 5-36　梁附加箍筋示例

例 5-6　某梁的平法施工图见图 5-37，解读图中内容。

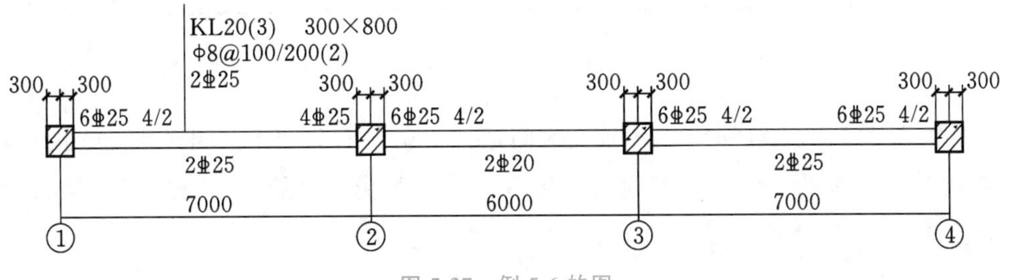

图 5-37　例 5-6 的图

解

(1) 从集中标注中读到：

此梁为框架梁，序号 20；3 跨；矩形截面尺寸是 300 mm×800 mm；箍筋为一级钢筋，直径 8 mm，加密区间距是 100 mm，非加密区间距是 200 mm，双肢箍；上部两根通长筋为三级钢筋，直径为 25 mm。

(2) 从原位标注中读到：

从左至右依次称为 1 跨、2 跨、3 跨。

① 1 跨左支座上部有 6Φ25 纵筋(包括 2 根通长筋)，共两排，上排 4Φ25，下排 2Φ25；1 跨跨中底部有 2Φ25 纵筋；1 跨右支座上部有 4Φ25 纵筋(包括 2 根通长筋)。

② 2 跨左支座上部有 6Φ25 纵筋(包括 2 根通长筋)，共两排，上排 4Φ25，下排 2Φ25；2 跨跨中底部有 2Φ20 纵筋；2 跨右支座上部和 3 跨左支座上部配筋相同，配有 6Φ25 纵筋(包括 2 根通长筋)，上排 4Φ25，下排 2Φ25。

③ 3 跨跨中底部有 2Φ25 纵筋；3 跨右支座配有 6Φ25 纵筋(包括 2 根通长筋)，上排 4Φ25，下排 2Φ25。

从以上叙述可知，原位标注的梁支座上部纵筋应为包括集中标注的通长筋。

例 5-7　某梁的平法施工图见图 5-38，解读图中的内容。

(1) 从集中标注中读到：

此梁为框架梁，序号 7；3 跨；矩形截面尺寸是 300 mm×700 mm，加腋部分，腋长

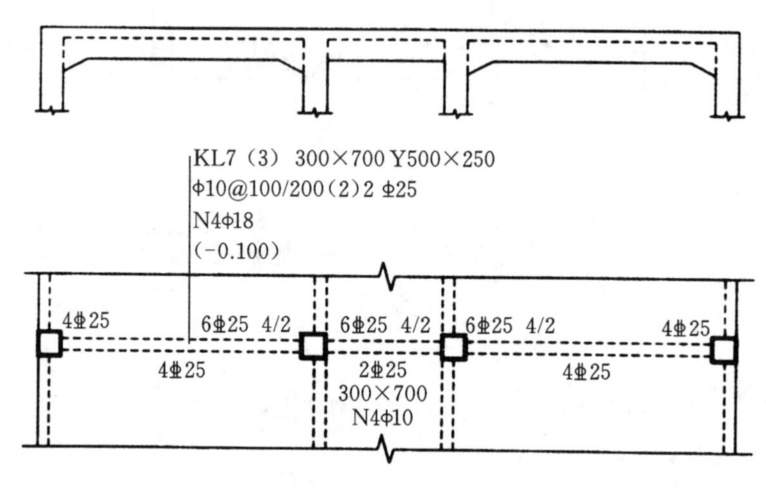

图 5-38 例 5-7 的图

500 mm，腋高 250 mm；箍筋为Φ10，加密区间距为 100 mm，非加密区间距为 200 mm，均为双肢箍；上部通长筋为 2Φ25；梁中部侧面配有 4Φ18 的受扭纵筋，即两边各配 4Φ18；梁顶面标高比该结构层的楼面标高低 0.1 m。

（2）从原位标注中读到：

① 1 跨左支座上部配有 4Φ25 纵筋；跨中底部配有 4Φ25 纵筋；右支座配有 6Φ25 纵筋，其中上排 4 根，下排 2 根。

② 2 跨全跨上部配筋相同，皆为 6Φ25，上排 4 根，下排 2 根；侧面配有 4Φ10 的受扭钢筋；纵筋底部配有 2Φ25 的纵筋；截面尺寸是 300 mm×700 mm（不加腋）。

③ 3 跨和 1 跨配筋对称，不再赘述。

从以上叙述可知，当集中标注不适合某跨时，该跨要以原位标注为准。

例 5-8 某梁的平法施工图见图 5-39，解读图中的内容。

解

（1）从集中标注中读到：

此梁为非框架梁，序号 2，2 跨；截面尺寸是 200 mm×400 mm；箍筋为Φ10，间距 200 mm，双肢箍。

（2）从原位标注中读到：

① 1 跨左支座上部配有 2Φ20 纵筋，跨中上部配有 2Φ16 的架立筋；跨中下部配有 2Φ25 的纵筋；右支座上部配有 2Φ20 的纵筋。

② 2 跨配筋与 1 跨相同，截面尺寸为 200 mm×200 mm；顶面标高比该结构层的楼面标高低0.2 m。

某建筑的 15.870～26.670 处梁平法施工图整体表示，如图 5-40 所示。从图中可看出，整体表示内容除单根梁的集中标注和原位标注外，还要表示楼层的标高、所在的层数、梁的平面位置等。

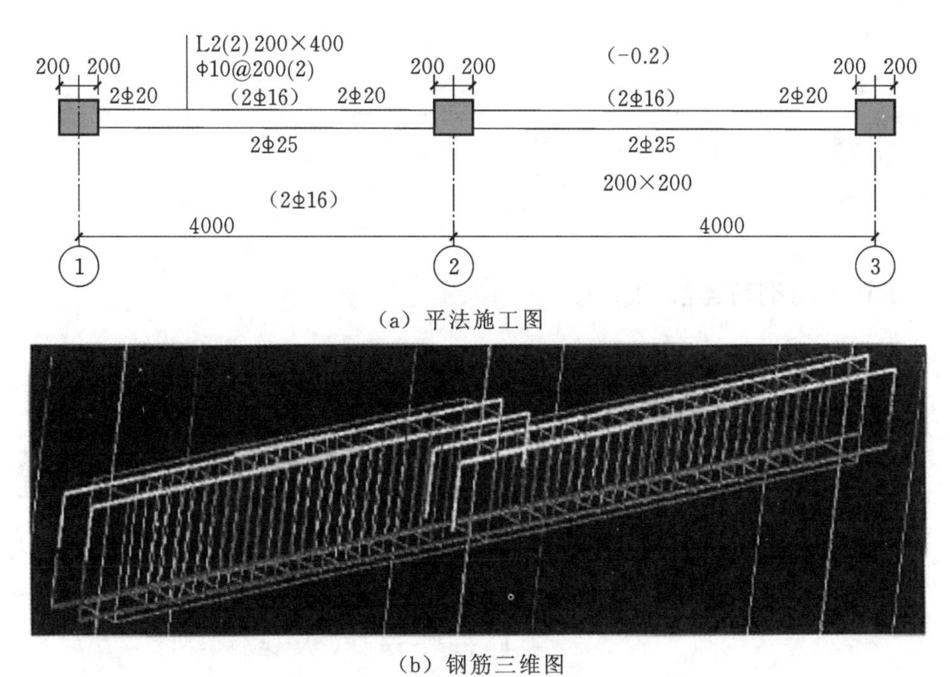

（a）平法施工图

（b）钢筋三维图

图 5-39　例 5-8 的图

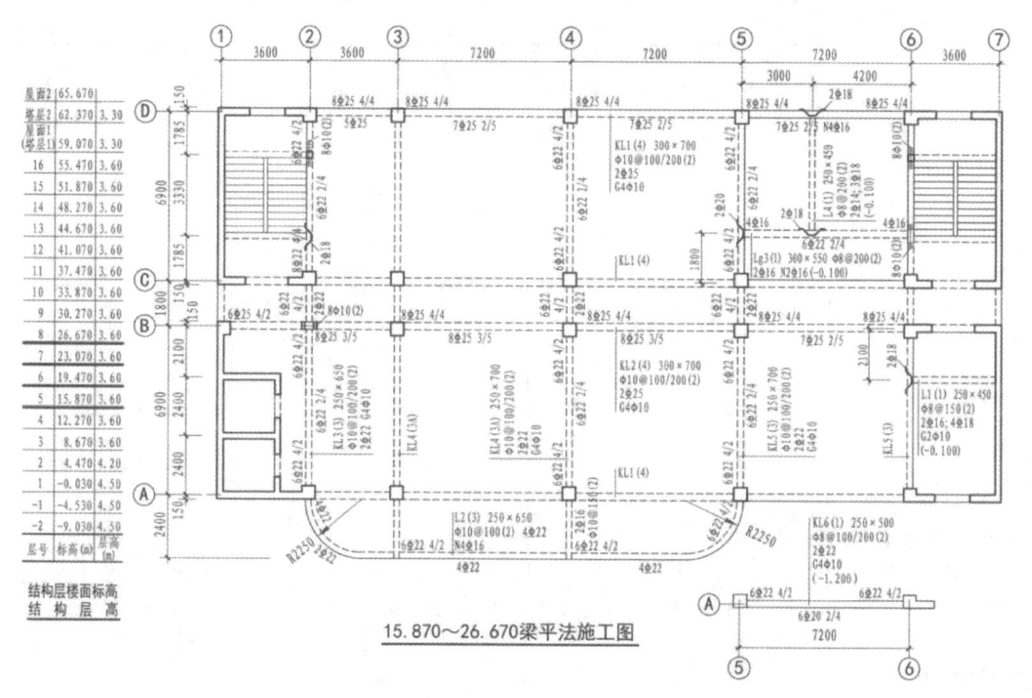

图 5-40　梁平法施工图整体表示示例

任务3 梁构造详图

一、KL纵向钢筋连接构造

1. 上部和下部纵筋构造

上部和下部纵筋构造如图5-41、图5-42所示。

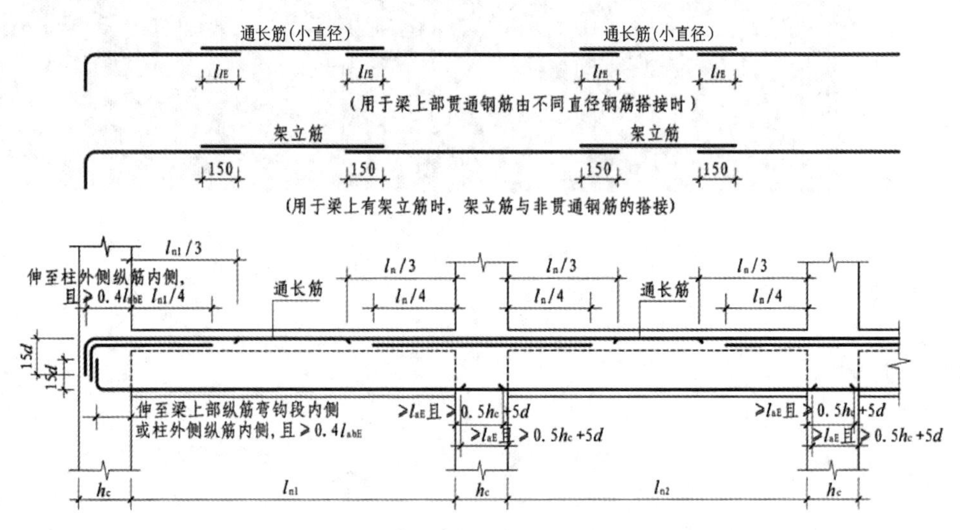

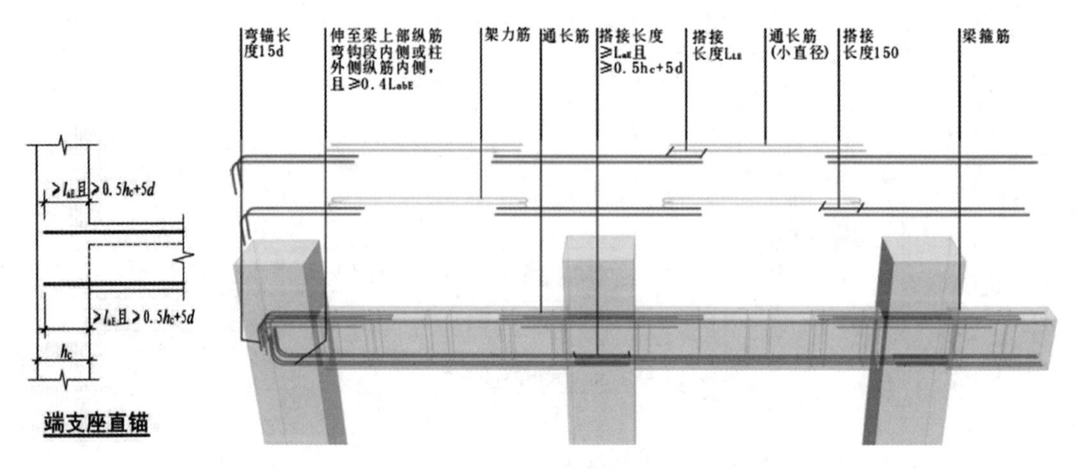

图5-41 楼层框架梁纵向钢筋构造

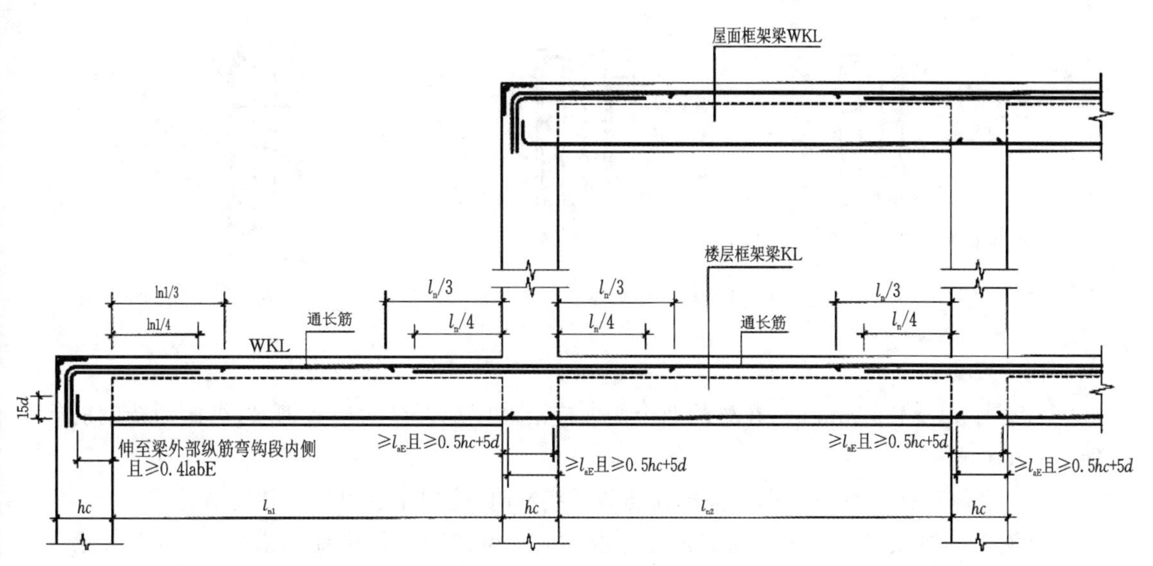

图 5-42　局部带屋面框架梁纵向钢筋构造

构造要点(支座是剪力墙除外)：

(1) l_n 表示梁的净跨度值：对于端跨，l_n 为本跨净长，即 l_{n1}；对于中间跨，l_n 为 l_{ni} 和 l_{ni+1} 之较大值，其中 $i=1,2,3,\cdots$。

(2) h_c为框架柱截面沿框架方向的高度。

(3) 通长筋是“抗震构造”需要。通长钢筋指直径不一定相同但必须采用搭接、焊接或机械连接接长且两端一定在端支座锚固的钢筋。

(4) 梁上部通长钢筋与非贯通钢筋直径相同时，连接位置宜在跨中 $l_{ni}/3$ 范围内。梁下部钢筋的连接位置宜位于支座 $l_{ni}/3$ 范围内；且在同一连接区段内钢筋接头面积百分率不宜大于 50%。

(5) 端支座上部钢筋伸至柱外侧纵筋内侧，且≥$0.4l_{abE}$，然后弯锚 $15d$；端跨第一排支座负筋的延伸长度为净跨的 1/3，即 $l_{n1}/3$。第二排支座负筋的延伸长度为净跨的 1/4，即 $l_{n1}/4$。

(6) 中间支座第一排负筋向两跨延伸长度为 $l_n/3$；中间支座第二排负筋向两跨延伸长度为 $l_n/4$。

(7) 架立钢筋与支座负筋的搭接长度为 150 mm。

(8) 下部纵筋伸至上部纵筋弯钩的内侧或柱外侧纵筋内侧，且≥$0.4l_{abE}$，然后弯锚 $15d$。

(9) 下部纵筋伸至中间支座的长度为 $\max(0.5h_c+5d, l_{aE})$。

(10) 上部纵筋、下部纵筋在端支座直锚长度为 $\max(0.5h_c+5d, l_{aE})$。

(11) 当上柱截面尺寸小于下柱截面尺寸时，上部纵筋的锚固长度起算位置应为上柱内边缘，梁下部纵筋的锚固长度起算位置为下柱内边缘。

(12) 屋面框架梁和楼层框架梁纵筋构造的区别在于，上部纵筋在端支座伸至柱外侧纵筋的内侧，弯至梁底。上述的支座是指框架柱。

2. 腰部侧面纵筋的构造

腰部侧面纵筋的构造如图 5-43 所示。

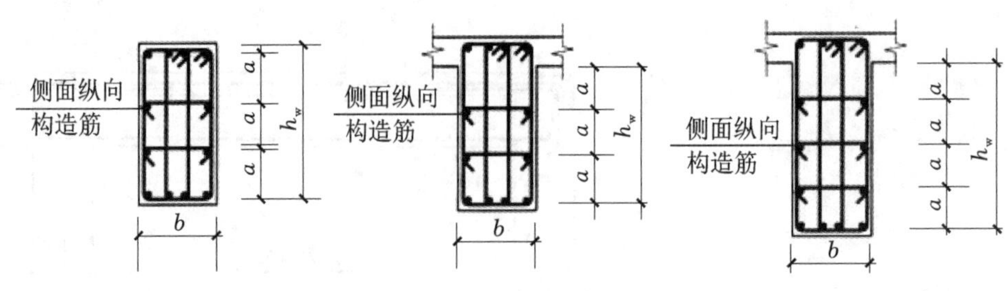

图 5-43 梁侧面纵向构造筋和拉筋

构造要点：

（1）当 h_w≥450 mm 时，在梁的两个侧面应沿高度配置纵向构造钢筋；纵向构造钢筋间距 a≤200 mm。

（2）当侧面配有直径不小于构造纵筋的受扭筋时，受扭钢筋可以代替构造钢筋。

梁侧面构造纵筋的搭接与锚固长度可取 $15d$。梁侧面受扭纵筋的搭接长度：框架梁为 L_{lE}，非框架梁为 L_l，其锚固长度为 L_{aE} 或 L_a，锚固方式同梁下部纵筋。

（3）当梁宽≤350 mm 时，拉筋直径为 6；梁宽＞350 mm 时，拉筋直径为 8 mm。

拉筋间距为非加密区箍筋间距的 2 倍；当设有多排拉筋时，上下两排拉筋竖向错开布置。

二、箍筋构造

梁箍筋构造如图 5-44 所示。

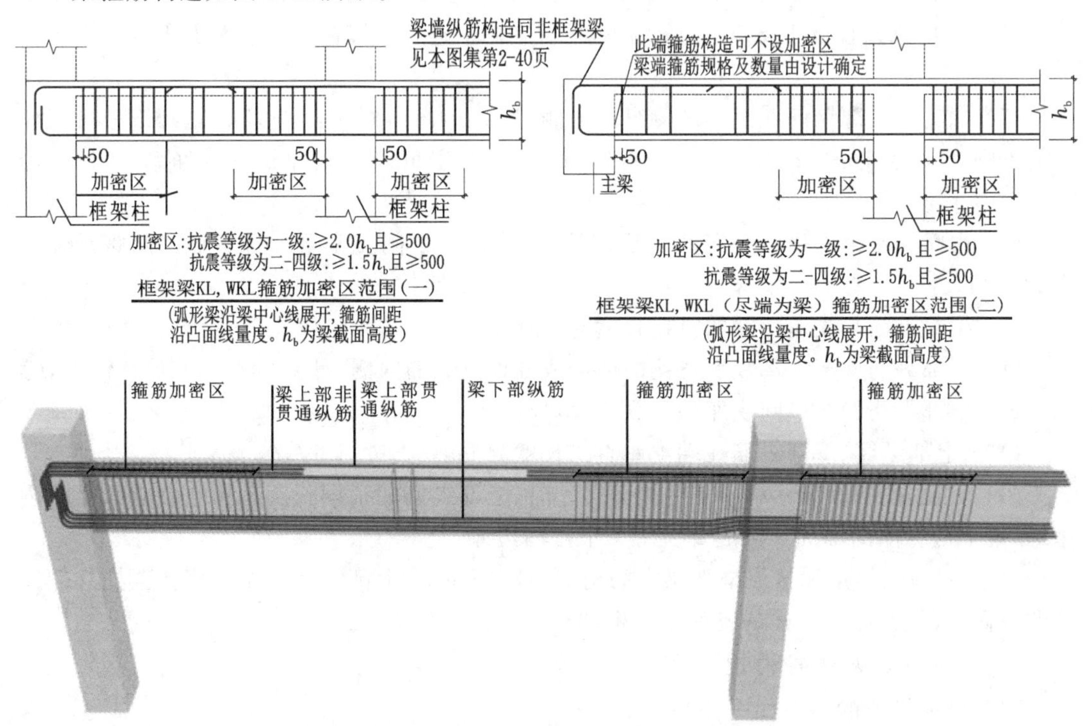

图 5-44 框架梁（KL、WKL）箍筋加密区范围

构造要点：

(1) 箍筋加密区：抗震等级为一级：$\geqslant 2.0h_b$，且$\geqslant$500 mm；抗震等级为二～四级：$\geqslant 1.5h_b$，且$\geqslant$500 mm。

(2) 第一根箍筋距支座边缘 50 mm；当框架梁支座为主梁时，此端箍筋是否加密由设计者定。

三、悬挑梁构造

悬挑梁钢筋构造如图 5-45 所示。

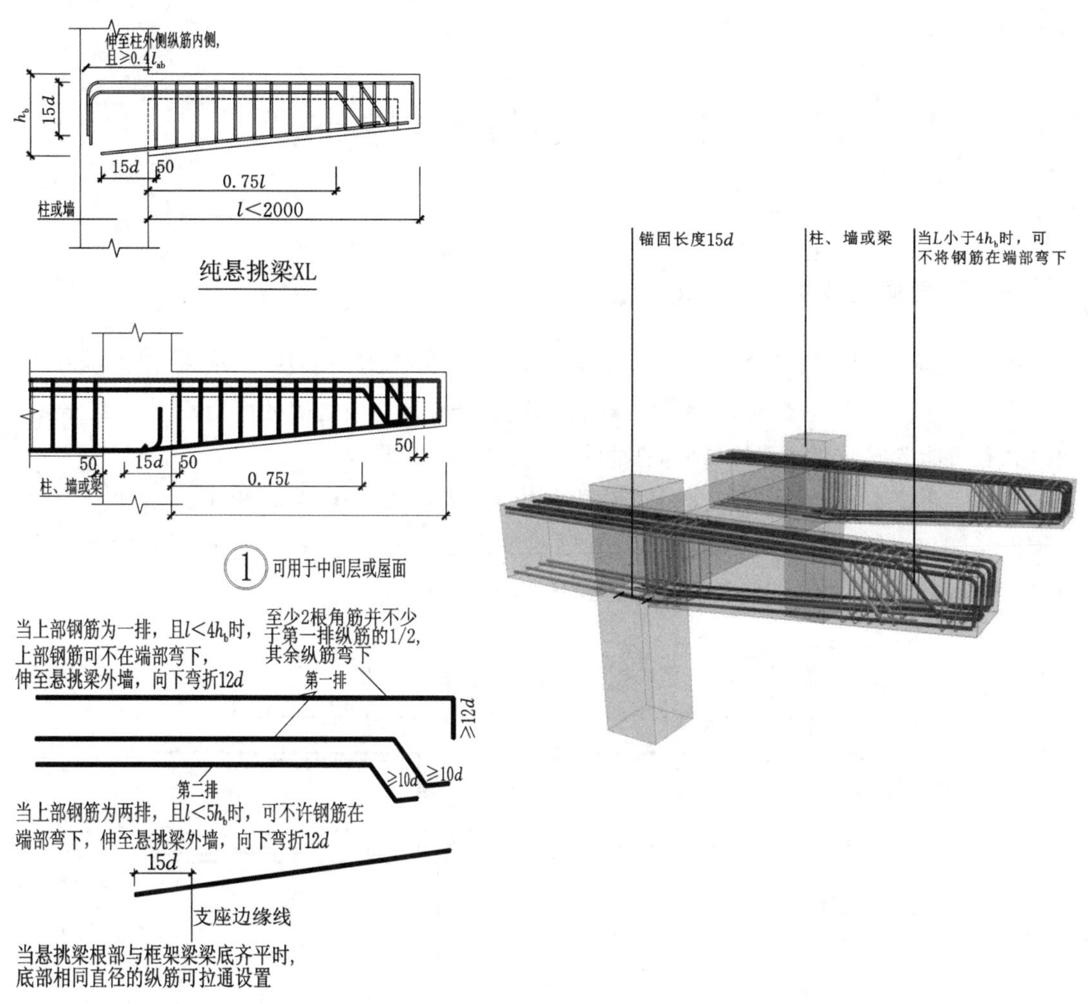

图 5-45 纯悬挑梁及梁的悬挑端部钢筋构造

构造要点：

(1) 悬挑梁上部钢筋可不在端部弯下的情况：

① 上部钢筋为一排，且 $l<4h_b$ 时；

② 上部钢筋为两排，且 $l<5h_b$ 时。

当满足上面①或②条件时，上部钢筋可不将钢筋在端部弯下，伸至悬挑梁外端向下弯

折 $12d$。

(2) 悬挑梁上部钢筋可弯下的情况。

除上述(1)外的其他情况，上部纵筋可在端部弯下。但必须满足以下要求：第一排纵筋中至少2根角筋，并不少于上排纵筋的1/2不弯下。

(3) 悬挑梁底部钢筋构造。

悬挑梁底部纵筋伸进支座为 $15d$；当悬挑梁根部与框架梁梁底齐平时，底部相同直径的纵筋可拉通设置；当悬挑梁考虑竖向地震作用时（由设计明确），悬挑梁下部钢筋伸入支座长度需要时 $15d$ 改为 l_{aE}（由设计明确）。

任务4 梁中钢筋预算量计算规则

一、楼层框架梁中钢筋计算规则

根据抗震楼层框架梁的构造详图，可知端部的纵筋弯锚时，按"1、2、3、4"方案，见图5-46(a)，即按上部第一排，上部第二排，下部第一排，下部第二排，且它们之间的净距不小于25 mm，这样就有可能造成下部纵筋的水平端长度小于 $0.4l_{abE}$ 的后果。

根据工程技术人员的实际经验，以及同结构设计人员深入探讨，提出了"1,2,1,2"的垂直层次，见图5-46(b)，即上、下部第一排在同一垂直面弯锚，第二排也在同一垂直面弯锚。这样，可以避免出现纵筋伸入水平段长度小于 $0.4l_{abE}$ 的现象。

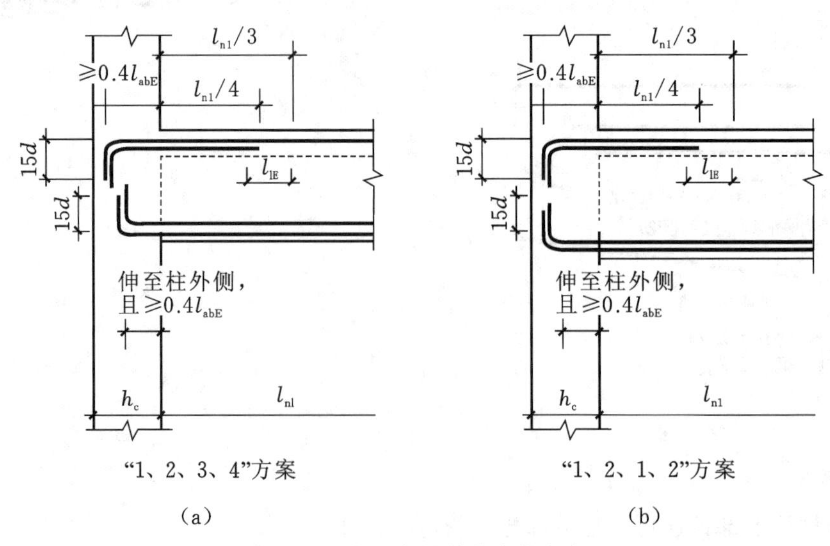

图5-46 梁端部纵筋的弯锚方案

1. 上部通长筋单根长度计算

若是相同直径钢筋连接而成，则：

单根长度＝两边支座之间的净长＋伸入两边支座的锚固长度
＋搭接长度×搭接个数(焊接或机械连接为零)

若是不同直径钢筋连接而成，则要分别计算。

其中：

边支座锚固长度有两种情况：$h_c - c_{柱} - d_{柱箍} - d_{柱纵} \geq l_{aE}$，是直锚，锚固长度为 $\max(0.5h_c + 5d, l_{aE})$；否则为弯锚，弯锚时第一排纵筋锚固长度＝$\max(h_c - c_{柱} - d_{柱箍} - d_{柱纵} - 25, 0.4l_{abE}) + 15d$。第一排和第二排的纵筋伸入支座的水平段长度差一个净距，为 25 mm。

上述式中：h_c——边柱顺梁跨度方向长度；

$c_{柱}$——柱箍筋保护层厚度；

l_{aE}——纵筋抗震直锚长度；

l_{abE}——纵筋抗震基本锚固长度；

$d_{柱箍}$——柱的箍筋直径；

$d_{柱纵}$——柱纵筋直径；

d——梁中锚固纵筋的直径；

25——柱纵筋与梁锚固纵筋端头之间的净距。

2. 边支座负筋的长度(上部非通长筋)计算

单根长度＝延伸到跨内的净长＋伸入边支座的锚固长度

其中：延伸到跨内的净长按梁的构造详图规定取值，即第一排取 $l_{n1}/3$，第二排取 $l_{n1}/4$，此时的 L_{n1} 为边跨的净跨；伸入边支座的锚固长度同上部通长筋规定。

3. 中间支座负筋的长度计算

单根长度＝伸入左右跨内的净长＋中间支座的宽度

其中：伸入左右跨内的净长也是第一排取 $l_n/3$，第二排取 $l_n/4$，此时的 l_n 为支座左右净跨的较大值。

4. 下部通长筋长度计算

单根长度计算规则同上部通长筋。

5. 梁下部非通长筋长度计算

单根长度＝净跨＋两端锚固长度

锚固长度：中间支座的锚固长度＝$\max(0.5h_c + 5d, l_{aE})$；边支座锚固长度同上部通长筋中的规定。

6. 腰部构造筋长度计算

单根长度＝净长＋两端锚固长度$(15d \times 2)$

7. 腰部抗扭钢筋的长度计算

同下部通长筋长度计算规则。

8. 箍筋计算

1) 单根长度

梁中箍筋单根长度计算规则同柱中箍筋计算规则。

2）箍筋根数计算

每跨箍筋根数＝加密区根数＋非加密区根数

加密区根数＝[(加密区长度－50)/加密区箍筋间距＋1]×2

非加密区根数＝非加密区长度/非加密区箍筋间距－1

加密区长度、非加密区长度见梁构造详图或根据施工图规定。

注意：附加箍筋另外计算。

9. 拉结筋长度计算

根据拉结筋是勾到箍筋的外侧还是勾到纵筋的外侧，单根长度计算有所不同，可参照剪力墙中拉筋和基础梁中拉筋的计算规则。

二、屋面框架梁中钢筋计算规则

屋面框架梁中钢筋和楼层框架梁中的钢筋计算主要不同点是：边支座处上部纵筋构造不同。

屋面框架梁边支座上部纵筋只有弯锚没有直锚（支座是剪力墙时除外），弯锚的形式有两种：一种是支座负筋弯至梁底且不小于 $15d$；第二种是支座负筋下弯至少 $1.7l_{abE}$。

第一种情况支座负筋的计算

单根长度$=\max(h_c-c_{柱}-d_{柱箍}-d_{柱纵}-25, 0.4l_{abE})+h_b-c_{梁}+$伸入跨内净长

第二种情况支座负筋的计算

单根长度$=h_c-c_{柱}-d_{柱箍}-d_{柱纵}-25+1.7l_{abE}+(20d)+$伸入跨内净长

对于第二种情况，当梁上部配筋率＞1.2％时，梁上部纵筋分两批截断，相隔至少 $20d$。

上述情况是一般梁的钢筋计算，对于特殊情况的梁，见图集 22G101-1，在此不再赘述。

任务 5 梁中钢筋预算量计算

例 5-9 计算楼层框架梁 KL1 的钢筋量，如图 5-47 所示。

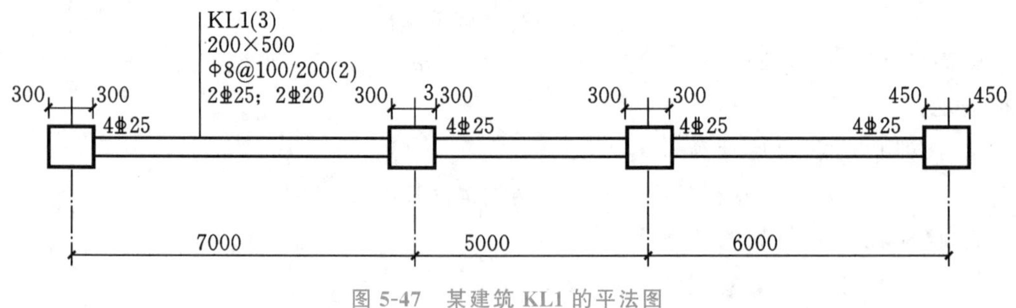

图 5-47 某建筑 KL1 的平法图

计算条件见表 5-8 和表 5-9。

表 5-8　例 5-9 计算条件

梁、柱混凝土强度等级	梁纵筋保护层厚度	柱纵筋保护层厚度	抗震等级	钢筋连接方式	柱外侧纵筋直径
C30	25	30	一级抗震	焊接	20 mm

表 5-9　例 5-9 钢筋预算量计算结果

钢筋号	直径/mm	单根钢筋长度/m	根数/根	单位长度钢筋理论重量/(kg/m)	总重/kg
1. 上部通长钢筋	25	19.350	2	3.85	148.995
2. 下部通长钢筋	20	19.175	2	2.47	94.725
3. 一跨左支座负筋	25	3.033	2	3.85	23.354
4. 一跨箍筋	8	1.454	43	0.395	24.696
5. 二跨左支座负筋	25	4.867	2	3.85	37.476
6. 二跨右支座负筋	25	4.100	2	3.85	31.570
7. 二跨箍筋	8	1.454	23	0.395	13.210
8. 三跨右支座负筋	25	2.95	2	3.850	22.715
9. 三跨箍筋	8	1.454	38	0.395	21.825
合计	⌀25:264.11 kg;⌀20:94.725kg;ϕ8:59.731kg				

解

具体计算过程如下：

根据已知条件可得 $l_{aE}=40d$。

(1) 上部通长筋长度(2⌀25)：

$$单根\ l_1=l_n+左锚固长度+右锚固长度$$

判断是否弯锚：

伸入左支座直段长度=(600－30－20)mm=550 mm<$l_{aE}=40d=40\times25$ mm=1000 mm,所以弯锚。

伸入右支座直段长度=(900－30－20)mm=850 mm<l_{aE}=1000 mm,亦为弯锚。

在左支座中的锚固长度=600－30－20－25+15d=(525+15×25)mm=900 mm

在右支座中的锚固长度=900－30－20－25+15d=(825+15×25)mm=1200 mm

(式中 30 mm 指柱纵筋保护层厚度,20 mm 是柱纵筋直径,25 mm 是柱纵筋和梁上部纵筋弯钩间的净距)

单根长度 l_1=(7000+5000+6000－300－450+900+1200)mm=19350 mm=19.350 m

(2) 下部通长筋长度(2⌀20)：

$$单根\ l_2=l_n+左锚固长度+右锚固长度$$

左、右支座弯锚。

单根长度 l_2=(7000+5000+6000－300－450+525－25－25+15×20+825－25－25+15×20)mm=19175 mm=19.175 m

(3) 一跨左支座负筋长度(2⌀25)：

根据以上计算可知该筋在支座处也为弯锚，且锚固长度为(600－30－20－25＋15×25)mm＝900 mm。

单根 $l_3=l_n/3$＋锚固长度＝[(7000－600)/3＋900]mm＝3033 mm＝3.033 m

(4) 一跨箍筋ϕ8@100/200(2)按外皮长度：

单根箍筋的长度＝[(200－25×2＋8×2)×2＋(500－25×2＋8×2)×2＋(1.87×8＋10×8)×2]mm＝1454 mm＝1.454 m

箍筋加密区的长度＝max($2h_b$,500)＝1000 mm

箍筋的根数＝加密区箍筋的根数＋非加密区箍筋的根数
＝{[(1000－50)/100＋1]×2＋(7000－600－2000)/200－1}根
＝(11×2＋21)根
＝43 根

(5) 二跨左支座负筋(2⌀25)：

单根 $l_5=l_n/3\times2$＋支座宽度＝[(7000－600)/3×2＋600]mm＝4867 mm＝4.867 m

(6) 二跨右支座负筋(2⌀25)：

单根 $l_6=l_n/3\times2$＋支座宽度＝(5250/3×2＋600)mm＝4100 mm＝4.100 m

(7) 二跨箍筋(ϕ8@100/200(2))：

单根长度 l_7＝1.454 m

根数＝{[(1000－50)/100＋1]×2＋(5000－600－2000)/200－1}根
＝(22＋11)根＝23 根

(8) 三跨右支座负筋(2⌀25)：

l_8＝(5250/3＋1200)mm＝2950 mm＝2.950 m

(9) 三跨箍筋(ϕ8@100/200(2))：

l_9＝1.454 m

根数＝38 根

例 5-10 计算多跨楼层框架梁 KL13 的钢筋量，如图 5-48 所示。

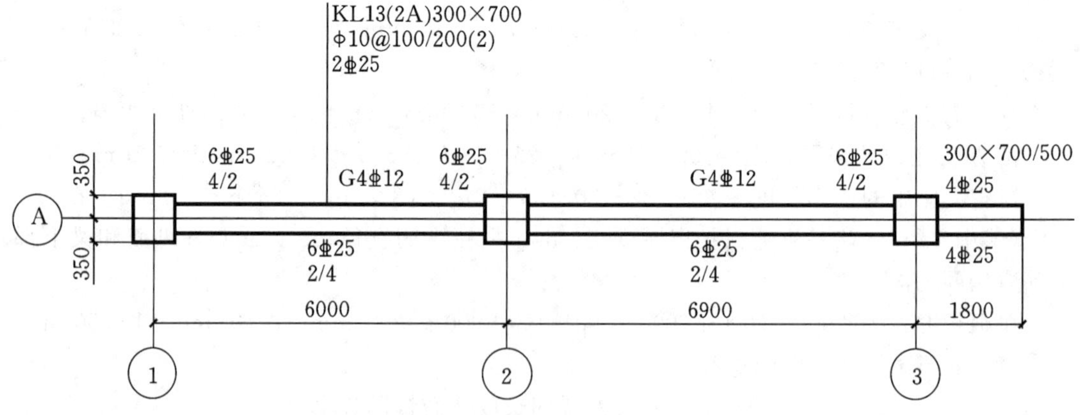

图 5-48 某建筑 KL13 的平法图

柱的截面尺寸为 700 mm×700 mm，轴线与柱中线重合。

计算条件见表 5-10。

表 5-10 例 5-10 计算条件

混凝土强度等级	梁保护层厚度	柱保护层厚度	抗震等级	连接方式	柱纵筋直径	柱箍筋直径
C30	25 mm	30 mm	三级抗震	机械连接	20 mm	10mm

解

由于(700－30－10－20)mm＝640 mm＜l_{aE}＝37×25 mm＝925 mm，所以伸入边支座纵筋皆为弯锚。

弯锚长度＝(640－25＋15×25)mm＝990 mm

具体计算过程见表 5-11。

表 5-11 钢筋预算量计算结果

序号	钢筋名称	直径/mm	根数	单根长度	总质量/kg
1	上部通长筋	25	2	悬挑端钢筋伸到头下弯 12*d* (6000－350＋6900＋1800－25＋990＋12×25)mm＝15.615m	15.615×3.85×2＝120.236
2	①支座上部非通长筋(第一排)	25	2	[(6000－350×2)/3＋990]mm＝2.757m	2.757×3.85×2＝21.229
3	①支座上部非通长筋(第二排)	25	2	第二排钢筋弯下与第一排钢筋之间相差 50 mm [(6000－350×2)/4＋990－50]mm＝2.2650 m	2.265×3.85×2＝17.441
4	②支座上部非通长筋(第一排)	25	2	[(6900－350×2)/3×2＋700]mm＝4.833 m	4.833×3.85×2＝37.214
5	②支座上部非通长筋(第二排)	25	2	[(6900－350×2)/4×2＋700]mm＝3.800 m	3.800×3.85×2＝29.260
6	③支座上部非通长筋(第一排)	25	2	[(6900－350×2)/3＋350＋1800－25＋12×25]mm＝4.492 m	4.492×3.85×2＝34.880
7	③支座上部非通长筋(第二排)	25	2	[(6900－350×2)/4＋990]mm＝2.540 m	2.540×3.85×2＝19.580

续表

序号	钢筋名称	直径/mm	根数	单根长度	总质量/kg
8	①～②跨下部纵筋（第一排）	25	4	下部钢筋在上部两排弯下钢筋内侧上弯15d (990－50－50＋6000－700＋925)mm＝7.115 m	7.115×3.85×4＝109.571
9	①～②跨下部纵筋（第二排）	25	2	(990－50－50－50＋6000－700＋925)mm＝7.065 m	7.065×3.85×2＝54.401
10	②～③跨下部纵筋（第一排）	25	4	(990－50＋6900－700＋925)mm＝8.065 m	8.065×3.85×4＝124.201
11	②～③跨下部纵筋（第二排）	25	2	(990－50－50＋6900－700＋925)mm＝8.015 m	8.015×3.85×2＝61.716
12	悬挑端底部纵筋	25	4	悬挑端底部纵筋伸到支座内15d (1800－350－25＋15×25)mm＝1.800 m	1.800×3.85×4＝27.720
13	①～②跨箍筋	10	[(1.5×700－50)/100＋1]×2＋(6000－700－2100)/200－1＝37	[(300－25×2＋700－25×2)×2＋11.87×10×2] mm＝2.038 m	2.038×0.617×37＝46.526
14	②～③跨箍筋	10	[(1.5×700－50)/100＋1]×2＋(6900－700＋2100)/200－1＝42	[(300－25×2＋700－25×2)×2＋11.87×10×2] mm＝2.038 m	2.038×0.617×42＝52.813
15	悬挑端箍筋	10	(1800－350－25－50)/100＋1＝15	[(300－25×2＋600－25×2)×2＋11.87×10×2] mm＝1.838 m	1.838×0.617×15＝17.010
16	①～②腰部构造筋	12	4	腰部构造筋锚固长度15d (6000－350×2＋15×12×2)mm＝5.660 m	5.660×0.888×4＝20.104

续表

序号	钢筋名称	直径/mm	根数	单根长度	总质量/kg
17	②～③腰部构造筋	12	4	(6900－350×2＋15×12×2)mm＝6.560 m	6.560×0.888×4＝23.301
18	①～②拉结筋	6	拉结筋间距为箍筋非加密区间距的2倍 [(6000－700－100)/400＋1]×2＝28	[300－25×2＋(1.87×6＋75)×2]mm＝0.423 m	0.423×0.222×28＝2.629
19	②～③拉结筋	6	[(6900－700－100)/400＋1]×2＝34	0.423 m	0.423×0.222×34＝3.193
合计	⏀25:657.449 kg;ϕ10:116.349 kg;⏀12:43.405 kg;ϕ6:5.822 kg				

课后任务

1. 读懂工程案例中所示内容，计算其中一根梁的钢筋预算量。
2. 梁中有哪些钢筋？各种钢筋的作用是什么？
3. 梁中纵向受力筋和箍筋配置依据是什么？

板

工作手册 6

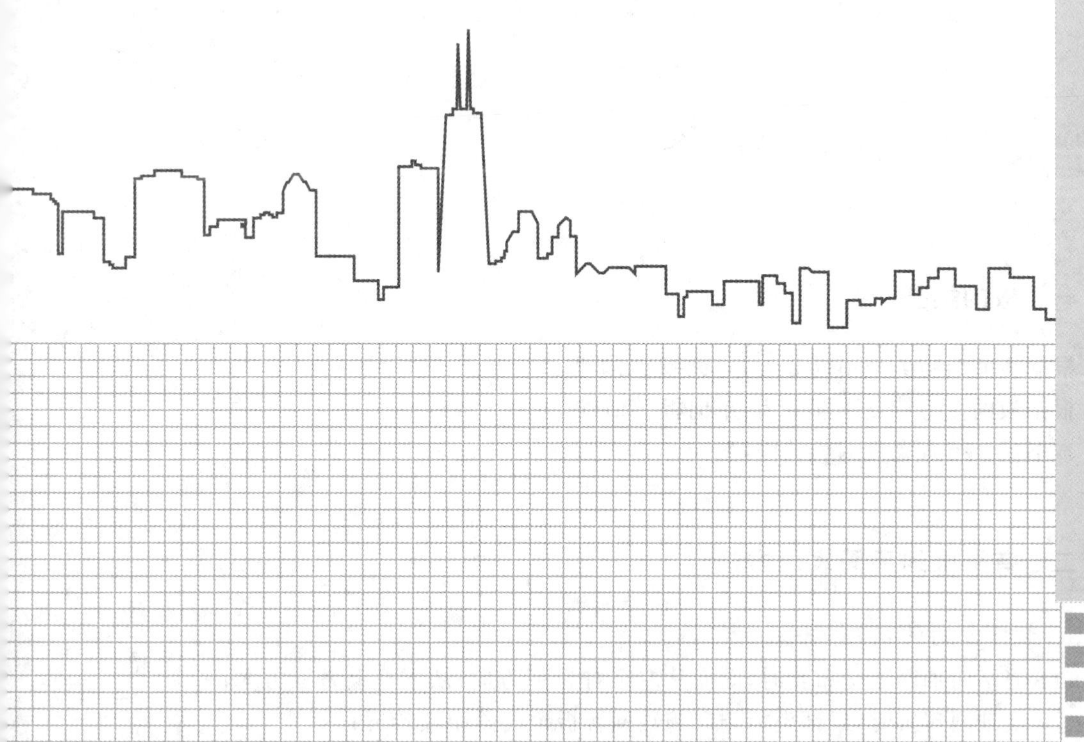

学习目标

1. 知识目标

掌握板的平法制图规则。

2. 能力目标

(1) 具备熟练识读板施工图的能力。

(2) 具备计算板钢筋预算量的能力。

工程案例

二维码为某大厦二层板的平法施工图，包括板的布置情况、板的集中标注和原位标注。本项目主要介绍板的识图和钢筋预算量内容。

任务1 板平法识图

一、板的类型

根据板的结构类型不同分为：有梁板、无梁板。

根据板的传力特点不同分为：单向板、双向板。

本书仅介绍有梁板的相关内容。

二、有梁板的平面表示方法

1. 坐标方向的规定

(1) 当两向轴网正交布置时，图面从左至右为 x 方向，从下至上为 y 方向；

(2) 当轴网转折时，局部坐标方向顺轴网转折角度做相应转折；

(3) 当轴网向心布置时，切向为 x 方向，径向为 y 方向。

2. 板中钢筋类型

(1) 根据位置不同分为板下部钢筋(板底筋)、板上部钢筋(板面筋),见图 6-1。

有三种组合情况:

① 底部贯通筋＋上部四周支座负筋;

② 底部贯通筋＋上部四周支座负筋＋温度筋;

③ 双层双向钢筋网。

(2) 根据作用不同分为受力筋、分布筋、其他构造筋。

图 6-1　板的钢筋现场图

3. 板块集中标注

板块集中标注的内容为:板块编号、板厚、贯通纵筋以及当板面标高不同时的标高高差。

对于普通楼面,两向均以一跨为一板块;对于密肋楼盖,两向主梁(框架梁)均以一跨为一板块(非主梁密肋不计)。所有板块应逐一编号,相同编号的板块可择其一做集中标注,其余仅注写置于圆圈内的板编号,以及当板面标高不同时的标高高差。

1) 板块编号

板块编号如表 6-1 所示。

表 6-1　板块编号

板类型	代号	序号	节点三维视图
楼面板	LB	××	B
屋面板	WB	××	

续表

板类型	代号	序号	节点三维视图
纯悬挑板	XB	××	XB FB

2）板厚

板厚注写为 h＝×××（为垂直于板面的厚度）；当悬挑板的端部改变截面厚度时，用斜线分隔根部与端部的高度值，注写为 h＝×××/×××；当设计已在图注中统一注明板厚时，此项可不注。

3）贯通纵筋

贯通纵筋按板块的下部和上部分别注写（当板块上部不设贯通纵筋时则不注），并以 B 代表下部，T 代表上部；B&T 代表下部与上部；x 向贯通筋以 X 打头，y 向贯通筋以 Y 打头，两向贯通筋配置相同时则以 X&Y 打头。当为单向板时，分布筋可不注写而在图中统一注明。

当在某些板内（例如，纯悬挑板 XB 的下部）配置有构造钢筋时，则 x 向以 X_c，y 向以 Y_c 打头注写。

当纵筋采用两种规格钢筋"隔一布一"方式配置时，表达为：xx/yy@×××，表示直径为 xx 的钢筋和直径为 yy 的钢筋间距相同，两者组合后的实际间距为×××。直径为 xx 的钢筋的间距为×××的 2 倍，直径为 yy 的钢筋的间距为×××的 2 倍。

4）板面标高高差

板面标高高差系指相对于结构层楼面标高的高差，应将其注写在括号内，且有高差时注，无高差时不注。

5）有关说明

同一编号板块的类型、板厚和贯通纵筋均应相同，但板面标高、跨度、平面形状以及板支座上部的非贯通纵筋可以不同，如同一编号板块的平面形状可为矩形、多边形及其他形状等。

例 6-1 板平法集中标注，见图 6-2。

LB1 表示：1 号楼板，板厚 120 mm，板下部配置的贯通纵筋 x 向为Φ10@100，y 向为Φ10@150；板上部未配置贯通纵筋。

例 6-2 悬挑板平法标注，见图 6-3。

在图 6-3(a)中，XB1 表示悬挑板的编号，h＝150/100 表示板的根部厚度为 150 mm，板的端部厚度为 100 mm，下部构造钢筋 x 方向为Φ8@150，y 方向为Φ8@200，上部 x 方向为Φ8@150，y 方向按①号筋布置。①号筋兼作相邻跨板支座上部非贯通筋。

在图 6-3(b)中，XB2 表示悬挑板的编号，h＝150/100 表示板的根部厚度为 150 mm，板的端部厚度为 100 mm，下部构造钢筋 x 方向为Φ8@150，y 方向为Φ8@200，上部 x 方向为Φ8@150，y 方向按①号筋布置。①号筋锚固在支座内。

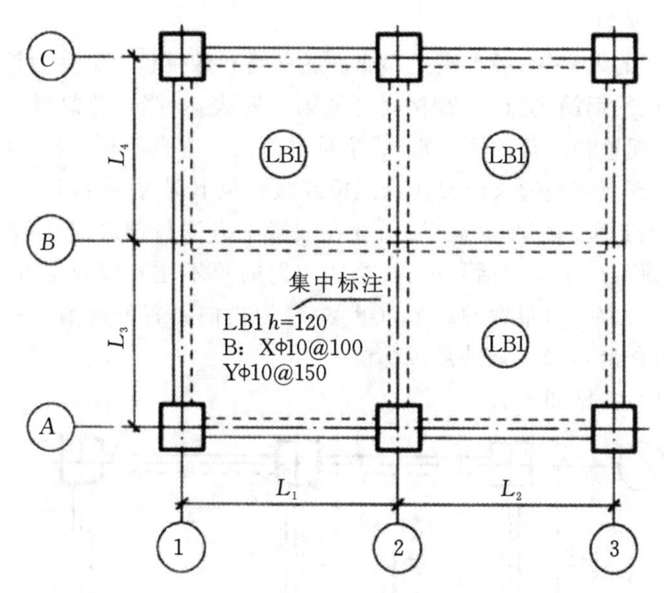

图 6-2　板平法集中标注

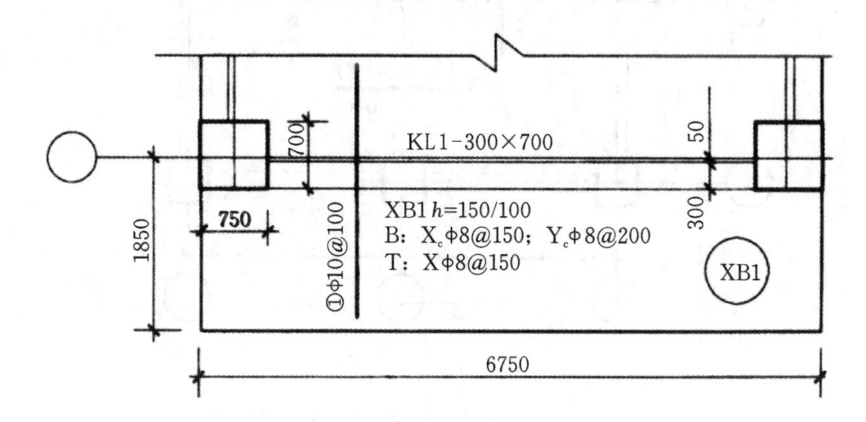

（a）悬挑板平法标注之一

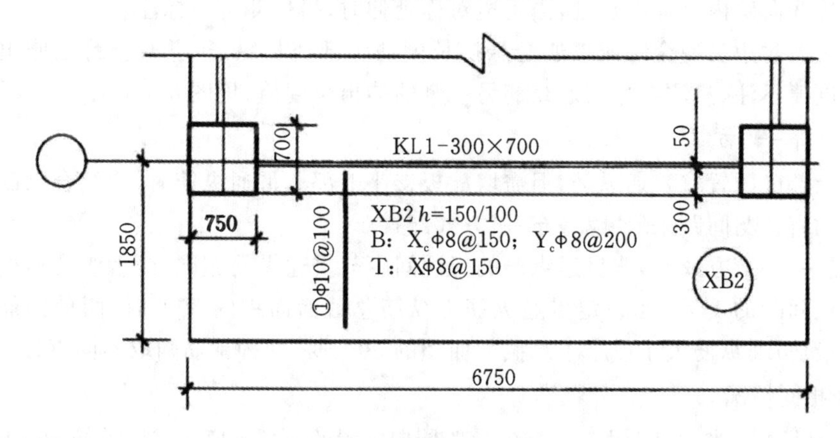

（b）悬挑板平法标注之二

图 6-3　悬挑板平法标注

4. 板支座原位标注

板支座原位标注的内容为：板支座上部非贯通纵筋和悬挑板上部受力钢筋。

板支座原位标注的钢筋，应在配置相同跨的第一跨表达（当在梁悬挑部位单独配置时，则在原位表达）。在配置相同跨的第一跨（或梁悬挑部位），垂直于板支座（梁或墙）绘制一段适宜长度的中粗实线（当该筋通长设置在悬挑板或短跨板上部时，实线段应画至对边或贯通短跨），以该线段代表支座上部非贯通纵筋；并在线段上方注写钢筋编号（如①、②等）、配筋值、横向连续布置的跨数（注写在括号内，且当为一跨时可不注），以及是否横向布置到梁的悬挑端。例如：(××)为横向布置的跨数，(××A)为横向布置的跨数及一端的悬挑部位，(××B)为横向布置的跨数及两端的悬挑部位。

板的平法原位标注，见图 6-4。

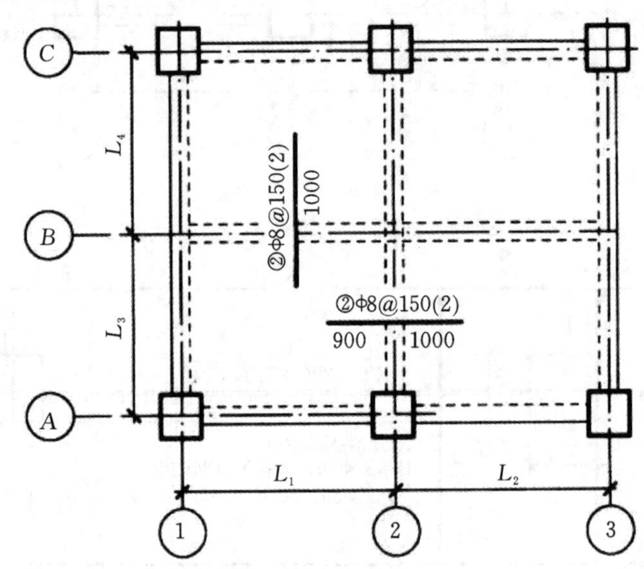

图 6-4　板的平法原位标注

图中②表示 2 号筋，ϕ8@150 表示配筋值，(2)表示连续布置的跨数为两跨，900、1000 表示自梁支座边线向跨内延伸的长度，当两边对称延伸时，另一侧可不标注。

对线段画至对边贯通全跨或贯通全悬挑长度的上部通长纵筋，贯通全跨或伸出至全悬挑一侧的长度值不注，只注明非贯通纵筋另一侧的伸出长度值，见图 6-5。

5. “隔一布一”方式

当板的上部已配置有贯通纵筋，但需增配板支座上部非贯通纵筋时，应结合已配置的同向贯通纵筋的直径与间距采取“隔一布一”方式配置。

采用“隔一布一”方式时，非贯通纵筋的标注间距与贯通纵筋相同，两者组合后的实际间距为各自标注间距的 1/2。当设定贯通纵筋为纵筋总截面面积的 50%时，两种钢筋应取相同直径；当设定贯通纵筋大于或小于总截面面积的 50%时，两种钢筋则取不同直径。

1）直径相同情况

如：板上部已配置贯通纵筋ϕ12@250，该跨同向配置的上部支座非贯通纵筋为⑤12@250，表示在该支座上部设置的纵筋实际为ϕ12@125，其中 1/2 为贯通纵筋，1/2 为⑤非贯通纵筋。

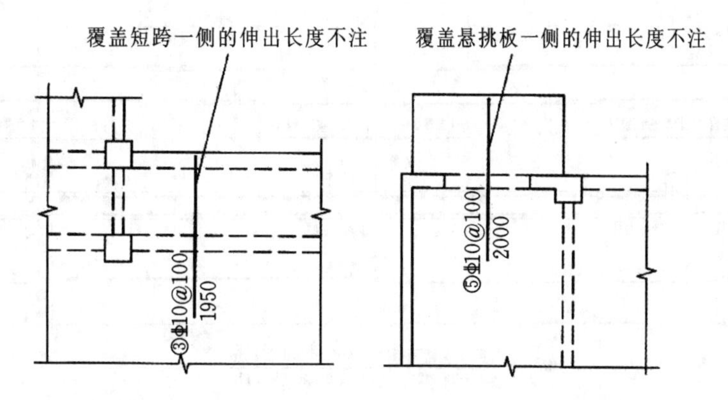

图 6-5　板支座非贯通纵筋贯通全跨或伸至悬挑端

2) 直径不同情况

如：板上部已配置贯通纵筋Φ 10@250，该跨同向配置的上部支座非贯通纵筋为⑧12@250，表示在该支座上部设置的纵筋实际为(1Φ10+1Φ12)/250，实际间距为 125 mm。

任务 2　板构造详图

一、有梁楼面板和屋面板的构造

有梁楼面板和屋面板的构造见图 6-6。

构造要点：

(1) 板纵筋可采用绑扎连接，也可采用机械连接和焊接。上部贯通筋应在跨中 $l_n/2$ 区域内连接，下部贯通筋宜在距支座 1/4 净跨内连接。

(2) 与支座平行的上部钢筋，第一根距支座边缘为 1/2 板筋间距。

(3) 板底纵筋伸入到中间支座内长度为 max(5d，支座宽度的一半)；对于梁板式转换层板，板底纵筋伸入到支座内长度为 l_{aE}。

(4) 端支座为梁普通楼板，板上部纵筋伸入梁外侧纵筋的内侧，并且满足以下要求：端部为铰接设计时，水平段长度≥$0.35l_{ab}$，然后下弯 15d；充分利用抗拉强度时，水平段长度≥$0.6l_{ab}$，然后下弯 15d。当水平段长度≥l_a时，可不弯折。板底纵筋伸入到端支座内长度为 max(5d，支座宽度的一半)。

(5) 端支座为梁的转换层楼板，板上部纵筋伸入梁外侧纵筋的内侧，并且不小于 $0.6l_{abE}$，然后下弯 15d。板下部纵筋伸入梁上部纵筋弯钩内侧，并且不小于 $0.6l_{abE}$，然后上弯 15d。水平段长度≥l_{aE}，可不弯折。

二、悬挑端钢筋构造

悬挑端钢筋构造如图 6-7 所示。

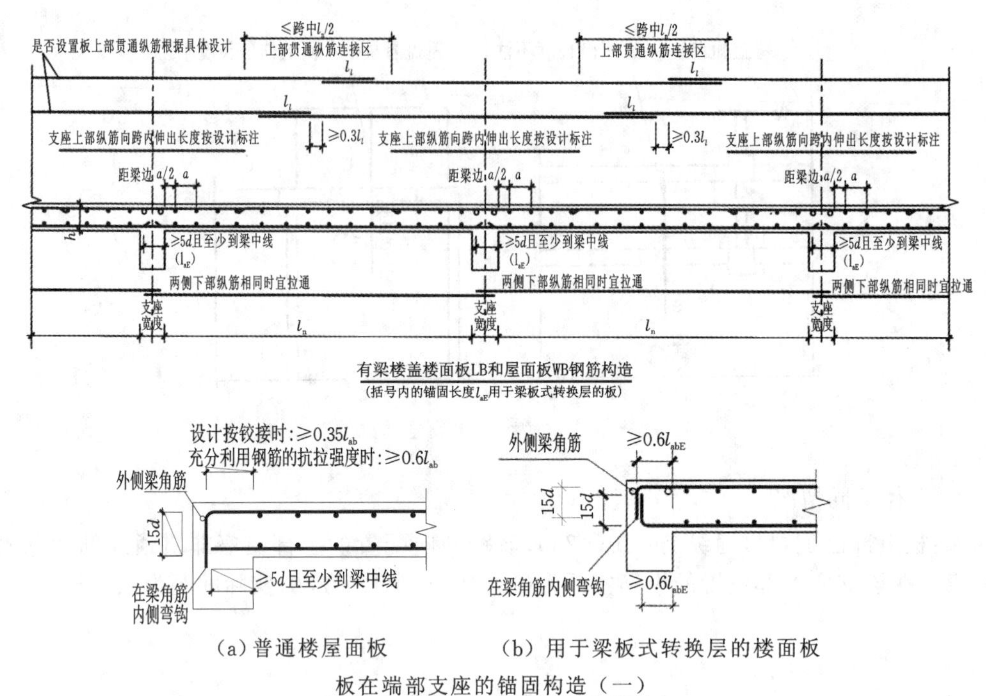

图 6-6 LB、WB 钢筋构造

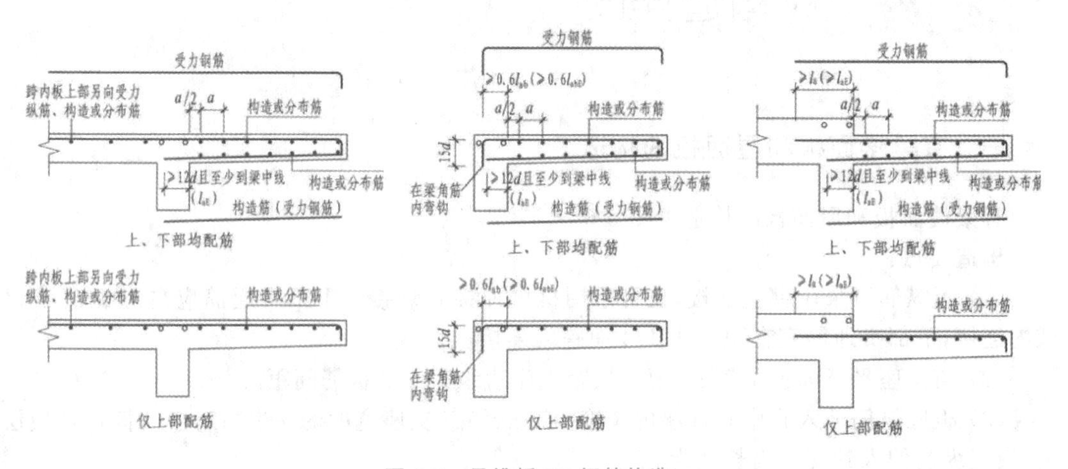

图 6-7 悬挑板 XB 钢筋构造

构造要点：

(1) 悬挑板上部纵筋伸到板边缘并弯折到板底。

(2) 下部纵筋伸进支座 max(12d,支座宽度的一半)或 l_{aE}(当考虑到竖向地震作用时)。

三、板上部钢筋特殊情况的处理

板上部钢筋特殊情况的处理如图 6-8 所示。

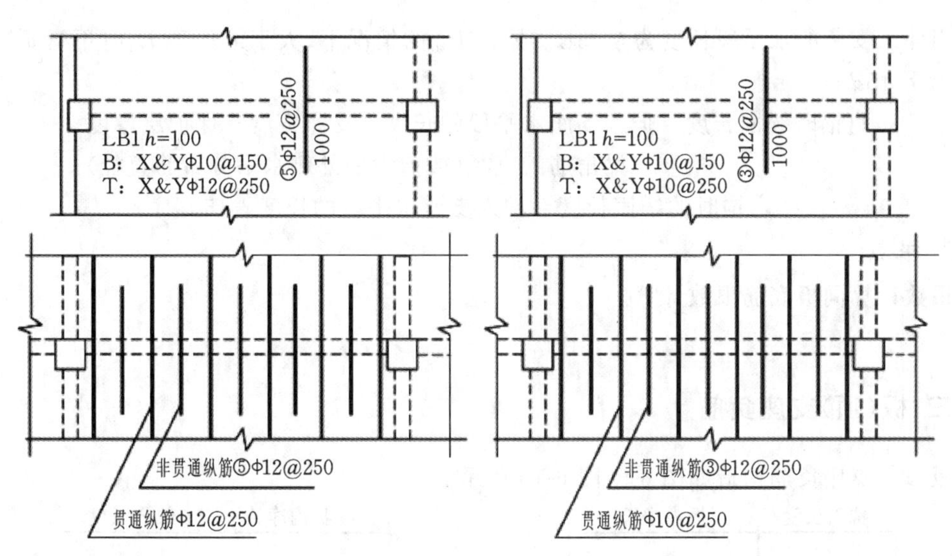

图 6-8　板上部钢筋隔一布一

板支座上部非贯通纵筋(负筋)与贯通纵筋并存。

当板的上部已配置有贯通纵筋,但需增配板支座上部非贯通纵筋时,应结合已配置的同向贯通纵筋的直径与间距,采用"隔一布一"方式配置。

任务 3　LB 和 WB 中钢筋计算规则

一、板底筋(x、y 两方向)

1. 单根长度

单根长度=跨内净长+伸入两边支座的锚固长度+(搭接长度)+端头 180°弯钩长度

其中:

(1) 伸入支座的锚固长度为:max(5d,支座跨度/2)。

(2) 端头弯钩长度,是指当钢筋是一级光圆钢筋时,设 180°弯钩,一个弯钩长度加 6.25d。其他级别的钢筋没有此弯钩。

2. 根数

根数=布筋范围/钢筋间距+1

其中:　　布筋范围=板净长-板筋间距

二、板顶贯通(面)筋

1. 单根长度

单根长度=跨内净长+伸入两边支座的锚固长度+(搭接长度)

当伸入支座的水平段长度为 $0.35L_{ab}$或 $0.6L_{ab}$的情况下，大于或等于 L_a时不弯折，小于 L_a时弯下 $15d$。

直锚时锚固长度＝伸入支座水平段的长度＝支座宽度－保护层厚度－梁角筋的直径（或剪力墙外侧水平分布筋直径）

弯锚时的锚固长度＝伸入支座水平段的长度＋$15d$

2. 根数

根数计算同板底筋根数计算。

三、板（顶）支座负筋

板（顶）支座负筋构造如图 6-9、图 6-10 所示。

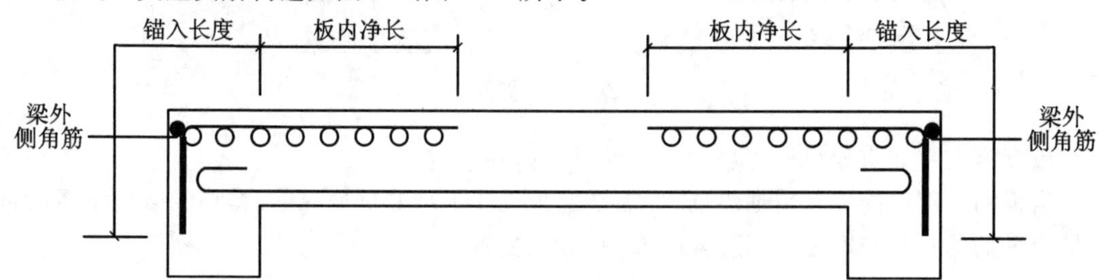

图 6-9　端支座负筋构造

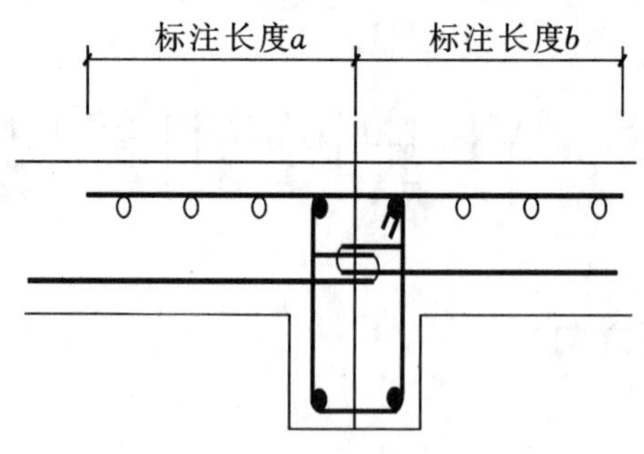

图 6-10　中间支座负筋构造

1. 单根长度

端支座负筋单根长度＝伸到边支座的锚固长度＋跨内延伸净长度

中间支座负筋单根长度＝两个标注长度之和

2. 根数

根数计算同板底筋根数计算。

四、支座负筋分布筋

支座负筋分布筋布置如图 6-11 所示。

单根长度＝相邻支座中线间距离－两支座负筋标注长度＋交叉（搭接）长度（150×2）

根数＝支座负筋跨内净长/分布筋间距＋1

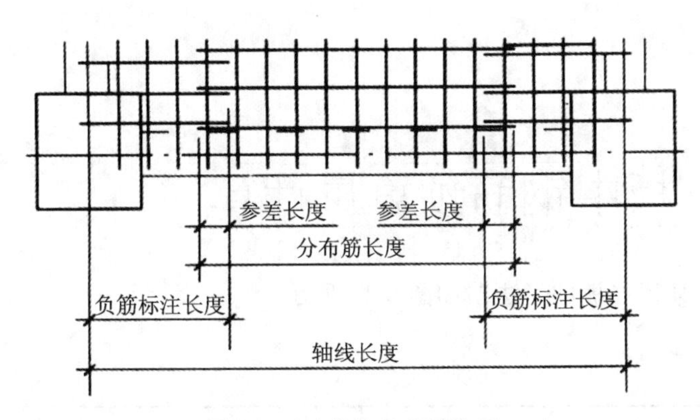

图 6-11 负筋分布筋布置

五、温度筋

为防止板因热胀冷缩而产生裂缝，通常在板的上部负筋中间设置温度筋，如图 6-12 所示。

单根长度的计算同支座负筋分布筋。

根数=(相邻支座中线间距离－两支座负筋标注长度)/温度筋间距－1

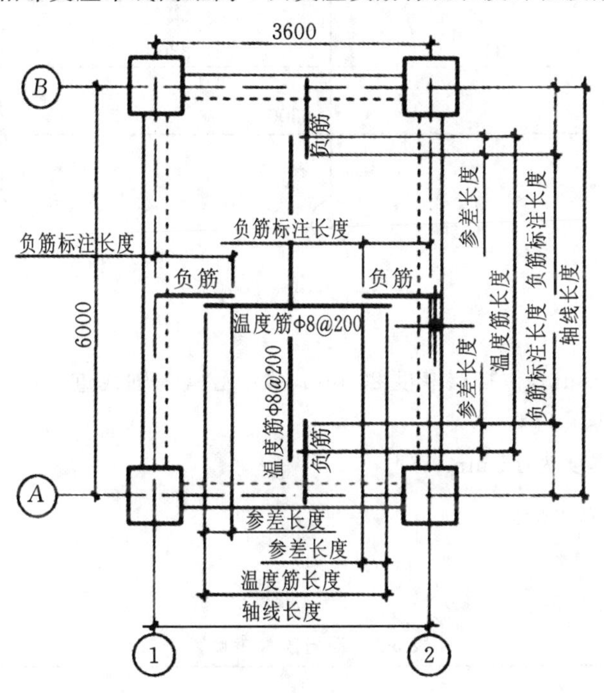

图 6-12 温度筋的布置

注意：板中的分布筋、温度筋一般不直接标注在图中，而是用文字写在图的底部，但这些钢筋不能漏算。

任务 4 板中钢筋预算量计算

例 6-3 某楼层板的平法图如图 6-13 所示。

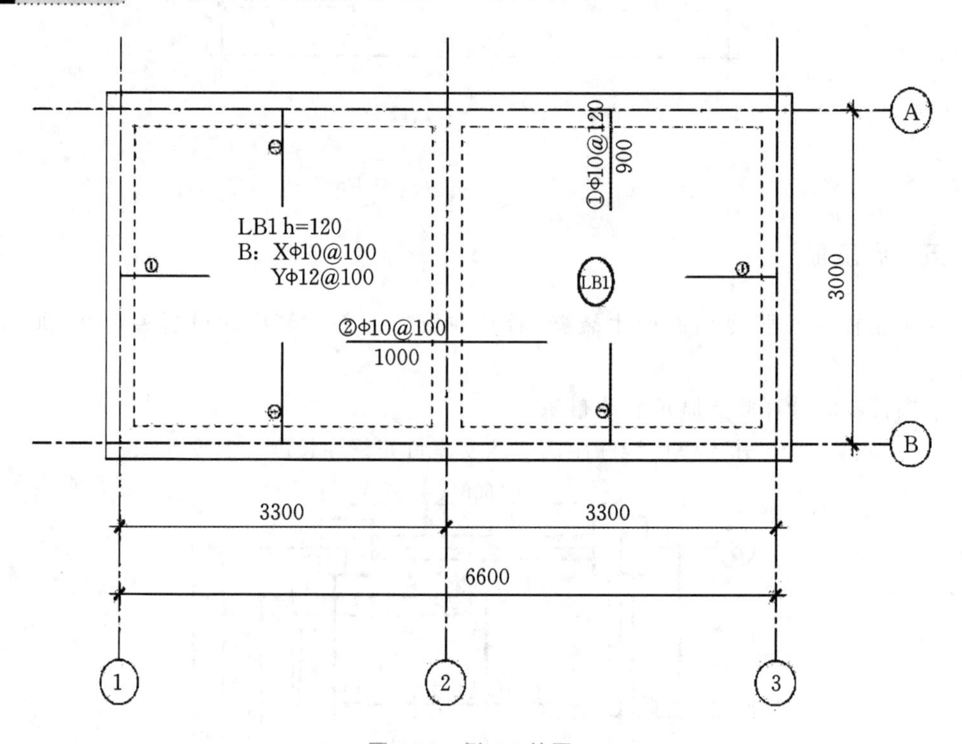

图 6-13 例 6-3 的图

计算条件如下：

① 梁的宽度 300 mm，保护层厚度 20 mm，梁中心线与轴线重合；

② 混凝土强度等级为 C30；

③ 板的保护层厚度为 15 mm；

④ 分布筋为Φ 8@150。

解

具体计算过程如表 6-2 所示。

表 6-2 钢筋预算量计算

序号	钢筋名称	直径/mm	单根长度	根数/根	总质量/kg
1	底部 X 贯通筋	10	(3300－300＋150×2＋6.25×10×2) mm＝3425 mm＝3.425 m	[(3000－300－50×2)/100＋1]×2＝54	114.114

续表

序号	钢筋名称	直径/mm	单根长度	根数/根	总质量/kg
2	底部Y贯通筋	12	(3000－300＋150×2＋6.25×12×2)mm＝3150 mm＝3.150 m	[(3300－300－50×2)/100＋1)]×2＝60	167.643
3	板顶部①号钢筋	10	假定梁的箍筋直径为10mm,纵筋直径为20 mm (900－150＋300－20－10－20＋15×10)mm ＝1150 mm＝1.150 m	[(3300－300－60×2)/120＋1]×4＋[(3000－300－120)/120＋1)]×2＝146	103.578
4	板顶部②号钢筋	10	1000×2 mm＝2000 mm＝2.000 m	[(3000－300－2×50)/100]＋1＝27	33.318
5	①号筋在A-B轴的分布筋	8	(3000－900×2＋150×2)mm＝1500 mm＝1.500 m	[(900－150－75)/150＋1]×2＝12	7.110
6	①号筋的在①-③轴的分布筋	8	(3300－900－1000＋150×2)mm＝1700 mm＝1.700 m	[(900－150－75)/150＋1]×4＝24	16.116
7	②号筋在②轴的分布筋	8	(3000－900×2＋150×2)mm＝1500 mm＝1.500 m	[(1000－150－75)/150＋1]×2＝14	8.295
合计	ф10:251.010 kg;ф12:167.643 kg;ф8:31.521 kg				

课后任务

1. 读懂工程案例中所示内容,计算其中两跨板的钢筋预算量。
2. 板中有哪些钢筋,各钢筋的作用是什么?
3. 双向板中,长、短方向钢筋如何布置?

工作手册7

楼梯

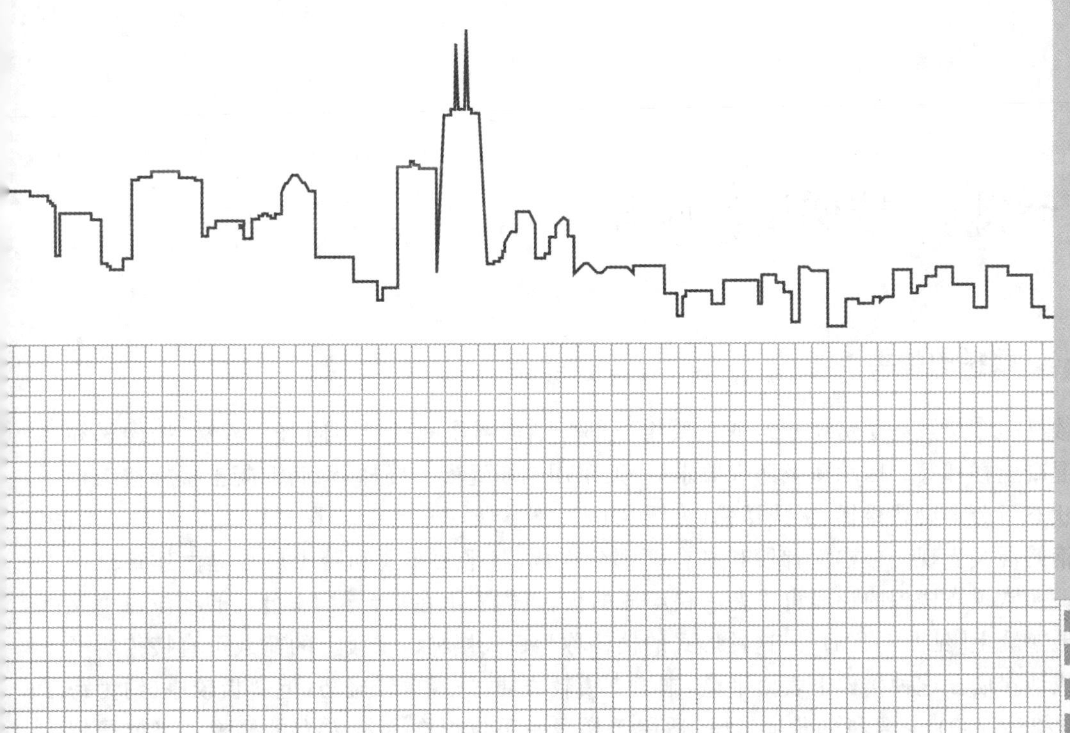

学习目标

1. 知识目标

(1) 掌握楼梯的受力特征、设计原理。

(2) 掌握楼梯平法制图规则。

2. 能力目标

(1) 具备熟练识读楼梯施工图的能力。

(2) 具备计算楼梯钢筋预算量的能力。

工程案例

二维码所示是某大厦2#楼梯的平法施工图。内容主要包括楼梯的平面图和剖面图。本项目将介绍楼梯的类型、楼梯的受力特征、楼梯的设计原理、楼梯平法施工图识读等内容。

任务1 楼梯设计原理

一、楼梯的种类

楼梯是多层及高层房屋建筑的重要组成部分。按制作的材料不同有木楼梯、钢楼梯和钢筋混凝土楼梯等。因承重及防火要求，一般采用钢筋混凝土楼梯，钢筋混凝土楼梯按结构受力状态可分为梁式楼梯、板式楼梯(见图 7-1)。

钢筋混凝土现浇楼梯由梯段和平台两部分组成，其平面布置和踏步尺寸等由建筑设计确定。通常现浇楼梯的梯段可以是一块斜放的板，板端支承在平台梁上，最下的梯段也可支承在地垄墙上[见图 7-1(a)]。这种形式的楼梯称为板式楼梯。梯段上的荷载可直接传给平台梁或地垄墙。这种楼梯下表面平整，施工支模较方便，外观也较轻巧，但斜板较厚(约为跨度的 1/25、1/30)，从经济的角度考虑，适用于梯段水平投影在 3 m 左右的楼梯。当梯段较长时，为节约材料，可在斜板两边或中间设置斜梁，这种楼梯称为梁式楼梯[见图 7-1(b)]。作用于楼梯上的荷载先由踏步板传给斜梁，再由斜梁传给平台梁或地垄墙。但这种楼梯施工支模较复杂，并显得较笨重。由于上述两种楼梯的组成和传力路线不同，其计算方法也有各自的特点。

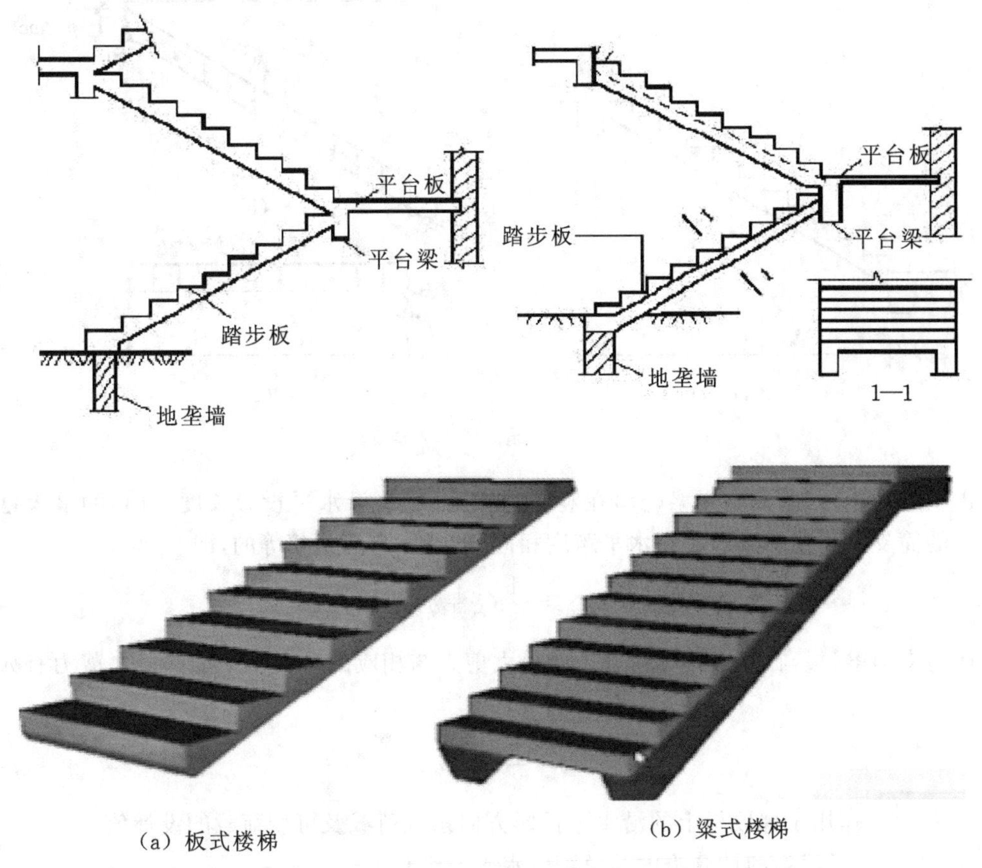

(a) 板式楼梯　(b) 梁式楼梯

图 7-1　各种形式的楼梯

二、板式楼梯的计算与构造

板式楼梯由梯段板、平台板和平台梁组成。梯段板是一块带有踏步的斜板，分别支承于上、下平台梁上。

1. 梯段板

梯段板在计算时，首先需要假定其厚度。为了保证板具有一定的刚度，梯段板的厚度一般可取 $l_0/30$ 左右（l_0 为梯段板水平方向的跨度）。

梯段板的荷载计算，应考虑活荷载、踏步自重、斜板自重等荷载作用。由于活荷载是沿水平方向分布，而斜板自重却是沿板的倾斜方向分布，为了使计算方便，一般将荷载均换算成沿水平方向分布再进行计算。

计算梯段板时，可取出 1 m 宽板带或以整个梯段板作为计算单元。两端支承在平台梁上的梯段板[见图 7-2(a)]，在进行内力计算时，可以简化为简支斜板，计算简图如图 7-2(b)所示。斜板又可化作水平板计算[见图 7-2(c)]，计算跨度按斜板的水平投影长度取值，荷载亦可化作沿斜板的水平投影长度上的均布荷载（指梯段板自重）。

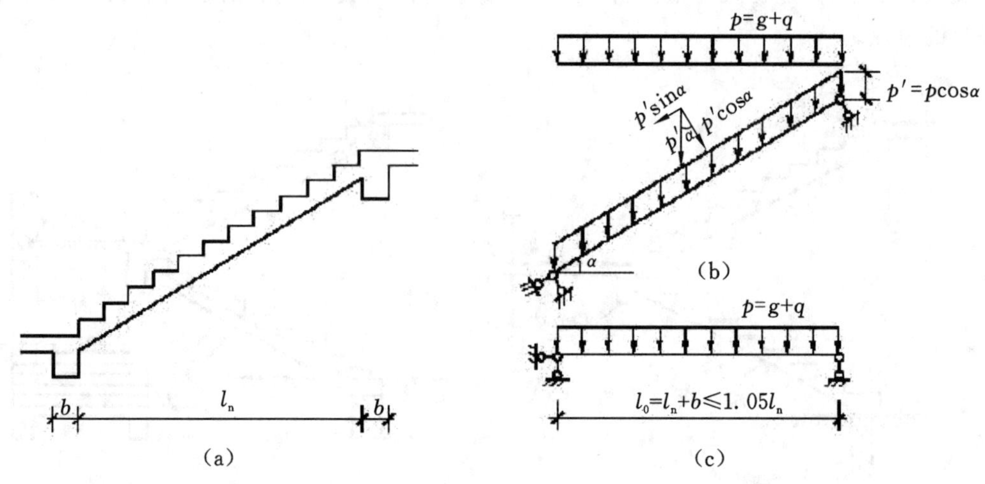

图 7-2 楼梯板的内力计算

由结构力学可知，简支斜梁（板）在竖向均布荷载下（沿水平投影长度方向）的最大弯矩与相应的简支水平梁（荷载相同、水平跨度相同）的最大弯矩是相等的，即

$$M_{\max}=\frac{1}{8}(g+q)l_0^2 \tag{7-1}$$

而简支斜梁（板）在竖向均布荷载下的最大剪力与相应的简支水平梁的最大剪力有如下关系：

$$V_{\max}=\frac{1}{2}(g+q)l_n \tag{7-2}$$

式中：g、q——作用于梯段板上的沿水平投影方向永久荷载及可变荷载的设计值；

l_0、l_n——梯段板的计算跨度及净跨的水平投影长度。

但考虑到梯段斜板与平台梁为整体连接，平台梁对梯段斜板有弹性约束作用这一有利因素，故可以减小梯段板的跨中弯矩，计算时最大弯矩取：

$$M_{\max}=\frac{1}{10}(g+q)l_0^2 \tag{7-3}$$

由于梯段斜板为斜向搁置受弯构件，竖向荷载除引起弯矩和剪力外，还将产生轴向力，但其影响很小，设计时可不考虑。

梯段斜板中受力钢筋按跨中弯矩计算求得，配筋可采用弯起式或分离式。采用弯起式时，一半钢筋伸入支座，一半靠近支座处弯起，以承受支座处实际存在的负弯矩，支座截面负筋的用量一般可取与跨中截面相同，受力钢筋的弯起点位置见图 7-3。在垂直受力钢筋方向仍应按构造配置分布钢筋，并要求每个踏步板内至少放置一根钢筋。

梯段斜板和一般板计算一样，可不必进行斜截面抗剪承载力验算。

2. 平台板

平台板一般均属单向板（有时也可能是双向板），当板的两边均与梁整体连接时，考虑梁对板的弹性约束，板的跨中弯矩也可按 $M=\frac{1}{10}(g+q)l_0^2$ 计算。当板的一边与梁整体连接而另一边支承在墙上时，板的跨中弯矩则应按 $M=\frac{1}{8}(g+q)l_0^2$ 计算，式中 l_0 为平台板的计算跨度。

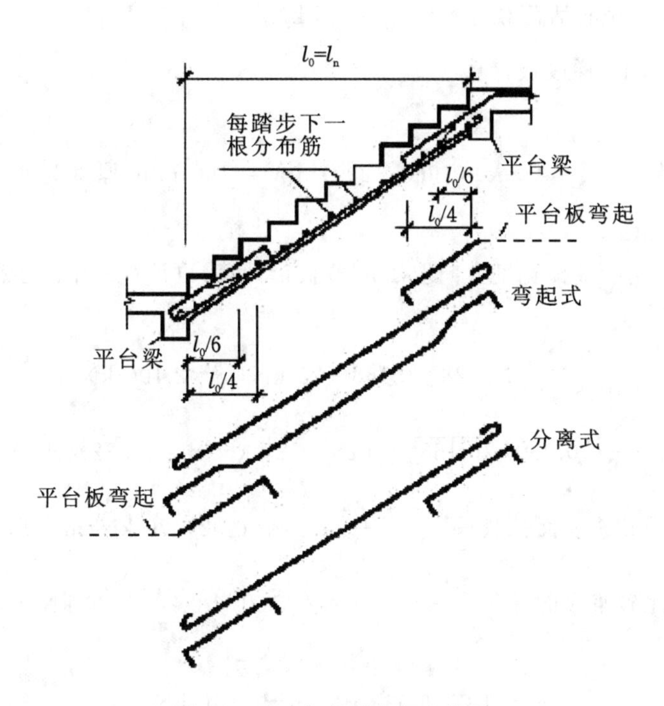

图 7-3　受力钢筋的弯起点位置

3. 平台梁

平台梁两端一般支承在楼梯间承重墙上，承受梯段板、平台板传来的均布荷载和平台梁自重，可按简支的倒 L 形梁计算。平台梁截面高度一般取 $h \geqslant l_0/12$（l_0 为平台梁的计算跨度）。其他构造要求与一般梁相同。

4. 案例

例 7-1　以本项目为例，来设计梯段板、平台板和平台梁。板式钢筋混凝土楼梯尺寸如图 7-4 所示。

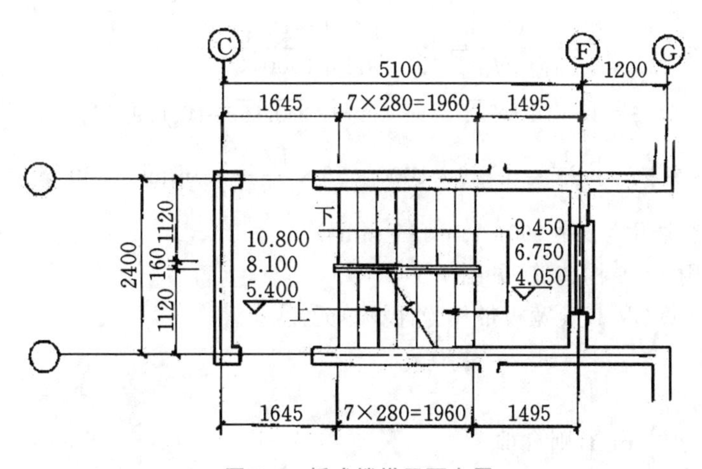

图 7-4　板式楼梯平面布置

设计资料：混凝土 C20；板内钢筋 HPB300 级；梁内受力钢筋 HRB335 级；假定平台梁尺

寸为 200 mm×300 mm；活荷载标准值 $q_k=2.5$ kN/ m²。

解 (1) 梯段板计算。

① 确定板厚。

梯段板跨度为 $l_0=1960+b=(1960+200)\text{mm}=2160$ mm，厚度为 $h=\frac{l_0}{30}=\frac{2160}{30}\text{mm}=72$ mm，取 $h=80$ mm。

② 荷载计算（先沿楼梯宽度方向取 1 m 宽板带计算，再计算一个踏步范围内的荷载）。

恒荷载：

踏步重 $\frac{1.0}{0.28}\times\frac{1}{2}\times0.28\times0.168\times25\ \text{kN/m}=2.100\ \text{kN/m}$

斜板重 $\frac{1.0}{0.28}\times0.08\times\sqrt{0.168^2+0.28^2}\times25\ \text{kN/m}=2.332\ \text{kN/m}$

20 mm 厚水泥砂浆表面抹灰 $\frac{0.28+0.168}{0.28}\times1.0\times0.02\times20\ \text{kN/m}=0.640\ \text{kN/m}$

20 mm 厚水泥砂浆底面抹灰 $\frac{1.0}{0.28}\times0.02\times\sqrt{0.168^2+0.28^2}\times20\ \text{kN/m}=0.466\ \text{kN/m}$

恒载标准值 $g_k=5.538\ \text{kN/m}$

恒载设计值 $g_d=1.2\times5.538\ \text{kN/m}=6.646\ \text{kN/m}$

活载标准值 $q_k=2.5\times1.0\times280/280\ \text{kN/m}=2.500\ \text{kN/m}$

活载设计值 $q_d=1.4\times2.5\ \text{kN/m}=3.500\ \text{kN/m}$

荷载总设计值 $q'_d=q_d+g_d=10.146\ \text{kN/m}$

③ 内力计算。

计算跨度 $l_0=(1.96+0.2)\text{m}=2.16\ \text{m}$

跨中弯矩 $M=\frac{1}{10}q'_d l_0^2=\frac{1}{10}\times10.146\times2.16^2\ \text{kN}\cdot\text{m}=4.734\ \text{kN}\cdot\text{m}$

④ 配筋计算。

$$h_0=h-25=(80-25)\text{mm}=55\ \text{mm}$$

$$\alpha_s=\frac{M}{\alpha_1 f_c b h_0^2}=\frac{4.734\times10^6}{1.0\times9.6\times1000\times55^2}=0.163$$

$$\xi=1-\sqrt{1-2\alpha_s}=1-\sqrt{1-2\times0.169}=0.179<\xi_b$$

$$A_s=\xi b h_0\frac{\alpha_1 f_c}{f_y}=0.179\times1000\times55\times\frac{1.0\times9.6}{270}\text{mm}^2=350\ \text{mm}^2$$

梯段板受力筋选用φ10@160（$A_s=491\ \text{mm}^2$）。

每踏步下选用 1φ8 构造筋（见图 7-5）。

(2) 平台板计算（取 1 m 宽板带作为计算单元）。

① 荷载计算。

恒载标准值

设平台板厚为 80 mm，则自重

$$0.08\times1.0\times25\ \text{kN/m}=2\ \text{kN/m}$$

20 mm 厚水泥砂浆面层

$$0.02\times1.0\times20\ \text{kN/m}=0.40\ \text{kN/m}$$

20 mm 厚混合砂浆打底刮大白底层

$$0.02\times1.0\times20\ \text{kN/m}=0.40\ \text{kN/m}$$

恒载标准值　$g_k=2.8\ \text{kN/m}$

恒载设计值　$g_d=1.2\times2.8\ \text{kN/m}=3.36\ \text{kN/m}$

活载设计值　$q_d=1.4\times2.5\ \text{kN/m}=3.5\ \text{kN/m}$

总荷载设计值　$p=g_d+q_d=(3.36+3.5)\text{kN/m}=6.86\ \text{kN/m}$

② 内力计算。

计算跨度　$l_0=l_n+\dfrac{h}{2}=[(1.645-0.12-0.1)+\dfrac{0.08}{2}]\text{m}=1.465\ \text{m}$

这里假定梯梁宽 200 mm，墙厚 240 mm。

跨中弯矩　$M=\dfrac{1}{8}pl_0^2=\dfrac{1}{8}\times6.86\times1.465^2\ \text{kN}\cdot\text{m}=1.84\ \text{kN}\cdot\text{m}$

③ 配筋计算。

$$h_0=h-25=(80-25)\text{mm}=55\ \text{mm}$$

$$\alpha_s=\frac{M}{\alpha_1 f_c bh_0^2}=\frac{1.84\times10^6}{1.0\times9.6\times1000\times55^2}=0.063$$

$$\xi=1-\sqrt{1-2\alpha_s}=1-\sqrt{1-2\times0.063}=0.065<\xi_b$$

$$A_s=\xi bh_0\frac{\alpha_1 f_c}{f_y}=0.065\times1000\times55\times\frac{1.0\times9.6}{270}\text{mm}^2=127\ \text{mm}^2$$

按构造选用Φ 8@200（$A_s=251\ \text{mm}^2$）（见图 7-5）。

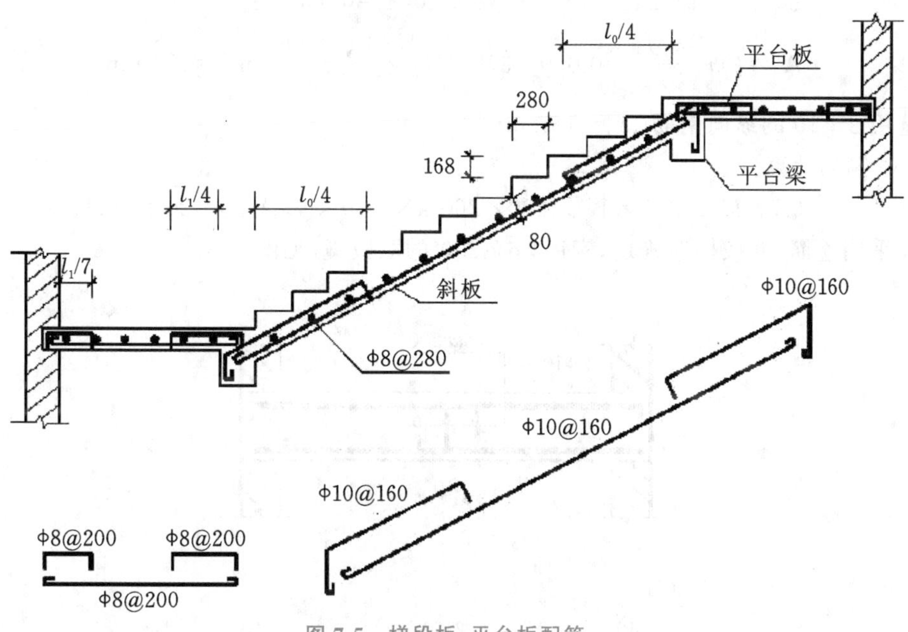

图 7-5　梯段板、平台板配筋

(3) 平台梁计算。

① 荷载计算。

梯段板传来　$10.146\times\dfrac{1.96}{2}\text{kN/m}=9.943\ \text{kN/m}$

平台板传来 $6.86\times\left(\frac{1.645}{2}+0.20\right)\text{kN/m}=7.01\ \text{kN/m}$

梁自重(假定 $b\cdot h=200\ \text{mm}\times300\ \text{mm}$)

$$1.2\times0.2\times(0.3-0.08)\times25\ \text{kN/m}=1.32\ \text{kN/m}$$

荷载总设计值为 $q=(9.943+7.01+1.32)\ \text{kN/m}=18.273\ \text{kN/m}$

② 内力计算。

$$l_0=l_n+a=[(2.4-0.24)+0.24]\text{m}=2.4\ \text{m}$$

$$l_0=1.05l_n=1.05\times(2.4-0.24)\text{m}=2.268\ \text{m}$$

取两者中的较小值,最后取 $l_0=2.268$ m。

$$M_{\max}=\frac{1}{8}ql_0^2=\frac{1}{8}\times18.273\times2.268^2\ \text{kN}\cdot\text{m}=11.749\ \text{kN}\cdot\text{m}$$

$$V_{\max}=\frac{1}{2}ql_n=\frac{1}{2}\times18.273\times2.16\ \text{kN}=19.735\ \text{kN}$$

③ 配筋计算。

(a) 纵向钢筋(按第一类倒 L 形截面计算)。

翼缘宽度 $b'_f=\frac{l_0}{6}=\frac{2268}{6}\text{mm}=378\ \text{mm}$

$$h_0=(300-40)\text{mm}=260\ \text{mm}$$

$$\alpha_s=\frac{M}{\alpha_1 f_c bh_0^2}=\frac{11.749\times10^6}{1.0\times9.6\times378\times260^2}=0.048$$

$$\xi=1-\sqrt{1-2\alpha_s}=1-\sqrt{1-2\times0.048}=0.050<\xi_b$$

$$A_s=\xi bh_0\frac{\alpha_1 f_c}{f_y}=0.050\times378\times260\times\frac{1.0\times9.6}{300}\text{mm}^2=157\ \text{mm}^2$$

选用 2Φ10 的纵向钢筋($A_s=157\ \text{mm}^2$)。

(b) 箍筋计算。

$$0.7f_t bh_0=0.7\times1.1\times200\times260\ \text{kN}=40\ \text{kN}>V_{\max}=20.17\ \text{kN}$$

仅采用箍筋,并按构造确定,实用Φ6@200 的双肢箍,见图 7-6。

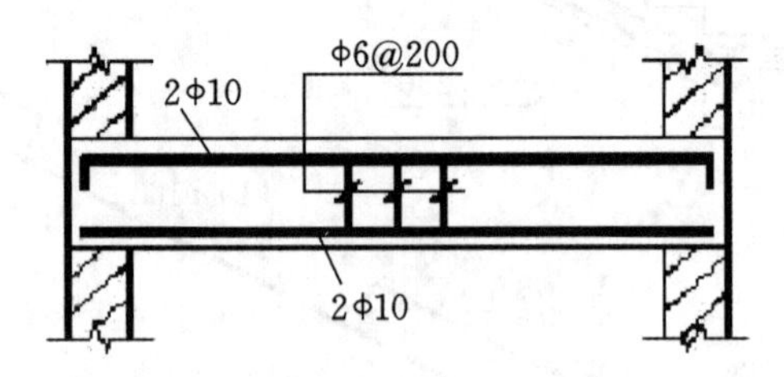

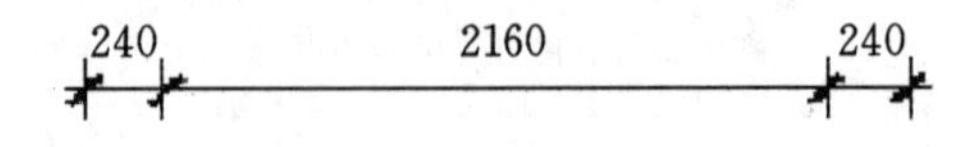

图 7-6 楼梯平台梁配筋

三、现浇梁式楼梯的计算与构造

1. 踏步板

梁式楼梯的踏步板为两端支承在梯段斜梁上的单向板[见图 7-7(a)],为了方便,可在竖向切出一个踏步作为计算单元[如图 7-7(b)中阴影所示],其截面为梯形,可按截面面积相等的原则简化为同宽度的矩形截面的简支梁计算,计算简图见图 7-7(c)。

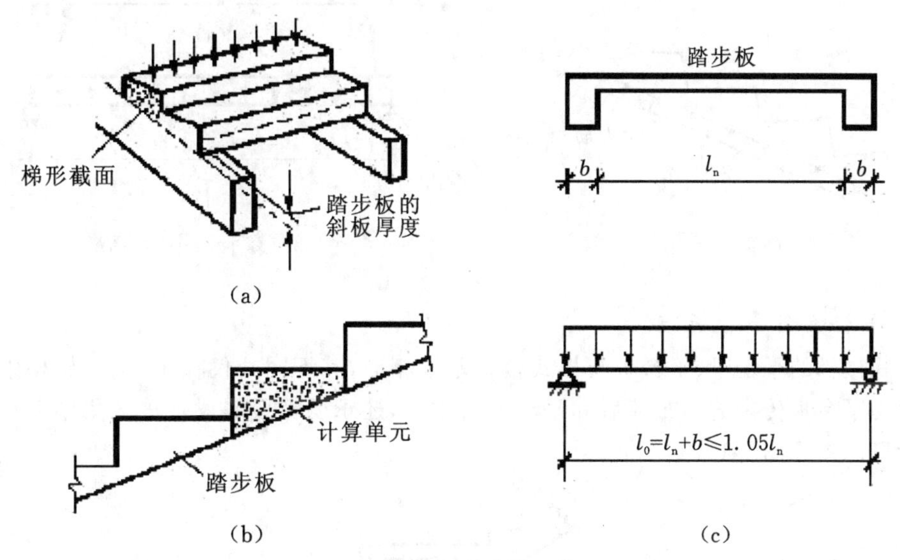

图 7-7 踏步板的内力计算

由于未考虑踏步板按全部梯形截面参与受弯工作,故其斜板部分可以薄一些,厚度一般取 $\delta=30\sim40$ mm。踏步板配筋除按计算确定外,要求每个踏步一般不宜少于 2Φ6 受力钢筋,布置在踏步下面斜板中,并沿梯段布置间距不大于 300 mm 的分布钢筋,见图 7-8。

2. 梯段斜梁

梯段斜梁两端支承在平台梁上,承受踏步传来的荷载,图 7-9(a)为其纵剖面。计算内力时,与板式楼梯中梯段斜板的计算原理相同,可简化为简支斜梁,又将其简化作水平梁计算,计算简图见图 7-9(b),其内力按下式计算(轴向力亦不予考虑):

$$M_{\max}=\frac{1}{8}(g+q)l_0^2 \tag{7-4}$$

$$V_{\max}=\frac{1}{2}(g+q)l_n\cos\alpha \tag{7-5}$$

式中:$M_{\max}$,$V_{\max}$——简支斜梁在竖向均布荷载下的最大弯矩和剪力;

l_0,l_n——梯段斜梁的计算跨度及净跨的水平投影长度。

梯段斜梁按倒 L 形截面计算,踏步板下斜板为其受压翼缘。梯段梁的截面高度一般取 $h\geqslant l_0/20$。梯段梁的配筋与一般梁相同。配筋图见图 7-10。

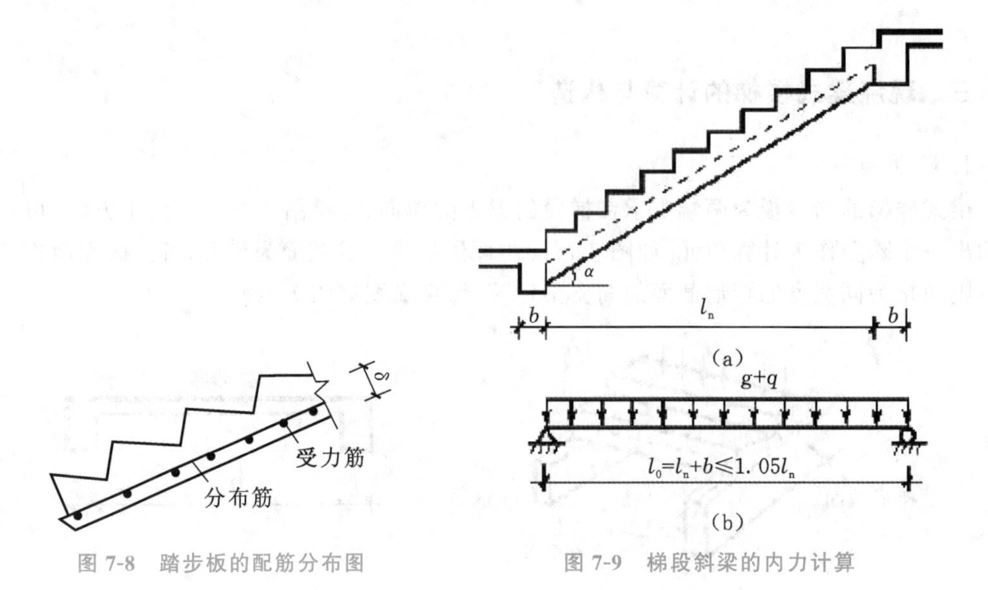

图 7-8　踏步板的配筋分布图　　图 7-9　梯段斜梁的内力计算

3. 平台梁与平台板

梁式楼梯的平台梁、平台板与板式楼梯基本相同，其不同处仅在于，梁式楼梯中的平台梁除承受平台板传来的均布荷载和平台梁自重外，还承受梯段斜梁传来的集中荷载。平台梁的计算简图见图 7-11。

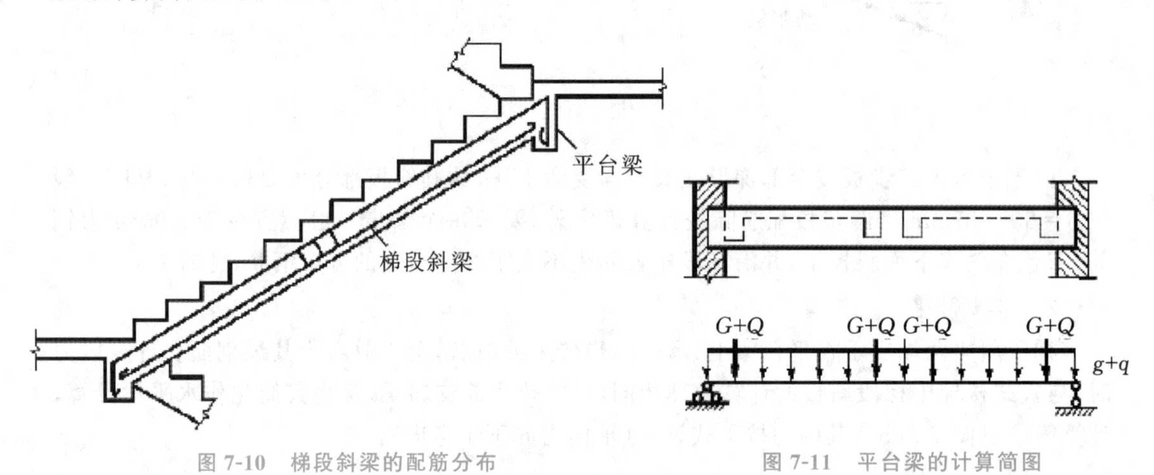

图 7-10　梯段斜梁的配筋分布　　图 7-11　平台梁的计算简图

例 7-2　现浇梁式楼梯设计案例。

若将例 7-1 的板式楼梯改为梁式楼梯，试设计计算此梁式楼梯。

解

(1) 踏步板的计算。

假定踏步板的底板厚度 $\delta=40$ mm，斜梁截面取 $b\times h=150$ mm$\times$250 mm。

① 荷载计算。

恒荷载：

三角形踏步板自重　　$\frac{1}{2}\times0.28\times0.168\times25\ \text{kN/m}=0.588\ \text{kN/m}$

40 mm 厚踏步板自重　　$0.04\times\sqrt{0.28^2+0.168^2}\times25\ \text{kN/m}=0.327\ \text{kN/m}$

20 mm 厚找平层　　$0.02\times(0.28+0.168)\times20\ \text{kN/m}=0.179\ \text{kN/m}$

恒荷载标准值　　$g_k=1.094\ \text{kN/m}$

恒荷载设计值　　$g_d=1.2\times1.094\ \text{kN/m}=1.313\ \text{kN/m}$

活荷载标准值　　$q_k=2.5\times0.28\ \text{kN/m}=0.70\ \text{kN/m}$

活荷载设计值　　$q_d=1.4\times0.7\ \text{kN/m}=0.98\ \text{kN/m}$

荷载设计值总量　　$q'_d=g_d+q_d=(1.313+0.98)\text{kN/m}=2.293\ \text{kN/m}$

将荷载总量化为垂直于斜板方向　$q''=q'\cos\alpha=2.293\times0.857\ \text{kN/m}=1.97\ \text{kN/m}$

② 内力计算。

计算跨度

$$l_0=l_n+a=(0.82+0.15)\text{m}=0.97\ \text{m}$$

$$l_0=1.05l_n=(1.05\times0.82)\text{m}=0.86\ \text{m}$$

取两者较小值　　$l_0=0.86\ \text{m}$

跨中弯矩　　$M=\frac{1}{8}q''_d l_0^2=\frac{1}{8}\times1.97\times0.86^2\ \text{kN/m}=0.182\ \text{kN/m}$

③ 配筋计算。

为计算方便，板的有效高度 h_0 可近似地按 $c/2$ 计算（c 为板厚加踏步三角形斜边之高度）。

$$h_0=\frac{c}{2}=\frac{1}{2}\times(40+168\times0.857)\text{mm}=92\ \text{mm}$$

踏步板斜向宽度　　$b=\sqrt{280^2+168^2}\ \text{mm}=327\ \text{mm}$

$$\alpha_s=\frac{M}{\alpha_1 f_c b h_0^2}=\frac{182000}{1.0\times9.6\times327\times92^2}=0.007$$

$$\xi=1-\sqrt{1-2\alpha_s}=1-\sqrt{1-2\times0.007}=0.007$$

$$A_s=\xi b h_0\frac{\alpha_1 f_c}{f_y}=0.007\times327\times92\times\frac{1.0\times9.6}{270}\text{mm}^2=7.488\ \text{mm}^2$$

按最小配筋率配置

$$A_s=\rho_{min}bh=0.2\%\times327\times(92+20)\text{mm}^2=73.25\ \text{mm}^2$$

每级踏步采用 2ϕ8（$A_s=101\ \text{mm}^2$）受力钢筋。分布筋选用ϕ6@300。

(2) 楼梯斜梁计算。

① 荷载计算（将斜向荷载化为沿水平方向分布）。

由踏步板传来

$$\frac{2.293}{0.28}\times\frac{1.12}{2}\ \text{kN/m}=4.586\ \text{kN/m}$$

梁自重

$$1.2\times0.15\times(0.25-0.04)\times25\times\frac{1}{0.857}\ \text{kN/m}=1.103\ \text{kN/m}$$

沿水平方向分布的荷载总计

$$q=5.689\ \text{kN/m}$$

② 内力计算。

$$l_0=l_n+a=(1.960+0.20)\text{m}=1.86\ \text{m}$$

$$l_0=1.05l_n=1.05\times1.96\ \text{m}=2.06\ \text{m}$$

取
$$l_0=1.86\ \text{m}$$

$$M=\frac{1}{8}ql_0^2=\frac{1}{8}\times5.689\times1.86^2\ \text{kN}\cdot\text{m}=2.46\ \text{kN}\cdot\text{m}$$

$$V_{斜}=V_{平}\cos\alpha=\frac{1}{2}\times5.689\times1.86\times0.857\ \text{kN}=4.53\ \text{kN}$$

③ 配筋计算(按倒 L 形截面计算)。

翼缘宽度

$$\text{b}'_f=\frac{l_{斜}}{6}=\frac{1}{6}\times\frac{186}{0.857}\ \text{mm}=362\ \text{mm}$$

$$b'_f=b+\frac{1}{2}s_0=\left(150+\frac{1}{2}\times820\right)\text{mm}=560\ \text{mm}$$

取 $b'_f=362\ \text{mm}$;$h_0=(250-40)\text{mm}=210\ \text{mm}$。

纵筋计算

$$\alpha_s=\frac{M}{\alpha_1f_cb'_fh_0^2}=\frac{2460000}{1.0\times9.6\times362\times210^2}=0.016$$

$$\xi=1-\sqrt{1-2\alpha_s}=1-\sqrt{1-2\times0.016}=0.016$$

$$A_s=\xi b'_fh_0\frac{\alpha_1f_c}{f_y}=0.016\times362\times210\times\frac{1.0\times9.6}{300}\text{mm}^2=38.92\ \text{mm}^2$$

选用 2Φ12($A_s=226\ \text{mm}^2$)$>\rho_{\min}b'_fh=0.2\%\times362\times250\ \text{mm}^2=181\ \text{mm}^2$

箍筋计算 $0.7f_tbh_0=0.7\times1.1\times150\times210\ \text{kN}=24.3\ \text{kN}>V_{斜}=4.53\ \text{kN}$

按构造要求配置Φ6@200 箍筋。

钢筋布置见图 7-12。

四、折线形楼梯计算与构造

为了满足建筑使用要求,在房屋中有时需要采用折线形楼梯[见图 7-13(a)]。

折线形楼梯梁(板)的计算与普通梁(板)式楼梯一样,一般将斜梯段上的荷载化为沿水平长度方向分布的荷载[见图 5-13(b)],然后再按简支梁[见图 7-13(c)]计算 $M_{\max}$ 及 $V_{\max}$ 的值。

由于折线形楼梯在梁(板)曲折处形成内折角,在配筋时,若钢筋沿内折角连续配置,则此处受拉钢筋将产生较大的向外的合力,可能使该处混凝土保护层剥落,钢筋被拉出而失去作用,见图 7-14(a),因此,在内折角处,配筋时应采取将钢筋断开并分别予以锚固的措施,见图 7-14(b)。在梁的内折角处,箍筋应适当加密。

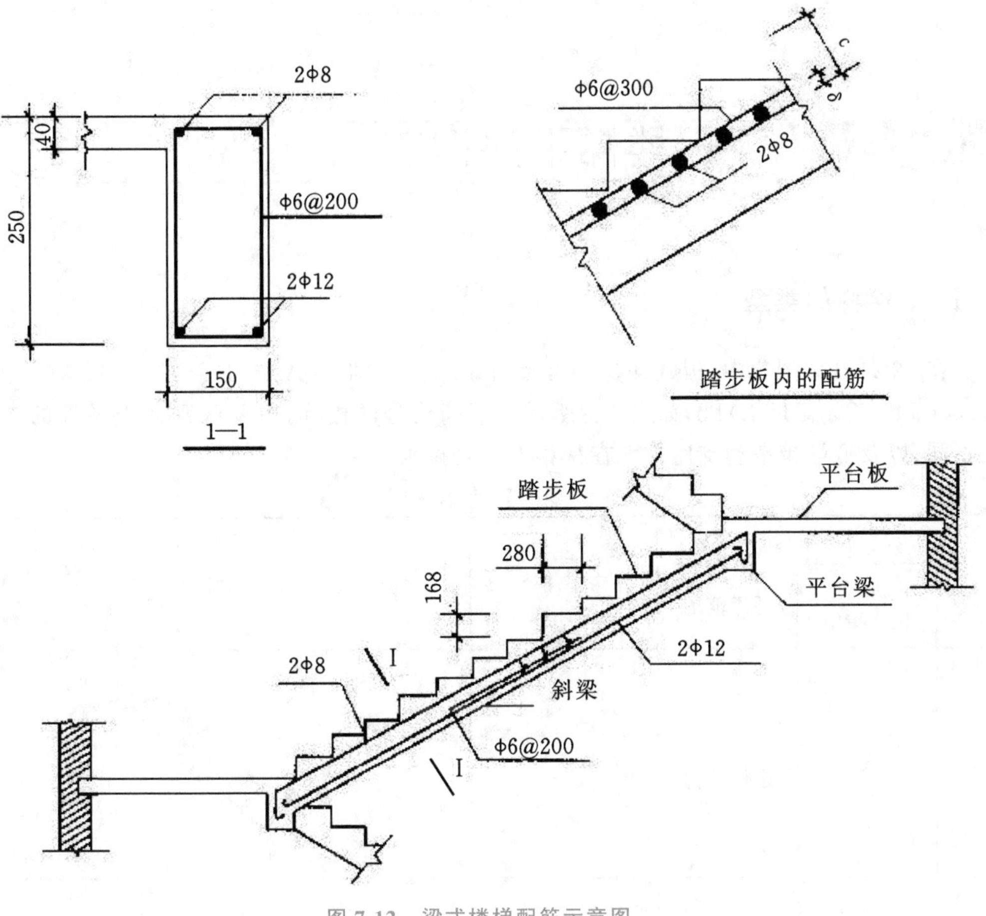

图 7-12　梁式楼梯配筋示意图

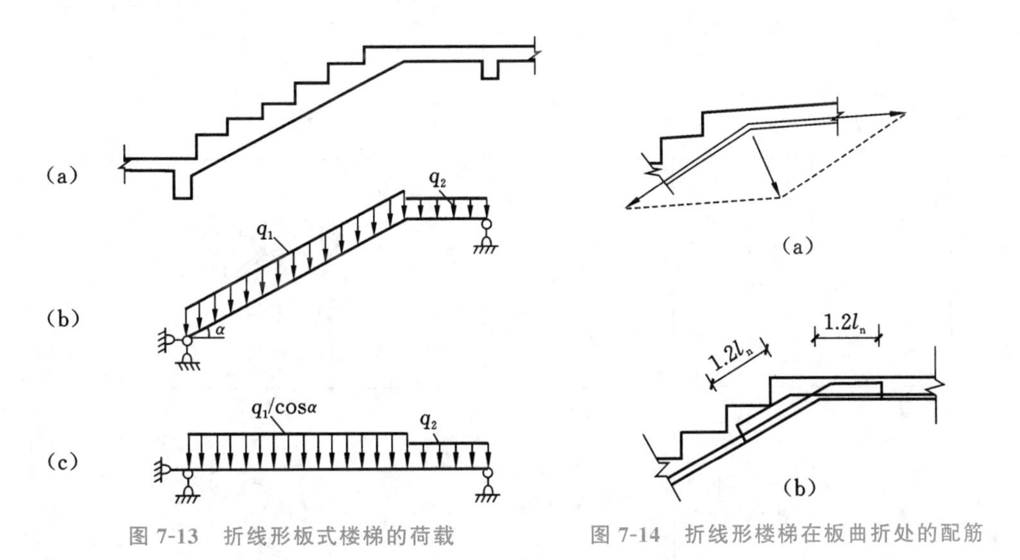

图 7-13　折线形板式楼梯的荷载

图 7-14　折线形楼梯在板曲折处的配筋

任务2 板式楼梯平法识图

一、楼梯的类型

在22G101-3图集中，板式楼梯的类型有14种，分别是：AT～ET、FT、GT、ATa、ATb、ATc、BTb、CTa、CTb、DTb，如表7-1所示。不同代号的楼梯，主要区别在于梯板的构成方式不同，以及低端带滑动支座支承在梯梁上还是挑板上。

表7-1 楼梯类型

梯板代号	适用范围		是否参与结构整体抗震计算	示意图
	抗震构造措施	适用范围		
AT	无	剪力墙、砌体结构	不参与	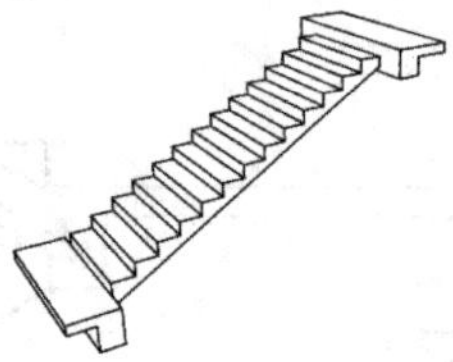
BT	无	剪力墙、砌体结构	不参与	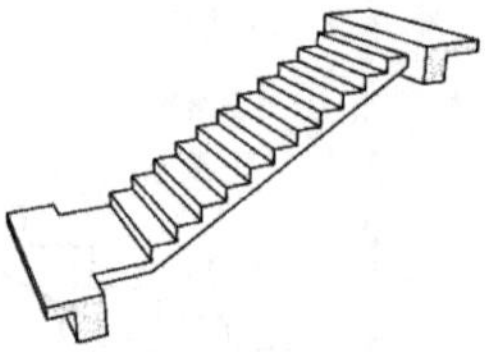
CT	无	剪力墙、砌体结构	不参与	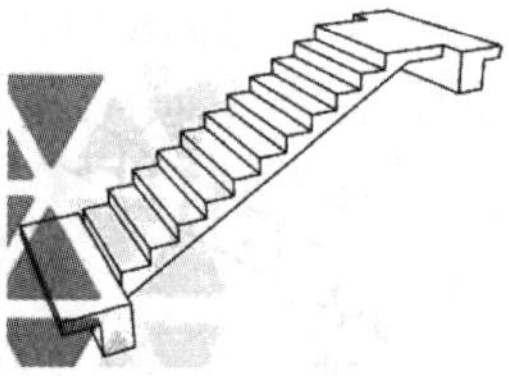
DT	无	剪力墙、砌体结构	不参与	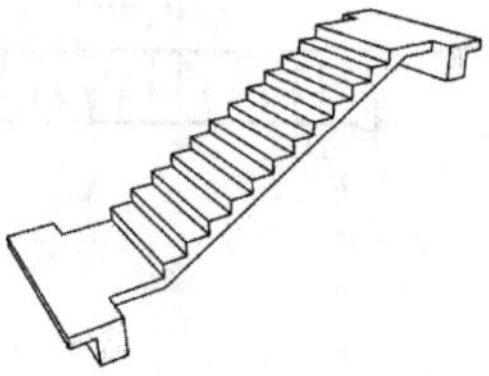

续表

梯板代号	适用范围		是否参与结构整体抗震计算	示意图
	抗震构造措施	适用范围		
ET	无	剪力墙、砌体结构	不参与	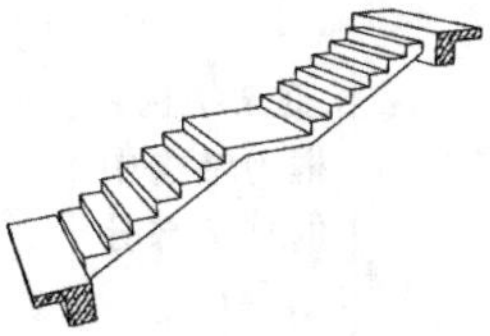
FT	无	剪力墙、砌体结构	不参与	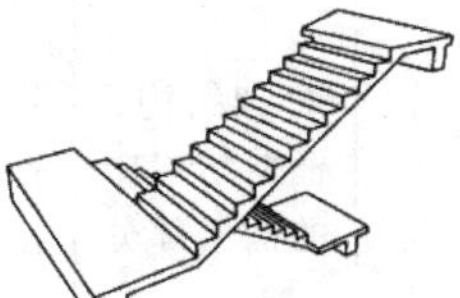
GT	无	剪力墙、砌体结构	不参与	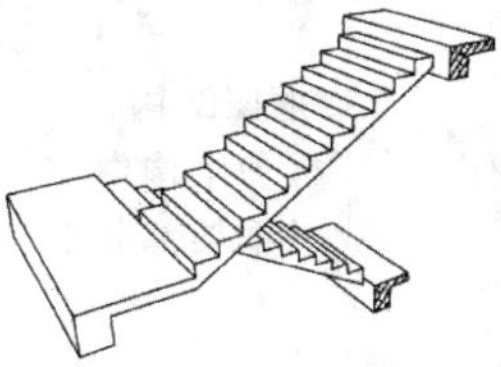
ATa	有	框架结构、框剪结构中的框架部分	不参与	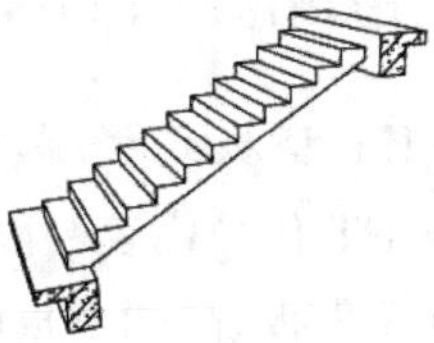
ATb	有	框架结构、框剪结构中的框架部分	不参与	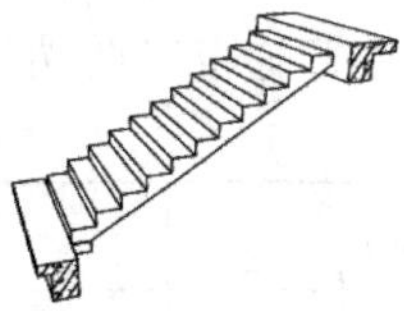
ATc	有	框架结构、框剪结构中的框架部分	参与	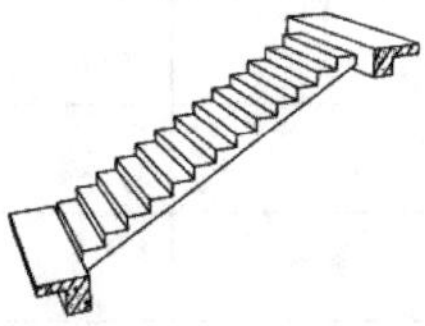
BTb	有	框架结构、框剪结构中的框架部分	不参与	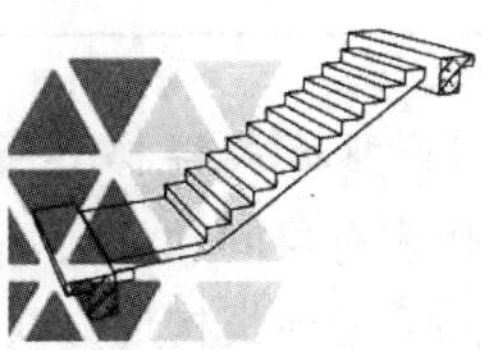

续表

梯板代号	适用范围		是否参与结构整体抗震计算	示意图
	抗震构造措施	适用范围		
CTa	有	框架结构、框剪结构中的框架部分	不参与	
CTb	有	框架结构、框剪结构中的框架部分	不参与	
DTb	有	框架结构、框剪结构中的框架部分	不参与	

注：ATa、CTa 低端带滑动支座支承在梯梁上；ATb、BTb、CTb、DTb 低端带滑动支座支承在挑板上。

1. AT～ET 型板式楼梯具备的特征

(1) AT～ET 代号代表一段无滑动支座的梯板。梯板的主体为踏步段，除踏步段之外，梯板可包括低端平板、高端平板以及中位板。

(2) AT～ET 梯板构成方式见表 7-2。

(3) AT～ET 梯板以两端的梯梁为支座。

表 7-2　AT～ET 型梯板特征

梯板代号	梯板构成方式
AT	踏步段
BT	低端平板、踏步板
CT	踏步段、高端平板
DT	低端平板、踏步板、高端平板
ET	低端踏步段、中位平板和高端踏步段

2. FT、GT 型板式楼梯具备的特征

(1) FT 代表有层间和楼层平台板的双跑楼梯；GT 代表有层间平台板的双跑楼梯。

(2) FT、GT 型梯板构成方式见表 7-3。

表 7-3　FT、GT 型板式楼梯构成方式

梯板代号	梯板构成方式
FT	层间平板、踏步段、楼层平板
GT	层间平板、踏步段

(3) FT、GT 型梯板支承方式见表 7-4。

表 7-4　FT、GT 型梯板支承方式

梯板代号	层间平板	踏步段端(楼层处)	楼层平板
FT	三边支承	—	三边支承
GT	三边支承	支承在梯梁上	—

3. ATa、ATb 型板式楼梯具备的特征

(1) ATa、ATb 型为带滑动支座的板式楼梯。梯板全部由踏步段构成，其支承方式为梯板高端均支承在梯梁上，ATa 型梯板低端带滑动支座支承在梯梁上，ATb 型梯板低端带滑动支座支承在挑板上。

(2) ATa、ATb 型梯板采用双层双向配筋。

4. ATc 型板式楼梯具备的特征

(1) 梯板全部由踏步段构成，其支承方式为梯板两端均支承在梯梁上。

(2) 楼梯休息平台与主体结构可连接，也可脱开。

(3) 梯板厚度应按计算确定；梯板采用双层双向配筋。

(4) 梯板两侧设置边缘构件(暗梁)，边缘构件的宽度取 1.5 倍板厚；边缘构件纵向钢筋数量，当抗震等级为一、二级时不少于 6 根，当抗震等级为三、四级时不少于 4 根；纵筋直径不小于ф 12 且不小于梯板纵向受力钢筋的直径；箍筋直径不小于ф 6，间距不大于 200 mm。

(5) 平台板按双层双向配筋。

(6) ATc 型楼梯作为斜撑构件，钢筋均采用符合抗震性能的热轧钢筋，钢筋的强度和伸长率均应满足要求。

5. BTb 型板式楼梯具备的特征

(1) BTb 型为带滑动支座的板式楼梯。梯板由踏步段和低端平板构成，其支承方式为梯板高端支承在梯梁上，梯板低端带滑动支座支承在挑板上。

(2) BTb 型梯板采用双层双向配筋。

6. CTa、CTb 型板式楼梯具备的特征

(1) CTa、CTb 型为带滑动支座的板式楼梯。梯板由踏步段和高端平板构成，其支承方式为梯板高端均支承在梯梁上。CTa 型梯板低端带滑动支座支承在梯梁上，CTb 型梯板低端带滑动支座支承在挑板上。

(2) CTa、CTb 型梯板采用双层双向配筋。

7. DTb 型板式楼梯具备的特征

(1) DTb 型为带滑动支座的板式楼梯。梯板由低端平板、踏步段和高端平板构成，其支承方式为梯板高端平板支承在梯梁上，梯板低端带滑动支座支承在挑板上。

(2) DTb 型梯板采用双层双向配筋。

二、平面注写方式

现浇混凝土板式楼梯平法施工图有平面注写、剖面注写和列表注写三种表达方式。

这里主要表述梯板的表达方式，与楼梯相关的平台板、梯梁、梯柱的注写方式见前面相关章节。

平面注写方式，系通过在楼梯平面布置图上注写截面尺寸和配筋具体数值的方式来表达楼梯施工图。包括集中标注和外围标注，如图 7-15 所示。

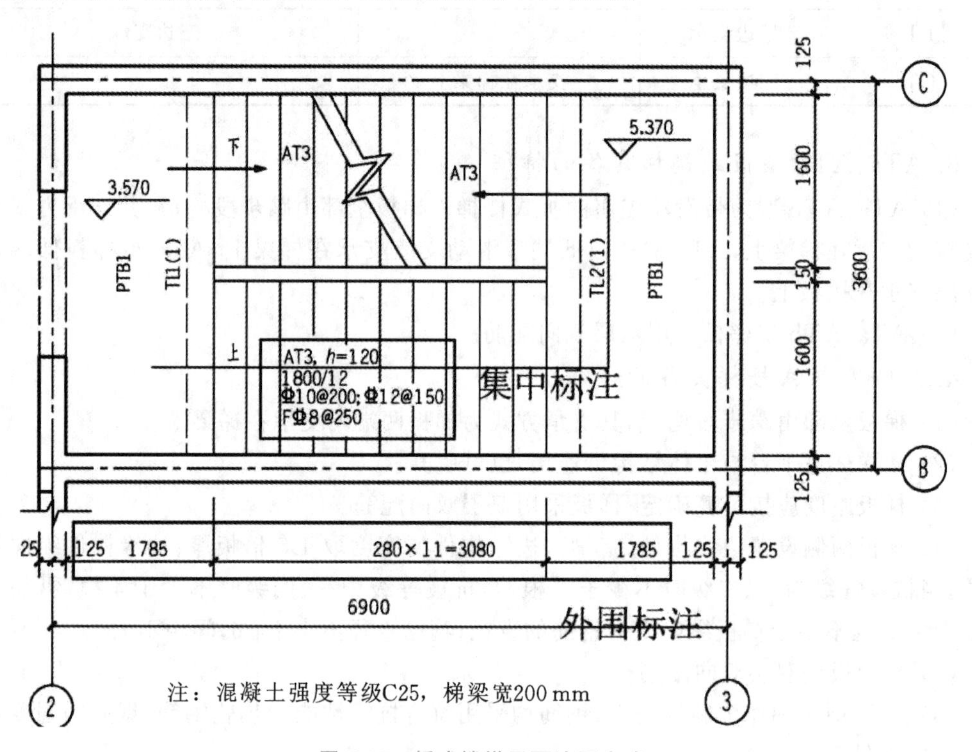

图 7-15 板式楼梯平面注写方式

1. 集中标注

集中标注包括五项，具体内容包括：梯板类型号、梯板厚度、踏步段总高度和踏步级数、上部纵筋、下部纵筋和梯板分布筋。

(1) 梯板类型号，如 AT××。

(2) 梯板厚度，如 $h=120$。表示梯段板厚为 120 mm。当为带平台板的梯段，且平台板与梯段板厚度不同时，可在梯段板后面括号内表示，如 $h=120$(P130)，120 表示梯段板厚度，130 表示平台板厚度。

(3) 踏步段总高度和踏步级数，之间用“/”分隔。

(4) 梯板支座上部纵筋和下部纵筋，之间用“;”分隔。

(5) 梯板分布筋，用 F 打头，后面注写具体数值，也可用文字进行说明。

2. 外围标注

楼梯外围标注的内容，包括梯间的平面尺寸、楼层结构标高、层间结构标高、楼梯的上下方向、梯板的平面几何尺寸、平台板的配筋、梯梁及梯柱配筋等。

三、剖面注写方式

剖面注写方式需在楼梯平法施工图中绘制楼梯平面布置图和楼梯剖面图，注写方式包含平面图注写和剖面图注写两部分。

楼梯平面布置图注写内容，包括楼梯间的平面尺寸、楼层结构标高、层间结构标高、楼梯的上下方向、梯板的平面几何尺寸、梯板类型及编号、平台板配筋、梯梁及梯柱配筋等，见图 7-16(a)。

楼梯剖面图注写内容，包括梯板集中标注、梯梁梯柱编号、梯板水平及竖向尺寸、楼层结构标高、层间结构标高等，见图 7-16(b)。

四、列表注写方式

列表注写方式，系用列表方式注写梯板截面尺寸和配筋具体数值来表达楼梯施工图，如表 7-5 所示。

表 7-5　楼梯列表注写方式

梯板编号	踏步段总高度(mm)/踏步级数	板厚 h/mm	上部纵筋	下部纵筋	分布筋
AT1	1480/9	100	Φ8@200	Φ8@100	φ6@150
CT1	1320/8	100	Φ8@200	Φ8@100	φ6@150
DT1	830/5	100	Φ8@200	Φ8@150	φ6@150

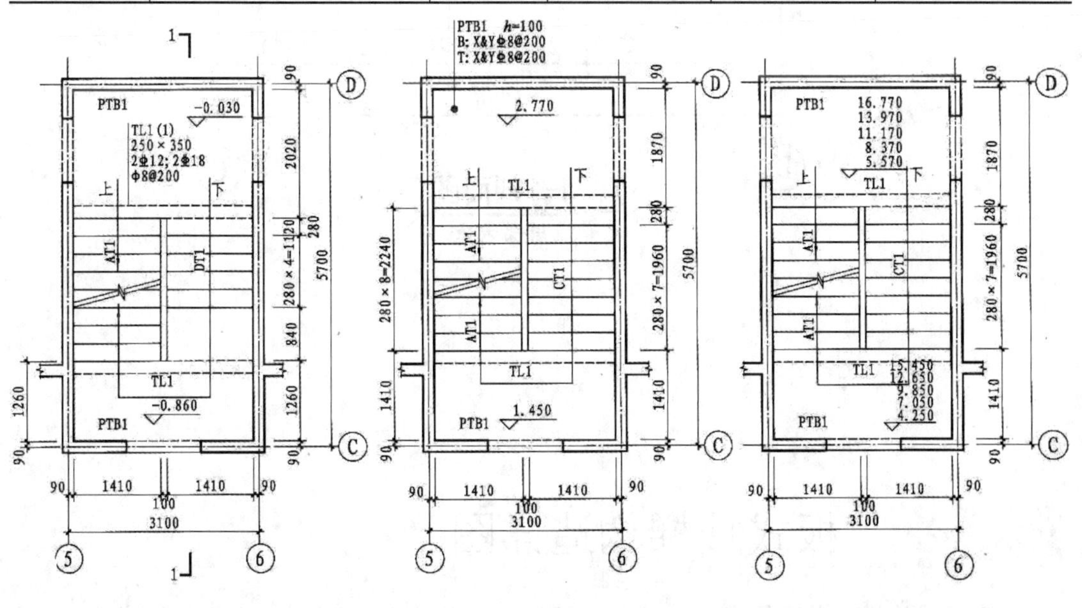

(a)

图 7-16　楼梯剖面注写方式

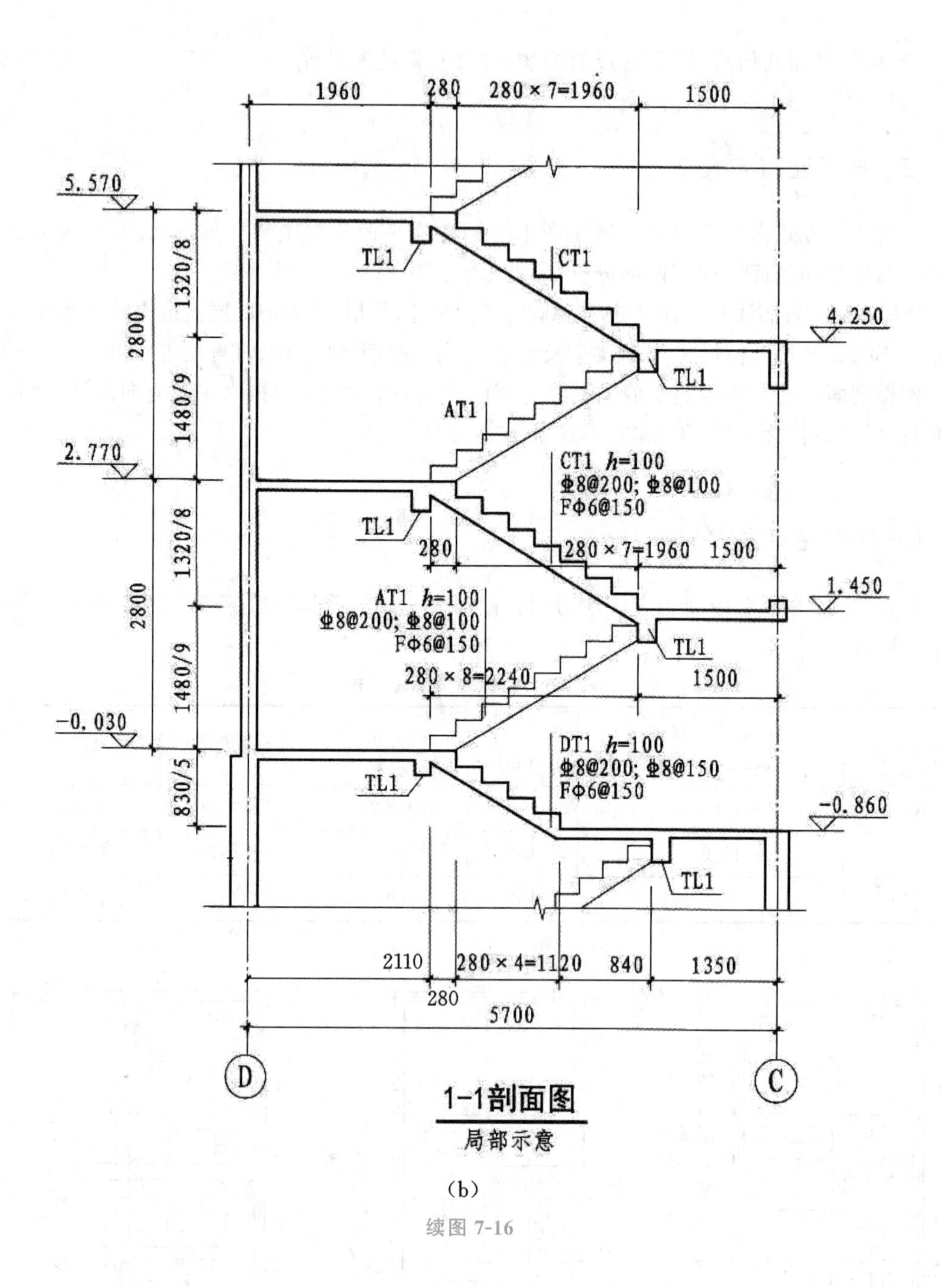

（b）

续图 7-16

任务 3　板式楼梯构造详图

由于板式楼梯的类型较多，在此不一一列出，仅以 AT、ATa 楼梯为例加以说明，如图 7-17、图 7-18 所示。

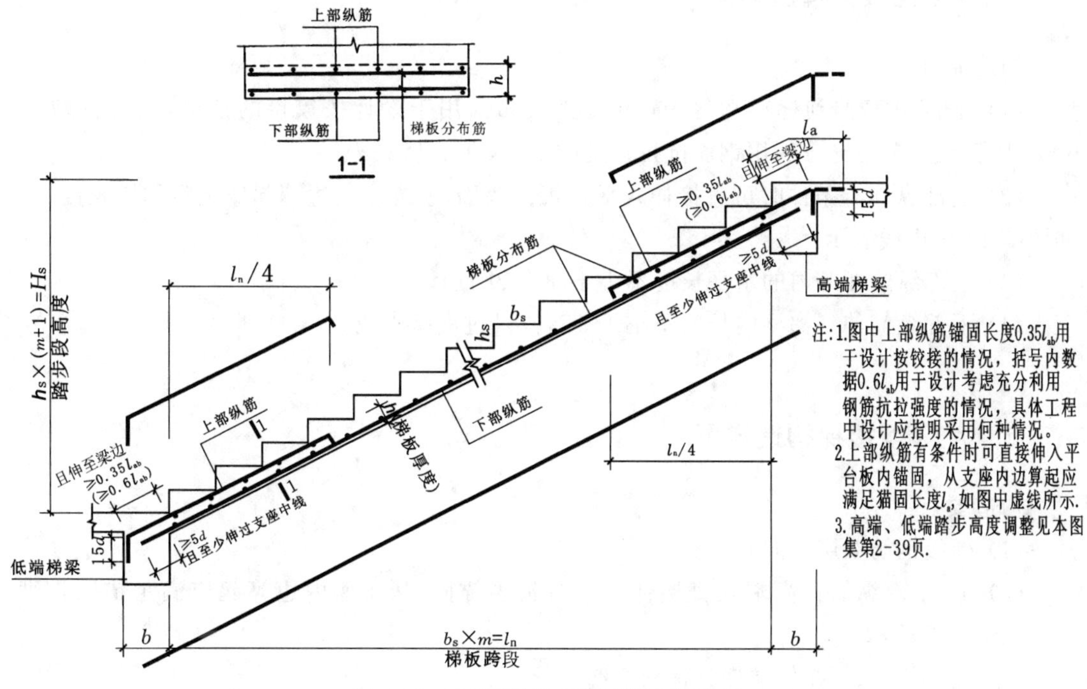

图 7-17　AT 型楼梯板的配筋构造详图

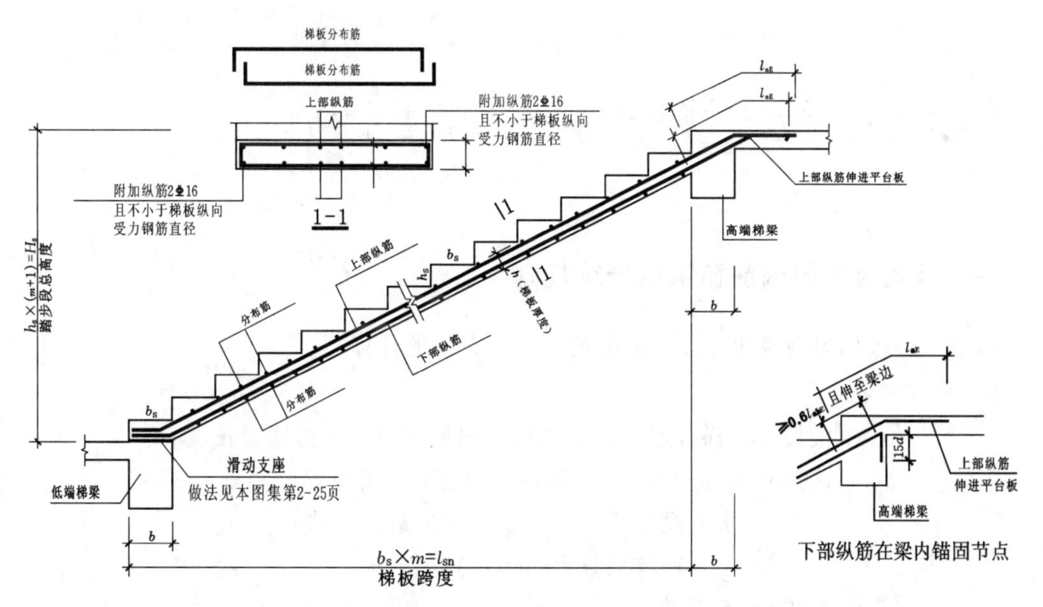

图 7-18　ATa 型楼梯的配筋构造详图

一、AT 型楼梯构造详图

构造要点：

（1）上部纵筋伸到梯梁边缘，锚固长度 $0.35l_{ab}$ 用于设计按铰接的情况，括号内数据 $0.6l_{ab}$ 用于设计考虑充分利用钢筋抗拉强度的情况，并下弯 $15d$。

（2）上部纵筋有条件时可直接伸入平台板内锚固，从支座内边算起应满足锚固长度 l_a，如图 7-17 中虚线表示。

（3）上部纵筋在跨内的水平长度不小于净宽的 1/4。

（4）下部纵筋伸到梯梁内长度不小于 $5d$，并且过支座中线。

二、ATa 型楼梯构造详图

构造要点：

（1）梯板钢筋双层双向布置。

（2）上、下部纵筋在高端处直接伸入平台板内锚固，从支座内边算起应满足锚固长度 l_{aE}，如图 7-18 所示。

（3）上、下部纵筋在低端伸到梯板边缘。

（4）梯板分布筋布置在纵筋的外侧，在分布筋弯折处，要设置附加纵筋。附加纵筋的直径不小于 16 mm，且不小于板纵筋的直径。

任务 4 板式楼梯钢筋预算量计算

一、板式楼梯的钢筋预算量计算规则

以 AT 型楼梯为例说明梯段板的纵筋及其分布筋的计算。

1. 下部纵筋

单根长度＝梯段水平投影长度×斜坡系数＋两边锚固长度

根数＝(梯板宽度－2×保护层厚度)/下部纵筋间距＋1

水平投影长度＝踏步宽度×踏面个数

$$斜坡系数=\mathrm{sqrt}(b_s^2+h_s^2)/b_s$$

式中：b_s、h_s——踏步的宽度和高度。

$$锚固长度=\max(5d,b/2\times 斜坡系数)$$

式中：b——支座的宽度。

分布筋：

单根长度＝梯板净宽－2×保护层厚度

根数＝(l_n×斜坡系数－分布筋间距)/间距＋1

2. 梯板低端上部纵筋(低端扣筋)及分布筋

低端扣筋：

单根长度＝(l_n/4＋b－保护层厚度)×斜坡系数＋15d＋梯段板厚－2×保护层厚度

根数同梯板下部纵筋计算规则。

分布筋：

单根长度同底部分布筋计算规则。

根数＝(l_n/4×斜坡系数－分布筋间距/2)/分布筋间距＋1

3. 梯板高端上部纵筋(高端扣筋)及分布筋

与梯板低端上部纵筋类似，只是在直锚时：

单根长度＝(l_n/4＋b－保护层厚度)×斜坡系数＋l_a＋梯段板厚－2×保护层厚度

式中：l_a——锚固长度。

分布筋长度和根数同低端扣筋的分布筋。

4. 其他钢筋

梯梁、梯柱、平台板的钢筋量计算可参考本教材前面所述。

二、板式楼梯钢筋预算量计算

例 7-3　某楼梯结构平面图如图 7-19 所示，混凝土用 C30，计算出一个梯段板的钢筋量。

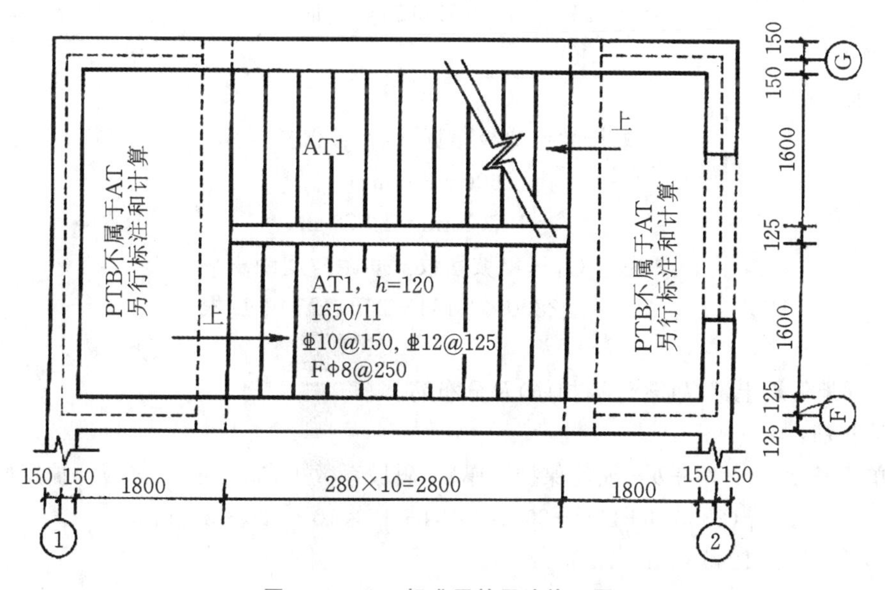

图 7-19　AT1 标准层的平法施工图

解　从平面图中可读到以下信息：本梯段属于 AT 型楼梯，梯板厚 120 mm，踏步高 h_s＝(1650/11)mm＝150 mm，低端和高端的上部纵筋为⌀10@150，梯板底部纵筋为⌀

12@125，分布筋为ϕ 8@250，梯段净宽为 1600 mm，梯段净长为 2800 mm，踏步宽 b_s＝280 mm，本例中梯梁宽没有给出，此处，假设梯梁宽 250 mm，纵筋保护层厚 20 mm，板保护层厚 15 mm。具体计算过程如表 7-6 所示。

表 7-6 AT1 一个梯段板的钢筋计算表

序号	钢筋名称	直径/mm	单根长度/m	根数/根	总质量/kg
1	梯段底部纵筋	12	3.459	14	43.002
2	梯段底部分布筋	8	1.570	13	8.062
3	梯板低端上部纵筋(低端扣筋)	10	1.295	12	9.588
4	梯板低端上部纵筋的分布筋	8	1.560	4	2.465
5	梯板高端上部纵筋(高端扣筋)	10	1.295	12	9.588
6	梯板高端上部纵筋的分布筋	8	1.560	4	2.465
合计	⏀12:43.002 kg;⏀10:19.176 kg;ϕ 8:12.992 kg				

(1) 梯段底部纵筋及分布筋。

本楼梯的斜坡系数＝sqrt($b_s^2+h_s^2$)/b_s＝sqrt(280^2+150^2)/280＝1.134

梯段底部纵筋：

单根长度＝梯段水平投影长度×斜坡系数＋2×锚固长度
＝[2800×1.134＋2×max(5×12，230/2×1.134)]mm
＝3459 mm＝3.459 m

根数＝(梯板宽度－2×板保护层厚)/间距＋1
＝[(1600－2×15)/125＋1]根
＝14 根

分布筋：

单根长度＝梯板净宽－2×板保护层厚
＝(1600－30)mm
＝1570 mm＝1.570 m

根数＝(l_n×斜坡系数－间距)/间距＋1
＝[(2800×1.134－250)/250＋1]根
＝13 根

(2) 梯板低端上部纵筋(低端扣筋)及分布筋。

低端扣筋：

单根长度＝(l_n/4＋b－纵筋保护层厚)×斜坡系数＋15d＋h－2×板保护层厚
＝[(2800/4＋250－20)×1.134＋15×10＋120－30]mm
＝1295 mm＝1.295 m

根数＝[(1600－2×15)/150＋1]根
＝12 根

分布筋：

单根长度＝1.560 m

根数$=(l_n/4\times$斜坡系数$-$间距$/2)/$间距$+1$

$=[(2800/4\times1.134-250/2)/250+1]$根

$=4$ 根

(3) 梯板高端上部纵筋(高端扣筋)及分布筋。

同梯板低端上部纵筋(低端扣筋)及分布筋计算。

课后任务

1. 读懂工程案例中所示内容,计算其中一层梯段板钢筋预算量。
2. 板式楼梯与梁式楼梯传力途径有何区别?
3. 22G101-2 图集中,14 种板式楼梯有何不同?

工作手册8

广联达BIM钢筋算量软件的应用

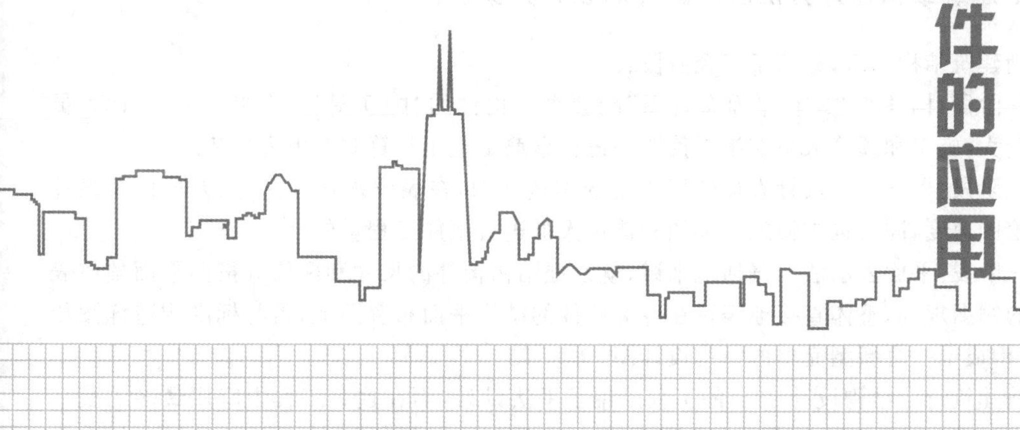

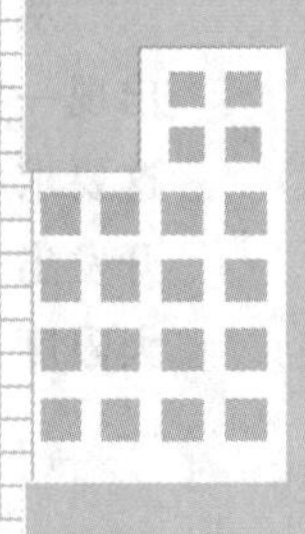

学习目标

1. 知识目标

(1) 掌握广联达 BIM 钢筋算量软件设计原理。

(2) 掌握广联达 BIM 钢筋算量软件操作流程。

2. 能力目标

具备应用软件计算建筑钢筋量的能力。

任务1 广联达BIM土建计量软件GTJ2021的设计原理

随着电算化的发展，钢筋工程量计算已逐渐由传统的手工计算发展为软件算量。目前，市场上推出的钢筋算量软件很多，其设计原理和操作方法各异，下面仅以广联达土建计量软件GTJ2021为例，简要介绍其设计原理。

一、建筑结构设计方法决定软件的设计方案

绘制建筑结构图纸，经历了三个阶段：

第一阶段：构件的“结构平面布置图”配套每一构件的“配筋图”。绘图量大，设计人员的工作量大，施工和预算人员在施工读图和进行钢筋工程量计算时都极为复杂。

第二阶段：梁柱表。设计人员按照给定的构造详图，在表中进行标注，大大加快了设计人员的绘图速度，同时也方便施工读图和造价人员进行钢筋工程量的计算。

第三阶段：平面表示法。概括地来讲，就是把结构构件的尺寸和配筋等按照平面整体表示方法的制图规则，整体直接地表达在各类构件的结构平面布置图上，再与标准构造详图相配合，即构成了一套新型完整的结构设计图。

目前建筑行业结构设计90%的工程采用了平法设计，而在这些工程中应用最多的是平法图集。但现在也仍然存在部分工程构件采用构件剖面详图的方式，对构件的钢筋信息进行表达。所以现在的设计是平法标注与传统方法共存。

从平法的设计原理来讲，平法是不限制设计人员的创造性，因此在实际工程中，通常会出现一些构件的节点构造或者要求与平法的要求不同，也有一些设计院有自己的节点构造，这要求钢筋的计算有很大的灵活性。广联达GTJ2021软件也就是在这样的前提和背景下开发出来的。该软件既内置了平法系列图集的计算规则，也包含了常见的设计节点构造，最大限度开放了各类钢筋的计算方法，兼顾了规范与传统两方面的要求。

二、手工流程思维确定软件设计思路

手工抽钢筋的流程一般为：识图→查规范与图集→按照结构设计要求计算每根钢筋的长度→利用钢筋长度乘以密度算出钢筋重量→汇总统计制作各类报表。钢筋抽样软件在体现计算高效的同时，尽量沿用手工抽钢筋的流程和思维方式，手工与软件抽钢筋对应的工作流程见图 8-1。

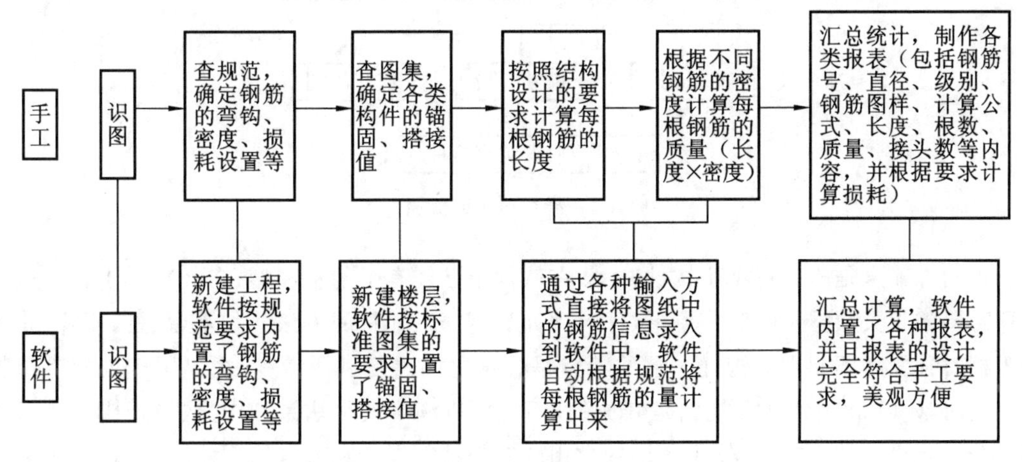

图 8-1　工作流程图

在使用钢筋抽样软件抽钢筋的过程中，一般会涉及两种量：

(1) 根据结构设计要求，利用规范、图集所查出的量，如锚固、搭接、弯钩、密度值、钢筋长度的计算方法与规范要求等。在软件中，内置了所有的计算规则，在进行钢筋工程量的计算时，软件会自动套用这些规则，其主要技术参考依据为《混凝土结构设计规范》(GB 50010—2010)、《混凝土结构施工图平面整体表示方法制图规则及构造详图》系列图集。

(2) 对于不同的工程、不同的图纸设计，钢筋的长度、布筋范围等量。这些量会不断地发生变化，而这些量的值可通过人机交互的形式根据图纸手工输入，然后与软件中的内置规则结合起来，算出所需要的钢筋量。

正是由于以上两种量的相互结合，软件才能快速、准确地将各类构件中的每根钢筋量计算出来，并自动进行汇总、打印。

三、两种输入方法的有机结合

GTJ2021 提供了两种处理构件的方法：绘图输入和单构件输入。

绘图输入是指通过定义构件属性，按照工程图纸，画出构件并为各构件进行配筋，由软件自动按照各构件之间的位置关系，根据计算规则进行钢筋工程量计算的一种处理方法。绘图输入的构件包括柱、梁、墙、板等。它的特点：一是考虑了工程的整体性，从整体的角度进行钢筋的计算，充分利用了各构件之间的数据。如梁可以自动读取柱的尺寸，自动读取梁的跨长;在进行板的钢筋计算时,可以自动扣减梁和墙的宽度。二是大大减少了重复翻阅图纸查找构件尺寸的工作量,使钢筋工程量的计算从单构件计算上升到了一个更高层次,不但可以正确计算各类构件的钢筋,而且从读图的角度减少了算量人员的劳动强度。其计算原理如图 8-2 所示。

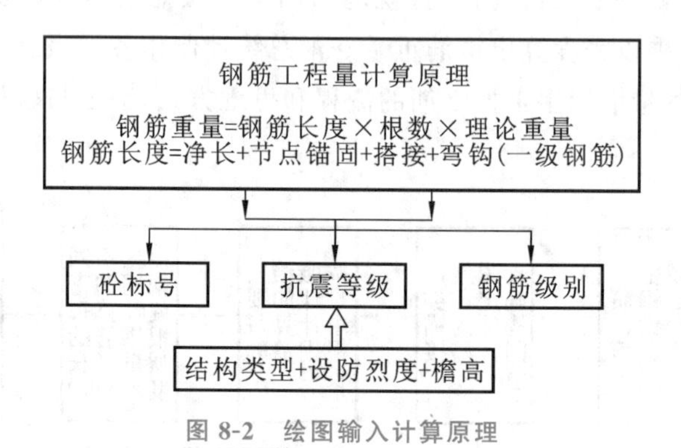

图 8-2　绘图输入计算原理

单构件输入是指针对单个构件,一般在软件中已经有了基本模型,在其基础上输入构件计算需要的相关数据及配筋信息,软件自动计算钢筋工程量的方法。如承台、桩、楼梯、积水坑等相对独立和不规则的构件。它的特点是数据之间重复利用较少,主要用于处理零星构件。同时,GTJ2021 的计算规则是开放的,不仅可以满足按平法系列图集进行计算,也可以满足个性化设计的需求,提供了各构件常用的钢筋计算设置和节点构造。

绘图输入或单构件输入和手工抽钢筋的习惯一样,软件对于各类构件中的每根钢筋量都会严格按照标准图集中的规定来进行计算。只是在手工抽钢筋时,要不断地查阅相关图集,而软件则自动将所有的规则内置,只需输入基本的钢筋信息,软件就会自动按照图集中的要求来进行钢筋量的计算,并快速按照各种需要将数据分类汇总。

任务 2 广联达 BIM 土建计量软件 GTJ2021 操作流程

广联达 BIM 土建计量软件 GTJ2021(钢筋算量)操作流程:启动软件→新建工程→工程设置→绘图输入→单构件输入→汇总计算→报表打印。

软件在使用的过程中,建议按照以下顺序进行绘制。

(1) 楼层绘制顺序:首层—地上层—地下层—基础层。

(2) 框架结构:柱—梁—板—二次结构。

(3) 剪力墙结构:剪力墙—门窗洞—暗柱/端柱—暗梁/连梁。

(4) 框架剪力墙结构:柱—剪力墙—梁—板—砌体墙部分。

(5) 砖混结构:砖墙—门窗洞—构造柱—圈梁。

具体流程如下:

一、新建工程

1. 软件启动

点击桌面图标 广联达BIM土建计量平台... ，启动 GTJ2021。

2.新建向导

如图 8-3 所示，点击“新建-新建工程”进入新建工程界面。

图 8-3　新建向导

3. 新建工程

（1）工程名称输入，如图 8-4 所示。在这里要根据工程实际情况分别填入工程名称、选勾计算规则、清单定额库、钢筋规则。然后单击“创建工程”。

新建工程
工程名称：工程1
计算规则
清单规则：广联达建筑与装饰工程量计量清单计算规则
定额规则：广联达建筑与装饰工程量计量定额计算规则
清单定额库
清单库：安徽省建设工程工程量清单(2018)
定额库：安徽省安装工程计价定额(2018)
钢筋规则
平法规则：22系平法规则
汇总方式：按照钢筋图示尺寸-即外皮汇总
《钢筋汇总方式详细说明》　《计算规则选择注意事项》　创建工程　取消

图 8-4　工程名称输入

（2）工程设置，如图 8-5 所示。

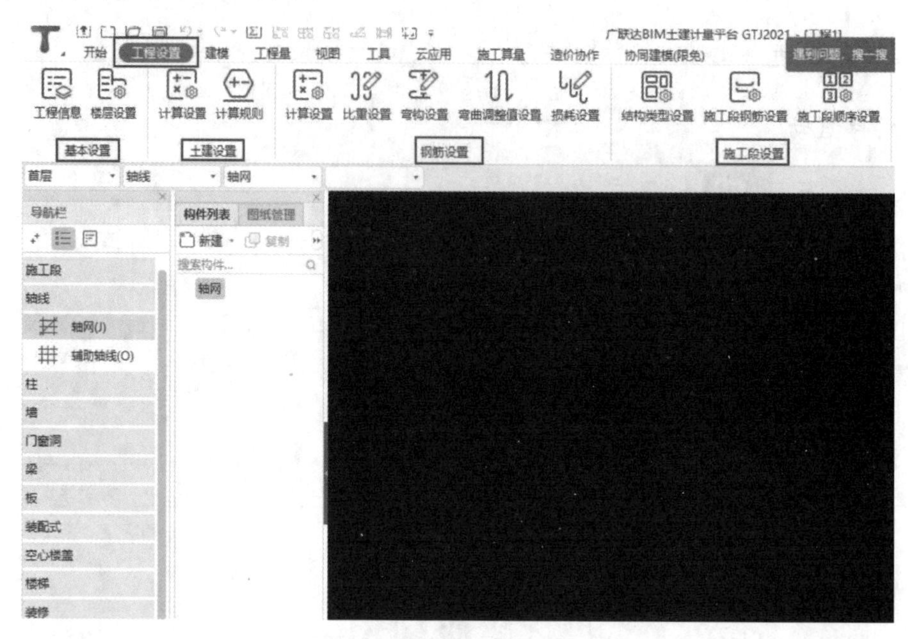

图 8-5　工程设置

工程设置中有：基本设置、土建设置、钢筋设置、施工段设置。只算钢筋工程量时先点击“基本设置”，输入工程信息和楼层设置，然后再点击“钢筋设置”，进行钢筋计算规则的调整。

（3）输入工程信息，如图 8-6 所示。

工程信息

工程信息　计算规则　编制信息　自定义

	属性名称	属性值
1	工程概况:	
2	工程名称:	工程1
3	项目所在地:	
4	详细地址:	
5	建筑类型:	居住建筑
6	建筑用途:	住宅
7	地上层数(层):	
8	地下层数(层):	
9	裙房层数:	
10	建筑面积(m²):	(0)
11	地上面积(m²):	(0)
12	地下面积(m²):	(0)
13	人防工程:	无人防
14	檐高(m):	35
15	结构类型:	框架结构
16	基础形式:	筏形基础
17	建筑结构等级参数:	
18	抗震设防类别:	
19	抗震等级:	一级抗震
20	地震参数:	
21	设防烈度:	8
22	基本地震加速度（g）:	
23	设计地震分组:	

图 8-6　输入工程信息

这里所填的信息在图纸的结构设计说明中可以找到。建筑物檐高以室外设计地坪标高

为计算起点，终点取值标准如下：

① 平屋面带挑檐者，算至挑檐板下皮标高；

② 平屋面带女儿墙者，算至屋顶结构板上皮标高；

③ 坡屋面或其他曲面屋顶均算至墙的中心线与屋面板交点的高度；

④ 阶梯式建筑物按高层的建筑物计算檐高。突出屋面的水箱间、电梯间、楼梯间、亭台楼阁等均不计算檐高。

檐高和设防烈度共同影响抗震等级，只要抗震等级正确后，其他两项可不用理会。室内地坪相对标高，影响土方量和外墙装修做法。室内外高差指建筑物首层室内地坪或建筑物主入口层的地面与室外自然地坪或广场地面之间的标高之差。

(4) 楼层设置，如图 8-7 所示。

楼层设置

单项工程列表

添加　删除

工程1

楼层列表 (基础层和标准层不能设置为首层。设置首层后，楼层编码自动变化，正

插入楼层　删除楼层　上移　下移

首层	编码	楼层名称	层高(m)	底标高(m)	相同层数	板厚(mm)
☑	1	首层	3	-0.05	1	120
☐	0	基础层	3	-3.05	1	500

楼层混凝土强度和锚固搭接设置 (工程1 首层, -0.05 ~ 2.95 m)

	抗震等级	混凝土强度等级	混凝土类型	砂浆标号	砂浆类型	HPB235(A) …	HRE
垫层	(非抗震)	C10	碎石最大粒...	M5	水泥混合...	(39)	(38/4
基础	(非抗震)	C35	碎石最大粒...	M5	水泥混合...	(28)	(27/3
基础梁 / 承台梁	(一级抗震)	C35	碎石最大粒...			(32)	(31/3
柱	(一级抗震)	C25	碎石最大粒...	M5	水泥混合...	(39)	(38/4
剪力墙	(一级抗震)	C25	碎石最大粒...			(39)	(38/4
人防门框墙	(一级抗震)	C25	碎石最大粒...			(39)	(38/4
暗柱	(一级抗震)	C25	碎石最大粒...			(39)	(38/4
端柱	(一级抗震)	C25	碎石最大粒...			(39)	(38/4

图 8-7　楼层设置

输入首层底标高和层高，然后点击“插入楼层”，输入各层的层高。楼层建好以后，修改下面对应楼层的混凝土强度等级和保护层厚度。然后，关闭本页面进入“钢筋设置”。

(5) 钢筋设置，如图 8-8 所示。

钢筋设置中的计算规则是按规范、图集等做法设置的，如有特殊的规定，使用者可自行调整。

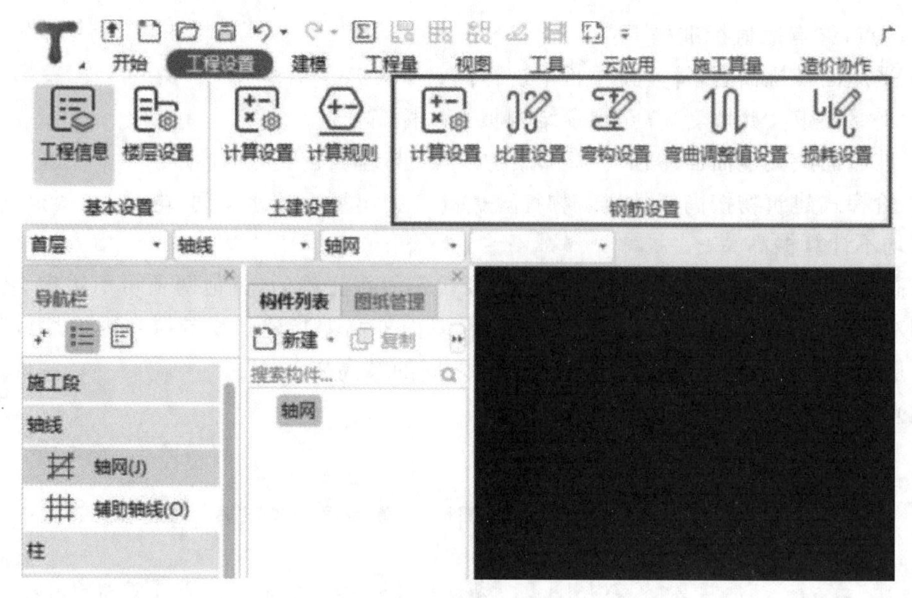

图 8-8　钢筋设置

图 8-9　建模

二、建模

工程设置完成后，点击“建模”，如图 8-9 所示，进入建模阶段。

在“建模”部分可以完成对轴网、各构件的绘制，所有的构件都是按照先定义后绘制的顺序进行。下面介绍一下各构件的定义及绘制。

1. 建轴网

（1）如图 8-10 所示，选中左侧导航栏中的“轴网”→点击“新建”然后选择“新建正交轴网”。

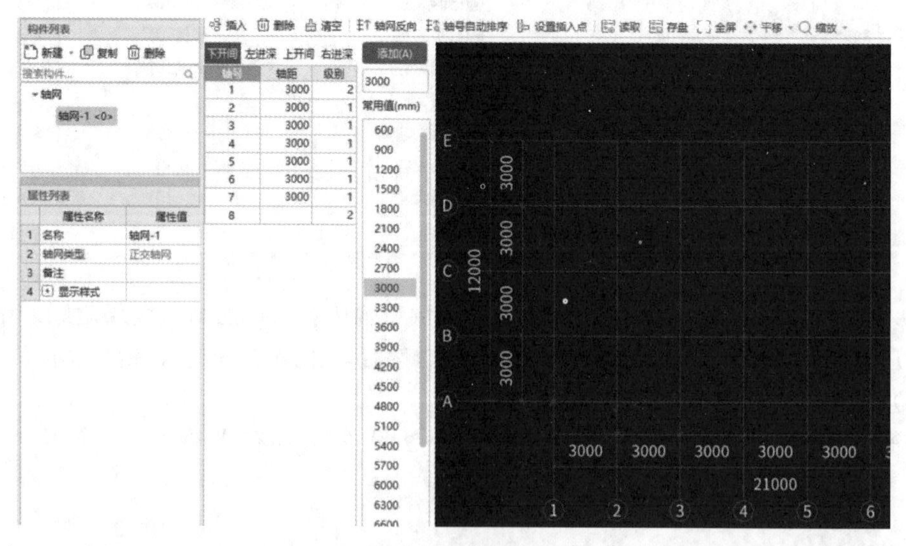

图 8-10　建轴网

（2）如图 8-11 所示，定义数据。根据图纸要求，依次在下开间、左进深、上开间、右进深中输入相应的尺寸。

（3）尺寸输入完成之后，关闭本页。然后点击确定，完成对轴网的绘制。

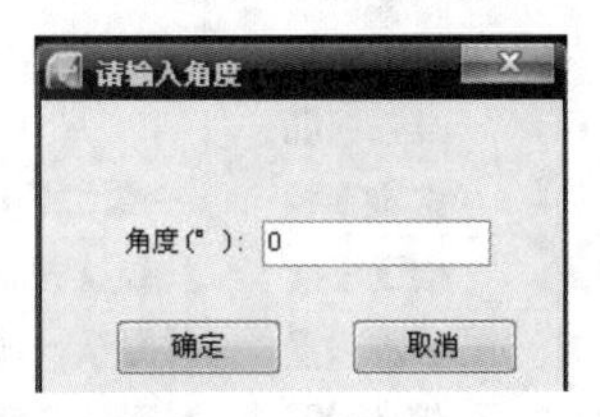

图 8-11　定义数据

2. 柱构件的定义和绘制

（1）点击左侧导航栏中的“柱”按钮，然后点击“新建”，选定柱的截面形式，如图 8-12 所示。

双击柱，在“属性编辑”栏中可以对柱的属性进行设置。软件中“A、B、C、E”分别代表“ф、ф、ф、ф”钢筋，如果该矩形柱中有其他的箍筋信息，可以在“其他钢筋”中进行定义。

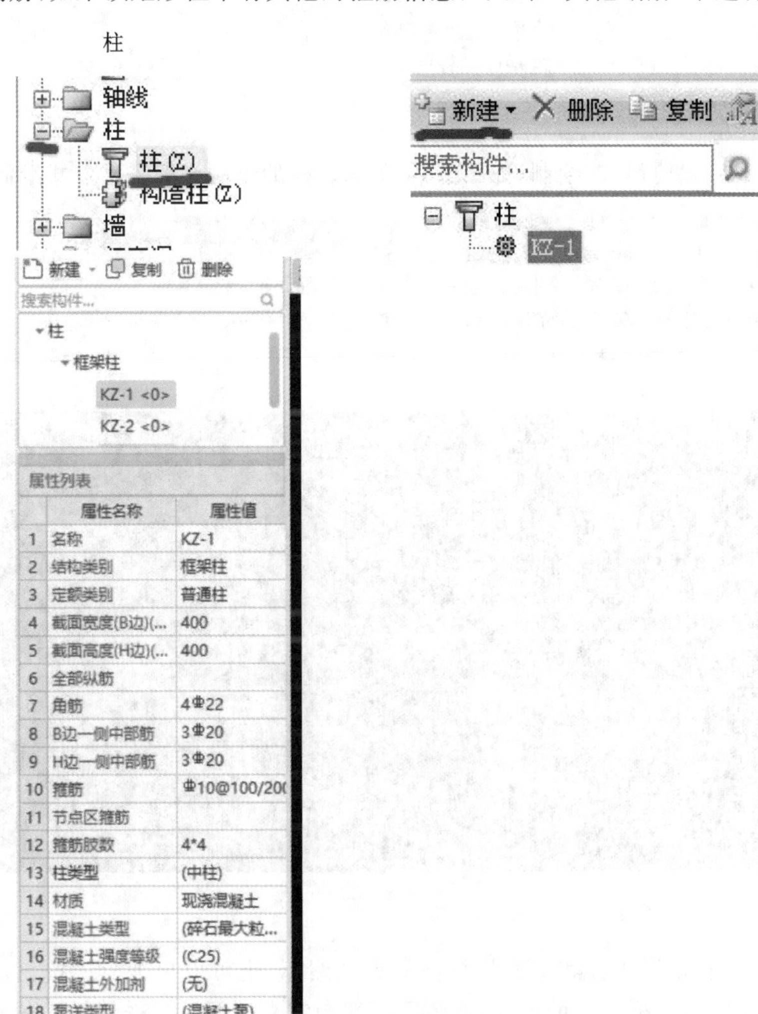

图 8-12　柱构件的定义

（2）柱的其他钢筋业务属性。

如图 8-13 所示，点击“钢筋业务属性”前面的“＋”即可对其他钢筋进行编辑。

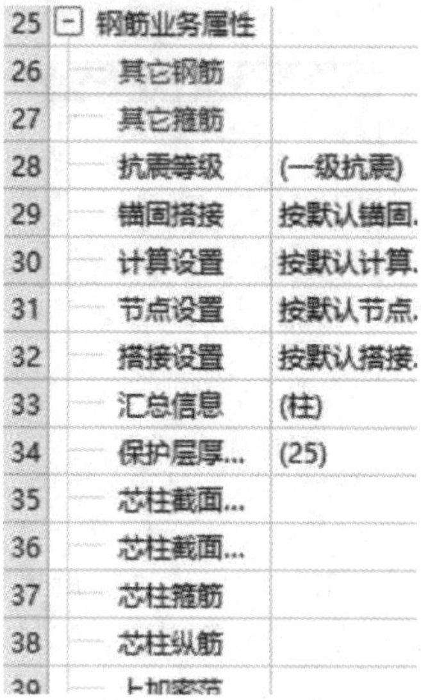

25 钢筋业务属性
26 其它钢筋
27 其它箍筋
28 抗震等级 (一级抗震)
29 锚固搭接 按默认锚固.
30 计算设置 按默认计算.
31 节点设置 按默认节点.
32 搭接设置 按默认搭接.
33 汇总信息 (柱)
34 保护层厚... (25)
35 芯柱截面...
36 芯柱截面...
37 芯柱箍筋
38 芯柱纵筋

图 8-13　柱的其他钢筋业务属性

（3）柱的绘制。

柱定义完成后，进行柱的绘制，如图 8-14 所示。柱的绘制一般采用点式绘制。

定义
复制到其它层
两点辅轴
云检查
自动平齐顶板
长度标注
锁定
图元存盘
转换图元
通用操作
删除
旋转
修剪
偏移
复制
镜像
对齐
合并
移动
延伸
打断
分割
修改
绘图

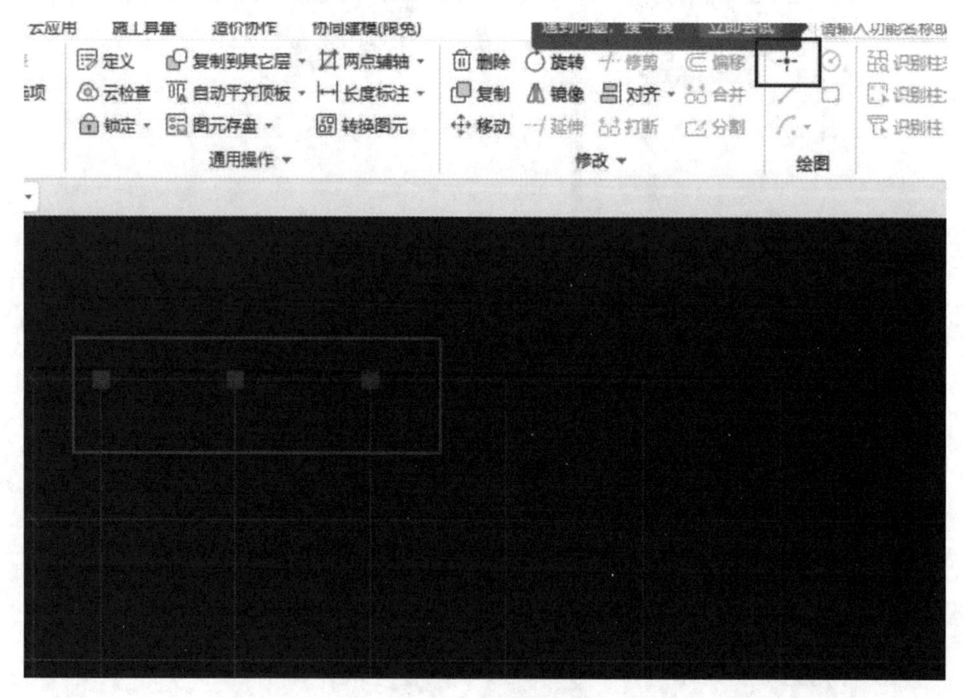

图 8-14　柱的绘制

进入绘图界面，鼠标指针默认的就是柱的点画图标，也可以单击“点”按钮，此时鼠标指针形状会变成十字与方框相交的形状，蓝色图标即为定义好的柱。选择轴线的交点，点击鼠标左键，即可完成对柱的绘制。

图纸中有时出现其他类型的柱，比如与轴线没有任何交点的柱，这时我们就要使用偏移量来进行绘制。点击“点”按钮，按下鼠标左键的同时按住 Shift 键，弹出“输入偏移值”的对话框，如图 8-15 所示，一般选择“正交偏移”，在 X 与 Y 中输入相应的尺寸即可。

X：正值向右偏移，负值向左偏移。

Y：正值向上偏移，负值向下偏移。

图 8-15　输入偏移值

(4) 柱绘制完成后，可以使用动态观察来查看三维效果，如图 8-16 所示。

图 8-16　查看三维效果

(5) 边柱、角柱的判断。

对于顶层的柱需要判断其边柱、角柱，因为边柱和角柱的顶部钢筋构造不同于中柱，钢筋软件中有自动判断边角柱的功能。将楼层切换到顶层后，点击“自动判断边角柱”按钮即可完成对边角柱的判断，如图 8-17 所示。

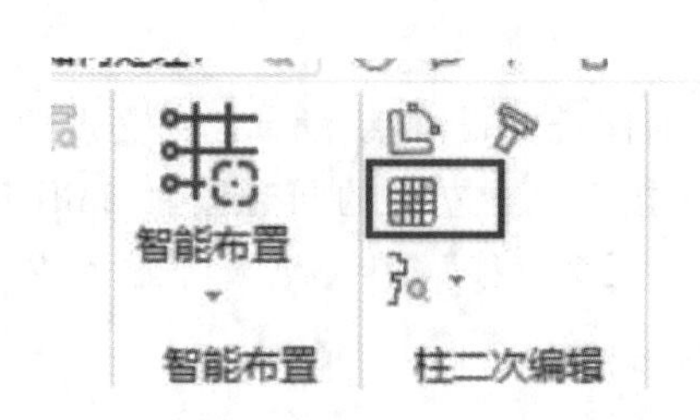

图 8-17　自动判断边角柱

(6) 绘制完成后，点击“汇总计算”，软件就会自动计算出所绘制柱的钢筋量，如图 8-18 所示。

图 8-18　汇总计算

(7) 汇总完成后，如果想查看某一柱构件的钢筋信息，点击“查看钢筋量”按钮，如图8-19 所示，然后单击需要查看钢筋量的柱图元。查看完成后，点击“钢筋总重量”左边的关闭按钮即可。

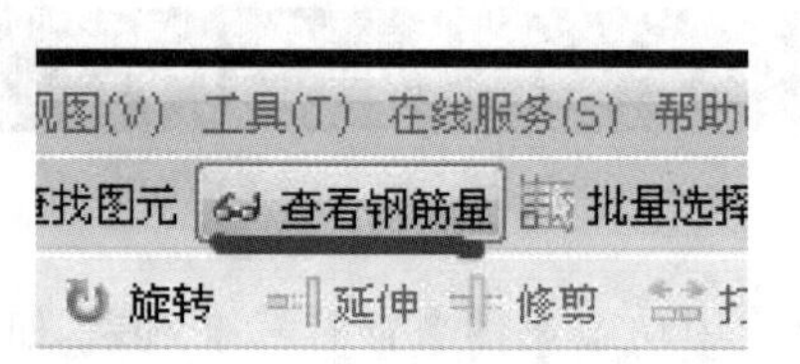

图 8-19　查看钢筋量

(8) 还可以使用“编辑钢筋”对柱的钢筋进行编辑。

点击“编辑钢筋”按钮选中需要编辑的柱图元，软件下方会出现编辑钢筋列表，如图 8-20 所示，点击鼠标左键即可对红色的数字进行修改。如果柱的钢筋无法在定义界面定义，那我们可以在此处出现的钢筋列表中进行输入。输入筋号，软件会自动出现钢筋的其他信息，然后按照图纸的要求输入即可。

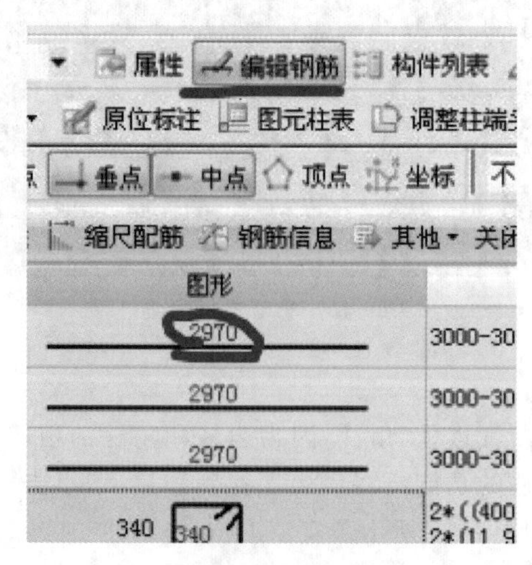

图 8-20　编辑钢筋

(9) 已经绘制完成的柱，如果我们需要对其属性进行修改，点击“属性”按钮，然后在右侧出现的“属性编辑器”栏中进行修改即可，如图 8-21 所示。

图 8-21　属性修改

属性编辑器中，蓝色的字体表示公有属性，黑色的字体表示私有属性。

(10) 如果图纸中有多种类型的柱，可以通过构件列表来选择柱。如图 8-22 所示，点击 KZ-1 右侧的下拉箭头即可选择不同的柱构件。

图 8-22　通过构件列表选择柱

(11) 钢筋三维。汇总完成后，点击“钢筋三维”，选择需要查看三维的柱图元，即可查看该构件的三维显示。

(12) 在柱图元的绘制过程中，按字母 Z 可以显示/隐藏柱图元，按 shift+Z 可以显示/隐藏柱的名称及其他属性。

3. 梁构件的定义和绘制

(1) 在左侧的导航栏中选中梁，进入梁的定义界面，如图 8-23 所示。

图 8-23　梁的定义

（2）点击“新建”，新建一个梁。按照图纸的要求，双击新建的梁，在“属性编辑”中对梁的数据进行定义，如图 8-24 所示。

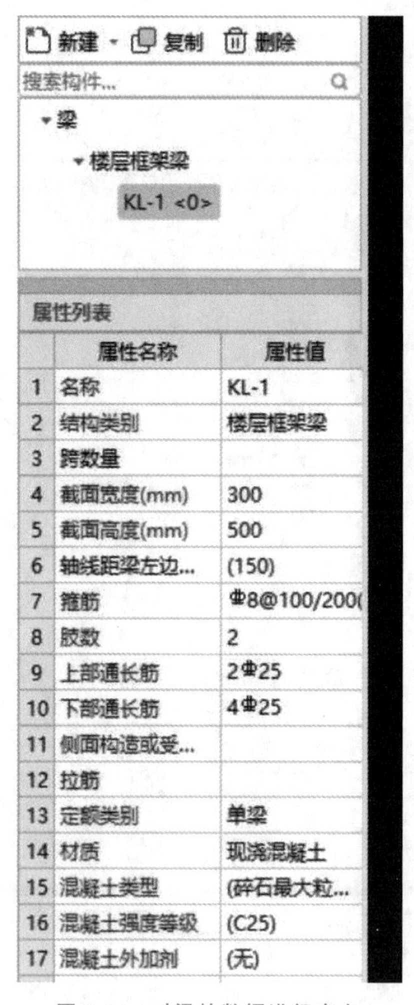

图 8-24　对梁的数据进行定义

（3）定义完成后，关闭本页，进入绘图界面，如图 8-25 所示。

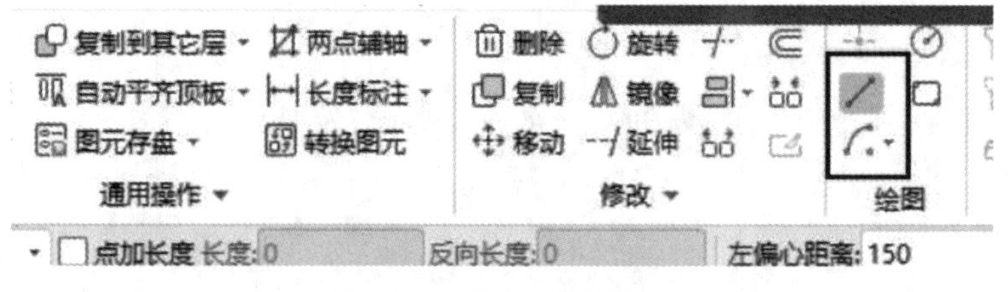

图 8-25　进入绘图界面

（4）点击“直线”，然后捕捉轴线的交点处，参照图纸要求完成对梁的绘制。

线型构件在绘制的过程中只需找到起点与终点即可。在捕捉点的过程中，注意鼠标中间滑轮的灵活使用，控制图形的放大缩小及移动，以保证捕捉到的点准确无误。梁绘制完成后，单击鼠标右键即可。

当梁中心线不在轴线上时，除之前讲的“shift+左键”的方法偏移绘制外，也可以在轴线上绘制完梁以后，单击鼠标左键选中梁，再单击右键选择对话框中的“单对齐”，然后再选择要对齐的基准线和梁边线即可。

(5) 刚绘制完成的梁，在软件中是以粉红色显示的，如图 8-26 所示。粉红色的梁无法进行汇总计算，我们需要对其进行原位标注。

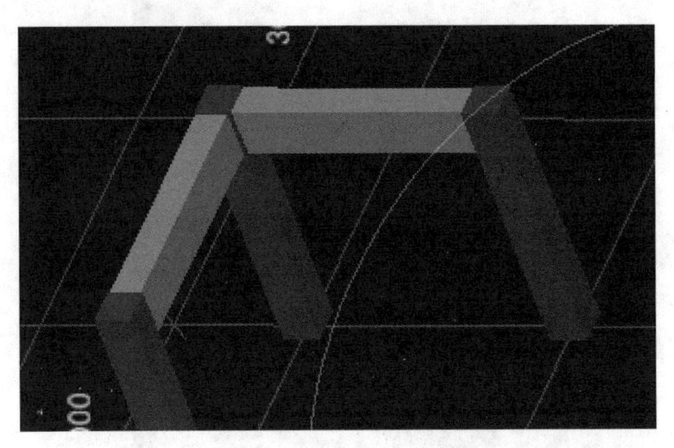

图 8-26 刚绘制完成的梁

(6) 原位标注。原位标注只能针对单个梁构件。选中需要原位标注的梁，点击“原位标注”按钮，再点击“原位标注”后，该梁会以黄色显示，并且会出现左支座筋、跨中筋、右支座筋和下部钢筋的输入框，然后按照图纸的标注，输入相应的钢筋信息即可，如图 8-27 所示。

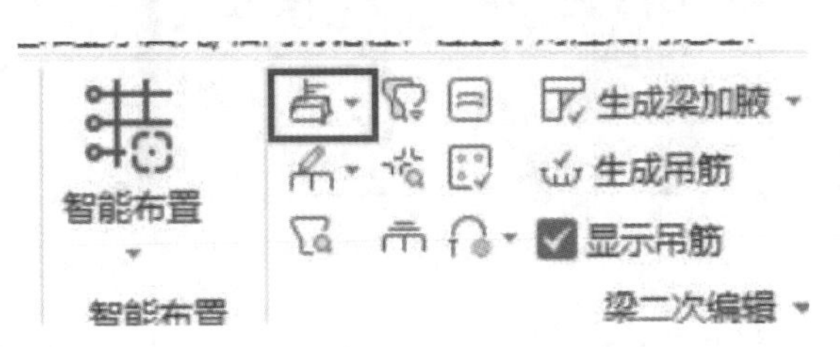

图 8-27 原位标注

对于不需要原位标注的梁，点击“原位标注”→选中该梁构件→在绘图区域的非构件区域单击鼠标右键即可。在输入梁的左支座筋、跨中筋、右支座筋、下部钢筋的过程中，待完成一项的输入后，单击 Enter 键，软件会自动跳转到下一个输入框中。已经原位标注过的梁，软件中是以绿色显示的。

(7) 对于弧形梁，可以采用“三点画弧”的方法绘制，如图 8-28 所示。

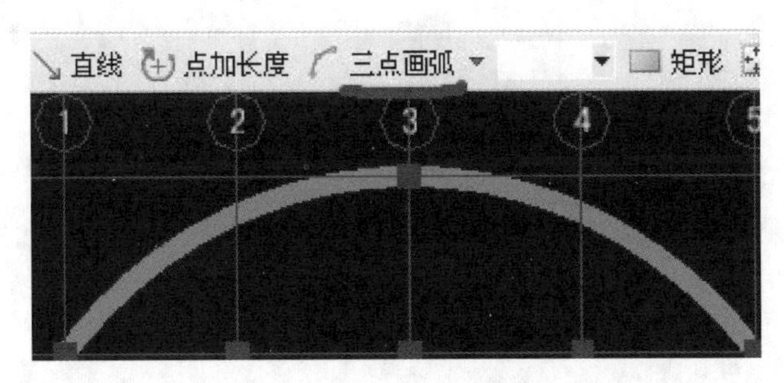

图 8-28 三点画弧

点击“三点画弧”，按鼠标左键连续指定三个端点，然后单击鼠标右键即可。绘制完成的弧形梁，同样要进行原位标注。

（8）对于屋面框架梁和非框架梁，只要在属性的“结构类别”中选择相应的类别，其他的属性与框架梁的输入方式一致，如图 8-29 所示。

属性列表

	属性名称	属性值
1	名称	KL-2
2	结构类别	屋面框架梁
3	跨数量	
4	截面宽度(mm)	300
5	截面高度(mm)	500
6	轴线距梁左边...	(150)
7	箍筋	⌀8@100/200(
8	肢数	2
9	上部通长筋	2⌀25
10	下部通长筋	4⌀25
11	侧面构造或受...	
12	拉筋	
13	定额类别	单梁
14	材质	现浇混凝土
15	混凝土类型	(碎石最大粒...
16	混凝土强度等级	(C25)
17	混凝土外加剂	(无)
18	泵送类型	(混凝土泵)

图 8-29　选择相应的结构类别

（9）在梁图元的绘制过程中，按字母 L 可以显示/隐藏梁图元，按 shift＋L 可以显示/隐藏梁的名称及其他属性。

4. 板构件的定义和绘制

（1）如图 8-30 所示，选中左侧导航栏中的“现浇板”，进入现浇板的定义界面。

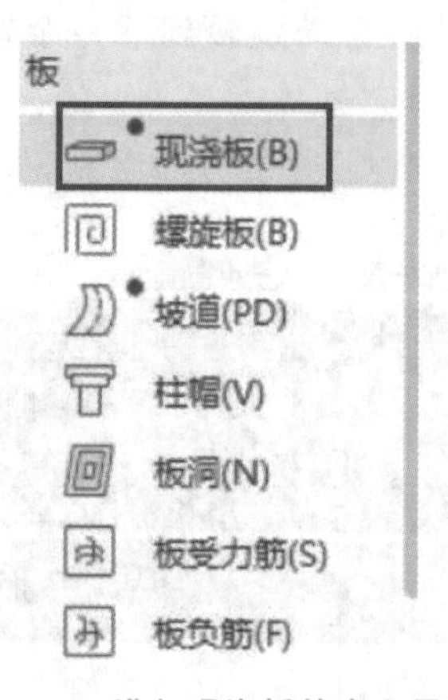

图 8-30　进入现浇板的定义界面

(2) 点击"新建"→新建现浇板，然后在右侧的"属性编辑"中完成对现浇板的定义，如图8-31所示。

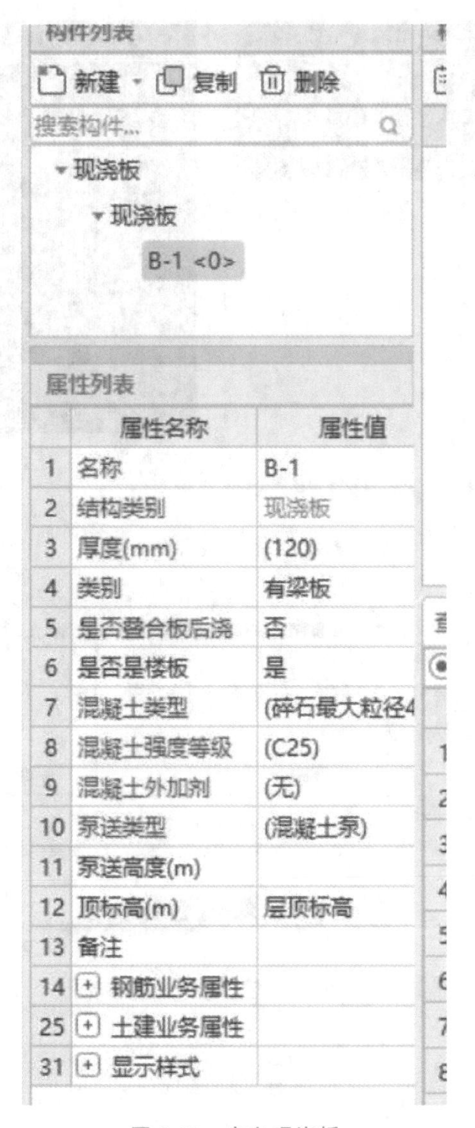

图8-31　定义现浇板

在钢筋业务属性里面，注意对马凳筋的定义。点击马凳筋的"属性值"→点击右侧的按钮进入马凳筋的设置界面，如图8-32所示。

首先选择马凳筋图形，然后在右侧对其数据进行相应的修改：L1，L2，L3。在"马凳筋信息"一栏中输入相应的马凳筋信息，例如A8@1000 * 1000，表示直径为8的一级钢筋，每平米布置一个。

(3) 定义完成后，进入绘图界面，如图8-33所示。

(4) 进入绘图界面，选择"点"，然后就可以在以梁形成的封闭区域内进行点画。

如果现浇板布置在非封闭区域内或者不是以梁构件形成的封闭区域内，那么软件会弹出如图8-34所示的提示。

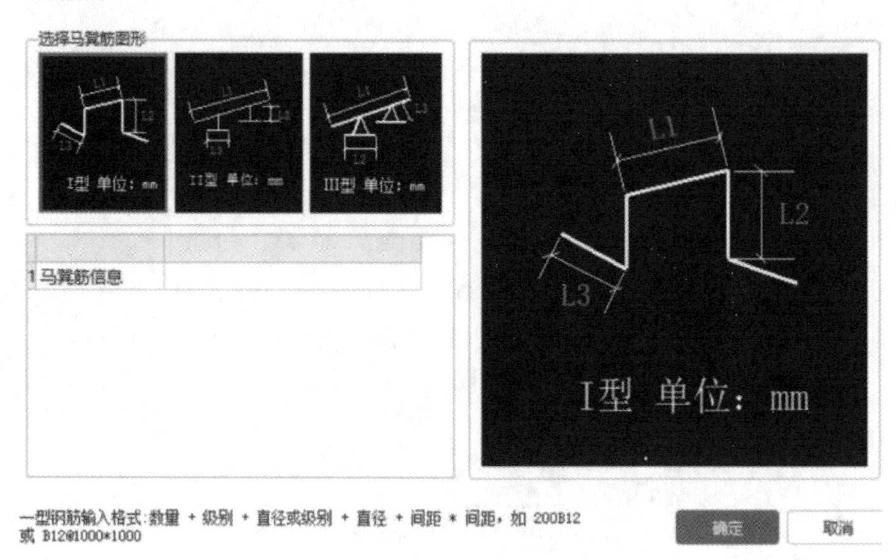

图 8-32 马凳筋的设置

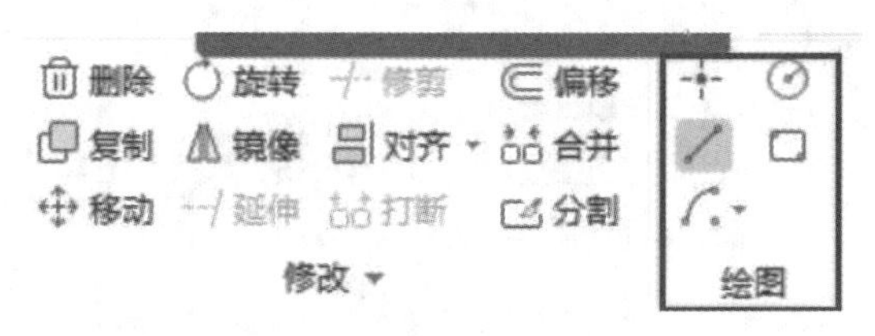

图 8-33 进入绘图界面

图 8-34 提示

此时选择“点”右侧的“直线”绘制现浇板，直线绘制现浇板的方法，可以参照用直线画梁的操作，只需要选取现浇板的四个不同的端点即可。

(5) 现浇板绘制完成后，要对板的受力筋及负筋进行定义及绘制。

① 选择左侧导航栏中的“板受力筋”，进入板受力筋的定义界面，如图 8-35 所示。

点击“新建”，新建板受力筋，在右侧的“属性编辑”中对受力筋的属性进行定义，如图 8-36所示。

在属性编辑中，参照图纸信息，对受力筋的钢筋信息及受力筋的类别进行修改，其他的属性一般选择默认即可。如果有属性相似的受力筋，同样可以使用“复制”功能。

② 定义完成后，进入“绘图界面”。

导航栏
墙
门窗洞
梁
梁(L)
连梁(G)
圈梁(E)
板
现浇板(B)
螺旋板(B)
坡道(PD)
柱帽(V)
板洞(N)
板受力筋(S)
板负筋(F)
楼层板带(H)
构件列表
图纸管理
新建
复制
搜索构件...
板受力筋
C8-200 <0>
C8-201 <0>
KBSLJ-1 <0>

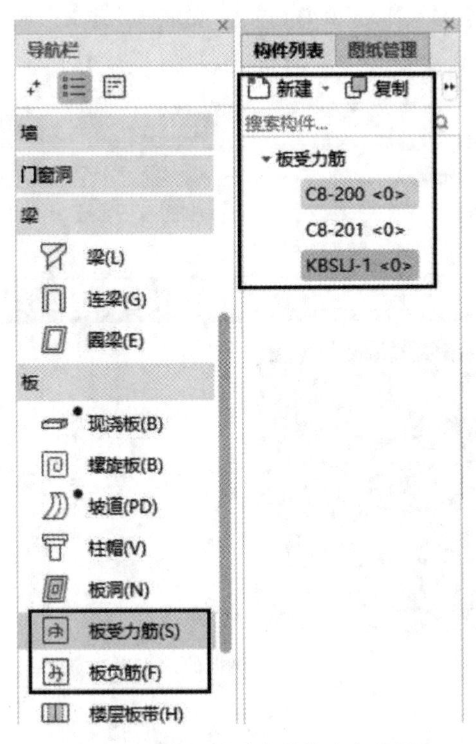

图 8-35　进入板受力筋的定义界面

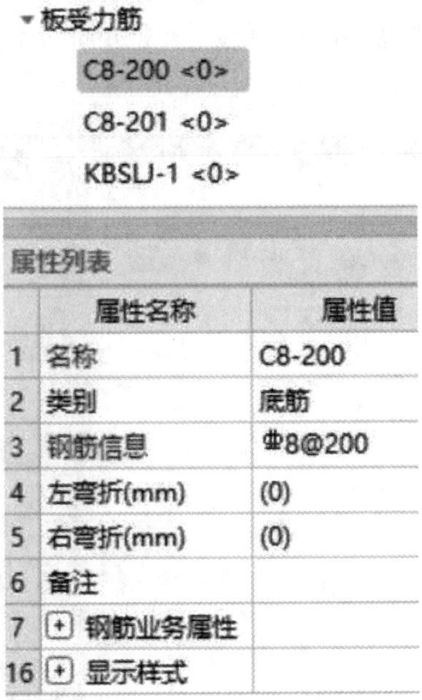

板受力筋
C8-200 <0>
C8-201 <0>
KBSLJ-1 <0>
属性列表
属性名称
属性值
1 名称 C8-200
2 类别 底筋
3 钢筋信息 ⌀8@200
4 左弯折(mm) (0)
5 右弯折(mm) (0)
6 备注
7 钢筋业务属性
16 显示样式

图 8-36　定义板受力筋

在布置受力筋的时候，需要注意两个方面：受力筋的布置范围和受力筋的方向。

受力筋的布置范围，通过单板、多板来选择，受力筋的方向可以选择水平、垂直或者 XY 方向。

例如：想要布置一块板的水平受力筋，点击“单板”并点击“水平”，在需要布置受力筋的现浇板上单击即可完成单板水平受力筋的布置，如图 8-37 所示。

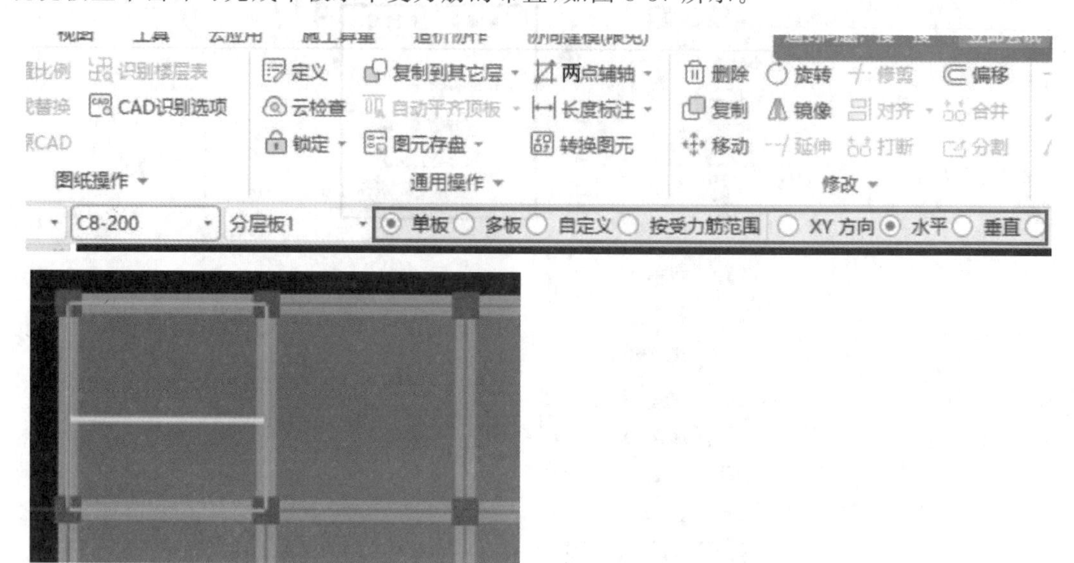

图 8-37　布置一块板的水平受力筋

在实际的工程中，受力筋一般是 XY 向布置的，所以我们在选择受力筋布置方向的时候，大都选择“XY 方向”。

例如：某一块现浇板的 X 向受力筋为 C8@200，Y 向受力筋为 C8@200，在定义这两种类型的受力筋之后，进入绘图界面，选择“单板”“XY 方向”，用鼠标左键单击需要布置受力筋的现浇板，弹出图 8-38 所示的对话框。

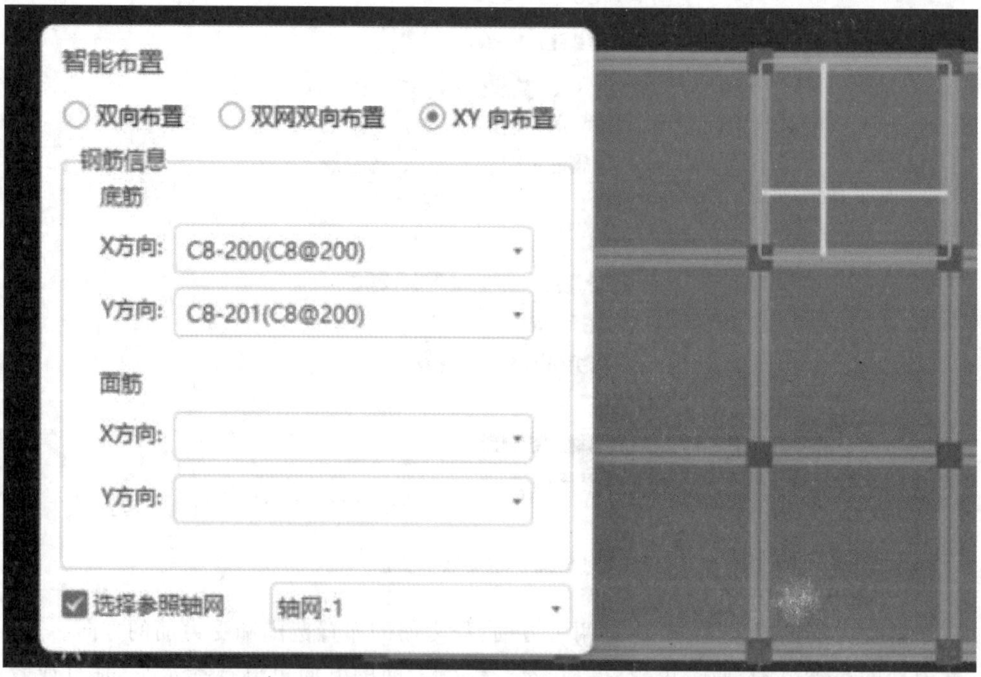

图 8-38　智能布置对话框

点击左侧的“XY向布置”，在“底筋”的“X方向”和“Y方向”中输入钢筋信息，或者点击右侧的下拉箭头进行选择，单击“确定”即可完成对该现浇板受力筋的绘制。

在定义受力筋的过程中，注意底筋、面筋、温度筋及中间层筋的选择。

“布置方式选择”中的“双向布置”表示XY向受力筋的信息相同；“双网双向布置”表示两层钢筋的XY向钢筋的信息相同。

如果多块现浇板的受力筋完全相同，我们可以选择“多板”“XY方向”布置受力筋。

在使用多板布置受力筋的过程中，点击“多板”“XY方向”，单击鼠标左键选中各现浇板，选中完成后，单击鼠标右键弹出“智能布置”的对话框。

③ 板负筋的布置。

绘制完受力筋后，下面进行板负筋的定义及绘制。

选中左侧导航栏中的“板负筋”，进入定义界面→点击“新建”→“新建板负筋”，在右侧的“属性编辑”中对负筋的信息进行修改，在“属性编辑”中，一般只需对左标注、右标注、单边标注位置及分布钢筋进行修改即可。对于单边标注的负筋，只需将左标注或者是右标注修改为0即可。对于“单边标注位置”，可根据图纸标注选择，一般都是“支座中心线”，分布钢筋按照图纸要求输入，如图8-39所示。

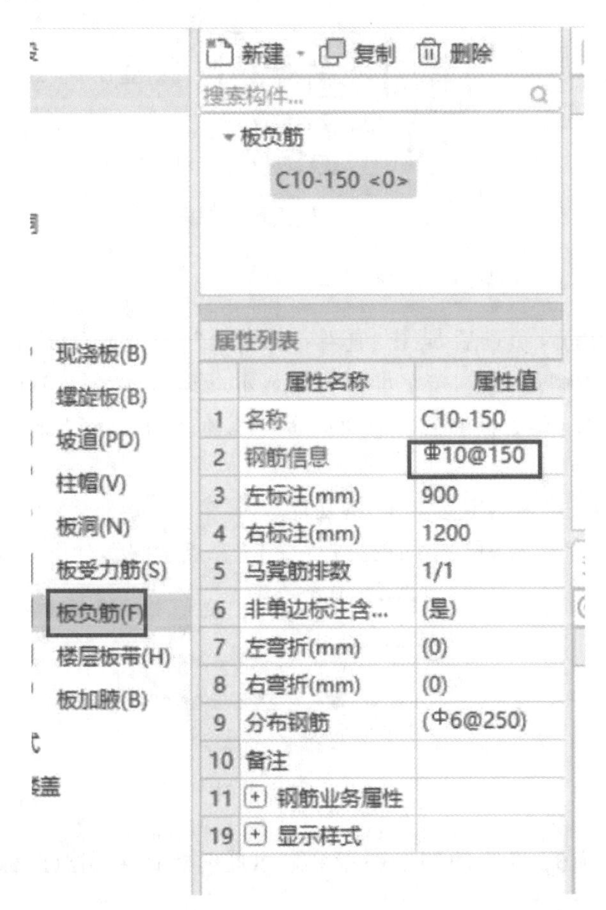

图8-39　板负筋的定义

对于两边标注的负筋，分别在左支座和右支座中输入相应的钢筋信息即可。

负筋定义完成后，进入绘图界面。负筋的绘制，可以选择多种方式。如图8-40所示，点击“按梁布置”，用鼠标左键单击需要布置的负筋梁，然后在布置负筋的反方向单击鼠标左键即可。

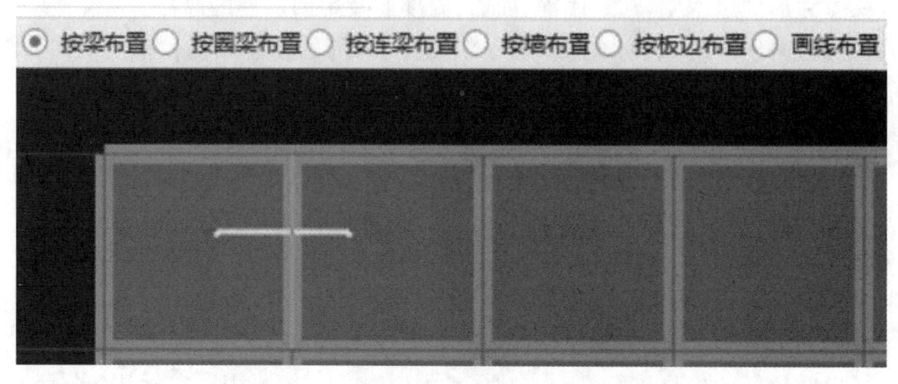

图 8-40　按梁布置

对于布置成反方向的负筋，点击“交换标注”，然后单击该负筋即可调整成正确的方向，如图 8-41 所示。

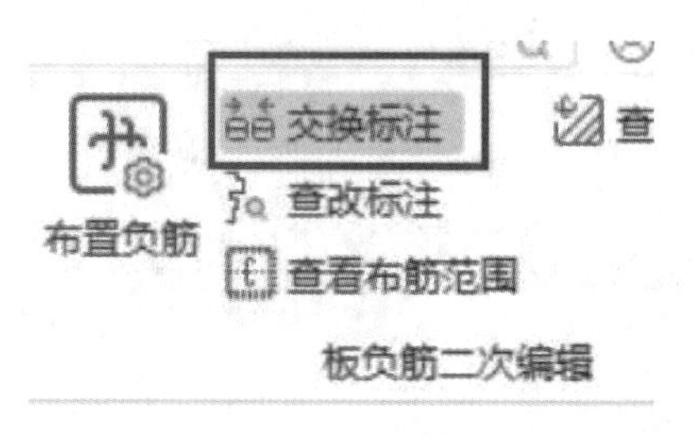

图 8-41　交换标注

④ 在布置完受力筋及负筋后，点击“查看布筋情况”，即可查看该钢筋的布置范围。

(6) 在板图元的绘制过程中，按字母 B 可以显示/隐藏板图元，按 shift+B 可以显示/隐藏板的名称及其他属性；对于板的受力筋和负筋，可以使用 F/S 来控制让其显示或隐藏。

(7) 斜板的绘制。

对于斜板，主要使用“三点定义斜板”的功能。

① 斜板操作的对象是两块相邻的现浇板，点击“三点变斜”，如图 8-42 所示。

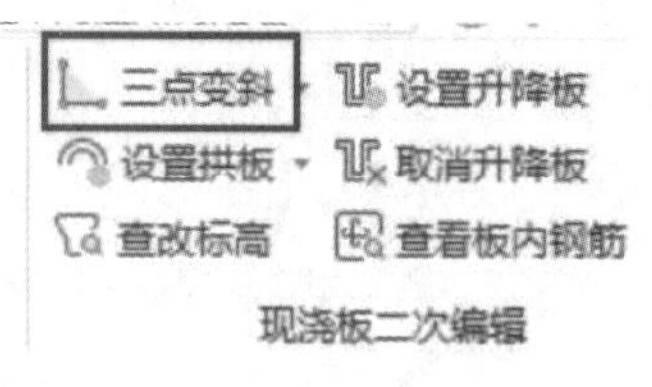

图 8-42　三点变斜

单击其中一块现浇板，在板的四个端点会显示此时板的各端点的标高，图 8-43 所示板的标高为−0.05 m。

② 点击任意一个端点的标高，会出现如图 8-44 所示的输入框。

在输入框中输入相应的数值后按 Enter 键，光标会自动跳转到下一个输入框中，软件默认的是修改三处的数值即可。

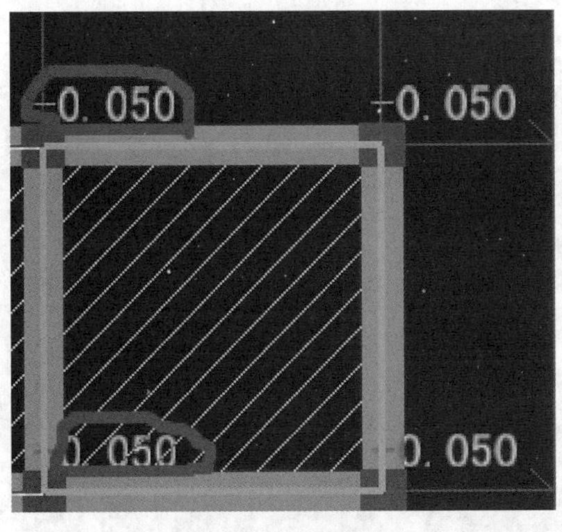

图 8-43　显示标高

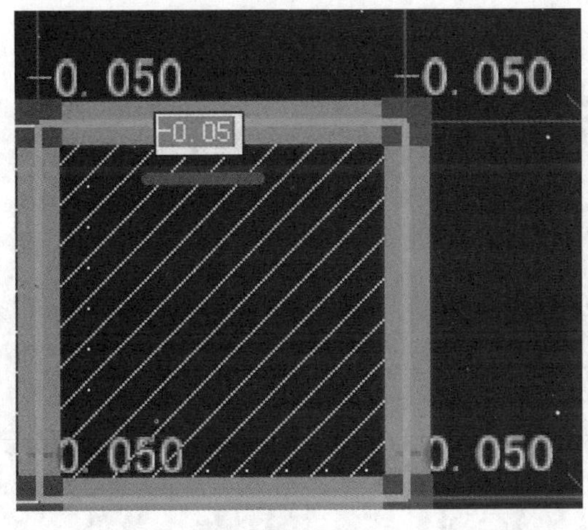

图 8-44　修改标高

改完尺寸后，可以发现现浇板的平面上会出现一个箭头，表示此现浇板向箭头方向倾斜，如图 8-45 所示。

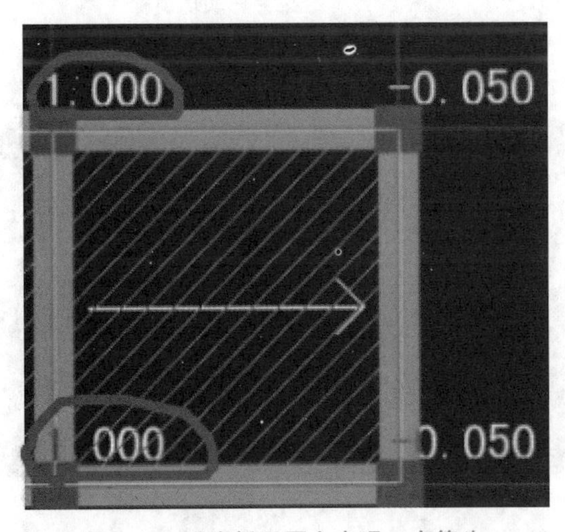

图 8-45　现浇板平面上出现一个箭头

③ 点击“动态观察”，查看刚才定义的斜板，如图 8-46 所示。

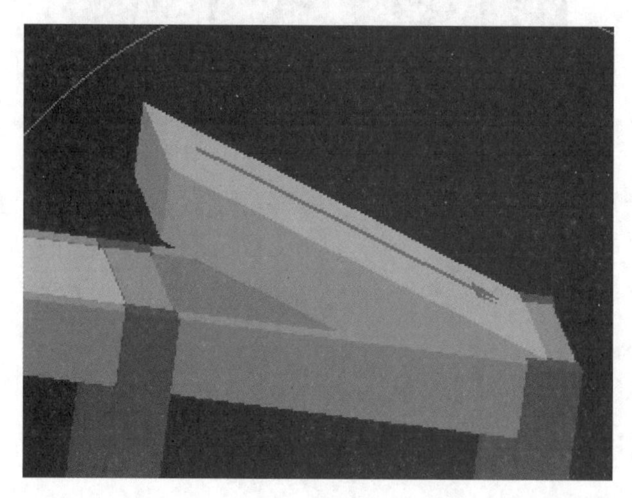

图 8-46　查看斜板

用同样的方法，我们对另一块现浇板进行三点定义，如图 8-47 所示。

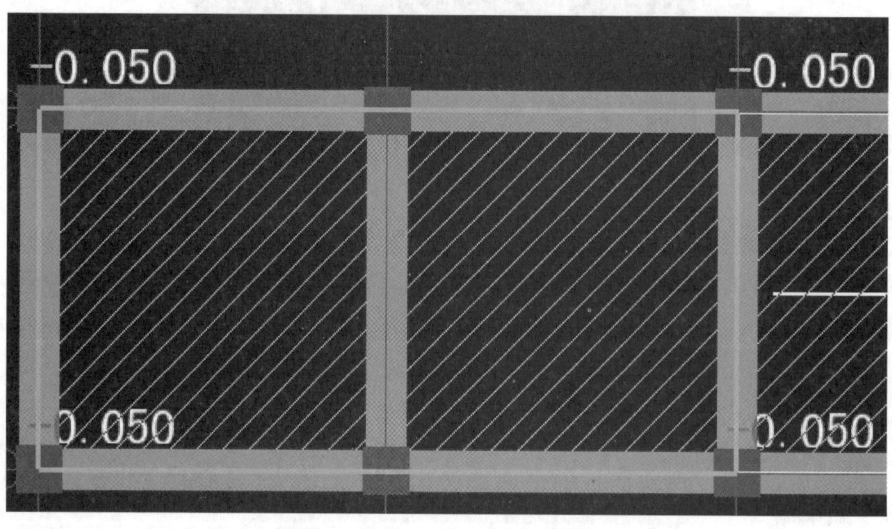

图 8-47　定义另一块现浇板

定义完成后，使用“动态观察”进行查看，如图 8-48 所示。

图 8-48　动态观察

通过查看发现，虽然出现了斜板，但是柱、梁的标高并没有改变，这与实际工程是不符的，通过“自动平齐板顶”的功能来调整柱和梁的标高。

点击“自动平齐板顶”按钮，如图 8-49 所示。

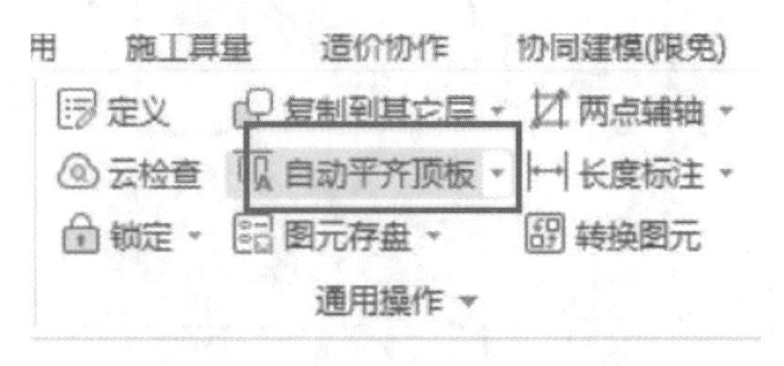

图 8-49　点击“自动平齐板顶”按钮

按鼠标左键拉框选择需要调整标高的柱、墙、梁范围，按鼠标右键确定或按 ESC 键取消，如图 8-50 所示。

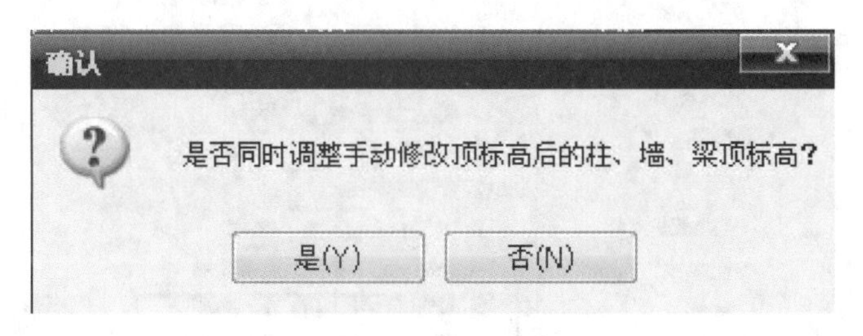

图 8-50　确认修改

选择“是”。完成对柱、墙、梁构件标高的调整。调成完成后，点击“动态观察”，如图 8-51 所示。

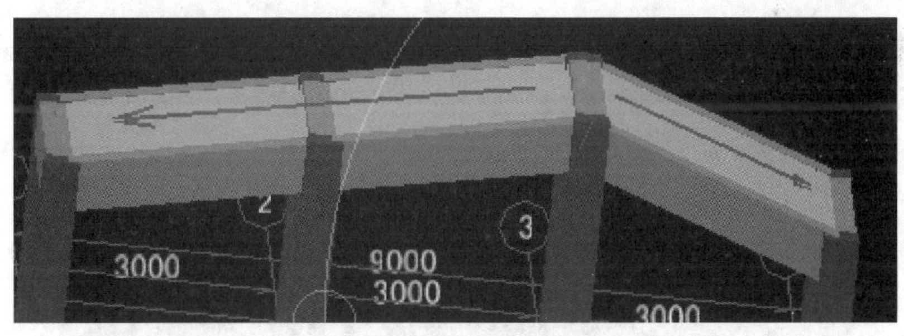

图 8-51　动态观察最终状态

5. 剪力墙的定义和绘制

(1) 点击左侧模块导航栏中的“剪力墙”，点击新建剪力墙，编辑属性，如图 8-52 所示。

(2) 定义完成后，进入绘图界面，如图 8-53 所示。剪力墙的绘制方法与梁类似，选择“直线”，只需确定起点与终点即可。

(3) 剪力墙中的暗柱、端柱及暗梁的定义及绘制方法同柱、梁，这里不再做介绍。

6. 筏板基础的定义与绘制

筏板与现浇板同属于面式构件，定义及绘制方法也与现浇板类似。

(1) 切换楼层。

定义筏板之前，首先注意将楼层标签切换到“基础层”，如图 8-54 所示。

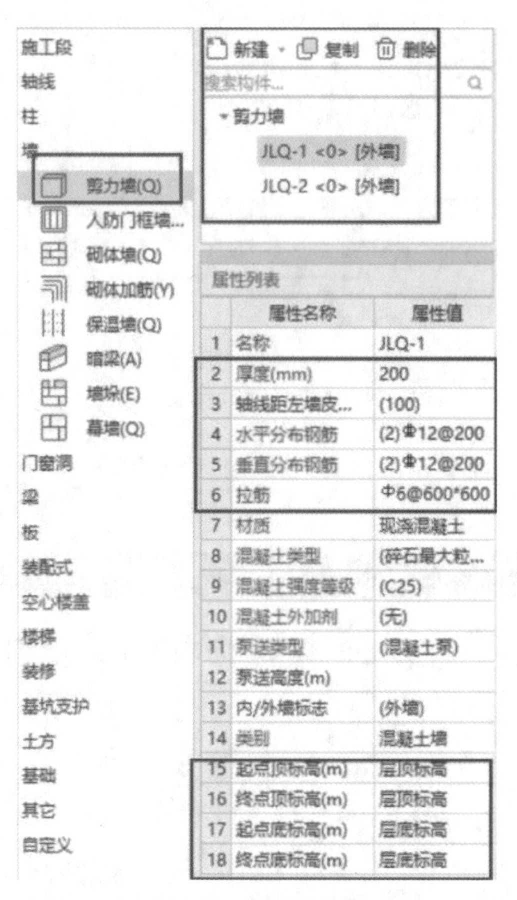

图 8-52 定义剪力墙

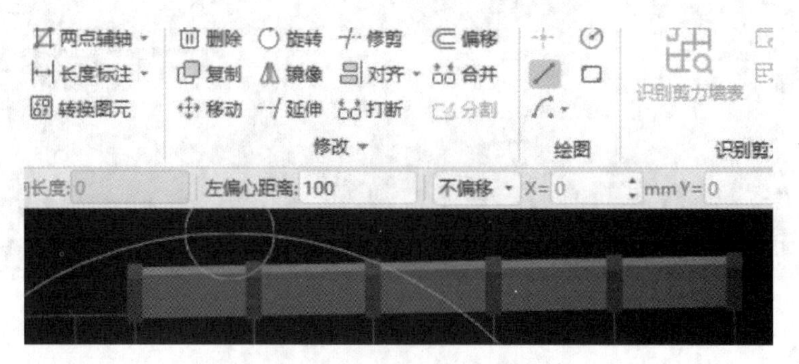

图 8-53 进入剪力墙绘图界面

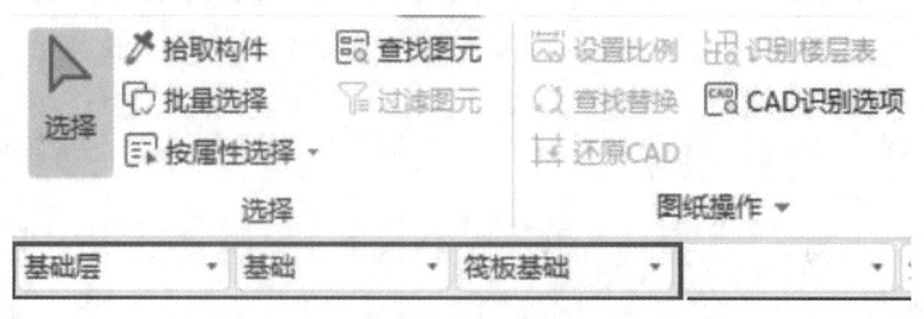

图 8-54 将楼层标签切换到“基础层”

（2）定义筏板基础。

点击左侧“模块导航栏”中“基础”前面的“+”，点击“筏板基础”，新建筏板基础，如图 8-55所示。

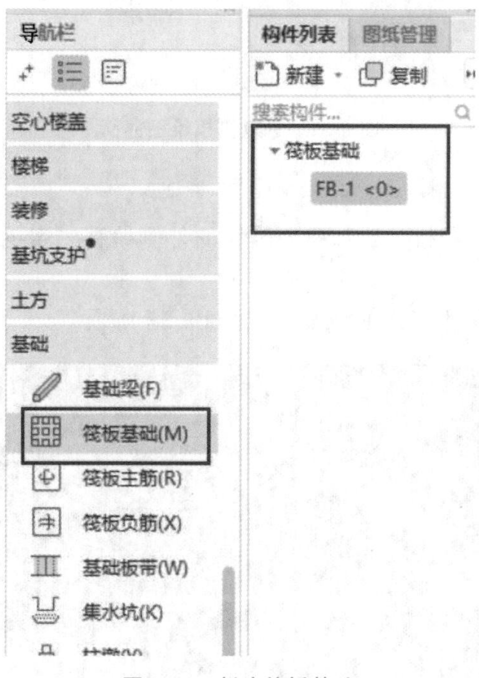

图 8-55　新建筏板基础

（3）在右侧的“属性编辑”中对筏板的属性进行编辑，如图 8-56 所示。

属性列表

	属性名称	属性值
1	名称	FB-1
2	厚度(mm)	(500)
3	材质	现浇混凝土
4	混凝土类型	(碎石最大粒径4
5	混凝土强度等级	(C35)
6	混凝土外加剂	(无)
7	泵送类型	(混凝土泵)
8	顶标高(m)	层底标高+0.5
9	底标高(m)	层底标高
10	备注	
11	+ 钢筋业务属性	
25	+ 土建业务属性	
29	+ 显示样式	

图 8-56　编辑筏板的属性

(4) 定义完成后,关闭页面,进入绘图界面,如图 8-57 所示。

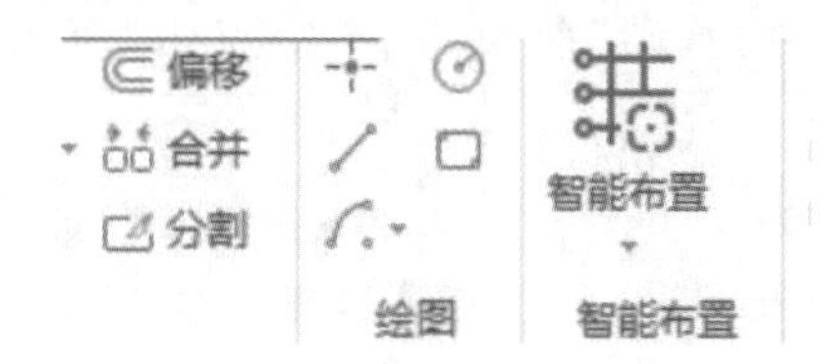

图 8-57 进入筏板绘图界面

可以用点绘制、直线绘、矩形绘制等。

(5) 在实际的工程中,筏板一般都是向轴线的外侧偏移一定的距离,使用"偏移"功能来完成筏板的偏移。

首先选中筏板,筏板选中后以蓝色显示,如图 8-58 所示。

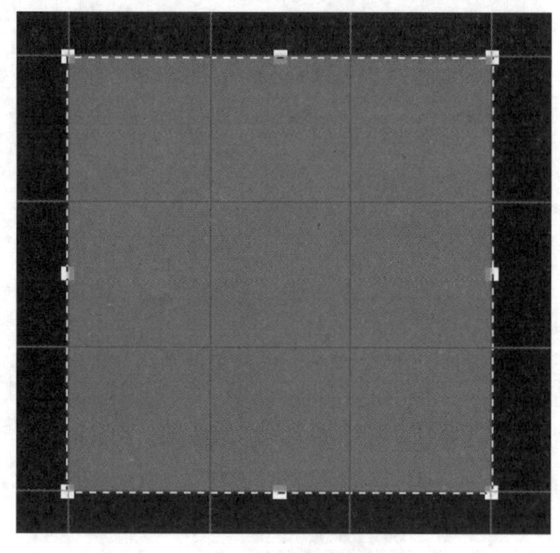

图 8-58 选中筏板

在选中的筏板上单击鼠标右键,选择"偏移",偏移方式选择"整体偏移"或"多边偏移",如图 8-59 所示。

偏移方式: ◉ 整体偏移 ○ 多边偏移

图 8-59 选择偏移方式

整体偏移,筏板的四个边线都进行偏移;多边偏移,可以任意选择需要偏移的边。

以多边偏移为例,选择"多边偏移",按鼠标左键选择需要进行偏移的边,然后按鼠标右键确定。

移动鼠标,会出现一个随光标移动的输入框,如图 8-60 所示。如果需要将筏板向外侧偏移,则将鼠标移动到筏板的外侧,在输入框内输入偏移的距离,单击 Enter 键;如果需要将筏板向内侧偏移,则将光标定位在筏板的内侧,在输入框内输入相应的距离后,单击 Enter 键,即可完成筏板的偏移。

(6) 绘制完筏板后,需要对筏板的钢筋信息进行定义,如图 8-61 所示。

点击导航栏左侧的"筏板主筋"。点击"新建"→"新建筏板主筋",在右侧的"属性编辑"

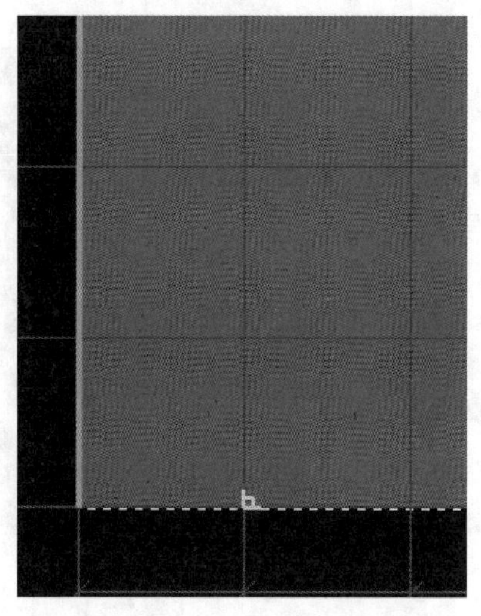

图 8-60　出现一个随光标移动的输入框

中对筏板主筋的信息进行修改，注意“类别”。

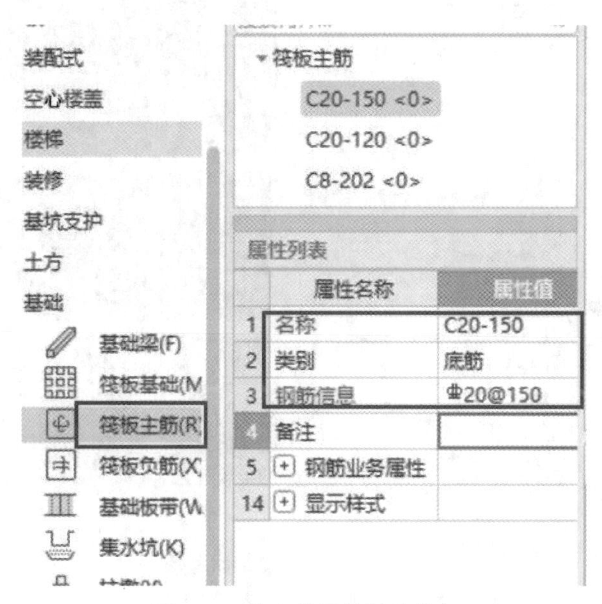

图 8-61　定义筏板的钢筋信息

(7) 定义完成后，进入绘图界面。

筏板主筋的绘制方法与现浇板的绘制方法类似，也需要同时选择布置的范围与方向。若底部上部受力筋相同，可以点击“双网双向布置”，如图 8-62 所示。

7. 独立基础的定义和绘制

独立基础的定义与前面我们讲到的构件的定义方法略有不同，因此我们在定义独立基础的过程中要格外注意。

(1) 点击左侧导航栏中的“独立基础”，点击“新建”→“新建独立基础”，然后再点击“新建”，选择“新建参数化独立基础单元”，弹出“选择参数化图形”的对话框，在右侧进行独立基础属性的编辑，如图 8-63 所示。

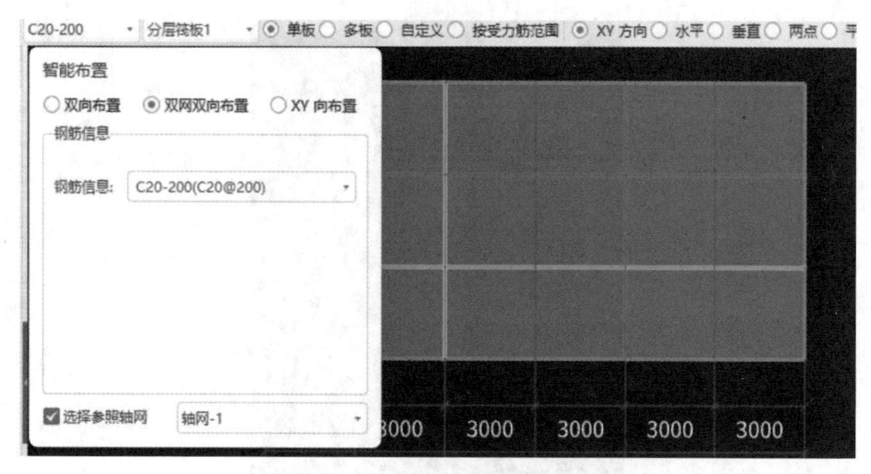

图 8-62　点击“双网双向布置”

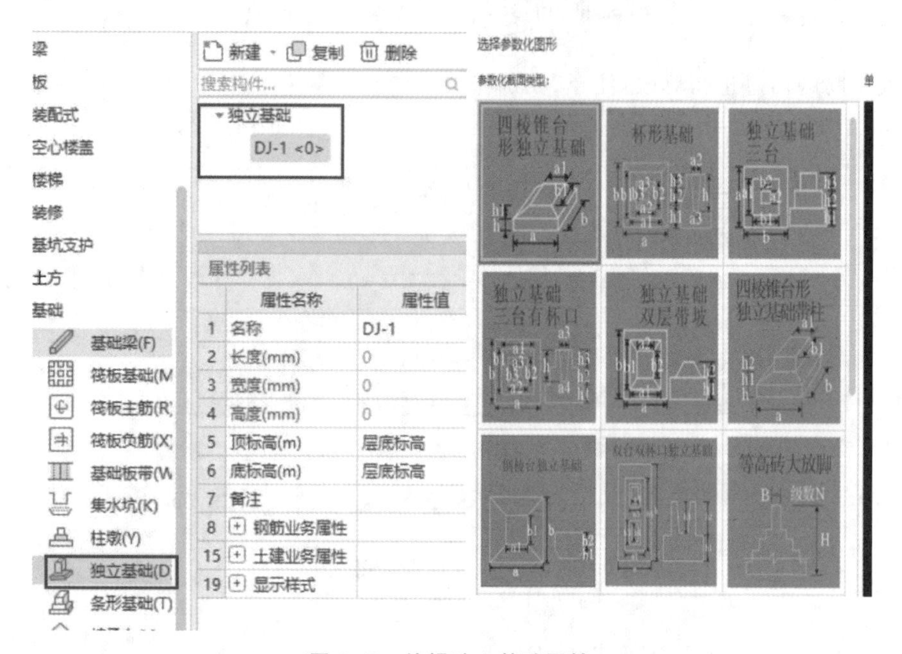

图 8-63　编辑独立基础属性

(2) 定义完成后，进入绘图界面，如图 8-64 所示。

对于独立基础，我们一般选择点画即可。点击“点”按钮，根据图纸要求，完成独立基础的绘制。在绘制独立基础的过程中，可用 shift＋左键进行偏移。

(3) 点击“动态观察”，查看刚才绘制的独立基础，如图 8-65 所示。

8. 楼梯定义和绘制

如图 8-66 所示，点击上面导航栏中的“工程量”→“表格算量”→“构件”，在下面属性名称里，输入构件数量，如图 8-67 所示。再根据工程实际情况，选择图集列表中的楼梯进行参数更改，最后点击“计算保存”，如图 8-68 所示。

所有构件图元绘制好后，点击“汇总计算”，点击“查看报表”，选择所需要的表格。可导出表格，也可以直接打印。

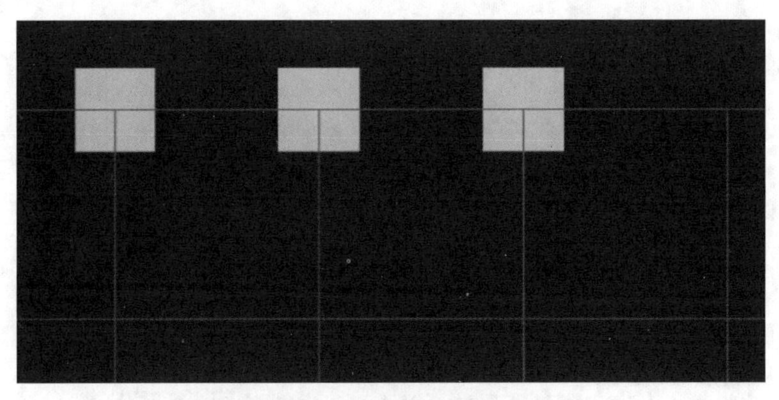

图 8-64　独立基础绘图界面

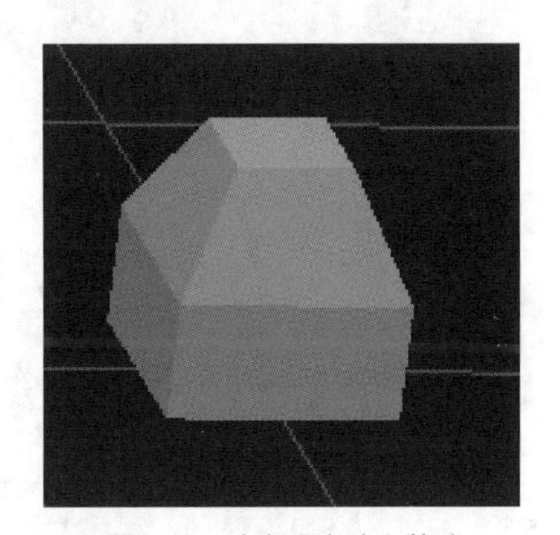

图 8-65　动态观察独立基础

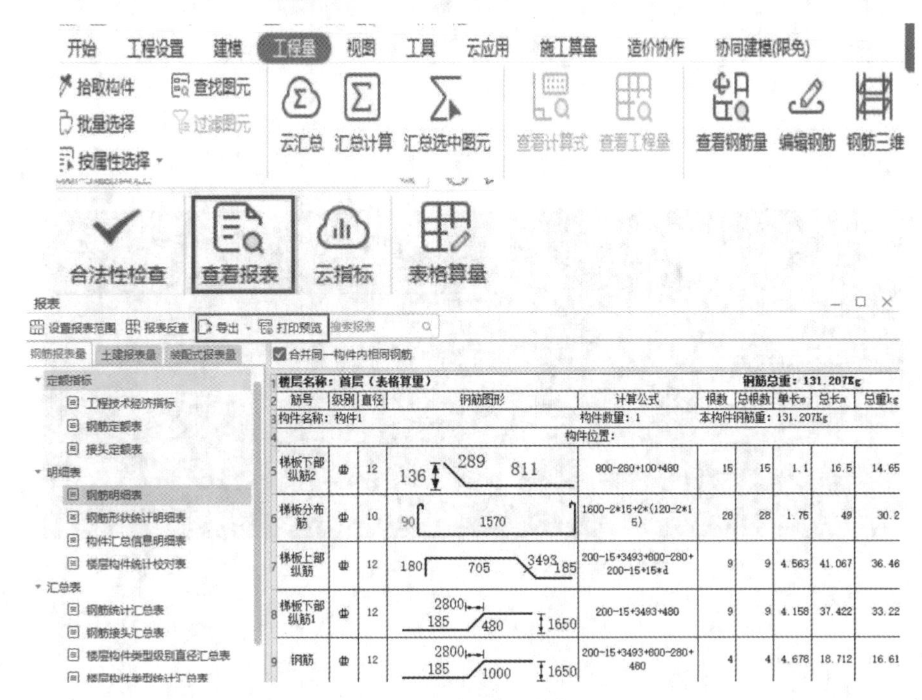

图 8-66　定义楼梯

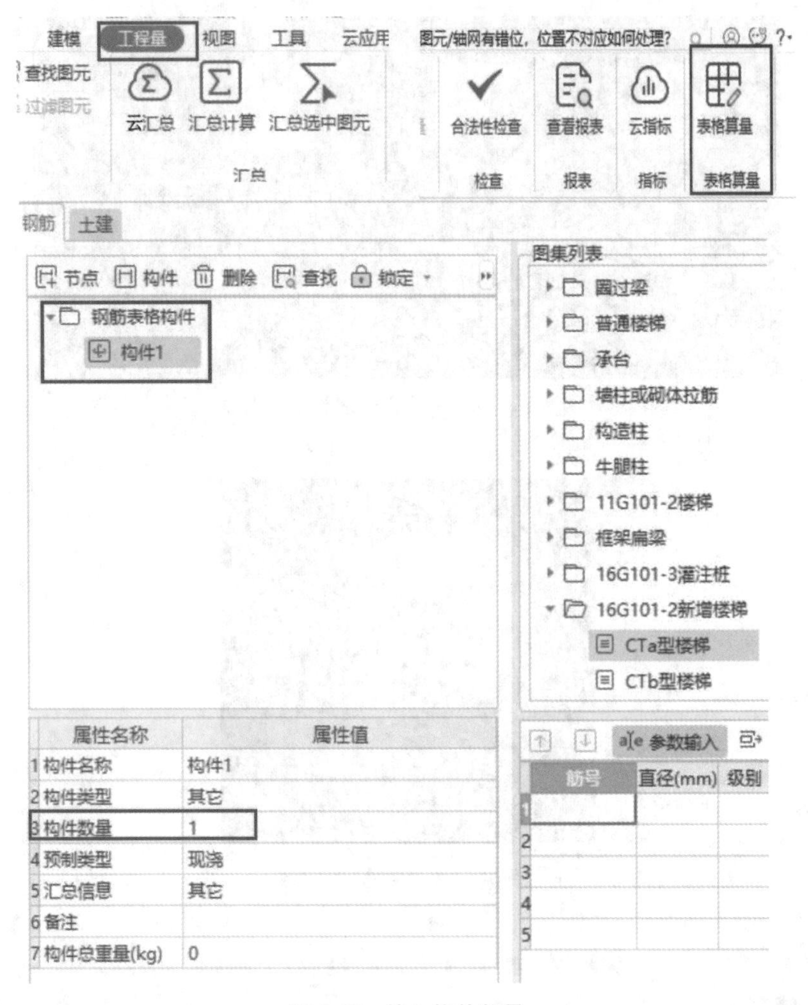

图 8-67 输入构件数量

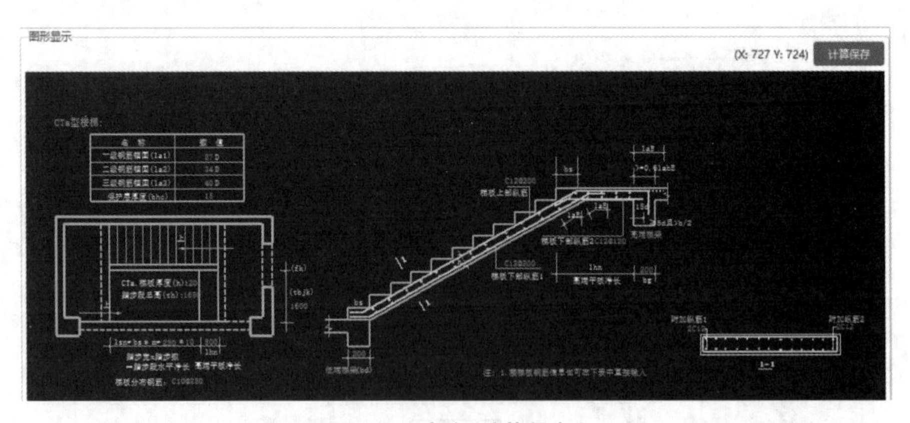

图 8-68 点击“计算保存”

课后任务

根据工作手册 8 所学内容，结合下面软件操作教学视频，使用软件完成一栋框架结构的钢筋量电算。

附录

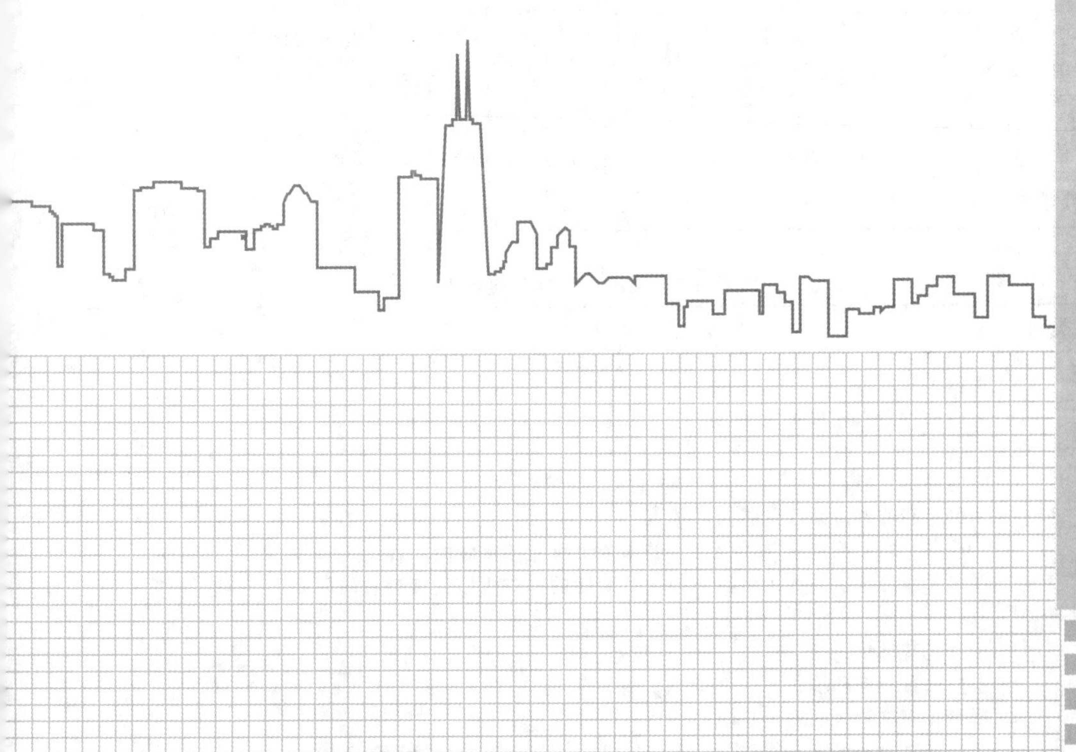

附录A

附表 A-1 钢筋强度标准值、设计值和最大力总延伸率下限值（N/mm^2）

种类		d/mm	抗拉强度设计值 f_y	抗压强度设计值 f'_y	强度标准值 f_{yk}	最大力总延伸率下限值 δ_{gt}
热轧钢筋	HPB300	6～14	270	270	300	10%
	HRBF335	6～14	300	300	335	7.5%
	HRB400、HRBF400、RRB400	6～50	360	360	400	7.5%(5%)
	HRB500、HRBF500	6～50	435	435	500	7.5%

注：1. 括号内的数据用于 RRB400 钢筋。

2. 对按一、二、三级抗震等级设计的房屋建筑框架和斜撑构件，其纵向受力普通钢筋性能应符合下列规定：(1)抗拉强度实测值与屈服强度实测值的比值(强屈比)不应小于 1.25；(2) 屈服强度实测值与屈服强度标准值的比值(超屈比)不应大于 1.30；(3)最大力总延伸率实测值不应小于 9%。

附表 A-2 混凝土强度标准值、设计值和弹性模量（N/mm^2）

强度种类与弹性模量		混凝土强度等级													
		C15	C20	C25	C30	C35	C40	C45	C50	C55	C60	C65	C70	C75	C80
强度标准值	轴心抗压 f_{ck}	10.0	13.4	16.7	20.1	23.4	26.8	29.6	32.4	35.5	38.5	41.5	44.5	47.4	50.2
	轴心抗拉 f_{tk}	1.27	1.54	1.78	2.01	2.20	2.39	2.51	2.64	2.74	2.85	2.93	2.99	3.05	3.11
强度设计值	轴心抗压 f_c	7.2	9.6	11.9	14.3	16.7	19.1	21.1	23.1	25.3	27.5	29.7	31.8	33.8	35.9
	轴心抗拉 f_t	0.91	1.10	1.27	1.43	1.57	1.71	1.80	1.89	1.96	2.04	2.09	2.14	2.18	2.22
弹性模量 E_c(104)		2.20	2.55	2.80	3.00	3.15	3.25	3.35	3.45	3.55	3.60	3.65	3.70	3.75	3.80

附表 A-3 混凝土结构环境类别

环境类别	条件
一	室内干燥环境； 无侵蚀性静水浸没环境
二 a	室内潮湿环境； 非严寒和非寒冷地区的露天环境； 非严寒和非寒冷地区与无侵蚀性的水或土壤直接接触的环境； 严寒和寒冷地区的冰冻线以下与无侵蚀性的水或土壤直接接触的环境
二 b	干湿交替环境； 水位频繁变动环境； 严寒和寒冷地区的露天环境； 严寒和寒冷地区冰冻线以上与无侵蚀性的水或土壤直接接触的环境

续表

环境类别	条件
三 a	严寒和寒冷地区冬季水位变动区环境； 受除冰盐影响环境； 海风环境
三 b	盐渍土环境； 受除冰盐作用环境； 海岸环境
四	海水环境
五	受人为或自然的侵蚀性物质影响的环境

附表 A-4　受拉钢筋的基本锚固长度 l_{ab}

钢筋种类	混凝土强度等级							
	C25	C30	C35	C40	C45	C50	C55	≥C60
HPB300	$34d$	$30d$	$28d$	$25d$	$24d$	$23d$	$22d$	$21d$
HRB400、HRBF400RRB400	$40d$	$35d$	$32d$	$29d$	$28d$	$27d$	$26d$	$25d$
HRB500、HRBF500	$48d$	$43d$	$39d$	$36d$	$34d$	$32d$	$31d$	$30d$

附表 A-5　抗震设计时受拉钢筋基本锚固长度 l_{abE}

钢筋种类		混凝土强度等级							
		C25	C30	C35	C40	C45	C50	C55	≥C60
HPB300	一、二级	$39d$	$35d$	$32d$	$29d$	$28d$	$26d$	$25d$	$24d$
	三级	$36d$	$32d$	$29d$	$26d$	$25d$	$24d$	$23d$	$22d$
HRB400 HRBF400	一、二级	$46d$	$40d$	$37d$	$33d$	$32d$	$31d$	$30d$	$29d$
	三级	$42d$	$37d$	$34d$	$30d$	$29d$	$28d$	$27d$	$26d$
2mm HRB500 HRBF500	一、二级	$55d$	$49d$	$45d$	$41d$	$39d$	$37d$	$36d$	$35d$
	三级	$50d$	$45d$	$41d$	$38d$	$36d$	$34d$	$33d$	$32d$

注：1. 四级抗震时，$l_{abE}=l_{ab}$。

2. 混凝土强度等级应取锚固区的混凝土强度等级。

3. 当锚固钢筋的保护层厚度不大于 $5d$ 时，锚固钢筋长度范围内应设置横向构造钢筋，其直径不应小于 $d/4$（d 为锚固钢筋的最大直径）；对梁、柱等构件间距不应大于 $5d$，对板、墙等构件间距不应大于 $10d$，且均不应大于 100 mm（d 为锚固钢筋的最小直径）。

附表 A-6　受拉钢筋抗震锚固长度 l_{aE}

钢筋种类及抗震等级		混凝土强度等级															
		C25		C30		C35		C40		C45		C50		C55		>C60	
		$d \leqslant 25$	$d>25$	$d<25$	$d>25$	$d \leqslant 25$	$d>25$	$d<25$	$d>25$	$d<25$	$d>25$	$d<25$	$d>25$	$d<25$	$d>25$	$d<25$	$d>25$
HPB300	一、二级	$39d$	—	$35d$	—	$32d$	—	$29d$	—	$28d$	—	$26d$	—	$25d$	—	$24d$	—
	三级	$36d$	—	$32d$		$29d$		$26d$	—	$25d$		$24d$		$23d$	—	$22d$	—
HRB400 HRBF400	一、二级	$46d$	$51d$	$40d$	$45d$	$37d$	$40d$	$33d$	$37d$	$32d$	$36d$	$31d$	$35d$	$30d$	$33d$	$29d$	$32d$
	三级	$46d$	$46d$	$37d$		$34d$	$37d$	$30d$	$34d$	$29d$	$33d$	$28d$	$32d$	$27d$	$30d$	$26d$	$29d$
HRB500 HRBF500	一、二级	$55d$	$61d$	$49d$	$54d$	$45d$	$49d$	$41d$	$46d$	$39d$	$43d$	$37d$	$40d$	$36d$	$39d$	$35d$	$38d$
	三级	$50d$	$56d$	$45d$	$49d$	$41d$	$45d$	$38d$	$42d$	$36d$	$39d$	$34d$	$37d$	$33d$	$36d$	$32d$	$35d$

注：1. 环氧树脂涂层带肋钢筋，表中数据应乘以 1.25 的修正系数予以放大。

2. 当纵向受拉钢筋在施工时易受扰动的钢筋，表中数据应乘以 1.1 的系数。

3. 当采用纵向受拉钢筋在锚固长度范围内混凝土保护层厚度大于钢筋直径的 3 倍、5 倍时，握裹作用加强，锚固长度可适当减小，表中长度应乘以修正系数 0.8、0.7 予以缩小；中间时按内插值。

4. 当 1～3 情况同时出现两项或三项时，按连乘计算。

5. 受拉钢筋的锚固长度 l_a、l_{aE}计算值不应小于 200 mm。

6. 四级抗震时，$l_{aE}=l_a$。

7. 当锚固钢筋的保护层厚度不大于 $5d$ 时，锚固钢筋长度范围内应设置横向构造钢筋，其直径不应小于 $d/4$（d 为锚固钢筋的最大直径）；对梁、柱等构件间距不应大于 $5d$，对板、墙等构件间距不应大于 $10d$，且均不应大于 100 mm（d 为锚固钢筋的最小直径）。

8. HPB300 钢筋末端应做 180°弯钩。

9. 混凝土强度等级应取锚固区的混凝土强度等级。

附表 A-7　受拉钢筋锚固长度 l_a

钢筋种类	混凝土强度等级															
	C25		C30		C35		C40		C45		C50		C55		>C60	
	$d<25$	$d>25$	$d<25$	$d>25$	$d<25$	$d>25$	$d<25$	$d>25$	$d<25$	$d>25$	$d<25$	$d>25$	$d<25$	$d>25$	$d \leqslant 25$	$d>25$
HPB300	$34d$	—	$30d$	—	$28d$	—	$25d$	—	$24d$	—	$23d$	—	$22d$	—	$21d$	—
HRB400、HRBF400 RRB400	$40d$	$44d$	$35d$	$39d$	$32d$	$35d$	$29d$	$32d$	$28d$	$31d$	$27d$	$30d$	$26d$	$29d$	$25d$	$28d$

续表

钢筋种类	混凝土强度等级															
	C25		C30		C35		C40		C45		C50		C55		>C60	
	$d<25$	$d>25$	$d<25$	$d>25$	$d<25$	$d>25$	$d<25$	$d>25$	$d<25$	$d>25$	$d<25$	$d>25$	$d<25$	$d>25$	$d\leqslant25$	$d>25$
HRB500、HRBF500	48d	53d	43d	47d	39d	43d	36d	40d	34d	37d	32d	35d	31d	34d	30d	33d

附表 A-8 纵向受拉钢筋搭接长度 l_l

钢筋种类及同一区段内搭接钢筋面积百分率		混凝土强度等级															
		C25		C30		C35		C40		C45		C50		C55		C60	
		$d<25$	$d>25$	$d<25$	$d>25$	$d<25$	$d>25$	$d<25$	$d>25$	$d<25$	$d>25$	$d<25$	$d>25$	$d<25$	$d>25$	$d<25$	$d>25$
HPB300	≤25%	41d	—	36d	—	34d	—	30d	—	29d	—	28d	—	26d	—	25d	—
	50%	48d	—	42d	—	39d	—	35d	—	34d		32d	—	31d	=	29d	—
	100%	54d	—	48d		45d		40d	—	38d	—	37d	=	35d	=	34d	=
HRB400 HRBF400 RRB400	≤25%	48d	53d	42d	47d	38d	42d	35d	38d	34d	37d	32d	36d	31d	35d	30d	34d
	50%	56d	62d	49d	55d	45d	49d	41d	45d	39d	43d	38d	42d	36d	41d	35d	39d
	100%	64d	70d	56d	62d	51d	56d	46d	51d	45d	50d	43d	48d	42d	46d	40d	45d
HRB500 HRBF500	≤25%	58d	64d	52d	56d	47d	52d	43d	48d	41d	44d	38d	42d	37d	41d	36d	40d
	50%	67d	74d	60d	66d	55d	60d	50d	56d	48d	52d	45d	49d	43d	48d	42d	46d
	100%	77d	85d	69d	75d	62d	69d	58d	64d	54d	59d	51d	56d	50d	54d	48d	53d

注：1. 表中数值为纵向受拉钢筋绑扎搭接接头的搭接长度。
2. 两根不同直径钢筋搭接时，表中 d 取钢筋较小直径。
3. 当为环氧树脂涂层带肋钢筋时，表中数据还应乘以 1.25。
4. 当纵向受拉钢筋在施工过程中易受扰动时，表中数据还应乘以 1.1。
5. 当搭接长度范围内纵向受力钢筋周边保护层厚度为 $3d$（d 为锚固钢筋的直径）时，表中数据可乘以 0.8；保护层厚度不小于 $5d$ 时，表中数据可乘以 0.7；中间时按内插值。
6. 当上述修正系数（注 3～注 5）多于一项时，可按连乘计算。
7. 当位于同一连接区段内的钢筋搭接接头面积百分率为表中数据中间值时，搭接长度可按内插取值。
8. 任何情况下，搭接长度不应小于 300 mm。
9. HPB300 级钢筋末端应做 180°弯钩，做法详见本图集第 2－2 页。

附表 A-9 纵向受拉钢筋抗震搭接长度 l_{lE}

钢筋种类及同一区段内搭接钢筋面积百分率			混凝土强度等级															
			C25		C30		C35		C40		C45		C50		C55		C60	
			$d\leqslant25$	$d>25$	$d\leqslant25$	$d>25$	$d\leqslant25$	$d>25$	$d\leqslant25$	$d>25$	$d\leqslant25$	$d>25$	$d\leqslant25$	$d>25$	$d<25$	$d>25$	$d<25$	$d>25$
一、二级抗震等级	HPB300	≤25%	47*d*	—	42*d*	—	38*d*	—	35*d*	—	34*d*	—	31*d*	—	30*d*	—	29*d*	—
		50%	55d	—	49d	—	45d	—	41d	—	39d	—	36d	—	35d		34d	—
	HRB400 HRBF400	≤25%	55*d*	61*d*	48*d*	54*d*	44*d*	48*d*	40*d*	44*d*	38*d*	43*d*	37*d*	42*d*	36*d*	40*d*	35*d*	38*d*
		50%	64*d*	71*d*	56*d*	63*d*	52*d*	56*d*	46*d*	52*d*	45*d*	50*d*	43*d*	49*d*	422	46*d*	41*d*	45*d*
	HRB500 HRBF500	≤25%	66*d*	73*d*	59*d*	65*d*	54*d*	59*d*	49*d*	55*d*	47*d*	52*d*	44*d*	48*d*	43*d*	47*d*	42*d*	46*d*
		50%	77*d*	85*d*	69*d*	76*d*	63*d*	69*d*	57*d*	64*d*	55*d*	60*d*	52*d*	56*d*	50*d*	55*d*	49*d*	53*d*
三级抗震等级	HPB300	≤25%	43*d*	—	38*d*	—	35*d*	—	31*d*	—	30*d*	—	29*d*	—	28*d*	—	26*d*	—
		50%	50*d*	—	45*d*	—	41*d*	—	36*d*	—	35*d*	—	34*d*		32*d*		31*d*	—
	HRB400 HRBF400	≤25%	50*d*	55*d*	44*d*	49*d*	41*d*	44*d*	36*d*	41*d*	35*d*	40*d*	34*d*	38*d*	32*d*	36*d*	31*d*	35*d*
		50%	59*d*	64*d*	52*d*	57*d*	48*d*	52*d*	42*d*	48*d*	41*d*	46*d*	39*d*	45*d*	38*d*	42*d*	36*d*	41*d*
	HRB500 HRBF500	≤25%	60*d*	67*d*	54*d*	59*d*	49*d*	54*d*	46*d*	50*d*	43*d*	47*d*	41*d*	44*d*	40*d*	43*d*	38*d*	42*d*
		50%	70*d*	78*d*	63*d*	69*d*	57*d*	63*d*	53*d*	59*d*	50*d*	55*d*	48*d*	52*d*	46*d*	50*d*	45*d*	49*d*

注：1.表中数值为纵向受拉钢筋绑扎搭接接头的搭接长度。

2.两根不同直径钢筋搭接时，表中 *d* 取钢筋较小直径。

3.当为环氧树脂涂层带肋钢筋时，表中数据还应乘以 1.25。

4.当纵向受拉钢筋在施工过程中易受扰动时，表中数据还应乘以 1.1。

5.当搭接长度范围内纵向受力钢筋周边保护层厚度为 $3d$（d 为锚固钢筋的直径）时，表中数据可乘以 0.8；保护层厚度不小于 $5d$ 时，表中数据可乘以 0.7；中间时按内插值。

6.当上述修正系数（注 3～注 5）多于一项时，可按连乘计算。

7.当位于同一连接区段内的钢筋搭接接头面积百分率为表中数据中间值时，搭接长度可按内插取值。

8.四级抗震等级时，详见本图集第 2—5 页。

9.HPB300 级钢筋末端应做 180°弯钩，做法详见本图集第 2—2 页。

附表 A-10　钢筋的公称直径、公称截面面积及理论重量

公称直径/mm	不同根数钢筋的公称截面面积/mm^2									单根钢筋理论重量/(kg/m)
	1	2	3	4	5	6	7	8	9	
6	28.3	57	85	113	142	170	198	226	255	0.222
8	50.3	101	151	201	252	302	352	402	453	0.395
10	78.5	157	236	314	393	471	550	628	707	0.617
12	113.1	226	339	452	565	678	791	904	1017	0.888
14	153.9	308	461	615	769	923	1077	1231	1385	1.21
16	201.1	402	603	804	1005	1206	1407	1608	1809	1.58
18	254.5	509	763	1017	1272	1527	1781	20367	2290	2.00(2.11)
20	314.2	628	942	1256	1570	1884	2199	2513	2827	2.47
22	380.1	760	1140	1520	1900	2281	2661	3041	3421	2.98
25	490.9	982	1473	1964	2454	2945	3436	3927	4418	3.85(4.10)
28	615.8	1232	1847	2463	3079	3695	4310	4926	5542	4.83
32	804.2	1609	2413	3217	4021	4826	5630	6434	7238	6.31(6.65)
36	1017.9	2036	3054	4072	5089	6107	7125	8143	9161	7.99
40	1256.6	2513	3770	5027	6283	7540	8796	10053	11310	9.87(10.34)
50	1963.5	3928	5892	7856	9820	11784	13748	15712	17676	15.42(16.28)

注：括号内为预应力钢筋的数值。

附录B

附表 B-1 钢筋截面面积及理论质量

钢筋直径 d/mm	钢筋截面面积 A_s(mm²)及钢筋排成一行时梁的最小宽度 b(mm)												单根钢筋理论质量/(kg/m)
	一根	二根	三根		四根		五根		六根	七根	八根	九根	
	A_s	A_s	A_s	b	A_s	b	A_s	b	A_s	A_s	A_s	A_s	
6	28.3	57	85		113		141		170	198	226	255	0.222
8	50.3	101	151		201		251		302	352	402	452	0.395
10	78.5	157	236		314		393		471	550	628	707	0.617
12	113.1	226	339	150	452	200/180	565	250/220	679	792	905	1018	0.888
14	153.9	308	462	150	615	200/180	770	250/220	924	1078	1232	1385	1.21
16	201.1	402	603	180/150	804	200	1005	250	1206	1407	1608	1810	1.58
18	254.5	509	763	180/150	1018	220/200	1272	300/250	1527	1781	2036	2290	2.00
20	314.2	628	942	180	1256	220	1570	300/250	1885	2199	2513	2827	2.47
22	380.1	760	1140	180	1520	250/220	1900	300	2281	2661	3041	3421	2.98
25	490.9	982	1473	200/180	1964	250	2454	300	2945	3436	3927	4418	3.85
28	615.8	1232	1847	200	2463	250	3079	350/300	3695	4310	4926	5542	4.83
32	804.2	1609	2413	220	3217	300	4021	350	4826	5630	6434	7238	6.31
36	1017.9	2036	3054		4072		5089		6107	7125	8143	9161	7.99
40	1256.6	2513	3770		5027		6283		7540	8796	10053	11310	9.87
50	1964	3928	5892		7856		9820		11784	13748	15712	17676	15.42

注：表中梁最小宽度 b 为分数时，横线以上数字表示钢筋在梁顶部时所需宽度，横线以下数字表示钢筋在梁底部时所需宽度。

附表 B-2 每米板宽各种钢筋间距的钢筋截面面积(mm²)

钢筋间距/mm	钢筋直径/mm													
	3	4	5	6	6/8	8	8/10	10	10/12	12	12/14	14	14/16	16
70	101	180	280	404	561	719	920	1121	1369	1616	1907	2199	2536	2872
75	94.3	168	262	377	524	671	859	1047	1277	1508	1780	2052	2367	2681
80	88.4	157	245	354	491	629	805	981	1198	1414	1669	1924	2218	2513

续表

钢筋间距/mm	钢筋直径/mm													
	3	4	5	6	6/8	8	8/10	10	10/12	12	12/14	14	14/16	16
85	83.2	148	231	333	462	592	758	924	1127	1331	1571	1811	2088	2365
90	78.5	140	218	314	437	559	716	872	1064	1257	1483	1710	1972	2234
95	74.5	132	207	298	414	529	678	826	1008	1190	1405	1620	1868	2116
100	70.6	126	196	283	393	503	644	785	958	1131	1335	1539	1775	2011
110	64.2	114	178	257	357	457	585	714	871	1028	1214	1399	1614	1828
120	58.9	105	163	236	327	419	537	654	798	942	1113	1283	1480	1676
125	56.5	101	157	226	314	402	515	628	766	905	1068	1231	1420	1608
130	54.4	96.6	151	218	302	387	495	604	737	870	1027	1184	1366	1547
140	50.5	89.7	140	202	281	359	460	561	684	808	954	1099	1268	1436
150	47.1	83.8	131	189	262	335	429	523	639	754	890	1026	1183	1340
160	44.1	78.5	123	177	246	314	403	491	599	707	834	962	1110	1257
170	41.5	73.9	115	166	231	296	379	462	564	665	785	905	1044	1183
180	39.2	69.8	109	157	218	279	358	436	532	628	742	855	985	1117
190	37.2	66.1	103	149	207	265	339	413	504	595	703	810	934	1058
200	35.3	62.8	98.2	141	196	251	322	393	479	565	668	770	888	1005
220	32.1	57.1	89.2	129	179	229	293	357	436	514	607	700	807	914
240	29.4	52.4	81.8	118	164	210	268	327	399	471	556	641	740	838
250	28.3	50.3	78.5	113	157	201	258	314	383	452	534	616	710	804
260	27.2	48.3	75.5	109	151	193	248	302	369	435	513	592	682	773
280	25.2	44.9	70.1	101	140	180	230	280	342	404	477	550	634	718
300	23.6	41.9	65.5	94.2	131	168	215	262	319	377	445	513	592	670
320	22.1	39.3	61.4	88.4	123	157	201	245	299	353	417	481	554	628

注：表中6/8,8/10,…等系指该两种直径的钢筋交替放置。

参考文献

[1] 中华人民共和国住房和城乡建设部,中华人民共和国国家质量监督检验检疫总局.混凝土结构设计规范(GB 50010—2010)[S].北京:中国建筑工业出版社,2015.

[2] 王文睿.混凝土结构与砌体结构[M].北京:中国建筑工业出版社,2011.

[3] 杨太生.建筑结构基础与识图[M].北京:中国建筑工业出版社,2008.

[4] 彭波.平法钢筋计算[M].北京:中国电力出版社,2009.

[5] 国家建筑标准设计图集 22G101-1、22G101-2、22G101-3,16G101 三维图集.

[6] 广联达计量与计价实训系列教材——钢筋工程量计算实训教材.

[7] 陈达飞.平法识图与钢筋计算[M].北京:中国建筑工业出版社,2010.

[8] 中华人民共和国住房和城乡建设部,中华人民共和国国家质量监督检验检疫总局.混凝土结构施工规范(GB 50666—2011)[S].北京:中国建筑工业出版社,2012.

[9] 朱炳寅,等.建筑地基基础设计方法及实例分析[M].北京:中国建筑工业出版社,2007.

[10] 郭继武.地基基础设计与算例[M].北京:中国建筑工业出版社,2015.

[11] 朱彦鹏.钢筋混凝土结构课程设计指南[M].北京:中国建筑工业出版社,2010.

[12] 中华人民共和国住房和城乡建设部,中华人民共和国国家质量监督检验检疫总局.建筑地基基础设计规范(GB 50007—2011)[S].北京:中国建筑工业出版社,2012.